Linux
从入门到精通

姚伟 编著

电子工业出版社
Publishing House of Electronics Industry
北京·BEIJING

内 容 简 介

本书从 Linux 的概念说起，由浅入深地介绍如何使用 Linux 命令进行日常操作与管理。每章都附有实战案例，方便回顾所学内容与生产工作中的实用技巧。读者不但可以系统地学习 Linux 的基础操作，而且能对 Linux 上的运维、开发有更为深入的理解。

本书共 10 章，涵盖的主要内容有 Linux 系统选择与安装、Linux 入门命令与文件管理、Linux 用户与权限、磁盘挂载与扩展、进程管理与性能监控、网络通信与安全等。

本书内容通俗易懂，案例丰富，实用性强，特别适合 Linux 的入门读者和进阶读者阅读，也适合经常与 Linux 系统打交道的开发、测试、运维岗位的 IT 从业者阅读。另外，本书也适合作为相关培训机构的教材使用。

未经许可，不得以任何方式复制或抄袭本书之部分或全部内容。
版权所有，侵权必究。

图书在版编目（CIP）数据

Linux 从入门到精通 / 姚伟编著. —北京：电子工业出版社，2022.10

ISBN 978-7-121-44275-9

Ⅰ．①L… Ⅱ．①姚… Ⅲ．①Linux 操作系统 Ⅳ．①TP316.85

中国版本图书馆 CIP 数据核字（2022）第 162926 号

责任编辑：张月萍　　　　特约编辑：田学清
印　　刷：三河市华成印务有限公司
装　　订：三河市华成印务有限公司
出版发行：电子工业出版社
　　　　　北京市海淀区万寿路 173 信箱　　邮编：100036
开　　本：787×980　1/16　印张：25　字数：585.8 千字
版　　次：2022 年 10 月第 1 版
印　　次：2022 年 10 月第 1 次印刷
定　　价：105.00 元

凡所购买电子工业出版社图书有缺损问题，请向购买书店调换。若书店售缺，请与本社发行部联系，联系及邮购电话：（010）88254888，88258888。

质量投诉请发邮件至 zlts@phei.com.cn，盗版侵权举报请发邮件至 dbqq@phei.com.cn。

本书咨询联系方式：（010）51260888-819，faq@phei.com.cn。

前言

随着互联网的发展，大数据、云计算等技术日益流行，IT 业开始了一场云计算的"盛宴"。国外诸如谷歌、亚马逊，国内诸如腾讯、阿里、华为等世界前列的 IT 公司都化身云厂商，为各中小型公司提供云计算等基础设施服务，其中大部分服务器的系统是 Linux。

为什么选择 Linux？因为 Linux 开源、稳定、安全、高性能、多租户、个性化。如果你想部署一个网站，让全世界的人都可以访问，并且 24 小时不关机，那么 Linux 无疑是最好的选择。

随着使用 Linux 系统的公司越来越多，各类网络管理人员、网站维护人员、服务器管理人员都必然需要与 Linux 打交道。软件测试人员与开发人员也要熟悉 Linux 系统，只有熟悉 Linux 系统，才能进行高效率的工作。

就面试来说，运维人员对 Linux 的掌握程度已经是一道必面的关卡。开发人员与测试人员熟悉 Linux 也是一个加分项。

从实际工作来说，Linux 管理是运维人员的基本技能。开发人员与测试人员在测试生产环境和排查问题时，也要掌握一定的 Linux 技巧。

笔者的使用体会

笔者一直从事开发工作，但是在项目管理的过程中，无法避免与 Linux 打交道。部署服务、运维管理都需要具有一定的 Linux 知识。服务器的 Linux 系统一般都是用命令行操作的。笔者在开始工作时，因缺乏一定的 Linux 基础而将很简单的事弄得很复杂。

掌握 Linux 的基础操作，熟悉 Linux 的运行机制，可以让开发人员对很多以前开发工作中"为什么这么做"的理由有新的认识。

笔者认真钻研了 Linux，在熟悉了 Linux 并掌握了其中几个命令后，发现掌握 Linux 其实并没有那么难，因此受邀编著本书，希望将自己的一些学习经验分享给读者。

本书送给那些被拦在 Linux 门外的初学者和希望进阶掌握 Linux 的读者们。希望你们可以按图索骥，破困而出，乘风破浪。

本书的特色

- 保姆式学习：书中介绍了安装 Linux 系统的多种方式（虚拟机、物理机+PE、云主机），以及各种 macOS、Windows 客户端工具的安装使用，且在入门章节中详细介绍了各种入门命令。
- 内容普适性：书中采用大多数企业使用的 CentOS 7.9 作为演示系统，而不是被放弃的 CentOS 8。安装软件大多基于官网上的最新版本进行讲解（截至本书撰写完成，安装软件以书中版本为准）。
- 命令工具书：书中大多数命令都有常用的示例。对于重要或复杂的命令工具，如 vim、sed、top 等，本书介绍更为全面，可以作为一部称手的工具书。
- 生产案例实践：书中每章都配有多个能在生产工作中真实使用的案例。读者可根据案例对章节内容进行归纳学习。
- 脚本源码赠送：书中 Shell 脚本代码随书附赠，以便读者学习。

本书包括的内容

本书包括最基础的 Linux 系统安装教程，最全面的 Linux 文档处理命令，深入的权限、磁盘、进程管理与详解，带领读者快速入门 Shell 编程。最后以"制作自己专属的 Linux 命令"为例结束。

第 1 章介绍 Linux 是什么，Linux 的特点与用途，以及如何学习 Linux。

第 2 章介绍如何选择 Linux 的发行版，使用多种方式（虚拟机、物理机+PE、云主机）安装 Linux、macOS 及 Windows 系统下的各种客户端工具，以及 Linux 系统的初始化工作。

第 3 章介绍在 Linux 系统下，对文件进行增删改查的命令，以及乱码文件的处理和特殊字符的一些说明。

第 4 章介绍在 Linux 系统下，如何增删改查用户和用户组，以及如何计算与设置文件权限和相关实战案例。

第 5 章介绍在 Linux 日常工作中，文件下载、打包压缩、多路会话管理、定时任务、邮件收发等功能的使用。

第 6 章介绍如何查看磁盘设备、文件句柄，如何设置 inode、软/硬链接，格式化新建文件系统，硬盘挂载，分区磁盘扩展，以及对磁盘进行故障模拟和诊断修复。

第 7 章介绍 Linux 主机、CPU、内存、进程的查看方法及它们互相之间的影响，详细描述进程的管理方式及 KILL 信号间的关系，以及性能监控的方法和相关系统资源管理的生产实战案例。

第 8 章介绍 Linux 网卡、路由配置，域名与 DNS 解析的关系，网络探测与流量监听工具，各类防火墙与安全组的配合使用，TCP/IP、OSI、Socket、TCP/UDP、HTTP、SSL 等网络通信模型与协议，以及与安全相关的内网穿透、漏洞扫描和一些安全防护的方法工具等。最后以实战案例演示如何搭建防暴力破解工具、部署内网穿透服务及清除挖矿病毒。

第 9 章介绍 Linux 系统管理与软件安装的几种方式，其中包括 Linux 的开关机与运行级别、系统服务 systemd、RPM 与 Yum 安装、Yum 的多种换源方式等，并以安装 Nginx 为例，贯穿本章所学命令。

第 10 章介绍 Shell 编程的环境配置、执行方式与基本语法，并扩展介绍特殊的文件处理命令 awk，以及如何调试与编写 Shell 脚本，最后以实战案例的方式演示如何编写一个类似 cp、mv 的 Linux 命令。

作者介绍

姚伟，高级工程师，分时科技 CTO，曾任神州数码项目经理、科大讯飞软件架构师，有 11 年软件开发经验、6 年 Linux 运维经验。

个人博客：https://www.cnblogs.com/yaomaomao。

微信公众号：Linux 常用命令。

本书读者对象

- ❏ 对 Linux 感兴趣的在校学生。
- ❏ 准备从事 Linux 运维工作的应届毕业生。
- ❏ 基于 Linux 服务器的网络管理人员、售后人员和维护人员。
- ❏ 经常与 Linux 打交道的开发人员、运维人员和测试人员。
- ❏ 需要一本 Linux 命令工具书的 IT 从业人员。

本书配套资源

- ❏ 本书源码文件。
- ❏ 培训讲解 PPT。
- ❏ 配套视频。

本书配套资源需要读者自行下载。

下载链接：http://www.broadview.com.cn/book/44275。

目 录

第 1 章 为什么要学习 Linux 1

1.1 Linux 是什么 1
1.2 Linux 的特点与用途 3
1.3 如何学习 Linux 3
1.4 小结 4

第 2 章 安装 Linux 系统与客户端工具 6

2.1 Linux 系统的选择与下载 6
    2.1.1 CentOS 简介与版本选择 6
    2.1.2 CentOS 镜像的选择与下载 9
2.2 虚拟机安装系统 12
    2.2.1 VMware for Windows 的下载与安装 12
    2.2.2 VMware for macOS 的下载与安装 13
    2.2.3 在 Windows 系统下的虚拟机中安装 Linux 系统 14
    2.2.4 在 macOS 系统下的虚拟机中安装 Linux 系统 19
2.3 物理机安装系统 19
    2.3.1 PE 制作 19
    2.3.2 系统安装 22
    2.3.3 密码找回 23
2.4 云服务器申请 25
    2.4.1 阿里云 25
    2.4.2 腾讯云 26
    2.4.3 AWS 28

目录 | VII

- 2.5 客户端工具 29
  - 2.5.1 Xshell+Xftp 30
  - 2.5.2 SecureCRT 32
  - 2.5.3 macOS 原生终端 33
  - 2.5.4 FinalShell 35
  - 2.5.5 用密钥登录 AWS 36
- 2.6 系统初始化 39
  - 2.6.1 来电自启 39
  - 2.6.2 系统 host 设置 39
  - 2.6.3 时钟同步 NTP 40
  - 2.6.4 关闭防火墙与开通安全组 40
- 2.7 小结 42

第 3 章 Linux 入门命令与文件管理 43

- 3.1 学习指南 43
  - 3.1.1 Linux 命令与 Shell 43
  - 3.1.2 快捷键 44
  - 3.1.3 帮助命令 45
  - 3.1.4 历史命令 46
  - 3.1.5 FAQ 46
- 3.2 文件及目录操作 47
  - 3.2.1 目录切换与查看：cd、ls、ll、pwd 47
  - 3.2.2 文件与目录创建：touch、mkdir 48
  - 3.2.3 复制、移动和删除：cp、mv、rm 48
- 3.3 文件查看与编辑 49
  - 3.3.1 文件查看：cat、tac 、nl 49
  - 3.3.2 日志查看：tail 与 head 51
  - 3.3.3 文件编辑器：vi / vim 52
  - 3.3.4 基于 vi 的文件查看工具：more 与 less 57
  - 3.3.5 流文件编辑工具：sed 61

3.4 文件查找与统计 66
3.4.1 文件查找：find、wc、xargs 66
3.4.2 文件统计与排序：du+sort 71
3.4.3 字符查找：grep+正则表达式 73
3.4.4 文件索引查找：locate+updatedb 76

3.5 文件处理 77
3.5.1 文件乱码处理：文件编码、inode 与 dos2unix 77
3.5.2 文件比对、校验与剪切：diff / vimdiff、md5sum、cut 80
3.5.3 其他命令：od、iconv、tr、split、paste、rev、tee、join、uniq 82

3.6 特殊字符简析 85
3.6.1 特殊字符表 85
3.6.2 通配符 86
3.6.3 管道、重定向、标准输入/输出 87
3.6.4 特殊设备 90
3.6.5 单引号、转义符、双引号、反引号 90
3.6.6 命令执行与逻辑符 91

3.7 小结 92

第 4 章 Linux 用户与权限 93

4.1 root 与用户管理 93
4.1.1 root 与 UID、GID 93
4.1.2 用户新增：useradd 95
4.1.3 用户修改与删除：usermod、userdel 98
4.1.4 用户与密码的配置文件：/etc/passwd、/etc/shadow 99
4.1.5 密码修改：passwd、chage 101
4.1.6 用户的批量管理：newusers、chpasswd 103

4.2 权限切换 103
4.2.1 用户切换：su 104
4.2.2 权限升级：sudo 105
4.2.3 su 与 sudo 的异同 106

4.3 用户查看 107
4.3.1 用户查看：id、w、who、users、whoami、finger 107
4.3.2 用户登录日志：last、lastb、lastlog 与 secure 110
4.4 文件权限 112
4.4.1 标准权限模型：777 与 umask 112
4.4.2 更改文件所属：chown 116
4.4.3 更改读写权限：chmod 118
4.4.4 特殊权限：SUID、SGID、Sticky bit 120
4.4.5 隐藏权限与扩展文件系统：chattr、lsattr 122
4.4.6 文件访问控制模型简析：标准模型、PAM、ACL、SELinux 124
4.5 实战案例 126
4.5.1 FTP 搭建与账户赋权 127
4.5.2 批量创建账号密码 129
4.6 小结 131

第 5 章 文件传输、会话管理与定时任务 132
5.1 文件下载与推送 132
5.1.1 文件下载：wget、curl 132
5.1.2 文件推送：scp、rsync 135
5.2 文件压缩 136
5.2.1 官方打包：tar 136
5.2.2 其他压缩工具：zip、unzip、7za 138
5.3 会话管理 140
5.3.1 互信加密：SSH 140
5.3.2 终端复用器：screen 144
5.4 定时任务与邮件 149
5.4.1 定时任务：crontab 与 crond 149
5.4.2 邮件发送：mail、mailx、mailq 与 postfix 150
5.5 实战案例 153
5.5.1 7-Zip For Linux 的下载、安装与使用 153
5.5.2 定时备份 FTP 文件数据 155

5.6 小结 158

第 6 章 Linux 磁盘与文件系统 159

6.1 磁盘与文件系统 159

6.1.1 设备查看：df、lsblk 159

6.1.2 文件、句柄和设备标识：inode、openfiles、UUID 164

6.1.3 硬链接与软连接：ln 168

6.1.4 文件系统：VFS、XFS 及动态调整 inode 169

6.2 磁盘挂载 172

6.2.1 硬盘与接口：HDD 与 SSD、IDE 与 SATA、SCSI、SAS 172

6.2.2 分区格式化：GPT、fdisk 与 mkfs 174

6.2.3 挂载与卸载：mount、umount 与/etc/fstab 178

6.3 磁盘扩展 180

6.3.1 分区扩展：LVM 180

6.3.2 磁盘阵列：RAID 183

6.4 磁盘诊断 185

6.4.1 系统日志：dmesg、journalctl 185

6.4.2 磁盘坏道检测：badblocks、smartctl 186

6.4.3 故障模拟与磁盘自检修复：fsck、xfs_repair 188

6.5 实战案例 190

6.5.1 LVM 创建、扩展与缩减 190

6.5.2 RAID 创建、挂载、删除与热插拔 195

6.5.3 NFS 共享磁盘挂载 201

6.5.4 磁盘使用率 100%的解决方法 204

6.6 小结 204

第 7 章 Linux 进程 206

7.1 系统与内存 206

7.1.1 系统、主机与 CPU：uname、hostnamectl、lscpu 206

7.1.2 内存与交换空间：free、Swap 209

7.2 进程与 PID 211

  7.2.1 进程、程序、PID 211
  7.2.2 进程查看：ps、pgrep、pstree 213
  7.2.3 进程文件查看：lsof 217
  7.2.4 程序查找：pwdx、which、whereis 220
 7.3 进程管理 221
  7.3.1 前后台进程与免挂起：&与nohup 221
  7.3.2 杀死进程：kill、killall、pkill 224
  7.3.3 进程优先级：nice与renice 228
  7.3.4 进程小结：进程运行与KILL信号 229
 7.4 性能监控 231
  7.4.1 命令监听：watch 231
  7.4.2 监测工具包Procps-ng：uptime、top、vmstat 231
  7.4.3 进阶工具包SYSSTAT：pidstat、mpstat、iostat、sar 238
 7.5 实战案例 248
  7.5.1 熵池耗尽的解决方案 248
  7.5.2 资源不足自动报警方案 249
 7.6 小结 254

第8章　Linux网络与安全 255

 8.1 网卡是如何管理的 255
  8.1.1 手动配置网卡 255
  8.1.2 网卡设置：ifconfig、ip、ifup/ifdown 256
  8.1.3 网卡服务：network、NetworkManager与nmcli 261
  8.1.4 网关路由：route、arp 264
 8.2 域名是如何工作的 265
  8.2.1 域名与DNS解析 265
  8.2.2 域名篡改 267
  8.2.3 根域名与公网IP地址分类 268
  8.2.4 DHCP与NAT 271
  8.2.5 子网掩码与私有IP地址分类 274
  8.2.6 DNS查看与修改 275

8.3 网络探测与流量监听 ... 275
8.3.1 IP 地址探测：ping、ICMP 与 fping ... 276
8.3.2 端口探测：telnet、netstat、nmap ... 277
8.3.3 路由追踪：traceroute、tcptraceroute ... 279
8.3.4 流量监听：iftop、nethogs ... 280
8.3.5 流量抓取与复制：tcpdump 与 tcpreplay ... 282

8.4 防火墙与安全组 ... 284
8.4.1 安全增强防御系统：SELinux ... 284
8.4.2 老牌防火墙：iptables ... 285
8.4.3 新型防火墙：firewalld ... 288
8.4.4 云上安全组 ... 289

8.5 简说 TCP/IP ... 290
8.5.1 TCP/IP 与 OSI 网络模型 ... 290
8.5.2 Socket 与 TCP/UDP ... 291
8.5.3 TCP 和 UDP 是什么 ... 292
8.5.4 HTTPS = HTTP+TLS/SSL ... 294

8.6 网络安全的"矛"与"盾" ... 295
8.6.1 内网穿透与远程控制：ToDesk、frp 与其他 ... 296
8.6.2 漏洞扫描及安全工具：OpenVAS、Nessus、Nikto、T-Sec、Aliyundun ... 297
8.6.3 安全防御的"四大纪律" ... 298
8.6.4 三级等保的采购与建设 ... 299

8.7 实战案例 ... 301
8.7.1 安全防火墙：denyhosts ... 301
8.7.2 搭建内网穿透服务：frp ... 303
8.7.3 清除挖矿病毒大作战 ... 308

8.8 小结 ... 308

第 9 章 Linux 系统管理与软件安装 ... 310
9.1 Linux 的关机与启动 ... 310
9.1.1 Linux 的关机、重启与注销 ... 310
9.1.2 Linux 启动流程简析 ... 311

- 9.1.3 Linux 运行级别与 target ... 312
- 9.2 Linux 系统服务 systemd ... 313
  - 9.2.1 为什么 CentOS 7.x 放弃 init 取用 systemd ... 313
  - 9.2.2 systemd 启动流程与架构简析 ... 314
  - 9.2.3 systemd Utilities 工具简析 ... 316
  - 9.2.4 systemd 与 Unit ... 319
  - 9.2.5 systemd 添加自定义服务 ... 320
- 9.3 Linux 根目录简析 ... 322
  - 9.3.1 根目录"/"与/root ... 322
  - 9.3.2 /bin 与/usr/bin、/sbin 与/usr/sbin ... 322
  - 9.3.3 /boot ... 323
  - 9.3.4 /dev ... 323
  - 9.3.5 /etc ... 323
  - 9.3.6 /home、/tmp ... 323
  - 9.3.7 /lib、/lib64 ... 323
  - 9.3.8 lost+found ... 324
  - 9.3.9 /media、/mnt ... 324
  - 9.3.10 /opt ... 324
  - 9.3.11 /proc ... 324
  - 9.3.12 /run ... 326
  - 9.3.13 /srv ... 326
  - 9.3.14 /sys ... 326
  - 9.3.15 /usr ... 327
  - 9.3.16 /var ... 328
- 9.4 Linux 软件安装 ... 328
  - 9.4.1 包管理器:RPM 与 Yum ... 329
  - 9.4.2 Yum 源更换与配置 ... 336
  - 9.4.3 安装源码:GCC、Make 与 CMake ... 339
- 9.5 实战案例 ... 340
  - 9.5.1 WoL 远程网络唤醒 ... 340
  - 9.5.2 Yum + repo 安装 Nginx ... 341

9.5.3　使用源码安装 Nginx，手动添加系统开机服务 342
9.6　小结 345

第 10 章　快速入门 Shell 编程 346

10.1　Shell 基础 346
　　10.1.1　Shell 简述 346
　　10.1.2　环境配置 348
　　10.1.3　Shell 脚本执行 353
　　10.1.4　Shell 命令快捷键补充 355
10.2　Shell 基本语法 356
　　10.2.1　变量：$、${}、$n 356
　　10.2.2　运算符：赋值、数值、逻辑、比较、文件测试 358
　　10.2.3　条件判断：if、case 360
　　10.2.4　循环：for、while、until、select 362
　　10.2.5　函数：function 364
　　10.2.6　中断循环与退出：continue、break、return、exit、$? 365
10.3　特殊命令 awk 367
　　10.3.1　awk 命令速查手册 367
　　10.3.2　awk 命令详解 369
　　10.3.3　生产作业：awk 命令解析 json 数据 373
10.4　Shell 扩展 374
　　10.4.1　内置函数：read、printf、shift、eval 374
　　10.4.2　脚本调试：bash -x、set -x、trap 377
　　10.4.3　编程规范 380
10.5　实战案例 381
　　10.5.1　编写一个自己的日志命令：logmsg 381
　　10.5.2　编写一个常用的备份命令：backup 382
　　10.5.3　编写一个 Java 项目的管理脚本：springboot-admin.sh 383
10.6　小结 385

第 1 章 为什么要学习 Linux

在当今的现实世界中，说到操作系统，大家耳熟能详的可能就是 Windows 与 macOS 这样的桌面操作系统，以及 Android 与 iOS 这样的手机操作系统。曾经，Linux 似乎离我们很遥远，但是现在，Linux 已经离我们越来越近。

本章内容较少，主要讲解 Linux 是什么，Linux 的特点与用途，以及如何学习 Linux。

1.1 Linux 是什么

Linux 是什么？Linux 其实就是另一种有别于 Windows 的操作系统。

Linux 是从 UNIX 发展过来的一个类 UNIX 系统。它有很多发行版本，常用的发行版本有 Ubuntu（亚马逊的 AWS 默认使用此版本）、RedHat、CentOS、Fedora（实际不常用，但国产操作系统一般基于此版本），其他还有诸如 Debian、openSUSE 等。Linux 的发行版本细究起来有限，它们的关系如图 1.1 所示。

类 UNIX 系统还有一个系列，即 FreeBSD。如果你对 FreeBSD 感到陌生，那么当你知道苹果公司的桌面操作系统 macOS 是基于 FreeBSD 开发的，一定会感到惊讶。

严格来说，Linux 只是一个内核，如同一辆汽车的发动机，而发行版本则为 Linux 内核添加了类似于汽车的底盘、车身、电气设备等必要的使用组件，有了发动机和组件，汽车就可以飞奔上路了。毫无疑问，Linux 内核正是"这辆汽车"的核心所在。

Linux 内核又是谁"创造"的呢？Linus Torvalds（开源世界里的"创世众神"之一），他觉得老师提供的 Minix（Mini UNIX）不好用，于是自己开发了 Linux。

此时 AT&T 公司想私有化 UNIX，与 BSD 的开发者因为版权问题产生纠纷。而 GNU 计划中很多人对 UNIX 的完善都有贡献，UNIX 应该被所有人共有，并且此时的 GNU 计划缺少一个核心系统（BSD 正陷入 UNIX 的版权之争无法被使用），因此 Linux 的出现也奠定了 Linux 在开源社区的无上地位。

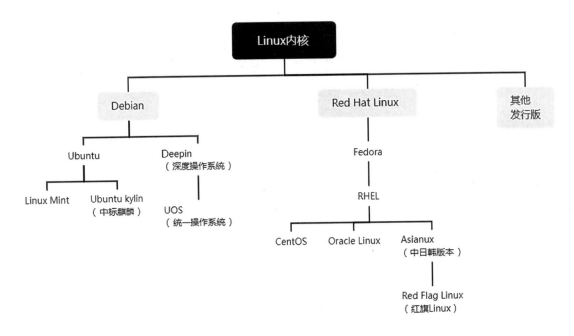

图 1.1 Linux 发行版本的关系

随着 Linux 开源社区越来越庞大，大家提交的代码产生各种冲突，Linux 社区采用的 BitKeeper 被收回了免费使用权限。于是 Linus Torvalds 又用了几周的时间，自己开发了 Git。

如今，以 Git 为核心技术的 GitHub 代码托管网站已经是世界上最大的代码开源网站。2018 年 6 月 4 日，GitHub 官方宣布其被微软以 75 亿美元收购。

当人们使用这些基于 Linux 内核的发行版本系统时，我们通常将其统称为 Linux 系统。而今企业在生产中常用的 Linux 版本一般为 Ubuntu、RHEL、CentOS 这几类。由于 CentOS 是基于 RHEL 的免费版本，且稳定可靠，所以逐渐被更多企业接受，成为企业服务常用的 Linux 系统。在 DistroWatch 的介绍中，CentOS 是一个企业发行版本，适合那些喜欢稳定性、可靠性和长期支持而不是尖端功能和软件的用户。

如果想知道当前流行什么 Linux 发行版本，那么可以在 DistroWatch 网站上查询。

注意：DistroWatch 网站于 2001 年 5 月 31 日首次发布，是一个提供全球数百个 Linux 发行版本和 BSD 项目的情报与它们之间功能特性比较的网站。对 Linux 爱好者来说，该网站非常实用。网站上有一个权威的 Linux 发行版本单击率排名榜，可以帮助 Linux 爱好者了解当前最受关注的 Linux 发行版本。

1.2　Linux 的特点与用途

目前，世界上大部分服务器系统都是基于 Linux 的。特别是在云计算"火"了之后，现在国内互联网的云服务器基本都是 CentOS。我们使用的各种 App 和网站，如微信、抖音、爱奇艺等，它们的大部分后端及一些前端服务都是部署并运行在这个系统上的，我们只需下载 App 或打开浏览器就可以访问它们。

我们一般在载有 Windows 或 macOS 的机器上开发程序，但是打包之后的服务都是运行在 Linux 服务器上的。为什么大家都习惯用 Linux 作为服务器？首先，Linux 是免费的。其次，它具有开源、稳定、安全、高性能、多租户、个性化的特点。

- 开源：Linux 就是遵循 GPL（GNU General Public License）协议发展起来的，基于它开发的内容必须遵循 GPL 协议，所以 Linux 及其发行版基本都是开源的。
- 稳定：可以长期保持 7×24 小时工作。
- 安全：针对 Linux 的病毒较少，Linux 社区拥有全世界最好的安全专家。
- 高性能：在非图形界面下，Linux 节省了大量图形化的资源，可以充分发挥机器性能。
- 多租户：多个用户可以无感知地在同一时间以网络联机的方式使用 Linux 主机。
- 个性化：每个人都可以下载 Linux 内核及各种发行版本的源码。只要有能力，就可以打造一个独一无二的 Linux。

如果想要部署一个网站，让全世界的人都可以访问，并且保持 24 小时不关机，那么 Linux 无疑是最好的选择。

在当前中国的 IT 环境下，大部分互联网及软件公司基本都采用 Linux 作为服务器。当我们开始从事 IT 行业，无论你是测试人员、开发人员、运维人员或其他 IT 从业人员，都需要时刻与 Linux 打交道。

注意：GPL 协议明确规定，对外发布任何有关源码的衍生产品，都必须保持同样的许可证。例如，只要发布 MySQL 的修改版本，就必须公开源码，并且同意他人可以自由复制和分发该修改版本。

1.3　如何学习 Linux

如何学习 Linux？学习 Linux 要经过哪些步骤？Linux 是不是很难？相信这是很多初学者刚接触 Linux 时会发出的一些疑问。

实际上，学习 Linux 确实有一定的门槛。但只要我们弄清了学习步骤，并且有一本好的入门书籍，就会发现，学习 Linux 并没有想象中的难。

本书将 Linux 的学习划分为 3 个阶段，即"初窥门径""登堂入室""炉火纯青"。

在"初窥门径"阶段，我们首先要学会使用 Xshell 终端工具，然后了解磁盘、内存、CPU 的资源使用率，最后掌握一些常用的 Linux 命令，能够简单地查看、操作、寻找文件，就可以了。

入门之后就是"登堂入室"。此时，我们可以学习 Shell 编程，了解 Linux 的程序运行机制，能够编写简单的自动化脚本，解决工作中遇到的常见问题。

在不断解决问题的过程中，我们对 Linux 的使用会渐渐变得"炉火纯青"。此时我们会学习、使用与维护一些企业生产中常用的中间件。例如，MySQL、Redis 开发中间件，类似于 Nginx 的 Web 服务中间件，Git、SVN 代码管理工具，以及 Docker、Kubernetes 服务管理工具等。

本书涉及的内容到这里基本都介绍了。但是在本书之外，还有很多可以精进的地方。例如，为生产系统做故障排除，为待上线系统做性能测试，为查询系统做性能优化。这些并不是简单地使用工具查看指标参数就可以做到的，而是要了解系统架构、数据流向、业务模式、硬件选型，能够具体懂得其中的含义并针对实际应用选择合适的硬件和网络，进行合理的架构与部署。

学习 Linux 道阻且长。保持不断学习的兴趣，才可以溯流而上。

1.4 小结

本章先简单阐述了 Linux 是一个操作系统，而且是服务器常用的操作系统。然后让读者简单了解了 Linux 的发展历史，以及为什么企业服务器习惯用 Linux，最后讲述本章的主题：如何学习 Linux。

在列出 Linux 学习的阶段与步骤后，第 2 章我们将真正开始进入 Linux 的世界。

如何才算学会 Linux 呢？跟随本书代码一一实践后，希望读者思考以下几个问题。

- 你会安装、卸载 Linux，配置基本的 Linux 使用环境吗？
- 你会使用 Linux 命令创建、删除、修改、寻找、查看、编辑文件吗？
- 你会创建用户、给文件赋权、远程下载推送文件吗？
- 你会挂载、格式化、扩展、诊断磁盘吗？
- 你会查看、关闭、监控系统进程吗？

- 你会配置网卡、检测网络流量、对系统进行安全加固吗？
- 你知道 Linux 内部是如何启动的吗？Linux 是如何添加系统服务的？Linux 如何做内核级的优化？Linux 的操作日志在哪查看？Linux 的根目录都代表什么意思呢？
- 你会安装、卸载并对常用软件进行优化吗？

希望你喜欢上 Linux，并能够使用它为企业、个人创造出不菲的价值！

第 2 章 安装 Linux 系统与客户端工具

"工欲善其事,必先利其器"。很多初学者因不会安装 Linux 系统,且没有一本合适的入门教材,而被阻隔在使用 Linux 系统的大门外。所以本章将围绕着如何安装一个合适的 Linux 系统进行讲解。

本章主要内容如下。
- Linux 系统的选择与下载:选择合适的 Linux 版本及系统镜像。
- 虚拟机安装系统:安装虚拟机,使用虚拟机安装 Linux 系统。
- 物理机安装系统:制作、使用启动盘及找回密码。
- 云服务器申请:用阿里云、腾讯云及亚马逊 AWS 为例讲解如何申请使用云服务器。
- 客户端工具:简要介绍在 Windows 与 macOS 系统下的常用 Linux 终端连接工具。
- 系统初始化:安装完系统后,进行主机、网络与防火墙相关的一些初始化配置。

注意:本章讲解了大量工具的下载与使用方法,其中涉及的工具尽量在官网获取。有不明白的地方可联系作者进行咨询。

2.1 Linux 系统的选择与下载

从 DistroWatch 上可以看到,Linux 系统的发行版本有数百种,其中有十多种使用人数较多。那么,我们该如何选择呢?在第 1 章中已经介绍过,本书将会以 CentOS 为主要演示系统对 Linux 命令与相关的软件进行讲解。

2.1.1 CentOS 简介与版本选择

CentOS 是一款以 RHEL 为基础的 Linux 发行版本。那么 RHEL 又是什么呢?RHEL 全称为 Red Hat Enterprise Linux,即红帽企业级 Linux,是红帽公司(Red Hat)在 Fedora(社区开

发版 Linux，Red Hat 有赞助）上打包的一个 Linux 发行版本。Red Hat 将新的想法在 Fedora 上实验之后，去芜存菁，保证系统的稳定性，并给予技术支持，就产生了 RHEL。

在了解了 RHEL 后，CentOS 跟 RHEL 是什么关系呢？CentOS 先将 RHEL 发行的源码进行二次编译，同时去除一些 RHEL 的闭源软件，并新增一些 CentOS 独有的组件，然后去除 Red Hat 的商标。就像国产的 Linux 发行版本 Deepin 与 UOS 的关系一样（不过这样说并不太准确，Deepin 与 UOS 更像是 Fedora 与 RHEL。）。

那么，CentOS 没有任何商业责任吗？

事实上，由于 Linux 的源码是 GNU 的成果，遵循 GPL 协议，所以在编译 RHEL 的源码时得到新的二进制文件是合法的。因为 Red Hat 是商标，所以必须在新的发行版本里将其去掉。实际上，Red Hat 是将 GNU 计划中的几百种开源组件与 Linux 内核组装后，把 CentOS 打包为一个发行版本。

Red Hat 对待这种发行版本的态度是：我们并不反对这种发行版本，因为真正向我们付费的用户，他们重视的并不是系统本身，而是我们所提供的商业服务。

CentOS 的官网在维基百科中也介绍过：CentOS Linux 是 Red Hat 系列的 Linux 发行版本的社群开发平台。CentOS 完全遵守 Red Hat 公司的再发行政策，并致力于兼容 Red Hat 企业级 Linux 的功能。CentOS 对组件的修改主要是去除发行者的注册商标及美工图案。

所以，CentOS 可以得到 RHEL 的所有功能，甚至更好的软件。但 CentOS 并不向用户提供商业支持，自然也就不承担任何商业责任。而这也是 CentOS 如今受到各大云服务器厂商青睐的原因。

既然已经确定使用 CentOS 作为本书讲解的主要系统，那么应该如何选择 CentOS 版本呢？

打开 CentOS 官网，可以看到 CentOS 8 与 CentOS 7 的镜像选择页面，如图 2.1 所示。

从图 2.1 中可以看到 ISO 分别有两个 Tab 页，一个是 8（2011），另一个是 7（2009），分别表示 CentOS 8 系列是从 2011 年开始的，CentOS 7 系列是从 2009 年开始的。

End-of-life 中文直译是生命的尽头，在软件里则是指最后的维护时间。再看下面的 End-of-life，写的是只支持到 2021 年 12 月 31 日。这意味着在 2021 年 12 月 31 日后，CentOS 8 系列将不会再得到官方的软件包维护（CentOS 8 系列曾承诺维护到 2029 年）。而翻到 7（2009）的 Tab 页下，能看到 End-of-life 支持到 2024 年 6 月 30 日。至于曾经拥护者众多的 CentOS 6，在 2020 年 11 月 30 日就已经停止维护。

为什么 CentOS 8 系列在 2021 年停止维护，CentOS 7 系列反而支持到 2024 年呢？这是因为 CentOS 官方考虑到 CentOS 7 系列的使用者基数较大，所以 CentOS 7 与 RHEL 7 的生命周期保持一致,被支持到 2024 年 6 月 30 日。

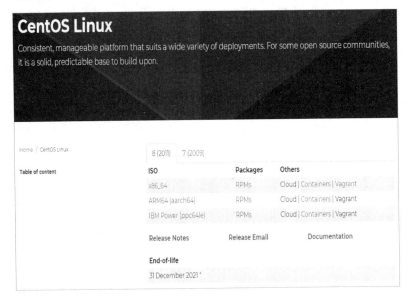

图 2.1　镜像选择页面

为什么 CentOS 8 系列突然停止更新与维护了呢？这是因为在 2020 年 12 月 8 日,CentOS 的官方博客突然发表了一则声明,声称"CentOS 项目将重点转移到 CentOS Stream",并改变了 CentOS 与 RHEL 的存活关系,CentOS Stream 作为 RHEL 的上游（开发）分支。这意味着 CentOS 以后可能将会成为 RHEL 的一个试验场,无法再保持与 RHEL 一样的稳定度。

所以 CentOS 的创始人之一 Gregory Kurtzer 在 2020 年 12 月 10 日宣布 Rocky Linux 计划,旨在与 RHEL 100% 兼容,创建一个社区驱动的可供企业运用的操作系统。（Rocky 这个名字是为了纪念 CentOS 的联合发起人 Rocky McGaugh,他是首位 CentOS 技术负责人。）Rocky Linux 的目标是像 CentOS 以前所做的那样充当 RHEL 的下游构建,并将发行版本添加到 RHEL 之后而不是之前。在发行后,短短一天的时间,Rocky Linux 的 star 数量就已经超过了 2000 个。

如果 CentOS 不再是 RHEL 的下游版本,那么还会有企业使用它吗？事实上,在当前的企业生产中,大家还是以 CentOS 7 系统版本为主,甚至有许多服务器系统还是 CentOS 6.x 系列的。不过未来几年内的趋势还是以 CentOS 7.x 为主要版本的。即使以后企业无法使用 CentOS,而是使用 RHEL,或使用 Rocky Linux 也没有关系。毕竟,Rocky /CentOS/ RHEL/Fedora 都是一个上下游的发行版本,其命令、软件包的安装使用都是互通的。

在学会了 Red Hat 系列的发行版本后,对于其他的系统诸如 Debian、SUSE、Gentoo 或国产 Deepin 甚至 UNIX 系列（如 FrssBSD、IBM AIX 等），读者都很容易上手。

本书将以 CentOS 7.x 作为主要演示系统，希望读者在学完本书后，可以"来之能战，战之则胜"。

注意：CentOS 项目管理委员会的部分成员其实是 Red Hat 的员工。在 2014 年，Red Hat 就已收编了 CentOS 项目的社区开发人员。这也注定了 CentOS 的结局。2018 年 10 月 29 日，IBM 宣布计划斥资 340 亿美元收购开源解决方案供应商 Red Hat，并已在 2019 年完成全部收购工作。这是软件行业史上规模最大的一笔收购交易。这意味着以 AIX 为主的 IBM 服务器系统日后大概率会转投到 RHEL 系列。

2.1.2　CentOS 镜像的选择与下载

打开 CentOS 7 的发行主页，可以看到表单中有 ISO、Packages、Others 3 列内容，如图 2.2 所示。

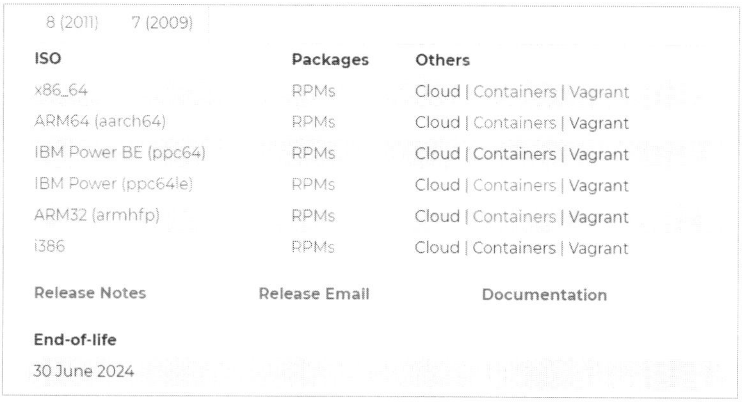

```
8 (2011)    7 (2009)

ISO                        Packages      Others
x86_64                     RPMs          Cloud | Containers | Vagrant
ARM64 (aarch64)            RPMs          Cloud | Containers | Vagrant
IBM Power BE (ppc64)       RPMs          Cloud | Containers | Vagrant
IBM Power (ppc64le)        RPMs          Cloud | Containers | Vagrant
ARM32 (armhfp)             RPMs          Cloud | Containers | Vagrant
i386                       RPMs          Cloud | Containers | Vagrant

Release Notes              Release Email              Documentation

End-of-life
30 June 2024
```

图 2.2　CentOS 7 的发行主页

从图 2.2 中可以看出，ISO 镜像列中有 6 个版本，分别是 x86_64、ARM64 (aarch64)、IBM Power BE (ppc64)、IBM Power (ppc64le)、ARM32 (armhfp)、i386。在其余两列中，Packages 列中是配套的 RPMs 包，Others 列中是对应的容器，展开后是 Docker 镜像的下载。

ISO 镜像基本是按照 CPU 指令集的不同进行打包的。除了 IBM 的版本，其他几种镜像名代表的含义如下。

- x86_64：AMD 公司设计的 64 位 CPU 指令集。通常将这套指令集称为复杂指令集（CISC），如今的家用计算机（基于 Intel 与 AMD 公司的 CPU）和高性能服务器基本都是采用的这套指令集。读者在选择 Linux 系统镜像或安装包时，经常看到"amd64"这样的字眼。

- **ARM64 (aarch64)**：ARM 全称为 Advanced RISC Machines，是 ARM 公司为移动设备设计的 64 位指令集架构（ARMv8 架构）。ARM 的架构一般称为精简指令集（RISC）。基于它开发的 CPU 称为微处理器，常用在手机和其他嵌入式设备中（如树莓派、工控机等）。现在无论是安卓手机还是苹果手机基本都使用这套架构（ARM 公司不生产 CPU，只做 CPU 架构的设计。高通、骁龙、苹果购买的都是 ARM 公司授权的 CPU 架构）。
- **ARM32 (armhfp)**：英国 Acorn 公司（ARM 公司的前身）设计的低功耗 CPU 架构指令集（ARMV7 架构）。
- **i386**：以前，它特指 Intel 公司的 Intel 80386 型号 CPU，后发展为代指使用 IA32（Intel Archtecture 32 bit）体系的一系列 CPU（8086.80286.80486.赛扬、奔腾等）。使用 x86 来称呼这些机器和 IA32 指令集。之后 AMD 公司率先推出的 AMD64 指令集架构得到各大硬件厂商认可，因此 64 位指令集架构也称为 x86-64.amd64。而 Intel 推出的 IA-64 指令集被时代抛弃。

综上所述，我们的选择是 CentOS 7 中的 x86_64 镜像。选择 "x86_64" 选项，可以查看 CentOS 7 的 x86_64 镜像下载页面，如图 2.3 所示。

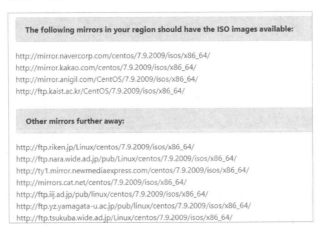

图 2.3　CentOS 7 的 x86_64 镜像下载页面

从图 2.3 中可以看到，此时官网的最新镜像是 CentOS 7.9 版本，CentOS 7 系列的系统操作方式都差不多，并且各大镜像站中的 CentOS 7.8.2003 版本都已同步消失，只能看到 CentOS 7.9.2009 版本，所以我们将选择 CentOS 7.9.2009 版本作为本次演示的具体版本。

因为网络问题，从国外镜像源下载的速度很慢，所以选择一个中国的镜像源，可以方便下载。我们可以选择华为开源镜像站作为下载源，其 CentOS 镜像下载页面如图 2.4 所示。

图 2.4　华为开源镜像站的 CentOS 镜像下载页面

选择"centos"选项，我们可以看到有 4 种版本可供下载。

- DVD 版本：标准安装版本，也是推荐大家安装的版本。其中包含大量的常用软件，在多数情况下无须在线下载，其体积约为 4.4GB。
- Everything 版本：包含所有软件组件，其体积庞大，高达 9.5GB。
- Minimal 版本：精简版本，包含核心组件，体积约为 900MB，有些软件需要额外安装。
- NetInstall 版本：网络安装版本，体积约为 500MB，但是在安装时需要设置镜像源，一般不使用这个版本。

LiveCD 版本不在本下载页面，它会把操作系统安装在 U 盘中，在内存中加载运行。我们可以将其理解为 Windows PE。

我们选择的是标准安装版本：7(x86_64,DVD,2009)。在华为开源镜像站中下载。如果是百兆光纤，那么其下载速度基本是满速的，可以达到 10.1MB/s，如图 2.5 所示。大概在 10 分钟内就可以下载完毕。

图 2.5　7(x86_64,DVD,2009)镜像下载

注意：需要 CentOS 7.8.2003 版本的读者可以自行在华中科技大学的镜像站中下载。这个地址可能随时会失效，如果失效了，则可以在百度搜寻。

2.2 虚拟机安装系统

虚拟机（Virtual Machine）是指通过软件模拟的具有完整硬件系统功能并运行在一个完全隔离环境中的完整计算机系统。简单来说，虚拟机是可以在 Windows/macOS/Linux 下安装使用其他操作系统的一种软件。虚拟机软件有很多，如 Parallels Desktop、VMware、VirtualBox、QEMU 等。这里只介绍 VMware。它的通用性比较高，并且在 Windows 和 macOS 系统下都有相应的产品。如果想要使用免费产品，则 VirtualBox 是比较好的选择。

注意：多个虚拟机可以在同一实体机（也称物理机）上同时运行。每个虚拟机都有独立的 CMOS、硬盘和操作系统，可以像使用实体机一样操作虚拟机。但是在计算机中创建虚拟机时，需要将实体机的部分硬盘和内存容量作为虚拟机的硬盘和内存容量。

2.2.1 VMware for Windows 的下载与安装

VMware Workstation Pro 就是在 Windows 系统下常用的虚拟机软件。在下载完镜像后，我们就可以下载这个虚拟机。首先进入 VMware 的下载页面，然后选择下载 Workstation 16 Pro for Windows。

在 Windows 系统下的安装过程非常简单，下载完成后，按照提示安装就可以了。安装完成后，计算机提示需要"重启"一次。首次打开 VMware Workstation 16 页面，会提示"购买密钥"或"试用 30 天"。这里读者可以选择先试用 30 天。

在安装完成后，打开的软件主页面如图 2.6 所示。

图 2.6 软件主页面

将虚拟机安装完成后，读者可以直接跳过下一节"VMware for macOS 下载与安装"，从 2.2.3 节开始学习。

注意：当遇到在下载过程中需要登录 VMware 账号时，如果没有 VMware 账号，则使用真实邮箱进行注册。注册时，VMware 会给邮箱发送链接，我们在查收后需要使用注册时的密码进行激活。

2.2.2　VMware for macOS 的下载与安装

VMware 有适合 Windows 的产品，也有适合 Linux 的产品。那么 VMware 有适合 macOS 的产品吗？其实 VMware 也有一款适合 macOS 的虚拟机软件，即 VMware Fusion。

（1）打开 VMware 官网，在产品下载页面中找到 VMware Fusion。进入 VMware 下载页面。此时出现 My VMware 的登录页面，如图 2.7 所示。

图 2.7　My VMware 的登录页面

（2）登录后，在产品下载页面即可正常下载，其安装过程与 Windows 基本相同。

（3）如果不是从 App Store 中下载的应用，则需要打开"安全性与隐私"页面，单击"点按锁按钮以进行更改"按钮，并勾选"VMware Fusion.app"复选框进行授权，如图 2.8 所示。

图 2.8　"安全与隐私"页面授权

（4）重新打开 VMware Fusion，选择"文件"→"新建"选项，可以打开镜像安装页面，如图 2.9 所示，具体安装方法参考 2.2.3 节的内容。

图 2.9　镜像安装页面

2.2.3　在 Windows 系统下的虚拟机中安装 Linux 系统

安装完虚拟机后，开始正式在虚拟机中安装 Linux 系统。

（1）第一次创建新的虚拟机，使用虚拟机向导，选择"典型"选项。

（2）单击"下一步"按钮，选择"稍后安装操作系统"选项。

（3）选择客户机操作系统为"Linux"，版本为"CentOS 7 64 位"。

（4）自定义虚拟机名称与位置，也可使用默认信息。

（5）选择存储空间与文件类型，这里默认选择存储空间为 20GB，建议将虚拟磁盘存储为单个文件，如果设置为其他选项也不影响。

（6）设置好磁盘后，确认虚拟机的设置，单击"完成"按钮就可以创建虚拟机，但此时需要"自定义硬件设置"，方便后续安装系统。

（7）默认内存是 1024MB，建议将内存设置为 2048MB。

（8）默认处理器是 1 核 1 线程，建议将其设置为 2 核 2 线程，即 2×2=4 核处理器。如图 2.10 所示。读者也可根据机器配置自行调整。但不建议给虚拟机分配过多核心，因为可能会导致物理机卡顿。物理机的处理器查看路径：在桌面右击"我的电脑"，在弹出的快捷菜单中依次选择"管理"→"设备管理器"→"处理器"命令，有 2×2=4 核处理器。

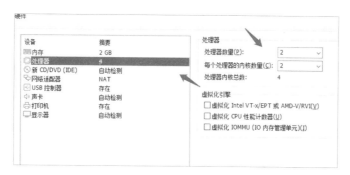

图 2.10　设置处理器

（9）选择"新 CD/DVD"选项后，在右侧选区中选择"使用 ISO 镜像文件"选项，在电脑中找到下载好的 CentOS 7.9.2009 镜像。

（10）选择"网络适配器"选项后，将网络连接从默认的"NAT 模式"设置为"桥接模式"。

（11）"自定义硬件"设置完成后，回到虚拟机主页面，选择刚配置完成的虚拟机"CentOS 7 64 位"，单击"开启此虚拟机"按钮，如图 2.11 所示。

图 2.11　开启虚拟机

（12）进入安装选择页面后，单击屏幕进入虚拟机中的系统，使用方向键进行上下选择，白字为选中色，选择"Install CentOS 7"选项，该选项文字会以白色高亮显示，随后进入引导过程，如图 2.12 所示。

图 2.12　选择系统

（13）进入安装页面后，选择语言为"中文"→"简体中文（中国）"，如图 2.13 所示。

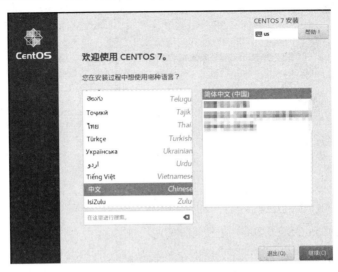

图 2.13　选择语言

（14）在选择语言后，如"安装源""软件选择""开始安装"等选项都变为灰色状态，需要等待一段时间进行恢复，等待时间视机器性能而定，一般在 5 秒至 1 分钟范围内，如图 2.14 所示。

图 2.14　等待页面

（15）选择"软件选择"选项，进入选择页面，建议选择"基础设施服务器"选项，命令行无头（无图形界面）版本，与工作中的服务器系统保持一致。如果用于个人办公、家用、开发，那么建议选择"开发及生成工作站"选项。

（16）其他选项都使用默认配置。例如，"安装源"默认为"本地介质"，"安装位置"默认为"已选择自动分区"。设置好"软件选择"后，单击"开始安装"按钮。

（17）进入"ROOT 密码"设置页面，如图 2.15 所示，在设置用户密码时，如果设置的密码为弱密码，例如，设置的密码为"123456"，则需按照提示单击两次"完成"按钮。

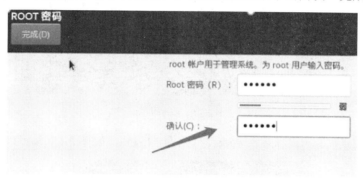

图 2.15　"ROOT 密码"设置页面

（18）在设置 root 密码后，可以发现 CentOS 正在安装了，等待 5 至 15 分钟（视机器性能而定），在安装完成后，就可以单击"重启"按钮了，如图 2.16 所示。

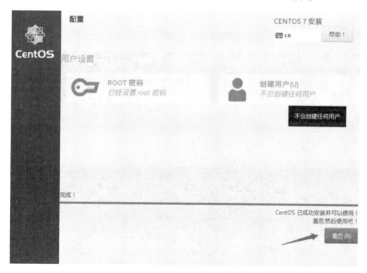

图 2.16　安装完成

（19）重启后，无须选择，等待启动完成，如图 2.17 所示。

图 2.17　启动页面

（20）启动完成，输入登录账号 root，密码为 123456，如图 2.18 所示。

图 2.18　root 用户登录

（21）输入命令"cat /etc/redhat-release"，可以查看系统版本，如图 2.19 所示。

图 2.19　查看系统版本

（22）输入命令"ifconfig"，可以查看自动分配的主机 IP 地址，如图 2.20 所示。

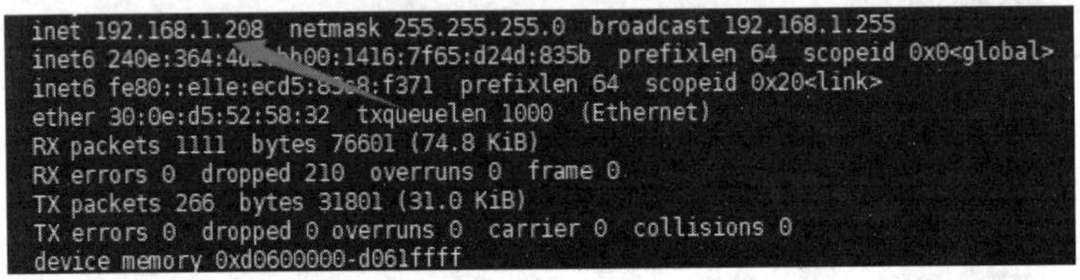

图 2.20　查看自动分配的主机 IP 地址

至此，在 Windows 系统下，我们使用虚拟机安装 Linux 系统的过程基本就完成了。

注意：在 Linux 的 Shell 命令行中不要用小键盘输入数字。

2.2.4 在 macOS 系统下的虚拟机中安装 Linux 系统

在 macOS 系统下安装完虚拟机后，正式在虚拟机中安装 Linux 系统。除了创建虚拟机部分，系统安装部分与 VMware Workstation 基本一致，本节不再赘述。

2.3 物理机安装系统

在虚拟机中安装完系统后，会发现安装非常简单，其实在物理机中安装系统也一样，只要读者选择合适的系统，合适的驱动就能完成。但是有一个基本的问题，安装 Windows 系统时一般使用 DVD 光盘或 U 盘进行系统安装。那么在进行 Linux 系统安装时，如何将系统镜像烧录到 DVD 光盘或 U 盘中呢？

注意：在大多数时候，大部分硬件都是兼容的，但有时候装不上物理机也不用着急，硬件需要适配的无非是 CPU、主板、显卡、网卡（硬盘、内存、电源基本不需要适配），在硬件的官网上联系商家可以找到合适的驱动。例如，海光 CPU 就需要额外打补丁，或使用海光改版的 CentOS 系统。

2.3.1 PE 制作

PE 全称为 Preinstallation Environment，即预安装系统。PE 最初是微软为维护硬盘中的软件免费提供的一个简易操作系统，对硬件配置的要求非常低，可从 U 盘、移动盘启动电脑。被用户改进的全内置版本还可以通过网络进行启动。

简单地说，PE 也是一个操作系统，是一个装在 U 盘中的微型系统，是一个可以给物理机安装系统的系统。

在安装 Windows 时，有很多 PE 软件可以使用。例如，老毛桃、杏雨梨云等。在安装 Linux 系统时，则可以使用 Rufus、YUMI、Universal、Ventoy 等软件。下面介绍其中具有代表性的两个：Rufus 及 Ventoy。

Rufus 需要将整个 U 盘格式化，将其当作安装盘，不能存放系统文件以外的其他内容，我们准备好一个 8GB 的 U 盘就可以。

Ventoy 可以将各种镜像存放在 U 盘里，供 Ventoy 程序浏览。

1. Rufus 安装 PE 教程

（1）打开 Rufus 官网，找到下载链接，下载 Rufus 3.13。

（2）打开"Rufus 3.13.1730"对话框，确认好"设备"是待安装镜像的 U 盘，在"引导类型选择"下拉列表中选择之前下载好的镜像文件"CentOS-7-x86_64-DVD-2009.iso",其他选项的配置默认不变,如图2.21所示。

图2.21　Rufus安装镜像

(3)单击"开始"按钮,Rufus安装页面底部显示"正在使用镜像",在检查U盘时会弹出确认对话框"是否格式化U盘"。我们将U盘中的重要文件迁移,单击"确定"按钮。

(4)确认格式化后,可以看到"正在复制ISO文件",直到安装完成。

(5)如图2.22所示,安装完成,找个空置的物理机,插入U盘准备安装Linux。

图2.22　安装完成

注意:使用Rufus 3.13安装完成,弹出U盘后再插上,Windows已不能识别;如果使用rufus-3.2_BETA.exe,则可以识别,并能看到U盘中安装的系统文件;如果想要恢复成普通U盘,则可以在插入U盘后打开Rufus 3.13,将其格式化为"非可引导"类型。

2. Ventoy 安装 PE 教程

（1）如图 2.23 所示，打开 Ventoy 官网下载页面，选择 "ventoy-1.0.30-windows.zip" 选项，进入 GitHub 的下载页面，选择 10.2MB 的 Windows 安装包进行下载。

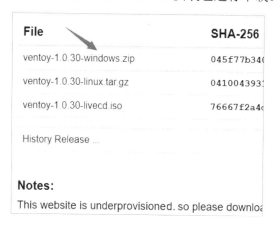

图 2.23　Ventoy 官网下载页面

（2）解压缩下载好的压缩包，打开 Ventoy2Disk.exe。此时会自动选中 U 盘，单击"安装"按钮，弹出需要格式化的确认信息，确认格式化后，开始安装。Ventoy2Disk.exe 安装页面如图 2.24 所示。

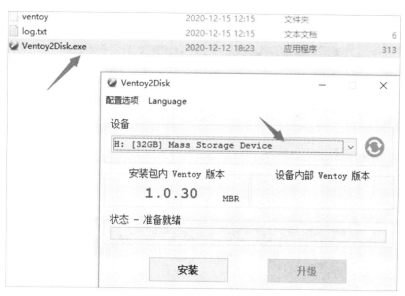

图 2.24　Ventoy2Disk 安装页面

（3）Ventoy 安装完成后，U 盘名称被改为"Ventoy"，此时将镜像（如 CentOS-7-x86_64-DVD-2009.iso）搬运至 U 盘中即可使用。安装完成页面如图 2.25 所示。

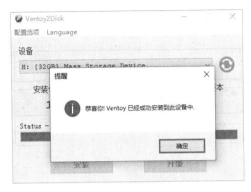

图 2.25　安装完成页面

2.3.2　系统安装

PE 制作好后，在一台物理机上，插入 U 盘，U 盘启动后就可以进行安装了。物理机的安装流程与虚拟机差不多，但是在设置启动项及格式化硬盘时有所区别。

（1）在启动时按"Delete"键进入 BIOS 页面（或按"F2""F12"键等，各硬件厂商都不一致），如图 2.26 所示。选择"Boot"→"Boot Option #1"选项，按上下方向键进行选择，按"Enter"键选中，在弹出的选项框中选择 U 盘，按"F10"键保存重启。

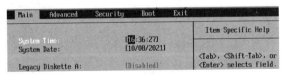

图 2.26　进入 BIOS 页面

（2）U 盘启动后，如果是 Ventoy 制作的启动盘，则会进入 PE 页面（如果是 Rufus 制作的启动盘，则会直接进入系统安装页面），选择"CentOS-7-x86_64-DVD-2009.iso"选项。Ventoy 启动盘页面如图 2.27 所示。

图 2.27　Ventoy 启动盘页面

（3）进入系统安装页面，与虚拟机安装一样，选择"中文"→"简体中文（中国）"选项，如图 2.28 所示。

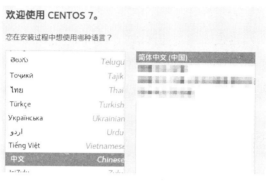

图 2.28　选择简体中文页面

（4）其安装过程与前面的 2.2.3 节中介绍的差不多，本节不再赘述。设置 root 用户的密码后，等待安装完成，重启进入 CentOS 7。

注意：每个品牌的主板 BIOS 都不太一样，但是大部分设置都是相通的。遇到找不到对应设置的情况，读者可以自行百度或去主板品牌官网搜寻方案。

2.3.3　密码找回

在安装完系统后，我们可能会遇到忘记密码的情况。如何找回密码呢？事实上，密码一般是密文加密，无法找回，我们一般能做的就是重置密码。

在 Windows 系统下，笔者是用 PE 工具箱删除 Administrator 的管理员密码后进入的。对 Linux 系统又该怎么办呢？如果此时还有终端登录 Linux 服务器，那么直接单击"passwd root"就可以更改 root 用户的密码。当然，在大部分情况下，我们是在离线时忘记了密码，这种情况就需要在 Linux 的单用户模式下进行 root 密码的更改。

单用户模式是类似其他操作系统的安全模式（如 Windows、macOS、Android 等）。单用户模式是如何加载的？什么时候加载的？如何进入单用户模式进行密码重置？说到这里，我们需要大致了解一下操作系统的启动过程。

事实上，无论是 Linux 还是 Windows，甚至 macOS、UNIX、Android，或者服务器、PC、手机，只要是操作系统，它的启动过程一般都是相似的。只是不同的系统在操作步骤上会有细微的差异。操作系统启动的大致流程如下。

- 通电开机（BIOS/UEFI），自检是否缺失硬件。
- 读取硬盘（或 U 盘、CD-ROM、PXE），加载引导程序（MBR/GPT）。

- 引导加载内核至内存。
- 内核检测硬件驱动。
- 加载初始化进程及预置启动项。

在以上步骤中，加载引导程序的时候可以加载 Linux 系统的单用户模式。以 CentOS 7.9 版本为例，在引导加载时出现 GRUB 菜单（内核选择菜单），我们可以进入单用户模式进行密码的修改操作。

（1）如图 2.29 所示，在引导内核页面按"E"键进入 GRUB 编辑模式。

图 2.29　按"E"键进入 GRUB 编辑模式

（2）使用方向键"↓"找到以"linux16"或"linuxefi"开头的行，在行尾追加命令"rw single init=/bin/bash"，然后按"Ctrl+X"快捷键进行重启。

（3）重启后进入 bash 页面，输入"passwd root"命令重置密码，输入两次确定密码后，执行"touch /.autorelabel"命令，再输入"exec /sbin/init"命令离开 bash 页面，如图 2.30 所示。重启系统后输入新密码登录。

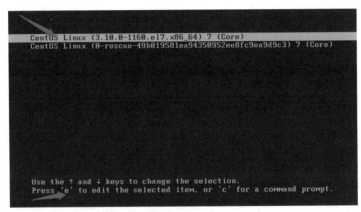

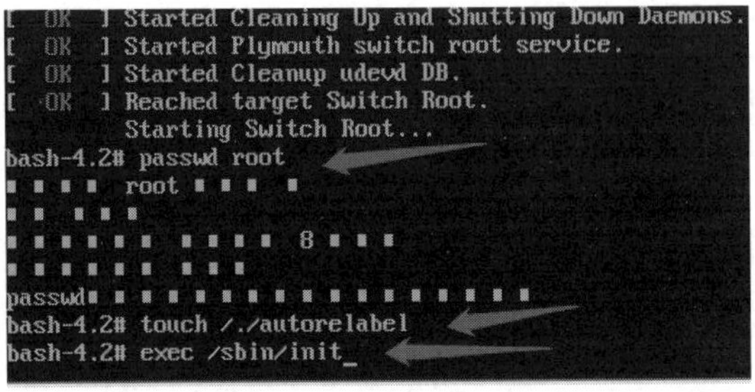

图 2.30　修改 root 密码

2.4 云服务器申请

什么是云服务器？我们可以将云服务器简单理解为云端的虚拟机。

云服务器有一个普通虚拟机或物理机无法比拟的好处，就是会天然分配一个"公网 IP 地址"。有了这个"公网 IP 地址"，意味着全世界可以连接互联网的人群都可以访问部署在这台机器上的公共服务（当然，国内的网络情况会比较特殊一些）。

云厂商国外有亚马逊 AWS、微软 Azure、谷歌 Cloud，国内有阿里云、腾讯云、天翼云、华为云、七牛云、青云等。本章主要以国内占据份额较高的两大云厂商（阿里云、腾讯云）和国际上占据份额较高的亚马逊 AWS 作为云服务器申请的示例。

2.4.1 阿里云

阿里云是目前国内最大的云服务器厂商，顾名思义，它是阿里巴巴集团旗下的云服务厂商。"天猫双 11""12306 春运购票"等服务都是在阿里云上部署运行的。申请步骤如下。

（1）打开阿里云官网，在"产品"列表中选择"云服务器 ECS"选项，这里的 ECS 全称为 Elastic Compute Service，即弹性计算服务。购买阿里云的云服务产品需要注册账号或使用淘宝、支付宝账号登录购买。

（2）确认 ECS 服务器时，可以选择"一键购买"或"自定义购买"。两者区别不是很大，我们可以自行选择。"一键购买"页面如图 2.31 所示。

图 2.31 "一键购买"页面

（3）"地域及可用区"代表这台机器在哪片地域里，用户可根据地域进行选择，如笔者在安徽，一般会选择"华东1（杭州）""华东2（上海）"这样的地方。如果在国外，那么选择中国任意地域都没有区别。

（4）"实例规格"选择最小配置，在性能方面没有要求，但是内存最好选择2GB，防止在安装某些软件时出现内存不足的情况，所以配置推荐选择"1vCPU 2GiB 内存 40GiB 云盘"。

（5）"镜像"选择 CentOS 7.9 版本，与本书演示系统保持一致。

（6）一键购买到这步就基本完成了，用户下单购买即可。

（7）如果选择"自定义购买"，则共有5个步骤，分别是：基础配置、网络和安全组、系统配置（选填）、分组设置（选填）、确认订单。基础配置部分与一键购买的操作类似，选择合适的"机房""实例""镜像"。

（8）无论是"自定义购买"，还是"一键购买"，选好配置并下单支付后，我们就可以进入控制台自定义控制台视图，可以从"已开通的云产品"中查看刚刚购买的 ECS 服务器，可以在控制台查看 ECS 的公网 IP 地址、私网 IP 地址和到期时间等，还可以在 Web 端远程连接、更改密码，在网页上监控服务器运行状况等。

2.4.2 腾讯云

腾讯云是腾讯旗下的云服务平台，也是国内份额第二大的云服务厂商，如微信、QQ、腾讯视频等很多后端服务器都被部署在腾讯云上。

腾讯云的云服务器是 CVM，全称为 Cloud Virtual Machine，即云虚拟机。购买腾讯云服务器也需要登录账号，使用微信即可登录，登录步骤如下。

（1）打开腾讯云，可以看到其购买套路与阿里云类似，可在"产品"或"最新活动"栏中购买服务器。在腾讯云的"最新活动"栏中一般有校园特惠套餐。低配置的云服务器一年需要 100 元左右，但是在这种套餐中购买的服务器，其可选择的操作系统有限。

（2）云服务器 CVM 分为"快速配置"和"自定义配置"。"快速配置"中当前支持的 CentOS 系统只有 CentOS 7.2 版本，需要更换为"自定义配置"才能选择其他系统。快速配置页面如图 2.32 所示。

（3）"自定义配置"与"快捷配置"类似，没有特殊要求，默认使用最低配置。如果有比较大的存储需求，则可以添加"数据盘"；如果有系统备份需求，则可以增加"快照"。"镜像"选择 CentOS 7.8 版本。截至 2020 年 12 月，腾讯云 CVM 只能选择 CentOS 7.8 版本，同时 CentOS 7.8 版本与 CentOS 7.9 版本差距不大，使用起来基本一致。

图 2.32 快速配置页面

（4）选择机型后，再设置主机安全组、实例名称与主机密码，设置完成后，确认配置信息，选择购买的"数量"与"时长"，同意"协议"后下单。

（5）购买后即可在"控制台"→"云服务器"中查看已经购买的"实例"。可以在此查看实例公网/内网 IP 地址，修改密码，其操作与阿里云类似，本节不再赘述。云服务器控制台如图 2.33 所示。

图 2.33 云服务器控制台

2.4.3 AWS

AWS 是亚马逊旗下的云服务厂商，也是全球范围内占据份额最多的云服务厂商。截至 2020 年，AWS 比微软、谷歌、阿里巴巴加起来占据的份额还要多。为了争夺云端市场，AWS 推出了"12 个月的免费套餐"，可以让使用者免费使用 AWS 的 EC2 套餐。登录 AWS 官网，在首页置顶即可看到 EC2 套餐。

EC2 全称为 Elastic Compute Cloud，直译为弹性计算云，是通常意义上的云服务器。

如何申请免费套餐？首先需要在 AWS 官网上创建账户，单击海外套餐下的"创建账户"按钮，即可进入注册页面。

在注册页面下方可以看到 AWS 官方推荐的"企业出海或个人体验，请注册 AWS 海外区域账户。"信息。我们开始注册海外套餐，账户类型选择"个人"，使用拼音注册基本信息后，需要填写信用卡，没有信用卡的读者无法进行之后的操作。

如图 2.34 所示，注册完成后进行登录，选中"根用户"单选按钮，输入刚刚注册的账户和密码。

图 2.34　登录 AWS 账户

登录成功后进入 AWS 控制台，选择"EC2"选项。进入 EC2 控制台后，选择"实例"选项，单击"启动"按钮，弹出"选择现有密钥对或创建新密钥对"对话框，如图 2.35 所示。选择"创建新密钥对"选项，填写"密钥对名称"后，单击"下载密钥对"按钮，下载后的密钥为"密钥名.pem"，之后单击"启动实例"按钮。

注意："pem"密钥对一定要保存好，这是客户端连接 EC2 服务器必须要用到的。

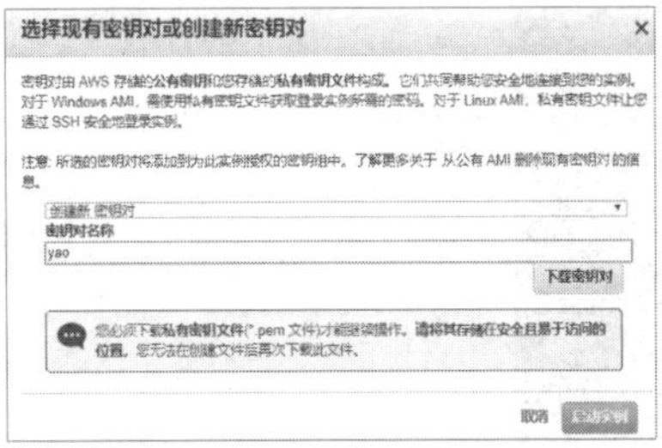

图 2.35　"选择现有密钥对或创建新密钥对"对话框

启动成功后,用户可以立即查看实例,或者创建账单警报,防止信用卡被不明不白地扣除费用。

查看启动后的实例并右击,可以在弹出的快捷菜单中选择"连接"和"监控和故障排除"等命令,如图2.36所示。"监控和故障排除"需要设置指标,我们可自行摸索或百度搜索进行相关学习;"连接"需要记录好公网IP地址:3.133.105.xxx,以便后续使用终端连接这个公网IP地址,用前面下载的密钥对"yao.pem"进行登录。

图 2.36　实例查看

注意:(1)如果 AWS 创建的服务器选择海外,则全世界互联网都可以对其进行访问。

(2)没有全球信用卡(如万事达)的读者不建议尝试。

(3)如果 CentOS 镜像无法连接到服务器,可以换成 RedHat 的镜像,操作方法基本一致。

(4)使用信用卡免费申请 AWS 套餐后,如果到期不想继续被扣费,则一定要提前注销 ECS,并终止协议。

2.5　客户端工具

Linux 系统有一个鲜明的特性是多用户复用。多个用户可以同时登录 Linux 系统且互不干扰,就像使用自己的主机一样。一般企业中的服务器都在机房中,而机房并不能随便进出。所以使用者通常使用服务器的方式进行远程登录。本节的主要内容就是介绍几个常用的 Linux 终端工具。

2.5.1 Xshell+Xftp

Xshell 可以说是 Windows 系统下最常用的 Linux 终端工具。我们在 Windows 系统下安装虚拟机并初始化设置后，可以使用 Xshell 这样的终端工具进行连接。

Xshell 是 NetSarang 公司开发的 SSH 客户端软件，对个人提供了免费使用许可。我们在收到激活邮件后，单击下载链接，下载 Xshell、Xftp。

下载完成后，双击"Xshell-7.0.0054p.exe"" Xftp-7.0.0054p.exe"进行安装，安装过程不再赘述。安装完成后，打开 Xshell，会弹出个人许可通知。其中与商业版本差别最大的是每个窗口的选项卡数量。

选择"文件"→"新建"命令，创建连接。输入自定义名称，"协议"默认为"SSH"，"主机"可以为物理机、虚拟机或云服务器的 IP 地址，"端口号"默认为"22"，如图 2.37 所示。

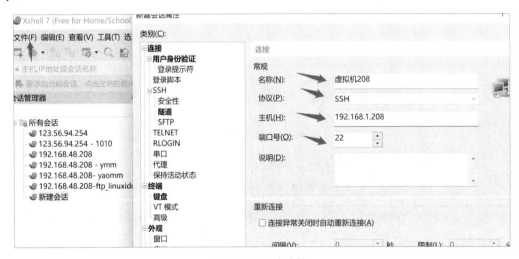

图 2.37 创建连接

云服务器的 IP 地址就是我们在申请云端实例时，云厂商提供的公网 IP 地址。如果不知道虚拟机或物理机的服务器 IP 地址，则打开虚拟机或物理机，输入命令"ifconfig"，查看服务器 IP 地址。

连接创立后，双击连接即可登录，需要输入账户名和密码。如果不想每次都重新输入，则可以选择记住账户和密码。

如图 2.38 所示，如果 IP 地址、账号、密码都没错，Xshell 就可以登录成功。此时我们可以像在服务器上一样去操作 Linux 系统了。

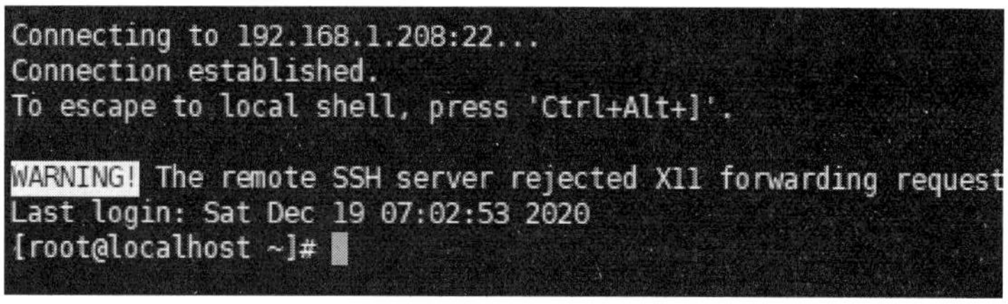

图 2.38　Xshell 登录成功

如何把服务器上的文件下载下来或将文件上传到服务器上呢？此时就用到本节所说的另一个工具 Xftp 了。

如图 2.39 所示，在登录成功的情况下，单击工具栏上的"Xftp"图标，打开 Xftp。

图 2.39　打开 Xftp

如图 2.40 所示，Xftp 页面共分为 3 部分。右侧为 Xshell 的当前目录，此处的目录"/root"是 root 用户登录的第一入口；左侧是本机桌面；下方是文件上传或下载的地方。

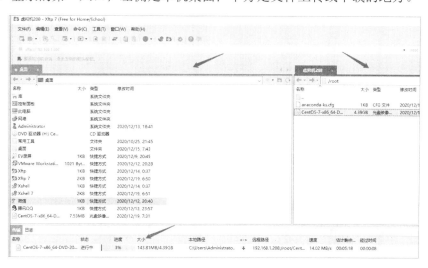

图 2.40　Xftp 页面

具体的文件上传或下载操作是选中文件并右击，在弹出的快捷菜单中选择"传输"命令，在左侧窗口中的传输即上传文件至服务器"/root"目录,在右侧窗口中的传输即下载文件。文件传输进度可在下方查看。右击并选择"传输"命令也可更换为双击操作。

注意:如果网卡配置是"DHCP",则每次登录可能都是不同的 IP 地址。在"系统初始化"章节中会讲到如何配置静态 IP 地址。

2.5.2 SecureCRT

SecureCRT 也是一款优秀的 Linux/UNIX 终端工具,不仅支持 Windows 系统,还支持 macOS、Linux 系统。

打开 SecureCRT 官方发行页面,如图 2.41 所示。选择 Windows 版本进行下载,进入下载页面,如果没有账号,则需要注册账号,单击下方的"注册"链接,注册后进行下载。

图 2.41 SecureCRT 官方发行页面

如图 2.42 所示,下载安装完成后,初次打开 SecureCRT 时会弹出"快速链接"对话框。也可以选择"文件"→"快速链接"命令打开该对话框。"协议"默认为"SSH2","主机名"为 IP 地址,"端口"默认为"22",在"用户名"文本框中输入"root",勾选"启动时显示快速连接"复选框。

图 2.42 "快速链接"对话框

如图 2.43 所示，登录服务器后，打开 SecureFX 进行文件传输，并单击"▣"图标运行 SecureFX。

图 2.43　打开 SecureFX

如图 2.44 所示，SecureFX 页面比 Xftp 页面多了目录结构和传输日志页面。

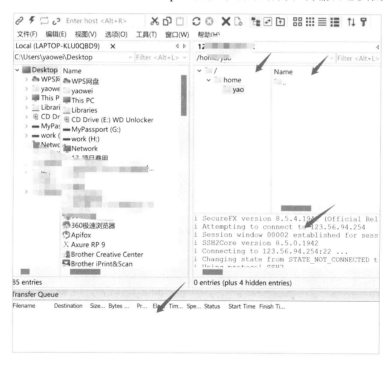

图 2.44　SecureFX 页面

注意：SecureFX 在传输时，会有文件类型选项，选择"二进制文件"选项。

2.5.3　macOS 原生终端

macOS 是一个类 UNIX 的操作系统，其自带终端可以操作各种 Linux/UNIX 命令。

如图 2.45 所示，在 App 桌面找到"终端"并打开，也可使用"Terminal"进行搜索。为了不产生歧义，后文我们以 Terminal 来表示 macOS 的自带终端。

图 2.45　寻找终端

如图 2.46 所示，输入命令"ssh 用户名@主机 IP 地址"，登录成功。

图 2.46　登录成功

在输入 SSH 命令远程登录时，经历了这几个步骤：SSH 远程连接主机，主机为终端生成一个 ECDSA 密钥，主机询问是否继续连接，如果是，就把 ECDSA 添加到信任列表，最后登录成功。具体连接过程如下：

```
➜  ~ ssh root@192.168.1.208                          ##→输入远程登录主机命令
The authenticity of host '192.168.1.208 (192.168.1.208)' can't be established.
##→无法确认主机192.168.1.208 真实性
ECDSA key fingerprint is SHA256:F9HUhl6+HEQgE7lZh4YPgBXZdeInnon96ezg5LKMnTo.
##→自动生成密钥指纹
##→是否继续连接? 是
Are you sure you want to continue connecting (yes/no/[fingerprint])? yes
Warning: Permanently added '192.168.1.208' (ECDSA) to the list of known hosts.
##→警告:将'192.168.1.208' (ECDSA)永久添加到已知主机列表
root@192.168.1.208's password:                       ##→输入密码
Last login: Sat Dec 19 08:44:22 2020 from 192.168.1.9 ##→最后一次登录时间与 IP 地址
[root@localhost ~]#                                  ##→登录成功
```

开发者为 macOS 的 Terminal 添加各种主题和扩展。例如，人们常用 zsh 作为默认的 Shell。iTerm、iTerm2 也是与 macOS 终端类似的工具，有需要的读者可以自行下载。对崇尚简洁、实用的人们来说，自带终端已经完全够用了。

注意：它们都有一个共同的缺点，缺少传输文件的图形软件，如 Xftp、SecureFX。

2.5.4 FinalShell

虽然使用 Terminal 非常方便，但也存在一些缺陷。例如，它没有 Xshell 这样直观的主机列表，在维护多台远程服务器时会带来记忆上的麻烦。那么 macOS 系统上有类似 Xshell 这样的工具吗？显然 FinalShell 算一个。

FinalShell 是使用 Java 开发的一款 SSH 工具。它的大部分功能都是免费的，且同时支持 Windows、macOS 和 Linux 系统。

当然，在 Windows 系统下有 Xshell、SecureCRT 这样的终端工具已经足够了。我们需要的是在 macOS 系统下拥有类似 Xshell 这样体验的一个工具。如果不介意工具是否收费，那么 macOS 系统下的 Royal TSX 也可能会受到青睐。

FinalShell 的操作简单，与在 Windows 系统下的操作习惯基本一致，并且拥有强大的监控功能。

FinalShell 使用流程如下。

（1）如图 2.47 所示，下载并安装成功后，打开 FinalShell，创建一个"快速连接"，与 Xshell 一样，在输入主机 IP 地址、账号、密码等后，就会在文件夹中产生一个连接列表。

图 2.47　创建连接

（2）连接登录成功后，进入 FinalShell 登录页面，如图 2.48 所示。可在左侧看到服务器的监控信息（登录连接选择"exec"选项），如 CPU 负载、内存使用、运行时间、网络流量、磁盘空间等信息。这是比其他工具强大的地方。

（3）相比 Terminal 自带终端，FinalShell 更强大的地方是自带文件传输工具。在页面下方，我们可以看到服务器上的文件目录结构，可以选择服务器上的文件进行双击下载，或者单击下载图标下载，还可以在右上角查看下载进度与历史文件。

图 2.48　FinalShell 登录页面

（4）FinalShell 不仅可以下载文件，还可以上传文件。单击上传图标，在询问授权后，打开 macOS 本机目录，默认打开当前用户目录，选中文件，单击"确定"按钮后，文件会被上传到当前服务器目录。

注意： 如果 FinalShell 经常断开，就需要关闭连接创建页面的"启用 Exec channel"，关闭后 FinalShell 登录页面左侧无法监控服务器信息。

2.5.5　用密钥登录 AWS

在登录普通的虚拟机、物理机或云端服务器时，前面使用的登录方法并没有问题，但在用密钥登录 AWS 时，则不太一样。之前在 2.4.3 节中提到的要保存的"xxx.pem"密钥就是关键。

在这里，我们重新选择一个 AMI 镜像，将 CentOS 系统换成 RHEL 或 Fedora 系统。使用 CentOS 镜像会产生无法连接的问题，这可能是 AWS 的一个 Bug。不用为系统更换为其他系统后的使用效果担心，RHEL/Fedora/ CentOS 系统的操作基本是一致的。

更换为 RHEL 镜像后，在 AWS 控制台找到 EC2 实例，右击 EC2 实例，在弹出的快捷菜单中选择"连接"→"SSH 客户端"命令，可以看到 SSH 客户端的连接方法，如图 2.49 所示。

图 2.49　SSH 客户端的连接方法

按照 AWS 的连接示例，我们可以使用两种方法登录。登录的前提是对 AWS 提供的 DNS 地址执行 ping 命令，查看网络是否通畅。如果无法 ping 通，则需要在安全组中放行。关于安全组的讲解可在 2.6 节中查看。

1. 方法一

（1）如图 2.50 所示，打开 Xshell 中的本地 Shell，在 Shell 中输入以下命令即可登录：

```
ssh -i "redhat.pem" ec2-user@ec2-3-131-128-114.us-east-2.compute.amazonaws.com
```

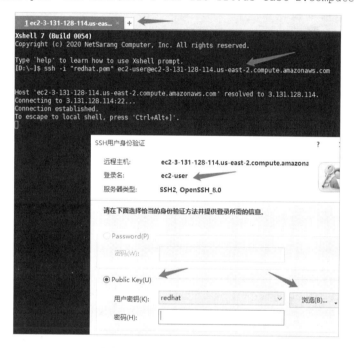

图 2.50　使用 Shell 命令登录

（2）如图 2.51 所示，在弹出的用户身份验证中导入"redhat.pem"密钥，登录成功。

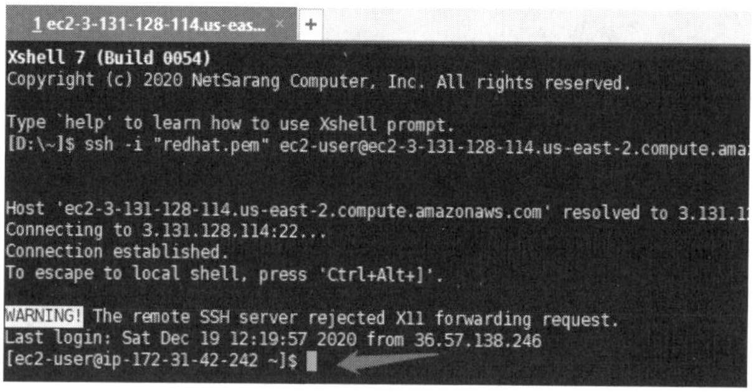

图 2.51　登录成功

2. 方法二

（1）如图 2.52 所示，新建一个 Xshell 的 SSH 连接。在"主机"文本框中输入 AWS 提供的 DNS 地址或公网 IP 地址，如"ec2-3-131-128-114.us-east-2.compute.amazonaws.com"，端口号默认为"22"。

图 2.52　新建 Xshell 的 SSH 连接

（2）建立完基本连接信息后，进入"用户身份验证"对话框。"用户名"为 AWS 提供的"ec2-user"，在"方法"列表框中勾选"Public Key"复选框，单击"设置"按钮，在弹出的对话框中导入建立实例时创建的私钥"xxx.pem"，如图 2.53 所示。

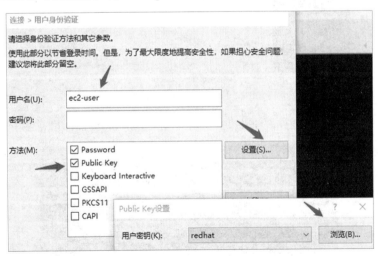

图 2.53　设置用户身份验证

（3）创建好连接后，即可在 Xshell 的主机列表查看远端服务器。双击可以连接 AWS 的云服务器。其他诸如 SecureCRT、FinalShell 这样的工具也是类似的操作。

注意：如果还是无法连接远端服务器，则可以查看 AWS 的 EC2 用户指南，排查问题。

2.6 系统初始化

安装完系统后，我们需要对系统做一些基本的设置，以保证方便、快捷地使用终端工具连接远程服务器。本节主要介绍如何设置来电自启、修改系统名称、配置静态 IP 地址、互联网时间同步，还有与防火墙相关的无法远程连接问题的内容。

2.6.1 来电自启

我们通常使用 Linux 系统作为服务器系统。服务器的一大特征是"24 小时不停机"，如果遇到停电或跳闸事故怎么办？如何让服务器在通电后立即启动？如果是部署在园区、工地、地铁这种场景的工控机断电后该怎么办？能否让工控机在来电时就可以自行启动，而不需要人为地开机？

事实上，针对上述问题，硬件厂家早已想到了解决方法。基本的操作步骤如下。

（1）开机后，连续按"Delete"键（或按"F2""F10"键等，页面上有提示），进入 BIOS 页面。

（2）选择"advanced"→"PWRON After Power LOSS"选项。每个主板的 BIOS 都不太一样，不一定在"advanced"路径下，名字也有可能是"Restore AC Power LOSS"。

（3）设置"PWRON After Power LOSS"为"Always on"，也有可能是"Power On"。

（4）如果是 UEFI 的主板页面，则会显得更简单。一般在"主页"或"高级设置"选项中有断电恢复后的电源状态，选择"电源开启"选项即可。

注意：此处 BIOS 修改一般用于物理机。虚拟机、云主机是无法修改的。

2.6.2 系统 host 设置

拥有 Linux 系统的第一件事，就是为主机起一个容易辨识的或个性化的名字。

登录系统后，我们主要使用两个命令——hostname 与 hostnamectl。前者用于查看主机名，后者用于修改主机名。命令如下：

```
WARNING! The remote SSH server rejected X11 forwarding request.
##→最后一次登录的 IP 地址是 192.168.1.4
Last login: Sat Dec 19 10:43:58 2020 from 192.168.1.4
[root@localhost ~]# hostname                          ##→查看主机名
```

```
localhost                                            ##→主机名为 localhost
[root@localhost ~]# hostnamectl set-hostname yaomm   ##→修改主机名为 yaomm
[root@localhost ~]# hostname                         ##→重新查看
yaomm                                                ##→已更改为 yaomm
```

修改完主机名后,发现命令行前的主机名没有改变,仍然是"[root@localhost ~]",但是使用 hostname 命令查看,主机名确实已经改变了。此时我们需要重新登录,才能看到变化。

双击标签页"虚拟机 208",复制一个链接,重新远程登录服务器。新的标签页打开,可以看到命令行前的展示字样已变成"[root@yaomm ~]"。

2.6.3 时钟同步 NTP

在很多时候,机器时间与标准时间并不一致。我们使用的时间应该是与北京时间保持一致的。

在 Windows 中,我们一般会单击右下角的时钟,进行时区的同步,一般选择的是"(UTC+08:00)北京,重庆,香港特别行政区,乌鲁木齐"这样的时区。

在 Linux 系统中,有一个世界时间的时钟同步器,即 NTP。时区一般选择"shanghai"。有两种时钟同步的方式。一种是安装 ntpd,另一种是使用 ntpdate。一般两种方式配合使用。

(1)使用 ntpd 进程守护。

在 CentOS 系统中,NTP 需要自行安装,示例如下:

```
yum install ntp -y            ##→安装 NTP
systemctl start ntpd          ##→启动 NTP
systemctl status ntpd         ##→查看 NTP 状态
```

(2)使用 ntpdate 同步时间,输入命令"ntpdate pool.ntp.org":

```
[root@yaomm ~]# ntpdate pool.ntp.org      ##→ntp 校准命令,pool.ntp.org 为时钟同步器
20 Dec 10:59:06 ntpdate[1776]: adjust time server 220.132.17.177 offset 0.014793 sec
[root@yaomm network-scripts]#             ##→查看服务器时间
2020 年 12 月 20 日 星期日 10:59:23 CST
```

2.6.4 关闭防火墙与开通安全组

在通常情况下,如果我们安装完系统或软件服务,并将它们正常启用,但是无法通过终端进行远程连接时,那么很可能是防火墙造成的。

1. 关闭防火墙

在 CentOS 7 以后，服务的管理命令由 service 变成 systemctl，防火墙也由 iptables 变成默认的 firewalld。

关闭防火墙命令"systemctl stop firewalld"，示例如下：

```
systemctl stop firewalld              ##→关闭firewalld服务
systemctl status firewalld            ##→查看firewalld状态
```

这里为了简化操作，直接关闭了防火墙。但是在生产环境中，我们应该指定端口穿过防火墙并提供服务。与 firewalld 配套的指定开启端口命令是"firewall-cmd"。

2. 开通安全组

在物理机和虚拟机中，关闭防火墙对远程连接很管用，但是在云服务器上，却不管用。因为云厂商专门为网络安全添加了"安全组"这一选项，端口需要在各大云厂商提供的"安全组设置"功能中予以放行。

以阿里云为例，登录控制台，选择"实例"→"安全组"选项。如图 2.54 所示，选择"配置规则"→"入方向"→"快速添加"选项，在"快速添加"对话框中可以看到各个常用中间件的常用端口能够轻松地添加通行规则。这里演示的是放行所有端口。当然，一般不建议这么做，因为会带来很大的安全隐患。弄清楚添加规则后，建议手动添加放行端口。

图 2.54 "快速添加"对话框

2.7 小结

本章围绕如何安装一个合适的 Linux 系统，介绍了针对以下问题的相关内容。

- CentOS 与 RHEL 有什么关系，为何选择 CentOS 7.9 版本，又为何选择 x86_64 的镜像？从什么地方下载镜像，为何挑选 DVD 版本使用，其他版本是干什么的？
- 虚拟机是什么？选择什么虚拟机？在 Windows、macOS 系统下是如何安装、创建虚拟机的？如何使用虚拟机安装 CentOS？
- 在安装物理机时如何制作 PE 安装盘，如何使用 PE 进行系统安装？如何进行密码找回，密码找回时是在系统启动的哪个过程介入的？
- 什么是云服务器？有哪些云服务器厂商？如何快捷购买云服务器和自定义云服务器配置？阿里云、腾讯云、AWS 有哪些差异？
- 系统安装完成后，有哪些 Linux 终端工具可以远程登录？Windows 与 macOS 系统下分别有哪些比较好用的终端工具？AWS 是如何用"密钥对"进行远程登录的。
- 如何对物理机设置来电自启，如何修改系统主机名，如何配置静态 IP 地址，如何进行时间同步？虚拟机、物理机的防火墙是如何关闭的？云服务器又是如何配置安全组，放行端口的？

针对以上的问题，如果你在看到时已经有答案了，那么你已经对本章内容了然于胸了，否则可以带着这些问题再回顾一遍本章内容。

第 3 章 Linux 入门命令与文件管理

在使用 Linux 作为服务器系统时，我们舍弃了耗费性能的 GUI（Graphical User Interface，图形用户界面）因此只能使用命令行进行操作。虽然命令行有一定的学习难度，但是习惯之后，我们会发现使用命令行操作也很有趣。

本章主要涉及的知识点如下。
- 学习指南：使用 Linux 命令的一些常用快捷键与技巧。
- 文件及目录操作：与在 Windows 中学习的操作一样，命令行可以切换、查看目录路径，并对 Linux 中的文件和目录进行创建、移动、复制、删除等操作。
- 文件查看与编辑：在 Linux 中查看文件与日志，以及编辑脚本和配置文件。
- 文件查找与统计：在 Linux 中寻找文件，查找字符。
- 文件处理与特殊字符简析：打印彩色日志，处理文件乱码，比对、校验文件，剪切字符串等，以及使用 Linux 命令时经常用到的特殊字符的简析。

注意：本章的重点是学习文件相关的操作。

3.1 学习指南

在学习 Linux 时，把 Linux 当作 Windows 一样经常使用，自然可以快速掌握 Linux。

本章将带领读者一起"初窥 Linux 的门径"。这个门径就是 Linux 的文件操作命令。希望读者在翻阅书中的例子时，可以亲手操作一遍。"知行合一，方能致远。"

3.1.1 Linux 命令与 Shell

在 Linux 的命令行界面（Command Line Interface，CLI）下，一切操作都是使用"命令"进行操作的。这个命令的执行器称为 Shell。我们通常看到的输入命令的窗口也称为 Shell 界面。

事实上，包括 Windows、macOS 在内的所有系统一开始都没有 GUI 界面。这个 Shell 界面是操作系统的界面。Shell 的本意即"壳"。

我们在 Windows 中用到的"cmd"也是 Shell，Win10 的"Power Shell"更是从命名上证明了这一点。与 cmd、PowerShell 一样，UNIX/Linux/macOS 也有"sh""bash""zsh""fish"等不同的"Shell 命令解释器"。

Shell 的作用是根据输入的命令找到对应的程序，并执行各种系统内核暴露的 API，将其反馈给调用者。

本章作为 Linux 命令的入门篇，会带领读者用 Shell 的各种内置或外置命令，将文件相关的常用操作学习一遍。用一句话概括这些内容就是"文件目录的增删改查与解压缩"。

但 Linux 中的文件并不只是通常意义上所指的 txt、word 文档。在后续的学习中会发现，无论是 CPU、内存、磁盘、网卡，还是应用软件、系统进程等，它们都是以文件或文件描述符的形式存储在 Linux 中。

记住一个理念：在 Linux 中一切皆是文件（描述符）。Everything is a file（descriptor）。

注意：sh 是 UNIX 上最初的 Shell，全称为 Bourne Shell，是由"AT&T 贝尔实验室"的斯蒂芬·伯恩（Stephen Bourne）在 1977 年开发的一款 UNIX 管理界面。后来 sh 成为很多 UNIX 系统默认的 Shell。而 bash（Bourne Again Shell）是布莱恩·福克斯（Brian J. Fox）在 1987 年为 GNU 计划（GNU is Not UNIX，开源运动发起组织）编写的管理界面。在当前的 Linux 发行版本中，bash 已经是大多数 Linux 发行版本的默认 Shell。它兼容最初的 Bourne Shell，并遵循 IEEE 的"POSIX"规范（Portable Operating System Interface，可移植操作系统接口），成为 Shell 的标准。

3.1.2 快捷键

Linux 下有一些操作命令的快捷键，我们在与 Linux 打交道时经常会用到。Linux 常用快捷键如表 3.1 所示。

表 3.1　Linux 常用快捷键

常用快捷键	说　明
Enter	执行命令。输入命令后按"Enter"键，命令才生效
Tab	自动补全命令或路径。在写命令或文件夹路径时，输入首字母直接将后续名称补全，遇到首字母相同的命令或文件夹会展示出列表
↑、↓	使用上下方向键，可以翻阅之前执行的历史命令。如果想查看所有历史命令，则使用 history 命令
←、→	使用左右方向键，可以在输入命令中移动光标进行编辑
Ctrl+C	中断命令。在 Linux 上执行命令遇到卡死、报错等执行不下去又无法退出的情况时，使用此命令

续表

常用快捷键	说　明
Ctrl+Z	暂停命令。可以使用此命令将进程暂停，并转到后台运行
Ctrl+Insert	复制。复制选中的内容
Shift+Insert	粘贴。粘贴剪切板中的内容
Delete	向后删除
Backspace	向前删除
Ctrl+Backspace	向前删除。在输入命令时，有时退格键 Backspace 无法删除字符，因为它本身被当作一个字符输入了，使用此命令进行退格删除操作
Ctrl+S	文件查看停止滚屏
Ctrl+Q	文件查看恢复滚屏

注意：在"Ctrl+C"快捷键中，"+"为意指，其使用方式与 Windows 上的复制快捷键一样，先按"Ctrl"键，再按"C"键。其他快捷键也是同样的操作方式。

3.1.3　帮助命令

Linux 中有 3 个命令用于帮助使用 Shell，分别是 man、help、info。

（1）man 命令的使用。

man 命令是系统帮助文档调阅的命令，其使用方式为"man 命令"，示例如下：

```
[root@yaomm ~]# man ls    ##→调用 ls 的 man 文档
...
```

使用":q"命令退出 man 文档。

可以看到，man 命令列出的系统手册中关于 ls 命令的内容详细而丰富。

（2）help 命令的使用。

help 命令有两种使用方式，一种是"help [内置命令]"，另一种是"[外置命令] -help"。

```
help cd                ##→内置命令 cd 帮助查询
ls -help               ##→外置命令 ls 帮助查询
```

由于篇幅有限，这里不列出所有输出结果。读者根据实际操作就能看出，在 help 命令中输出的帮助说明较为简短，可以看到最后一行"info coreutils 'ls invocation'"。即如果要查看完整的文档，那么使用 info 命令来调用 ls 命令。

（3）info 命令的使用。

info 命令是 GNU 的超文本帮助系统命令，能够更完整地显示出 GNU 信息。但是 info 命令并不常用，一般使用 man、help 命令较多。

```
info ls    ##→使用 info 查看 ls 命令的 GNU 帮助文档
```

可以看到，info 命令的输出结果是全英文的，并没有像 man 命令一样有中文社区的开发者翻译。info 命令是一个大的文档集合，使用"info ls"命令只是跳转到了 ls 命令相关的页面。如果继续上下翻阅这个文档，那么还可以看到其他命令的帮助内容。

3.1.4 历史命令

在 Linux 中可以查看过往执行的 Linux 命令，可用 history 命令或上下方向键查看。

（1）使用 history 命令查看历史命令。

输入命令"history"，可查看曾在这个服务器上执行的历史命令，示例如下：

```
[root@yaomm ~]# history        ##→查看已经执行过的命令
    1  ps 0
    2  ps 1520
...
 1000  history
[root@yaomm ~]#                ##→命令结束，会重启一行
```

（2）使用上下方向键可查看曾经执行的 Linux 命令。

（3）使用"![命令行号]"直接执行历史命令，示例如下：

```
[root@yaomm ~]# history        ##→查看已经敲过的命令
...
 1000  ls /var
 1001  cd /root
 1002  history
[root@yaomm ~]# !1001          ##→感叹号加命令行号直接执行历史命令
cd /root
```

（4）历史记录的保存文件。

history 命令既然能记录历史命令，就要有地方保存这些命令。这些命令保存在用户根目录下的 bash_history 文件中，可以用命令"cat ~/.bash_history"查看。

3.1.5 FAQ

本节将列举一些在使用 Linux Shell 执行 Linux 命令时可能遇到的一些问题、疑惑与常识。

（1）本书使用的 Linux 版本为 CentOS 7.x，可以保证本书中所有命令都是真实可用的。但在使用其他 Linux 发行版本或 UNIX、类 UNIX 的系统时可能会出现不一致情况，如 Debian、macOS、AIX、Ubuntu 的命令都可能有细微差别。

（2）在 Linux 中的所有命令与选项、参数间都要用空格隔开，如"cd /root""ls -l /var"。

（3）命令一般都有参数或选项，可使用 man 或 help 命令查看其作用。命令选项写法一般

为"-"开头。例如,"ls -l"表示竖排显示当前目录下的所有文件。"-l"选项的作用就是以长格式显示文件信息,竖排显示文件权限等详细情况;"rm -f xxx.txt"表示不提示删除 xxx.txt 文件,"-f"的含义是即使没有这个文件也不提示删除。

(4)有时也会把选项、参数的含义混着用。为了避免混淆,在本书中使用命令时会将如"rm -f xxx.txt"中的"-f"固定为选项,"xxx.txt"作为参数。

(5)符号"#"为 Linux Shell 中的注释符,意味着"#"以后的字符串都是作为注释文本的,即使字符串中写了命令也不会执行,如"ls -l # cd /root","#"后的 cd /root 不会执行,只执行"ls -l"命令。

(6)使用命令时,同一个选项中的长选项与短选项等价。例如,"cat -A xxx.log"等同于"cat --show-all xxx.log"。

(7)在 Linux 中,很多命令都是与文件相关的,查看命令帮助时可能会出现提示:"没有文件,或当文件为 '-' 时,读取标准输入。"标准输入即 stdin(standard-in),标准输出即 stdout(standard-out)。标准输入一般是指键盘输入设备,标准输出是命令结果,一般会打印到 Shell 控制台。先记住这两个概念,在使用 Linux 的过程中,读者会渐渐深入了解。

3.2 文件及目录操作

对用户来说,使用一个系统的基本功能就是对文件、目录进行增删改查。只要熟悉了这些基本操作命令,读者就可以像操作 Windows 一样操作 Linux 了。

3.2.1 目录切换与查看:cd、ls、ll、pwd

在 Linux 中,cd 命令是一直陪伴读者的命令,也是所有基础操作的"王者"命令。cd 命令用于路径切换,即 Change Directory。

ls、ll 命令是跟随 cd 命令的一对"好伴侣"。使用它们可以查看当前文件夹下有哪些文件和目录,即 List Directory Contents。ll 命令是简化的"ls -l"命令。

命令说明如表 3.2 所示。

表 3.2 命令说明

命　　令	说　　明
cd /	进入主机根目录("/"表示主机根目录)
cd ~	"~"表示用户根目录

续表

命令	说明
cd .	"." 表示当前目录
cd ..	".." 表示上级目录
cd ../..	返回上级的上级目录 "../..",可以以此类推
cd -	返回上次的目录。在两个目录中切换时很好用
cd /var/log	使用绝对路径,从根目录开始,一层层找到 log 这个目录
ls	等同于 "ls .",展示当前目录下的所有文件及目录
ls -l	List Long,长格式展示文件列表,可展示详细的文件权限
ll	等同于 "ls -l",纵向展示当前目录下的所有文件及目录,以及文件所属权限信息
ls -a、ll -a	-a 参数显示隐藏文件
ls -h	将文件大小从单位 bit 转换为合适的单位展现,如 KB、MB、GB,根据实际大小来转换。注意:-h 这个参数在 Linux 中很有用,所有需要统计大小的命令中都可以用它,如 df -h、du -h、free -h
ls /var/log	展示绝对路径 "/var/log" 下的所有文件
pwd	Print Work Directory 查看当前所在路径

3.2.2 文件与目录创建:touch、mkdir

在 Linux 中,创建文件有很多方法,touch 命令是最简洁的一个,输入命令 "touch file",一个空文件就产生了。如果想创建一个目录,则可以使用 mkdir 命令,即 make directory。

```
touch wfy.txt                          ##→在当前目录下创建一个 wfy.txt 空文件
mkdir /var/www                         ##→在/var 目录下创建一个 www 的文件夹
touch /var/www/yaomm{01..10}.html      ##→批量创建 yaomm01.html...yaomm10.html
mkdir yaomaomao wfy 123 456            ##→多个目录同时创建,目录间以空格隔开
mkdir -p /yaomm/wfy/123/456            ##→创建多层目录
```

"mkdir -p" 是非常常用的命令,可以同时创建多层目录。

3.2.3 复制、移动和删除:cp、mv、rm

cp 是 copy 的缩写。mv 是 move 的缩写,这个很容易理解。rm 是 remove 的缩写,这个命令请谨慎使用,尤其不要使用 "rm -rf /*"。如果不小心输入这个命令,就需要重装系统了。

cp 命令常用的形式如下:

```
cp oldFile newFile                     ##→将前者复制一份出来,变为后者
cp -r oldDir newDir                    ##→-r 复制所有子目录和文件至目标目录
cp --parents -av /var/log/message /home ##→复制文件及所有上级目录

\cp -f [文件1] [文件2]                  ##→文件1覆盖文件2,-f 忽略提示
##→注意:-f 参数忽略是否覆盖提示,但需要在 cp 命令前加个反斜杠,否则-f 参数并没有什么用
```

"-r/R"这个参数的意思是递归，无限寻找当前目录下的所有文件和子目录。以后我们会发现很多 Linux 命令中都有-r 参数。

mv 命令常用的形式如下：

```
mv    [待复制文件名]    [复制后文件名]           ##→将前者的文件名改为后者的文件名
mv    [待移动目录]     [目标目录]              ##→将前者的文件名改为后者的文件名
```

cp 与 mv 命令的目录名都可以加上相对路径与绝对路径。

了解完 cp、mv 命令，再了解一下 rm 命令。

在使用 rm 命令时一定要牢记一个守则：不要使用"rm *"，更不要使用斜杠加星号"rm /*"，否则系统会濒临崩溃。读者可以在虚拟机中进行测试。

rm 命令常用的形式如下：

```
rm    [文件名]                ##→删除文件。文件不存在会有报错提示，文件存在会提示是否删除
rm -f  [文件名]                ##→删除文件。-f 忽略信息，不提示
rm -rf [目录名]                ##→递归删除目录
rm -rf [文件1] [文件2] [目录1] [目录2]    ##→删除多个文件和目录，以空格分隔


rm -rf *.log ##→删除当前目录所有以.log 后缀为结尾的文件
##→-i 为默认参数，删除所有 log 文件时会一一询问，按"Y"键确认删除，按"N"键不删除
rm -i *.log
```

3.3 文件查看与编辑

在阅读与编辑文件时，我们总会选择几个常用的工具。本节介绍的是 Linux 平台上常用的几个阅读与编辑文档的工具。

3.3.1 文件查看：cat、tac 、nl

cat、tac、nl 命令都可以将文件内容一次性输出到屏幕上。cat 命令一般用来查看文件，合并文件；tac 命令是将 cat 命令倒过来查看，甚至可以将字符颠倒；nl 命令相当于"cat -n"，但是不止于此，还可以用作空位补零。

1. cat 命令速查手册

cat 是 concatenate 的缩写，它的主要功能是一次性将所有内容输出到屏幕上，一般在文件内容较少时使用。

（1）cat 命令的语法格式：cat[选项][文件]。

（2）cat 命令的选项说明如表 3.3 所示。

表 3.3 cat 命令的选项说明

选项	说明
-n, --number	常用参数，对所有输出的行数编号
-A, --show-all	等同于-vET
-s, --squeeze-blank	不输出多行空行
-b, --number-nonblank	对非空输出行编号
-v, --show-nonprinting	使用 "^" 和 "M-" 符号显示控制字符，除了 LFD（line feed，即换行符 '\n'）和 TAB（制表符）
-T, --show-tabs	使用 "^I" 表示 TAB（制表符）
-t	与-vT 等同
-E, --show-ends	在每行结束处显示 "$"
-e	等同于-vE

（3）cat 命令示例。

```
cat /etc/inittab                    ##→将文件所有内容输出到屏幕上
cat /etc/inittab /etc/passwd        ##→按顺序将文件1、文件2所有内容输出到屏幕上
cat -n /etc/inittab                 ##→在输出文件内容时加上行号
cat -A /etc/inittab                 ##→在输出文件内容时显示所有隐藏字符
cat /dev/null > xxx.log             ##→可以在程序运行时清空文件内容
##→将文件1、文件2合并，输出到文件3中，如果没有文件3，那么系统会自动生成一个新的文件3
cat /etc/inittab /etc/passwd > cat.log
```

2. cat 命令编辑文件小技巧

cat 命令不仅可以用来查看文件内容，还可以用来编辑简短的内容，并将其输入文件中。

（1）将内容追加到文件末尾。

```
cat >> ./out.log<<EOF
    我是姚毛毛，这是 "用 cat 来编辑文件"
EOF
##→EOF 应成对出现，也可用其他字符代替（如 EFO），结尾的 EOF 要顶格
```

（2）编辑内容，将其追加到文末。

```
##→按 "Enter" 键后开始编辑输入内容
cat >> ./out.log

我是姚毛毛，这是 "cat 的第二种编辑方法"
^C
##→符号 "^C" 为 "Ctrl+C" 快捷键，这对快捷键用来结束编辑
```

（3）将文件 1.txt 内容追加到 out.log。

```
cat 1.txt >> out.log       ##→读取 1.txt，使用追加重定向符将文本内容追加至 out.log
```

3. tac 命令速查手册

tac 是反写的 cat，其作用是将文件中的内容倒过来显示在控制台上。

```
tac out.log                      ##→按行翻转文件中的文本
tac -r -s 'w\|[^w]' out.log      ##→按字符翻转
seq 1 3 | tac                    ##→读入标准输入中的数字，反转数字顺序。.seq 可以生成连续数字
```

4．nl 命令速查手册

nl 命令在 info 手册中的意思是"Number lines and write files"，它的作用可以被看作"cat -n"，其常用命令为"nl xx.log"，即打印文本时显示行号。nl 命令可以为序号补零，示例如下。

```
nl out.log                    ##→ "nl" 输出文本，打印行号
nl -b out.log                 ##→ "-b" 输出文本，空行也加上行号输出
nl -b a -n rz out.log         ##→ "-n rz" 设置右对齐，空格用 0 填充
nl -b a -n rz -w 3 out.log    ##→ "-w 3" 设置行号宽度为 3
```

注意：cat 命令还有其他功能。例如，合并文件，并与输出符">"一起使用，输出到新文件中；显示文件中不可见字符；与管道符"|"配合使用，用作管道符的输入内容，如"cat xxx.log | grep '我是 cat'"，就是从 xxx.log 中找到"我是 cat"字符；清空运行时文件，其命令为"cat /dev/null > xxx.log"。输出符、管道符等特殊符号的作用详见 3.6 节"特殊字符简析"。

3.3.2 日志查看：tail 与 head

tail 命令一般用来查看日志使用，显示文件最新追加的内容。head 命令一般用来从头部查看文件内容。

1．tail 命令速查手册

tail 命令默认在屏幕上显示指定文件的末尾 10 行。处理多个文件时会在各个文件之前附加包含文件名的行。如果没有指定文件或文件名为"-"，则按读取标准输入。

```
tail -f xxx.log              ##→不停地追加显示 log 文件的最后 10 行
tail -n 100 xxx.log          ##→显示文件末尾 100 行的内容
tail -fn1000 xxx.log         ##→加上-n 参数，不停地追加显示 log 文件的最后 1000 行
tail -fn1000 xxx.log xxx2.log ##→同时显示多个文件内容，并显示文件名
tail -n +100 xxx.log         ##→意为从第 100 行开始显示文件
tail -F xxx.log              ##→滚动查看最后 10 行，如果文件不存在，则一直等待文件创建为止
```

注意：在使用"tail -f xxx.log"查看日志时，可以使用"Ctrl+S"快捷键停止滚动日志，使用"Ctrl+Q"快捷键继续滚动日志。

2．head 命令速查手册

与 tail 命令相对的 head 命令，意思是从开头显示文件内容。head 命令一般与其他命令合

用的比较多，这种组合命令在后面的章节中会经常出现。

```
head -n 20 ~/.bash_history         ##→查看历史文件前 20 行
##→组合命令，查找/var 下最大的 10 个文件
du -m --max-depth=1 /var | sort -n -r | head -n 10
```

3.3.3 文件编辑器：vi / vim

　　Linux 有很多文件编辑工具，如 nano、emacs。在 Linux 中常用的编辑器是 vi/vim。vim 是 vi 的增强版。

　　简单来说，喜欢黑白的用 vi，喜欢彩色的用 vim。当然，vim 不仅有彩色高亮功能，还有做一些方便的个性化定制功能。感兴趣的读者可以搜索 "vimrc"，进行个性化定制。

　　为什么 vim 成为 Linux 最常用的文本编辑工具？因为它相比 nano 功能更强大，相比 emacs 学习难度较低。当然，最重要的原因是 vi/vim 被主流 Linux 发行版本内置了关系。

　　在熟练掌握 Linux 命令的操作后，我们可以使用 vimrc 进行个性化 vim 编辑器定制。

　　vim 有几种模式，即正常模式（normal）、编辑模式（edit）、底线命令模式（end line command）和 visual 模式。visual 模式不常用。在 normal 模式下输入 "v"，可以直接进入 vim 编辑器。

　　使用 vi/vim 打开文件时，编辑器默认是 normal 模式。在切换到其他模式后，可以按 "Esc" 键返回这个模式。

1. vi/vim 如何编辑内容

（1）使用 vim 命令打开文件。

```
vim [文件名]         ##→默认进入 normal 模式
```

（2）在 normal 模式下输入 "i" "a" "o" "s"，进入编辑模式。在编辑模式下输入内容和在 Windows 下打开写字板操作没有不同。

（3）在编辑模式下可以使用方向键移动光标进行字符的编辑。vim 的编辑命令如表 3.4 所示。

表 3.4　vim 的编辑命令

命　　令	说　　明
Esc	退出编辑模式，切换到 normal 模式
i	insert，在当前字符（光标位置）前插入
a	append，在当前字符后插入
o	下一行插入

续表

命　令	说　　明
s	删除当前字符并插入
I	大写 i，在行首插入文本
A	大写 a，在行末添加文本
O	大写 o，在上一行插入
S	大写 s，删除当前行并插入
←	向左移动
↓	向下移动
↑	向上移动
→	向右移动
H	向左移动
J	向下移动
K	向上移动
l	向右移动
:q	正常退出
:q!	强制退出不保存
:wq	保存退出
:wq!	强制保存退出
:n1,n2 w filename	将 n1 行到 n2 行之间的内容保存成 filename 这个文件

（4）在编辑完成后，按"Esc"键退出编辑模式，进入 normal 模式。使用冒号 ":" 进入底线命令模式，输入 "wq" 保存退出。在 vi/vim 编辑器中，感叹号 "!" 就是强制的意思。所以一般输入 ":wq!" 强制保存退出。输入 ":q" 正常退出。输入 ":q!" 强制退出不保存，会丢失编辑内容。

（5）如果想将文章中某段内容提取出来保存为一个新文件，则可以使用下面的命令：

```
:n1,n2 w filename    ##→将 n1 行到 n2 之间的内容保存到 filename 这个文件
```

2．normal 模式下的移动与增删改查

下面讲解提升文本操作效率的一些命令，normal 模式下的移动命令如表 3.5 所示，normal 模式下的增删改查快捷命令如表 3.6 所示。

表 3.5　normal 模式下的移动命令

移 动 命 令	说　　明
Ctrl+F	向下翻页
Ctrl+B	向上翻页
0	数字 0，跳到行首位置
$	行尾

续表

移动命令	说明
Space	空格键，一直向下移动一个字符。和左方向键"→"的区别是，左方向键"→"只能在本行移动
h、j、k、l	类似方向键的右、下、上、左表示
G	大写 g，移动到文末
nG	n 为数字，代表行号。100G 是移动到第 100 行。1G 是行首，0G 是文末
gg	移动到文首。同样效果还有 1G
ngg	n 为数字，表示移动到文件第 n 行。10gg，表示移动到文件第 10 行
H、M、L	分别代表 high、middle、low，即移动当前屏幕页的最上方、中间、下方

表 3.6 normal 模式下的增删改查快捷命令

快捷命令	说明
dd	删除当前行，可连续按"D"键删除
ndd	删除当前行及之后的多少行，如 100dd，删除当前及之后的 100 行
u	撤销操作，这是常用的操作。如果上面使用 dd 删除错了，则可按"U"键撤销。在编辑模式下撤销需要按"Esc"键进入 normal 模式，按"U"键撤销
.	重复执行前一个操作
y	进入复制模式
yy	复制当前行
nyy	n 为数字，代表行号。如 16yy，即复制当前行至 16 行的内容，1000yy，复制以下 1000 行
p	粘贴当前 vim 剪切板中的内容
yyp	常用快捷键，即在上面使用 yy 复制后，可立即使用 p 命令粘贴，或者移动到指定地点后按"P"键，就把刚才的内容粘贴过来了
/str	/即向下搜索 str 字符串。按"N"键会一直向下搜索
?str	?即向上搜索 str 字符串。按"N"键会一直向上搜索
n	向下重复搜索动作
N	向上重复搜索动作

注意：n、N 命令配合/、?使用会有不同的功能。/+n，一直向下搜索，/+N，一直向上搜索，?+n，一直向上搜索，?+N，一直向下搜索。

3．vim 底线命令

前面用到的:wg 已经用到 vim 的底线命令，即在 normal 模式下使用冒号":"进入底线命令模式。底线模式的替换命令如表 3.7 所示，其他底线命令如表 3.8 所示。

表 3.7 底线模式的替换命令

命　　令	说　　明
:%s/old/new/g	全局替换方法一，将 old 替换为 new
:g/old/s/new/g	全局替换方法二，将 old 替换为 new
:n1,n2,%s/old/new/g	n1、n2 为行号，意思是从第 n1 行到第 n2 行 old 替换为 new
:n1,%s/old/new/g	从第 n1 行到最后一行替换将 old 替换为 new

注意：斜杠"/"为分隔符，也可用@、#等代替。

表 3.8 其他底线命令

命　　令	说　　明
:n	n 为行号。如:5，即光标跳转到第 5 行
:set number	显示行号
:set nonumber	不显示行号
:set nu	显示行，nu 是 number 的缩写
:set nonu	不显示行号
:set ff	查看文件格式，ff 为 format 可能会展示 format=dos
:set ff=unix	设置文件格式，先在 Windows 下编辑，然后上传到 Linux 下的文件可能会存在一些格式问题，所以需要转换文本格式，将文件设置为 unix 格式。可以设置后再用:set ff 命令查看。如果 set ff=unix 命令不起作用，则可用 dos2unix 命令转换
:vs filename	垂直分屏，同时显示当前文件及 filename 对应文件内容。vi 没有这个功能，vim 才有
:sp filename	水平分屏，同时显示当前文件及 filename 对应文件内容。vi 没有这个功能，vim 才有
:n1,n2 co n3	将 n1 行至 n2 行内容复制到 n3 位置下
:n1,n2 m n3	将 n1 行至 n2 行内容剪切到 n3 位置下
:!command	暂时离开 vim，执行 command 命令并展示结果。例如，!ls /var/log/*.log 按"Enter"键回到原文件
:set number	显示行号
:set nonumber	不显示行号

4．冷知识

（1）vim 能够编辑 jar 包。

在 Windows 下，很多工具可以不用解压缩 war 包、jar 包就能进行编辑。如果 Linux 在部署服务时需要修改一些配置文件，也能在不用解压缩的情况下进行修改就十分方便了。除了普通文件，vim 也能打开编辑 jar 包中的文件。但要注意，vim 打开 jar 包需要与 zip 配合使用。

安装 zip 的命令如下：

```
yum install -y zip   ##→安装 zip
```

如果没有安装 zip，在保存时会出现如下报错：

```
***error*** (zip#Write) sorry, your system doesn't appear to have the zip pgm.
```

打开 jar 包：

```
vim halo.maven-1.3.4.jar
```

jar 包内容如下：

```
" zip.vim version v27
" Browsing zipfile /home/halo/halo.maven-1.3.4.jar
" Select a file with cursor and press ENTER

META-INF/
META-INF/MANIFEST.MF
org/
org/springframework/
org/springframework/boot/
org/springframework/boot/loader/
org/springframework/boot/loader/data/
...
...
META-INF/maven/run.halo.app/halo.maven/pom.xml
...
```

打开 jar 包后如何修改配置文件呢？

jar 包内容提示 "Select a file with cursor and press ENTER"，意思是选中一个文件后，按 "Enter" 键即可修改配置文件。例如，先选中文件 "META-INF/maven/run.halo.app/halo.maven/pom.xml"，然后按 "Enter" 键，使用 vi 进行编辑，编辑完成后，输入命令 ":wq" 保存并返回上层界面，最后输入命令 ":q" 退出。

（2）不可见字符的处理。

在 Linux 执行脚本时，可能会遇到 "/bin/bash^M" 或 "坏的解释器: 没有那个文件或目录" 这样的错误。

这些错误的原因可能是这个脚本在 Windows 下被修改过，导致在 Linux 执行脚本时出现了无法识别或无法执行的特殊字符。这些特殊字符在 3.3.1 节中的 cat 命令选项中提到过。

在 Windows 下使用某些文件编辑器进行批量替换后，文件中会产生一些隐藏字符，其中 ASCII 码中的 "\r"，在 Windows 下使用不影响。但上传到 Linux 后会出现 "^M" 这样的隐藏字符。使用 "vi -b" 命令可以查看这些隐藏字符。

```
vi -b xxx.txt      ##→使用-b 参数打开文件
:%s/^M//g          ##→使用冒号（:）进入命令模式，全局替换^M 为空字符
```

注意：^M 需要使用 "Ctrl+M" 快捷键输入。

5．vim 的命令总结

vi/vim 模式切换如图 3.1 所示。

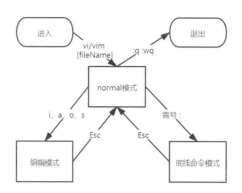

图 3.1　vi/vim 模式切换

- 输入命令 "vi/vim[fileName]"，进入 normal 模式。
- 在 normal 模式下输入 "i" "a" "o" "s"，进入编辑模式。
- 在 normal 模式下输入冒号 ":"，进入底线命令模式。
- 按 "Esc" 键退出编辑模式，切换到 normal 模式。
- 输入命令 ":q" ":wq" ":q!" ":wq!" 退出保存/不保存文件。

最后，将 vi/vim 编辑器的增删改查功能编写了一个打油诗。

编辑常用 i、a、o，前后插入不用愁。

移动文末大写 G，到达文首小 gg。

删除用 ndd，撤销用 u 重复点（.）。

复制粘贴 yyp，查找斜杠加问号。

要想替换怎么办，冒号（:）进入底线中。

%s 打头阵，小 g 戳在最后头。

w 保存 q 退出，强制执行感叹号（!）。

jar 包也能来编辑，隐藏字符 vi -b。

3.3.4　基于 vi 的文件查看工具：more 与 less

读者学习过 vi/vim，再来学习 more 与 less 就非常容易。more 与 less 是基于 vi 的文件查看工具。这两个文件查看工具的命令类似 cat 命令，不过是以一页一页的方式显示阅读的。

下面来看 more 命令是如何使用的。

1. more 命令速查手册

more 命令可以显示百分比。一般从头排查问题日志可以用 more 命令。

(1) more 命令的语法格式：more [选项] [文件]。

(2) more 命令的常用选项如表 3.9 所示。

表 3.9 more 命令的常用选项

选项	说明
-d	显示帮助而不是响铃
-f	统计逻辑行数而不是屏幕行数
-l	抑制换页（form feed）后的暂停
-p	不滚屏，清屏并显示文本
-c	不滚屏，显示文本并清理行尾
-u	不显示下画线
-s	将多个空行压缩为一行
-NUM	指定每屏显示的行数为 NUM
+NUM	从文件第 NUM 行开始显示
+/STRING	从匹配搜索字符串 STRING 的文件位置开始显示
-V	输出版本信息并退出

(3) more 命令示例。

```
more /var/log/dmesg
##→基础命令，不用参数打开文件。文件内容不满一屏时，显示效果与 cat 命令相同

more -10 /var/log/dmesg
##→每屏只显示 10 行内容

more -p -10 /var/log/dmesg
##→清理整个屏幕，每屏 10 行显示文件内容

more -f /var/log/dmesg
##→"-f"的含义为计算行数，计算行数以实际的行数为准（有些单行字数太长的会被认为是两行或两行以上的）

more -f +100 /var/log/dmesg
##→查看逻辑行 100 行以后的内容

more -s +100 /var/log/dmesg
##→查看压缩空行 100 行以后的内容，"-s"压缩空行为一行。可以将 Shell 窗口缩小，以查看区别

more +/Spec /var/log/dmesg
##→找到"Spec"这个字符串的位置并开始阅读
```

```
ls /var/log | more -10
##→一页一页查看目录下的文件
```

(4) more 命令的常用内置命令如表 3.10 所示。

表 3.10　more 命令的常用内置命令

命　令	说　明
q or Ctrl+C	退出 more 命令
<space>	空格键，下翻一屏
b or Ctrl+B	上翻一屏
v	进入 vi 编辑器的 visual 模式，按"S"键进入编辑模式
'	单引号，回到首页
=	显示当前行号
:f	显示当前文件名和行号
.	重复之前的命令
/<regular expression>	搜索正则表达式[1]的第 k 次出现
n	搜索最后一个 r.e[1]的第 k 次出现
!<cmd> or :!<cmd>	在一个子 Shell 中执行<cmd>
h	展示内置命令的帮助文档

注意：有些快捷键效果类似。干扰视听命令，不在此表中列出。可以在 more 命令打开的文件中使用 h 命令查看内置命令的帮助文档，也可以使用 man more 查看详细的帮助文档。

2．less 命令速查手册

less 的意思是 less is more。它不是 more 的反义词，而是 more 的一个高级版本。less 命令的优点是查看文件之前不会加载整个文件，只会将要查看的数据加载至内存中。less 适合查看内存大的文件。例如，内存超过 200MB 或 1GB 的文件，都可以使用 less 命令，提高查看文件效率。

（1）less 命令的语法格式：less［选项］［文件］。
（2）less 命令的选项说明如表 3.11 所示。

表 3.11　less 命令的选项说明

选　项	说　明
-more	以 more 命令的方式打开文件，显示 more 模式下的进度比
-m	等同于-more
-e	文件内容显示完毕后自动退出

续表

选　　项	说　　明
-f	强制显示文件
-g	不加亮显示搜索到的所有关键词
-I	搜索时忽略大小写的差异
-N	每一行行首显示行号
-s	将连续多个空行压缩成一行显示
-S	在单行显示较长的内容，而不换行显示
-x<数字>	将"Tab"键显示为指定个数的空格字符

（3）less 命令示例。

```
less /var/log/dmesg          ##→基本查看命令
less -m /var/log/dmesg       ##→类似 more 命令，显示百分比
less -Nm /var/log/dmesg      ##→显示行号、百分比
less -mNS /var/log/dmesg     ##→显示行号，并且不换行显示
```

（4）less 命令的内置命令。

对于 more 命令的内置命令，less 命令基本都有，且更为丰富，只是不能按"Ctrl+C"快捷键退出 less 命令。less 命令的内置命令如表 3.12 所示。

表 3.12　less 命令的内置命令

命　　令	说　　明
q	退出 less 命令
G	文末
g	第 1 行
v	进入 vi 编辑器的 visual 模式，按"S"键进入编辑模式
<space>	空格键，下翻一屏
b or Ctrl+B	上翻一屏
<page up>、<page down>	上滚动一页，下滚动一页
d、u	上移动半屏，下移动半屏
j、k	上移动一行，下移动一行
↓、↑	上移动一行，下移动一行
:f	输出当前文件名及行号、百分比
/<regular expression>	搜索正则表达式[1]的第 k 次出现
n	搜索最后一个 r.e[1]的第 k 次出现
!<cmd> or :!<cmd>	在一个子 Shell 中执行<cmd>，可以在不退出的情况下执行<cmd>
.	重复之前的命令
h	展示内置命令的帮助文档

3.3.5 流文件编辑工具：sed

下面讲解流文件编辑工具 sed。

vim 编辑器需要在文件内部进行编辑。如果想在文件底部添加一句话或一个参数，则需要经历如下过程：

```
vim [文件]
##→G （移动到底部）
##→o （下一行添加）
##→i （进入编辑模式）
##→ "shift+insert"（插入剪切板中内容）或自行编辑
```

这一整套步骤比较烦琐。那有没有简单一点的方法呢？这就用到本节所讲的 sed（Stream Editor）编辑工具。

注意：cat、echo 命令也有使用追加重定向符号的功能，可以将内容追加到文件底部，但不能编辑。

1. sed 命令速查手册

sed 命令可以在不打开文件的情况下对文件进行增删改查操作，通常用来在自动化脚本中对文件进行编辑。

（1）sed 命令的语法格式：sed [选项] [sed 内置字符命令] [输入文件]。

（2）sed 命令的选项说明如表 3.13 所示。

表 3.13　sed 命令的选项说明

选　　项	说　　明
-n, --quiet, --silent	常用于取消默认的 sed 命令输出，常与内置命令 p 合用
-i[SUFFIX], --in-place[=SUFFIX]	常用于直接修改文件内容，而不是将其输出到终端。如果不使用此选项，则只会修改内存中的数据，不影响磁盘中的文件
-e 脚本, --expression=脚本	将"脚本"添加到程序的运行列表
-f 脚本文件, --file=脚本文件	将"脚本文件"添加到程序的运行列表
--follow-symlinks	直接修改文件时跟随软链接
-c, --copy	在 -i 模式下移动文件时使用复制而不是重命名
-b, --binary	不进行任何操作，兼容 WIN32/CYGWIN/MSDOS/EMX（以二进制模式打开文件，"CR+LFs"不被特殊处理）
-l N, --line-length=N	指定"l"命令的换行期望长度
--posix	关闭所有 GNU 扩展
-r, --regexp-extended	在脚本中使用扩展正则表达式
-s, --separate	将输入文件视为各个独立的文件而不是一个长的连续输入
-u, --unbuffered	从输入文件读取最少的数据，更频繁地刷新输出
-z, --null-data	用 NULL 字符分隔行

（3）sed 命令的内置字符命令如表 3.14 所示。

表 3.14　sed 命令的内置字符命令

命　令	说　明
a	append，追加文本，在指定行后追加一行或多行文本
i	insert，插入文本，在指定行前插入一行或多行
d	delete，删除匹配行文本
p	print，打印匹配行，通常与-n 参数一起使用
q	quit，用法为<数字>+q，打印 1-n 行，退出 sed
s/regexp/replacement/	使用 replacement 替换 regexp 匹配的内容。regexp 可以为正则表达式或普通文本。此表达式通常以/g 结尾，表示全局替换
^	匹配行开始。例如，/^sed/匹配所有以 sed 开头的行
$	匹配行结束。例如，/sed$/匹配所有以 sed 结尾的行
.	匹配一个非换行符的任意字符。例如，/s.d/匹配 s 后接一个任意字符，最后是 d
*	匹配一个指定范围内的字符。例如，/[ss]ed/匹配 sed 和 Sed

sed 命令相较于其他命令，在语法格式上多了一种内置字符命令。内置字符命令用于对文件进行增删改查等操作，与 vim 的内置命令不一样，并不在文件中使用。

2．sed 命令实例演示

（1）准备一个测试文件。

```
##→进入目录
cd /home/yaomm

##→使用 cat 命令创建测试文件 testSed.txt，准备测试内容
cat >> testSed.txt <<EOF
1，男，张三，98
2，女，李四，98
3，男，王五，97
4，男，田七，66
5，女，毛毛，22
6，男，毛二，28
7，男，德莱厄斯，33
8，男，德莱文，29
9，男，盖伦，18
10，女，卡特，16
EOF
```

（2）sed 命令示例：增。

添加文本有两种命令，一种是文后追加"a"，另一种是文前插入"i"，分别是 append、insert 的意思。

常用的追加命令如下：

```
sed -i '$a 11, 男, 姚毛毛, sed 追加命令 "a", 101' testSed.txt
##→选项 "-i"，会真正改变文件内容，内置字符命令 "a" 的意思是在文末追加文本内容

sed -i '5a 第 5 行后 append' testSed.txt
##→在第 5 行数据后追加内容 "第 5 行后 append"
```

实例演示如下：

```
##→追加一行数据
[root@yaomm yaomm]# sed -i '$a 11, 男, 姚毛毛, sed 追加命令 "a", 101' testSed.txt
[root@yaomm yaomm]# cat testSed.txt        ##→查看追加内容是否成功
1, 男, 张三, 98
2, 女, 李四, 98
3, 男, 王五, 97
4, 男, 田七, 66
5, 女, 毛毛, 22
6, 男, 毛二, 28
7, 男, 德莱厄斯, 33
8, 男, 德莱文, 29
9, 男, 盖伦, 18
10, 女, 卡特, 16
11, 男, 姚毛毛, sed 追加命令 "a", 101        ##→追加后的内容

##→在文件第 5 行字符下一行，追加 "第 5 行后 append"
[root@yaomm yaomm]# sed -i '5a 第 5 行后 append' testSed.txt
[root@yaomm yaomm]# cat testSed.txt        ##→查看文件 testSed.txt
1, 男, 张三, 98
2, 女, 李四, 98
3, 男, 王五, 97
4, 男, 田七, 66
5, 女, 毛毛, 22
第 5 行后 append                            ##→追加后的内容
6, 男, 毛二, 28
7, 男, 德莱厄斯, 33
8, 男, 德莱文, 29
9, 男, 盖伦, 18
10, 女, 卡特, 16
11, 男, 姚毛毛, sed 追加命令 "a", 101
```

其他追加命令如下：

```
sed -i '5a 第 5 行后 append' testSed.txt
##→在文件第 5 行字符下一行，追加 "第 5 行后 append"

sed -i 'a 每行追加 append' testSed.txt
```

##→在文件每行字符下一行，追加"每行追加 append"

```
sed -i '9999a 9999 行后 append, 没有 9999 行就不追加' testSed.txt
```
##→在文件第 9999 行的下一行，追加"9999 行后 append，没有 9999 行就不追加"

```
sed -i '5a 第 5 行后追加多行\n 又是一行\n 第 3 行' testSed.txt
```
##→使用\n 回车符，连接多行文本追加

插入的内置命令字符是"i"，命令如下：

```
sed -i '1i 我在文首，听我的' testSed.txt
```
##→"1i"的意思是在第 1 行前插入字符

```
sed -i '5i  第 5 行前 insert 《姚毛毛的 Linux 命令课》' testSed.txt
```
##→在文件第 5 行字符上一行，插入"第 5 行前 insert《姚毛毛的 Linux 命令课》"

```
sed -i '10i 第 10 行前追加多行\n 又是一行\n 第 3 行' testSed.txt
```
##→使用\n 回车符，连接多行文本插入

```
sed -i 'i 每行前都插入《姚毛毛的 Linux 命令课》' testSed.txt
```
##→"i"前没有行号，会在文件每行字符上一行插入字符

（3）sed 命令示例：删。

删除文本的内置命令字符"d"，命令如下：

```
sed '2d' testSed.txt
```
##→删除第 2 行，因为没有"-i"选项，所以只输出到终端

```
sed -i '2d' testSed.txt
```
##→删除第 2 行

```
sed -i '1,3d' testSed.txt
```
##→删除第 1～3 行

```
sed -i '/\/sbin\/nologin/d' passwd
```
##→删除不能登录的用户

```
sed '/^$/d' testSed.txt
```
##→删除空白行

```
sed -n '/^每行前/p' testSed.txt
```
##→删除前先输出，查看内容是否正确

```
sed -i '/^每行前/d' testSed.txt
```
##→删除以"每行前"开头的文本内容

注意：选项"-i"的意思是直接修改文件内容。如果不用选项"-i"，则修改的内容只能输出到终端。磁盘中的文件不会被修改。

（4）sed 命令示例：改。

修改的内置命令字符是"s"，命令如下：

```
sed -n 's/Linux/CentOS/p' testSed.txt
##→在内存中，替换文本中的字符串不影响磁盘文件，-n 与 p 同时使用

sed -i 's/Linux/CentOS/g' testSed.txt
##→直接编辑文件，将文件中每一行的 Linux 替换为 CentOS

sed -i 's#CentOS#Linux#g' testSed.txt
##→直接编辑文件，将文件中每一行的 CentOS 替换为 Linux。将"#"替换为"/"，也可发挥作用

echo this is a test line | sed 's/\w\+/[new]/g'
##→正则表达式 \w+ 匹配的每一个单词，都使用 [new] 替换。在本命令"this is a test line"
##→字符串中，5 个单词都被替换，输出结果为：[new] [new] [new] [new] [new]
```

（5）sed 命令示例：查。

```
sed -n '2p' testSed.txt              ##→输出第 2 行的内容
sed -n '2,5p' testSed.txt            ##→输出第 2～5 行的内容
sed -n 's/Linux/centos/p' testSed.txt ##→打印修改后的内容
sed '10q' testSed.txt                ##→输出第 1～10 行的内容，退出 sed 命令
```

3. sed 命令总结

sed 命令的常用方法如下。

（1）语法格式：sed ［参数选项］［sed 内置命令 更新内容］［文件（可选）］。

（2）在没有-i 参数时，只在终端显示修改后的内容，不修改真实文件内容。示例如下：

```
sed '2d' testSed.txt       ##→删除第 2 行，只是删除了内存中的数据，并不影响磁盘文件
sed -i '2d' testSed.txt    ##→必须加上参数-i 才能真正修改文件
```

（3）内置命令字符 i、a、s、d 的功能分别为插入、追加、替换、删除。

（4）$代表文件末尾，^代表匹配一行文本的头部。示例如下：

```
sed -i '$a 11, 男, 姚毛毛, sed 追加命令"a", 101' testSed.txt
##→文末追加文本内容

sed -i '/^每行前/d' testSed.txt
##→删除以"每行前"开头的文本内容

sed '/^$/d' testSed.txt
##→组合用法，删除空白行
```

```
sed '/^test/a\this is a test line' testSed.txt
##→组合用法,将"this is a test line"追加到以"test"开头的行的后面
```

(5) sed 命令可以批量替换多文件内容。示例如下：

```
sed -i 's/old/new/g' *.txt    ##→批量替换所有以.txt 为后缀的文件中的旧字符 old 为 new
```

作为 Shell 的"三剑客"之一（另外两个是 grep、awk），sed 命令还有强大的功能待发掘，想要深入研究的读者可以自行探索。

3.4 文件查找与统计

本节将介绍几个 Linux 文件与字符的查找、统计命令。

3.4.1 文件查找：find、wc、xargs

在 Linux 上，find 毫无疑问是最强的文件查找工具。find 的查找速度略慢于另一个查找工具 locate。find 的优点是实时查找，并批量对文件进行删除、统计、迁移等操作。

1. find 命令速查手册

（1）find 命令的语法格式：find［路径］［表达式］。

［表达式］实际上可以分解为［运算符（OPERATORS）|选项（OPTIONS） | 测试表达式（TESTS） | 动作（ACTIONS）］4 个部分。

find 命令的表达式由选项、测试、动作组成，它们都以运算符分开。忽略运算符时，默认使用"-a"连接。如果表达式没有包含"-prune"以外的动作，则当表达式为真时，文件会执行"-print"动作。

（2）find 表达式的运算符说明如表 3.15 所示，find 表达式的选项说明如表 3.16 所示，find 表达式的测试表达式说明如表 3.17 所示，find 表达式的动作说明如表 3.18 所示。

表 3.15　find 表达式的运算符说明

运 算 符	说　　明
!	取反
-a	and，取交集
-o	or，取并集

表 3.16　find 表达式的选项说明

选　　项	说　　明
-depth	从指定目录下的深层子目录开始查找
-maxdepth levels	查找最大目录级数，levels 为整数。-maxdepth 1 代表延伸到第 1 层，-maxdepth 2 代表延伸到第 2 层
-regextype type	正则模式，默认为 emacs，其他模式为：posix-awk、posix-basic、posix-egrep、posix-extended

表 3.17　find 表达式的测试表达式说明

测试表达式	说　　明
-name	按照文件名查找，支持 *、?、[] 等特殊通配字符
-size n\<cwbkMG\>	cwbkMG 为衡量单位，示例 "-size 500M"，按文件大小查找
-mtime <-n、n、+n>	按照文件的修改时间来查找文件 -n：表示文件更改时间距离现在 n 天内 +n：表示文件更改时间距离现在 n 天前 n：距离限制第 n 天
-atime <-n、n、+n>	按照文件的访问时间来查找文件，参数意思同上
-ctime <-n、n、+n>	按照文件的状态改变时间来查找文件，参数意思同上
-mmin	按照文件修改时间查找，单位为分钟
-amin	按照文件访问时间查找，单位为分钟
-cmin	按照文件状态时间查找，单位为分钟
-newer	查找更改时间比指定文件新的文件
-group	按照文件所属权限组查找
-nogroup	查找没有用户组的文件
-user	按照文件所有者查找
-nouser	查找没有所属用户的文件
-perm	按文件权限查找
-inum \<n\>	按照文件的索引号（n）查找
-regex	正则查找
-iregex	正则查找，不区分大小写
-path pattern	指定路径样式，可配合 -path 排除指定目录
-type <文件类型>	查找某一类型的文件 b（block，块设备） c（character，特殊字符） d（directory，目录） p（fifo，管道） l（link，符号链接） f（file，普通文件） s（socket，套接字） D（door，门，Solaris 特有）

表 3.18 find 表达式的动作说明

动 作	说 明
-delete	删除查找的文件
-exec	格式为-exec COMMAND {} \;，对查找到的文件执行 Shell 命令
-ok	格式为-ok COMMAND {} \;，与-exec 执行相同操作，但执行前会让用户确认
-prune	排除指定目录
-print	默认参数，将查找到的文件输出到控制台中

（3）find 命令示例。

```
find / -name 'wfy.txt'
##→从根目录下开始查找文件 wfy.txt

find . -name '*fy.txt'
##→当前目录下，查找目标名称后缀为"fy.txt"的文件；"."表示当前目录，"*"表示任意长度任意字符

find / -type f -size +500M
##→从根目录开始查找内存为 500M 以上的文件

find . -type f -mtime -30
##→查找当前目录下 30 天内被修改过的文件

find /var/log/ -mtime +30 -name '*.log'
##→查找指定目录/var/log/下 30 天前的 log 文件

find /etc ! -type f
##→查找 /etc 目录下不是普通文件的文件。感叹号"!"为非，取反。

find /home ! -name "*.txt" -type f
##→查找 home 目录下不是以.txt 结尾的纯文件

find /etc ! -type l -mtime -30
##→查找/etc 目录下不是符号链接且在 30 天内被修改过的文件

find /etc -maxdepth 1 ! -type l -mtime -30
##→查找/etc 第 1 层目录下不是符号链接且在 30 天内被修改过的文件

find /var/log -path "/var/log/audit" -prune -o -print
##→查找资源时，屏蔽目录/var/log/audit

find /var/log \( -path /var/log/audit -o -path /var/log/anaconda \) -prune -o -name '*.log'
##→排除多个文件夹，查找/var/log 目录下的 log 日志

find / -name '*.log' -mtime +300 | wc -l
##→从根目录下搜索 300 天前的 log 文件，并统计数量
```

2. wc 命令速查手册

wc 命令可以统计指定文件中的字节数、字数、行数，并将统计结果显示输出。如果没有指定文件，则会从标准输入设备读取数据。例如，统计日志文件数量。

```
##→从根目录下搜索 300 天前的 log 文件，并统计数量
find / -name '*.log' -mtime +300 | wc -l
```

（1）wc 命令的语法格式：wc［选项］［文件］。
（2）wc 命令的选项说明如表 3.19 所示。

表 3.19　wc 命令的选项说明

选　　项	说　　明
-l	统计行数
-w	统计单词数
-m	统计字符数
-c	统计字节数
-L	打印最长行的长度

（3）wc 命令示例。

```
wc -l *                    ##→统计当前目录下的所有文件行数及总计行数
wc -l *.log                ##→统计当前目录下的所有以.js 为后缀的文件行数及总计行数
wc -l /etc/inittab         ##→常用于统计文件/etc/inittab 的行数
wc /etc/inittab            ##→如果不加参数，则默认输出行数、单词数、字节数,等同于参数为-lwc
wc -lcmwL /etc/inittab     ##→注意输出顺序其实是 lwmcL,即行、单词、字符、字节、最长长度
wc -l < test.txt           ##→只打印统计数字不打印文件名
##→从根目录下搜索 30 天前的 log 文件，并统计数量
find / -name '*.log' -mtime +30 | wc -l
```

3. 删除文件的 4 种方法

以下是运维中常用的删除文件的组合命令，即利用 find 删除查找到的文件，经常用于删除 N 天前的文件或日志。

```
##→1. "-delete" 删除刚才创建的文件,可以用 touch ss.log 创建文件
find . -name 'ss.log' -delete
##→2. "-exec rm {} \" 删除 300 天前的 log 文件
find / -name '*.log' -mtime +300 -exec rm {} \;
##→3. "-ok rm {}" 删除 200 天前的文件。"-ok" 询问是否删除,按"Y"键删除,按"N"键不删除,
##→按"Enter"键默认不删除
find / -name '*.log' -mtime +200 -ok rm {} \;
##→4. "xargs rm -f" 删除 100 天前的 log 日志
find / -name '*.log' -mtime +100 | xargs rm -f
```

4. xargs 命令速查手册

xargs 命令并非 find 命令表达式（Expression）中的动作（Actions），而是与管道符"|"结合的一个外部命令。xargs 是其他命令传递参数的一个过滤器，一般与管道符结合使用。

xargs 可以将单行或多行文本输入格式转换为其他格式。例如，多行变单行，单行变多行。在上节中可以看到 xargs 命令与 find、rm 命令合用来批量删除文件。

（1）xargs 命令的语法格式：[标准输入] xargs [选项] [命令（可选）]。

（2）xargs 命令的选项说明如表 3.20 所示。

表 3.20　xargs 命令的选项说明

选　项	说　明
-0, --null	项目之间用 null 隔开，而不是空格。禁用引号和反斜杠处理
-a, --arg-file=FILE	从文件中读取参数，而不是标准输入
-d, --delimiter=CHARACTER	输入项之间用字符分隔，而不是用空格分隔。禁用引号和反斜杠处理
-E END	如果 END 作为一行输入出现，则其余的输入被忽略
-e [END], --eof[=END]	如果指定了 END，则其等同于 -E END。否则，没有文件结束字符串
--help	将选项的摘要打印到 xargs
-I R	与 --replace=R（R 必须指定）相同
-i, --replace=[R]	用名称替换初始参数中的 R，从标准输入读取。如果 R 是未指明的，则假设为{}
-L, -l, --max-lines=MAX-LINE	每个命令行最多使用 MAX-LINE 个非空输入行
-l	每个输入行最多使用一个非空白行命令行
-n, --max-args=MAX-ARGS	每个命令最多使用 MAX-ARGS 个参数行
-P, --max-procs=MAX-PROCS	每次运行到 MAX-PROCS 进程
-p, --interactive	在执行命令前的提示符
--process-slot-var=VAR	在子进程中设置环境变量 VAR
-r, --no-run-if-empty	如果没有参数，则不执行命令。如果没有给出此选项，命令将被至少运行一次
-s, --max-chars=MAX-CHARS	限制命令最多为 MAX-CHARS
--show-limits	显示命令行长度限制
-t, --verbose	在执行命令前打印命令
--version	打印版本号
-x, --exit	如果超过该大小（参见-s），则退出

（3）xargs 命令示例。

```
cat testSed.txt | xargs
##→使用 xargs 输出 testSed.txt 中内容，多行数据连接为一行

echo "nameXnameXnameXname" | xargs -dX
##→使用-d 选项，利用"X"字符分割，输出结果为"name name name name"
```

```
echo "nameXnameXnameXname" | xargs -dX -n2
##→加上-n2 选项，输出结果会变为两行

ls *.jpg | xargs -i {} /data/images
##→将当前目录下的所有图片复制到/data/images 目录下

ffind / -name '*.log' -mtime +100 | xargs tar -czvf log.tar.gz
##→将 100 天前的日志压缩

ffind / -name '*.log' -mtime +100 | xargs rm -f
##→删除 100 天前的 log 日志

ffind / -name '*.log' -mtime +100 -print0 | xargs -0 rm -f
##→文件名中含有空格需要特殊处理

find / -name '*.log' -mtime +50 | xargs -i mv {} /logback
##→将 50 天前的所有 log 文件剪切到 /logback 文件夹下

find . * | xargs wc -l
 ##→统计当前目录及子目录的所有文件行数及总计行数

find . -type f -name "*.java" - | xargs wc -l
##→统计一个源码目录中 java 文件的行数及总行数

cat url-list.txt | xargs wget -c
##→如果 url-list.txt 是一堆链接，可以使用 xargs 下载所有链接
```

注意："|"为管道符，可以将前面（左边）命令的结果作为输入源传递给管道"|"后面的命令。xargs 命令是一个传递参数过滤器，与管道符"|"一同使用，将前面的命令传递给后面的命令使用。xargs 能够一次性传递命令，效率高，对文件名中含有空格需要特殊处理（-print0+xargs -0）。-exec 反之，逐个传递前置参数，效率低，对文件名中含有空格无须特殊处理。

3.4.2 文件统计与排序：du+sort

du（Disk usage）命令可以递归统计磁盘使用情况，sort 命令用来排序。这两个命令经常在一起使用。

1. du 命令速查手册

（1）du 命令的语法格式：du ［选项］［路径/文件］。

（2）du 命令示例。

```
du                                      ##→查看当前目录及子目录的大小，默认以kb显示，等同于du -k
du -m                                   ##→-m 以MB为单位统计当前目录及子目录大小
du -h                                   ##→-h 选项会将统计后的大小冠以KB、MB、GB等合适的单位
du -s                                   ##→-s 当前目录占用磁盘总和

du -sh                                  ##→-sh 当前目录占用磁盘总和，并以适合人类阅读的方式显示
du -sh /rootl                           ##→显示指定目录大小
du -sh /etc/inittab                     ##→查看指定文件大小
du -sh /etc/inittab /etc                ##→查看多个指定目录或文件大小

du -a                                   ##→显示当前目录下所有文件所占空间（含隐藏文件）
du -m --max-depth=1 /                   ##→以MB为单位统计根目录下的第1层目录大小
du -h --max-depth=2 /usr                ##→统计/usr目录下第2层目录，并以合适的单位显示大小

##→排除目录/usr/bin 查看/usr第1层子目录大小
du -h --max-depth=1 /usr --exclude=/usr/bin
du -sh  /usr --exclude=/usr/share                       ##→排除 /usr/share 目录统计
du -ah  /usr --exclude=/usr/bin --exclude=/usr/share    ##→排除多个目录统计/usr
##→统计/usr下总共有多少文件夹
du  /usr --exclude=/usr/bin --exclude=/usr/share | wc -l
##→统计/usr下总共有多少文件
du -a /usr --exclude=/usr/bin --exclude=/usr/share | wc -l
```

2. sort 命令速查手册

sort 命令可以将所有输入文件的内容排序后输出。当没有文件或文件为"-"时，sort 命令读取标准输入。

（1）sort 命令的语法格式：sort［选项］［文件（可选）］。

（2）sort 命令示例。

```
du -a /var/log | sort -n -r
##→按照文件大小排序目录下的文件

du -h / var/log | sort -nr | head -n 10
##→查找/var/log目录下 从大到小的10个文件

du -m --max-depth=1 /var/log | sort -n -r | head -n 10
##→指定目录第1层（意味着不取子目录中书籍），筛选前10。-n -r也可以写成-nr

du -m --max-depth=1 /var/log | sort -rn -o 'sort.log' | head -n 10
##→将排序结果写入文件 "sort.log "
```

注意：在使用 sort 命令进行排序统计时，使用具体的-m、-k 参数，而不使用-h 参数，否则会导致统计不准确。因为 sort -n 是根据数字大小，而不是单位进行统计的，所以如果使用-h 参数进行统计，则可能导致 2GB 的文件在 200MB 下排序。

3.4.3 字符查找:grep+正则表达式

grep 命令是 Shell 的 "三剑客" 之一,其他两个命令是 sed、awk。sed 命令在前面的章节已经介绍过。

1. grep 命令速查手册

grep 命令的意思是 "global search regular expression and print out the line",即使用正则表达式全局搜索并打印所在行。grep 命令是 Linux 的原生工具中查找文件字符最好用的工具,并且在与其他命令组合后,会有意想不到的作用。

(1) grep 命令的语法格式:grep [选项] [匹配表达式] [文件(可选)]。

grep 命令匹配文本时与正则表达式一起使用。最基本的正则表达式(basic-regexp)是待匹配字符串,如 "grep 'hello world' ymm.txt"。

(2) grep 命令的常用选项说明如表 3.21 所示。可使用 "grep –help" "man grep" "info grep" 等命令查看 grep 命令的帮助说明。

表 3.21 grep 命令的常用选项说明

选 项	说 明
-c, --count	只统计匹配行数
--color=auto	默认选项,为匹配内容添加颜色
-e, --regexp=PATTERN	可以同时使用多个匹配模式
-f, --file=FILE	从文件中取得正则表达式
-i, --ignore-case	忽略大小写
-m <num>, --max-count=<num>	找到 num 行结果后,停止查找,并用来限制匹配行数
-n, --line-number	显示匹配行及行号
-o,--only-matching	只输出匹配的内容
-v, --invert-match	反向匹配
-w, --word-regexp	只匹配过滤的单词
-r/-R, --recursive	递归查询当前目录及子目录下的文件
--exclude=PATTERN	与-r/-R 同用,排除指定文件或目录
--exclude-dir=PATTERN	与-r/-R 同用,排除特定文件或目录
-A, --after-context=NUM	输出匹配文本行及其结尾的 N 行的内容
-B, --before-context=NUM	输出匹配文本行及其起始的 N 行的内容
-C, --context=NUM	输出匹配文本行及其前后 N 行的内容
-NUM	等同于 --context=NUM,输出匹配文本行及其前后 N 行的内容
-E, --extended-regexp	等同于 egrep,匹配模式是一个可扩展的正则表达式

(3) grep 命令示例。

首先创建测试文件,可以直接复制以下命令:

```
cd /home/yaomm                                    ##→进入/home/yaomm 目录
touch wfy.txt                                     ##→创建文件 wfy.txt
echo '不用查就知道' >> wfy.txt                    ##→使用 echo 添加文件内容，下同
echo 'linuxido.com 有用' >> wfy.txt
echo '没什么是无用的' >> wfy.txt
echo '不用想 不用问' >> wfy.txt
echo 'linux 发行版之一 centos ' >> wfy.txt
cp wfy.txt wfy2.txt                               ##→复制一个新的文件 wfy2.txt
sed -i '1i 我是复制的 wfy2' wfy2.txt              ##→使用 sed 在第 1 行前加上一行标题进行区分
echo 'this is linuxido.com' >> wfy2.txt
mkdir ymm                                         ##→创建子目录 ymm
##→在子目录中创建文件 wfy3.txt
echo 'this is linuxido.com.file name is wfy3.' >> ./ymm/wfy3.txt
echo aaa >> patfile;echo bbb >> patfile    ##→输入 aaa、bbb 至 patfile，并创建 patfile
```

grep 命令常用示例：

```
grep 'linux' wfy.txt                ##→查找文件中含有"linux"的字符行
##→查找多个文件中含有"linux"的字符行，匹配行前会显示文件名
grep 'linux' wfy.txt wfy2.txt
grep -c '不用' wfy.txt              ##→输出结果为 2，统计包含"不用"字符行的总行数
grep -c '用' wfy.txt                ##→输出结果为 4，统计包含"用"字符行的总行数，而不是次数

grep -e "用" -e "linux" wfy.txt wfy2.txt ##→包含"用"或"linux"的文本行都会被查出来
echo aaa bbb ccc ddd eee | grep -f patfile -o ##→从文件中提取正则表达式，输出匹配的内容
grep -v 'linux' wfy.txt             ##→输出不包含"linux"的字符行
grep -i "LINUX" wfy.txt             ##→不区分大小写查找
grep -m1 'linux' wfy.txt            ##→输出"linuxido.com 有用"，查找到一个结果就停止
grep -n '不用' wfy.txt              ##→输出 wfy.txt 文件中含有"不用"的字符行，并展示行号

grep -E "[a-z]+\."  wfy.txt wfy2.txt
##→-E 选项，使用扩展表达式，"[a-z]"的意思是查找 a 到 z 这 26 个字符，"+"是匹配更多
##→并以符号点"."结尾

echo this is a test line. | grep -o -E "[a-z]+\."
##→echo 标准输入，代替文件内容，输出"line."，且用-o 选项只输出匹配的文本，而不是文本行

echo this is a linuxido.com. | egrep -o "[a-z]+\."
##→egrep 等同于 grep -E，输出"linuxido.""com."

grep -w 'linux' *.txt
##→搜索所有 txt 文件中"linux"这个字符串所在的文本行。-w 与其他选项的区别是"linuxido"
##→字符串不会被搜索出来

grep -rn 'linux' .
##→搜索当前目录及子目录（ymm）下所有 txt 文件中包含"linux"的文本行。"."代表当前目录
##→可以省略
```

```
grep -rn -E 's $'                    ##→递归查找所有以 s 结尾的文本行，$符号与前面的字符要有空格
grep -rn -w -E '^linux'              ##→递归查找所有以"linux"这个独立单词开头的文本
grep -rn 'linux' --exclude=wfy.txt --exclude=./ymm      ##→排除指定的文件与目录
grep -rn 'linux' --exclude-dir=./ymm                    ##→排除特定的文件与目录

grep -A2 -n 'linuxido' wfy.txt       ##→输出匹配行及之后的两行的内容
grep -B2 -n 'linuxido' wfy.txt       ##→输出匹配行及之前的两行的内容
grep -C2 -n 'linuxido' wfy.txt       ##→输出匹配行及前后两行的内容
grep -2 -n 'linuxido' wfy.txt        ##→输出匹配行及前后两行的内容
```

2. 正则表达式

正则表达式（Regular Expression）描述了一种字符串匹配的模式（PATTERN），可以用来检查一串字符中是否包含某串字符，也可以将匹配的字符替换或从某个字符串中取出符合某个条件的子字符串等。

在前面的命令中，读者已经频繁使用了一个正则表达式，即星号"*"。它的意思是匹配零个或多个先前字符，如"*.txt"就是匹配所有以".txt"结尾的文件名。

grep 命令可用的正则表达式如表 3.22 所示。其他 Linux 命令也有许多是可以使用的正则表达式。关于正则表达式的正确性，可使用正则工具来检测。正则工具在网络上搜索即可，有许多在线工具。

表 3.22 grep 命令可用的正则表达式

选　　项	说　　明
^	锚定行的开始，如"^grep"匹配所有以 grep 开头的行
$	锚定行的结束，如"grep $"匹配所有以 grep 结尾的行
.	匹配一个非换行符的字符，如"gr.p"匹配 gr 后接一个任意字符，然后是 p
*	匹配零个或多个先前字符，如"*grep"匹配所有一个或多个空格后紧跟 grep 的行
.*	一起用代表任意字符
[]	匹配一个指定范围内的字符，如"[Gg]rep"匹配 Grep 和 grep
+	匹配更多，如[a-z]+的意思是匹配 a 到 z 中的英文字符
[^]	匹配一个不在指定范围内的字符，"[^A-FH-Z]"匹配不包含 A～F 和 H～Z 的字符单词，如以"G"开头的单词
\(..\)	标记匹配字符，如"\(love\)"，love 被标记为 1
\<	锚定单词的开始，如"\<grep"匹配包含以 grep 开头的单词的行
\>	锚定单词的结束，如"grep\>"匹配包含以 grep 结尾的单词的行
x\{m\}	重复字符 x，m 次，如"o\{5\}"匹配包含 5 个 o 的行
x\{m,\}	重复字符 x，至少 m 次，如"o\{5,\}"匹配至少有 5 个 o 的行
x\{m,n\}	重复字符 x，至少 m 次，不多于 n 次，如"o\{5,10\}"匹配 5～10 个 o 的行
\w	匹配文字和数字字符，也就是[A-Za-z0-9]，如"G\w*p"匹配以 G 开头，以 p 结尾的字符串，中间可以有零个或多个文字或数字字符，但是不能有空格、逗号、#等特殊字符

选 项	说 明
\W	\w 的反置形式，匹配一个或多个非单词字符，如点号、句号等
\b	单词锁定符，如"\bgrep\b"只匹配 grep

注意：grep 还有其他扩展的命令，如 egrep、fgrep、ngrep、pgrep 等命令。

3.4.4 文件索引查找：locate+updatedb

locate 命令从查询速度上来说比 find 快。因为它会自行建立一个数据库（/var/lib/mlocate/mlocate.db），通过 updatedb 程序将硬盘中的所有档案和目录资料建成一个索引库。

locate 的缺点是不能及时查找到最新的文件，并需要每天更新一次。可以手动使用 updatedb 程序来更新 locate 数据库，也可以修改 crond 来让 locate 数据库加快更新频率。关于如何使用 crond 设置定时任务，会在后面章节进行讲解。

1．locate 的安装

```
yum install -y mlocate    ##→安装 locate
```

可以看到安装的程序是 mlocate，在这之前也可以使用"yum install slocate"命令安装 slocate 来使用 locate。而现在，速度更快的 mlocate 已经替代了 slocate。它们使用的语法都是"locate xxx"。

2．locate 命令速查手册

（1）locate 命令的语法格式：locate[选项][匹配表达式（文件名）]。

（2）locate 命令示例。

```
locate user              ##→路径中包含 user 的文件或目录都可以查找到
locate  yaomm/li         ##→路径中包含 yaomm/li 的文件或目录都可以查找到
locate  user pwd         ##→合集查找，查找包含 user 或 pwd 的文件
locate -A user add       ##→交集查找，查找既包含 user 又包含 add 的文件名
locate -b yaomm     ##→文件或目录名包含 yaomm 的进行查找，如果只有路径中包含 yaomm 的则不查
locate -c user add       ##→统计匹配条数
locate -i PWD            ##→忽略大小写查找
locate -l 5 pwd          ##→取前 5 个密码
```

3．使用 updatedb 更新 locate 数据库

（1）查看 locate 数据库。

```
[root@yaomm mlocate]# ll /var/lib/mlocate/    ##→查看 locate 数据库
总用量 836
-rw-r-----. 1 root slocate 853723 1月  23 11:36 mlocate.db
```

```
[root@yaomm ~]# cat /etc/cron.daily/mlocate    ##→查看自带的定时任务脚本
#!/bin/sh
nodevs=$(awk '$1 == "nodev" && $2 != "rootfs" && $2 != "zfs" { print $2 }' < /proc/filesystems)

renice +19 -p $$ >/dev/null 2>&1
ionice -c2 -n7 -p $$ >/dev/null 2>&1
/usr/bin/updatedb -f "$nodevs"
```

（2）updatedb 命令示例。

```
updatedb                         ##→手动更新 locate 数据库
updatedb -U /root                ##→指定更新目录
updatedb -vU /root               ##→指定更新目录，并展示更新信息
```

（3）实例演示 locate 数据库更新效果如下。

```
[root@yaomm home]# cd /home/yaomm/     ##→进入/home/yaomm 目录
[root@yaomm yaomm]# ll
总用量 0
[root@yaomm yaomm]# touch xrs.txt      ##→新创建一个文件
[root@yaomm yaomm]# locate xrs         ##→无法查找到新创建的文件
[root@yaomm yaomm]# updatedb           ##→更新数据库
[root@yaomm yaomm]# locate xrs         ##→重新查找
/home/yaomm/xrs.txt                    ##→查找到 xrs 文件
```

3.5 文件处理

Linux 上有很多处理文件的工具。本节将选几个典型的处理场景，例如，彩色打印、乱码处理、文件比对后合并、校验文件完整性及按分隔符剪切字符等来讲解对应的 Linux 命令工具。

3.5.1 文件乱码处理：文件编码、inode 与 dos2unix

在使用 Linux 服务器时，大多读者都用 Windows 进行开发、测试、运维这样的生产活动，而两端（Windows、Linux）编码一致性的问题导致我们将 Windows 上的一些文件放入 Linux 中，总会出现一些乱码现象。

1. Xshell 显示中文乱码

（1）在 Linux 中，文件显示中文乱码，如图 3.2 所示。其解决方法是修改终端（这里用的是 Xshell）的文件编码。

图 3.2 中文乱码

（2）打开 Xshell 的"文件"→"当前会话属性"菜单。如果想永久解决中文乱码，打开"默认会话属性"，选择"终端"→"编码"选项卡，设置默认语言为"UTF-8"。

（3）回到 Shell 界面，重新使用"ll"查看当前目录，可以发现乱码文件已经变为可识别的。编码修改前后对比如图 3.3 所示。

图 3.3　编码修改前后对比

2．Xftp 显示中文乱码

当我们使用 Xshell 连接服务器时，看到的中文文件是正常的。但在使用 Xftp 想要在相应的目录下上传或下载文件时，却发现是乱码。处理这种问题只需要更改默认的工具。依次选择"文件"→"属性"→"选项"→"编码"→"UTF-8"命令，基本就可以解决此类问题。

3．UTF-8 下文件中文名乱码重命名

使用上述方法解决文件名乱码问题后，读者可能还会遇到一些新的问题。例如，重新设置"UTF-8"后再打开文件还是乱码，甚至连使用命令"rm -f xx"也无法删除文件。这是因为乱码的问题，导致根本不知道真实文件名是什么，进而没法删除。

遇到这种问题不要慌，记住一个概念：在 Linux 中，只有"inode"才是唯一标识。

（1）使用 ls 或 ll 命令查看文件的 inode。命令如下：

```
ls -i    ##→横排查看当前文件夹下的文件，并显示 inode
ll -i    ##→列表显示当前文件夹下的文件，并显示 inode
```

（2）找到 inode 后如何重命名呢？这时，就要用到 find 命令了。命令如下：

```
find ./ -inum <inode> | xargs -i {} test 中文
##→根据 inode 查找文件，并重命名；<inode>为 ls 查出来的 inode
```

```
find ./ -inum <inode> | xargs rm -f
##→根据 inode 查找文件,并删除
```

(3)如果没有遇到乱码,那么如何测试这个解决乱码的方法呢?很简单,先将 Xftp 设置为非"UTF-8"编码,Xshell 设置为"UTF-8"编码。然后在 Xftp 中直接创建一个中文目录或文件。最后在 Xshell 下就可以看到乱码文件了。

(4)创建好测试文件后,读者在 Shell 中使用"ll -i"命令可以看到当前目录下确实有乱码文件,并且乱码文件的 inode 是 666328,找到这个 inode 就可以对文件重命名或删除了。

```
find . -inum 666328 | xargs -i mv {} 我是测试的    ##→利用 inode 重命名
find . -inum 666328 | xargs rm -f                  ##→利用 inode 删除
```

(5)改名之后,在 Xshell 中已经可以正常显示中文文件,但文件的 inode 并不会改变。

4.特殊字符导致的文件乱码

以上都是文件名乱码,有时读者还会遇到内容乱码的问题。

一个真实的案例:在部署脚本时,因运维人员在 Windows 上修改了脚本,导致.sh 脚本中多了一些特殊字符,无法启动。当时采用的办法是删除全部脚本并重写。

后来又一次遇到内容乱码的问题,运维人员想到是不是由隐藏字符导致的,于是使用"vim -b"找到隐藏字符"^M",解决了这个问题。

当再一次遇到脚本无法启动的问题,此时运维人员使用"vim -b"也找不到隐藏字符,于是使用"cat -A"方法,找到了隐藏字符"M-BM-"。我们可以在搜索引擎下搜索"特殊字符 M-BM-"的解决方法。

这里介绍两个解决特殊字符的方法。一是用 sed,二是用文件格式转换工具 dos2unix。命令如下:

```
sed -i 's/\xc2\xa0/ /g' [文件名]     ##→替换成空格
sed -i 's/\xc2\xa0//g'  [文件名]     ##→替换成空字符
dos2unix [文件名]                     ##→在 Windows 下的文件转换为 Linux 的
```

我们不仅可以使用 dos2unix 工具转换特殊字符,而且遇到其他内容乱码问题时,还可以尝试使用此工具来解决。

5.dos2unix 速查手册

dos2unix 命令可以将文本文件的 DOS(Windows)格式转换成 UNIX 格式。而将文本文件的 UNIX 格式转成 DOS 格式的是 unix2dos 命令。

文本文件格式为什么需要转换呢?这是因为文本文件的 DOS 格式下,一些隐藏符号与 Linux 上的标志并不一致(如换行符"\r\n"在 Linux 中会变成"^M"),因此产生了两种格式

文件相互转换的需求。

为什么文件格式转换使用的是 dos2unix 呢？前面的章节已经讲过，Linux 有许多特性都是继承 UNIX 的，文件格式也大致如此，所以这个转换命令中的"2unix"含义是 To UNIX。

dos2unix 在许多 Linux 发行版本中并不是自带的工具，需要额外安装，安装命令如下：
```
yum install -y dos2unix    ##→使用 yum 命令安装 dos2unix 工具
```
（1）dos2unix 命令的语法格式：dos2unix ［选项］［文件］。

（2）dos2unix 命令一般使用默认选项"-o"，其选项说明如表 3.23 所示。

表 3.23　dos2unix 命令的选项说明

选项	说明
-c	转换模式，即 ASCII、7bit、ISO、Mac，默认是 ASCII
-k	保持输出文件的日期不变
-n	写入新文件
-o	写入源文件
-q	安静模式，不提示任何警告信息
-V	查看版本

（3）dos2unix 命令示例。

```
dos2unix out.log                         ##→Windows 文件转换为 Linux 文件
dos2unix out.log out2.log                ##→转换多个文件
dos2unix *.txt                           ##→转换当前目录下的所有 txt 文件

dos2unix -n out.log newFile.txt          ##→"-n"源文件不变，产生一个新的文件
dos2unix -n -k out.log newFile.txt       ##→"-k"转换时保持时间戳不变
```

3.5.2　文件比对、校验与剪切：diff / vimdiff、md5sum、cut

1. diff/vimdiff 命令速查手册

diff（Difference）命令可以逐行比较文本内容，并输出文件差异。vimdiff 命令则可以调用 vim 命令打开多个文件，以不同颜色区分文件内容差异。常用示例如下：

```
diff wfy.txt wfy2.txt                    ##→比较文件 1、文件 2，只显示差异内容
diff -y wfy.txt wfy2.txt                 ##→命名用"-y"选项展示，并列显示所有内容的差异
diff -y -W100 wfy.txt wfy2.txt           ##→加"-W"选项，设置字符展示宽度

vimdiff wfy.txt wfy2.txt                 ##→使用 vimdiff 比较 wfy.txt 和 wfy2.txt 两个文件
vimdiff wfy.txt wfy2.txt ./ymm/wfy3.txt  ##→比较 3 个文件
```

vimdiff 命令可以使用内置命令对多个文件进行比对、合并等操作，如表 3.24 所示。

表 3.24　vimdiff 命令的常用内置命令

内置命令	说明
]c	跳到下一个差异点
[c	跳到上一个差异点
dp	diff pull，将左边差异内容复制到右边文本中
do	diff obtain，将右边差异内容复制到左边文本中
Esc	与 vim 一样，退出至 normal 模式
u	撤销
zo	展开
zc	折叠
:q	quit，按顺序一个一个退出
:qa	quit all，同时退出
:wa	write all，保存全部文件
:wqa	write 与 then quit all 的合并命令，保存全部文件，然后退出
:qa!	force to quit all，强制全部退出，不保存任何操作结果

2. 文件校验：md5sum

md5sum（Message-Digest Algorithm）命令可以用来计算校验文件中的 md5 值。顾名思义，它采用的是 MD5 算法。在下载文件时常常见到 MD5 算法，MD5 算法通常被用来验证网络文件传输的完整性，防止文件被人篡改。

我们在各个网站下载 App、工具时，官网都会提供一个 md5 码，防止文件下载时被篡改或植入病毒、木马等破坏性程序。

（1）md5sum 命令的语法格式：md5sum ［选项］［文件］。

（2）md5sum 命令示例。

```
md5sum linuxido.txt          ##→打印文件 md5 码与文件名
md5sum -b linuxido.txt       ##→"-b"选项生成 md5 码与文件名，"-b"选项可省略
md5sum -c linuxido.md5       ##→"-c"选项校验文件是否被篡改。若内容被篡改，则 md5 校验失败
md5sum *.txt > list.md5      ##→批量生成 md5 码至 list.md5 文件
echo file is linuxido2.this is linuxido.com | md5sum ##→从标准输入中读取，生成 md5

md5sum -c list.md5                   ##→批量校验
md5sum --status -w -c list.md5       ##→"--status"成功时不返回信息，错误时返回错误信息
```

3. 字符剪切：cut

cut 命令的主要作用是根据分隔符提取文件中的指定内容。

（1）cut 命令的语法格式：cut［选项］［文件（可选）］，无文件参数时读取标准输入。

（2）cut 命令示例。

```
cut -b1-4 list.md5           ##→获取每行 1～4 个字节
```

```
cut -c1-4 list.md5          ##→获取每行 1～4 个字符
cut -c2-5 list.md5          ##→获取每行 2～5 个字符
cut -c5-  list.md5          ##→获取每行 5 字符后的内容
cut -c-10 list.md5          ##→获取每行 1～10 个字符
##→使用 "-d" 选项指定分隔符为冒号 ":"，利用 "-f1" 选项截取第 1 列内容
cut -f1 -d":" /etc/passwd
cut -f3 -d" " list.md5      ##→按照空格分隔，取第 3 列内容
```

注意：在 Linux 中，一般文件都是 UTF-8 编码。在 UTF-8 编码文件中，一个英文字母占 1 字节，一个中文汉字（含繁体）占 3 字节。如果是 ASCII 编码，则一个英文字母（不区分大小写）占 1 字节，一个中文汉字占 2 字节。如果是 Unicode 编码，则一个英文字母占 2 字节，一个中文汉字（含繁体）占 2 字节。

3.5.3　其他命令：od、iconv、tr、split、paste、rev、tee、join、uniq

本节讲述一些不常用的文件处理命令，但这些文件处理命令在某些情况下也会颇有作用。实际上，Linux 的文件处理命令当然不止本书所述的内容。在大多情况下，这些命令已足够使用。

1. od 命令速查手册

od 命令可以用来转换文本进制，即转换为八进制、十六进制或其他格式编码。示例如下：

```
##→将二进制文件 "/bin/ls" 转换为十六进制进行查看

[root@yaomm ~]# od -Ax -tcx /bin/ls | head
000000 177   E   L   F 002 001 001  \0  \0  \0  \0  \0  \0  \0  \0  \0
            464c457f        00010102        00000000        00000000
000010 002  \0   >  \0 001  \0  \0  \0   $   C   @  \0  \0  \0  \0  \0
            003e0002        00000001        00404324        00000000
...
##→ "-A" 选项设置进制：o 为八进制，d 为十进制，x 为十六进制，n 为不打印位移值
##→ "-t" 选项显示格式：a 为命名字符，c 为 ASCII 码或反斜杠，d 为有符号十进制，f 为浮点数
##→o 为八进制，u 为无符号十进制，x 为十六进制
```

2. iconv 命令速查手册

iconv 命令的功能与 dos2unix 命令的功能类似，也用于文件编码转换。示例如下：

```
[root@yaomm ~]# cat ymm.txt         ##→查看文件内容
我是姚毛毛    ##→第 1 句在 Linux 下编辑，第 2 句在 Windows 下编辑，没有 Linux 的换行
我是 Windows[root@yaomm ~]# iconv -f utf-8 -t gb2312 ymm.txt -o newymm.txt
##→ "-f" 选项指定源文件编码为 utf-8，"-t" 选项转换成编码 gb2312，"-o" 选项指定输出文件
##→ "-l" 选项可以看出 iconv 支持哪些编码
```

```
[root@yaomm ~]# cat newymm.txt      ##→查看文件,中文转换为乱码
Y˘Ђёё
##→转换回来
Y˘Windows[root@yaomm ~]# iconv -f gb2312 -t utf-8 newymm.txt -o gb2utf.txt
[root@yaomm ~]# cat gb2utf.txt      ##→转换成功
我是姚毛毛
我是Windows[root@yaomm ~]#
```

3. tr 命令速查手册

tr 命令的主要作用是替换。在替换英文字符时比较好用,尽量不要用于中文替换。

```
tr 'Ts' 'oP' </etc/inittab          ##→将文件中内容的 T 转换为 o,s 转换为 P
##→注意:1.该命令不会改变原文件内容,2.接收文件内容需要输入重定向符

tr '[a-z]' '[A-Z]' </etc/inittab                        ##→文件全部转换为大写

[root@yaomm ~]# echo 'Tv is new' | tr -d 'Tvs'   ##→"-d"选项删除,删除所有Tvs字符
 i new
```

4. split 命令速查手册

split 命令的主要作用是可以按照行数或文件大小进行文件的分割。

```
split -l 10 /etc/inittab -a 3 -d inittab_new_       ##→"-l"选项按行分割
split -b 1024K /var/log/messages -a 3 msg_M_        ##→"-b"选项按文件大小分割

##→"-a"选项指定后缀长度,"-d"选项指定后缀为数字,没有选项,默认后缀为英文字母
```

5. paste 命令速查手册

paste 命令可以将文件合并在一起,默认的分隔符是"Tab",可以实现多列合并及列转行。生成测试文件如下:

```
[root@yaomm yaomm]# printf 'a\nb\nc\n' > p1.txt##→"printf"生成带格式的文本,\n 换行
[root@yaomm yaomm]# cat p1.txt
a
b
c
[root@yaomm yaomm]# printf '1\n2\n3\n' > p2.txt    ##→生成数字测试文本
[root@yaomm yaomm]# cat p2.txt
1
2
3
```

合并文件:

```
[root@yaomm yaomm]# paste -d: p1.txt p2.txt    ##→"-d"选项指定合并的分隔符为冒号":"
a:1
b:2
```

```
c:3
[root@yaomm yaomm]# paste p1.txt p2.txt         ##→不指定分隔符，默认是 Tab
a    1
b    2
c    3
```

合并文件时，每个文件内容各转为一行：

```
[root@yaomm yaomm]# paste -s p1.txt             ##→"-s"选项为每个文件转为一行
a    b    c
[root@yaomm yaomm]# paste -s p1.txt p2.txt      ##→可以一次性转多个文件
a    b    c
1    2    3
[root@yaomm yaomm]# paste -s -d"|" p1.txt p2.txt   ##→转行时也可以指定分隔符
a|b|c
1|2|3
```

6. rev 命令速查手册

rev 命令可以使文件中字符倒转，单位为行。

```
[root@yaomm yaomm]# cat /etc/inittab            ##→正常查看
# inittab is no longer used when using systemd.
#
# ADDING CONFIGURATION HERE WILL HAVE NO EFFECT ON YOUR SYSTEM.
...
[root@yaomm yaomm]# rev /etc/inittab            ##→每行倒转，符号也倒转
.dmetsys gnisu nehw desu regnol on si battini #
#
.METSYS RUOY NO TCEFFE ON EVAH LLIW EREH NOITARUGIFNOC GNIDDA #
```

7. tee 命令速查手册

tee 命令相当于重定向符号 ">"，"tee -a" 命令相当于 ">>"。

```
[root@yaomm yaomm]# echo 'tee is good' | tee tee.txt    ##→第 1 次写入
tee is good
[root@yaomm yaomm]# cat tee.txt                         ##→写入成功
tee is good
##→第 2 次写入，覆盖第 1 次写入内容
[root@yaomm yaomm]# echo 'tee is very good' | tee tee.txt
tee is very good
[root@yaomm yaomm]# cat tee.txt                         ##→第 1 句被覆盖
tee is very good

##→第 3 次写入，使用"tee -a"命令追加
[root@yaomm yaomm]# echo 'tee is great' | tee -a tee.txt
tee is great
[root@yaomm yaomm]# cat tee.txt
tee is very good
tee is great                                            ##→追加成功
```

8. join 命令速查手册

join 命令可以用来合并多文件中相同行的内容。

```
[root@yaomm yaomm]# printf ' NO.1 23 M \n NO.2 24 W \n NO.3 15 M \n' > j1.txt
[root@yaomm yaomm]# printf ' NO.1 姚\n NO.2 王\n NO.3 赵\n' > j2.txt
##→测试数据生成完成
[root@yaomm yaomm]# join j2.txt j1.txt  ##→合并数据，哪个文件在前，优先合并哪个文件数据
NO.1 姚 23 M
NO.2 王 24 W
NO.3 赵 15 M
```

注意：join 命令的数据合并要经过排序。如果相同字段是乱序，则需要使用 sort 命令进行排序。

9. uniq 命令速查手册

uniq 命令主要用来去除文件中的重复行。

```
##→去除重复行，查看CPU型号
[root@yaomm yaomm]# cat /proc/cpuinfo |grep name | uniq -c
      2 model name      : Intel(R) Xeon(R) CPU E5-2682 v4 @ 2.50GHz
```

3.6 特殊字符简析

在本章中，读者使用命令时常常用到几种特殊符号，即星号通配符"*"、管道符"|"和追加重定向符号">>"。跟随本章内容练习的读者，应该了解其作用了。

3.6.1 特殊字符表

本节列举了一些常用的特殊字符，其中有些是我们使用过的，有些是我们在后面的章节将会用到的。特殊字符说明表如表 3.25 所示。

表 3.25 特殊字符说明表

特 殊 字 符	说　　　明
#	注释符，用来注释，被 Shell 忽略执行
*	通配符，代替 0 个或多个字符
?	单字符通配符，匹配任何单个字符，且不能为空字符
[]	字符集通配符，匹配中括号内的任意一个字符
[-]	范围匹配。例如，[1-9]，匹配数字 1 至 9；[a-z]，匹配小写英文字母 a 至 z
{}	生产字符或数字序列，一般配合 echo 等命令使用。find 命令里的{}意思是前面命令的结果。touch 中用于批量生成文件
|	管道符，将管道左边命令的结果作为右边命令的输入内容
< 或 0<	文件描述符 0，标准输入（stdin），"0<"等同于"<"。此符号表示命令中接收输入的途径由默认的键盘更改为指定的文件，并删除以前的数据

续表

特殊字符	说明
<<	输入追加重定向,与分界符一起使用。例如,"cat > out.log << EOF"。其作用是将输入来源由键盘更改为指定的文件,文件结尾加入内容,不会删除已有数据
>	标准输出(stdout),覆盖文件。将命令的执行结果输出到指定的文件中,并删除以前的数据
>>	输出追加重定向,将命令执行的结果追加输出到指定文件,文件结尾加入内容,不会删除已有数据
1>	文件描述符1,"1>"等同于">",标准输出(stdout)。与重定向符号合用,代表将标准信息输出到指定文件中,一般用于日志输出
1>>	标准输出追加重定向,不删除文件已有内容
2>	文件描述符2,标准错误输出(stderr)。与重定向符号合用,表示清空指定文件的内容,并将标准错误信息保存到该文件中
2>>	错误追加重定向,将标准错误信息追加输出到指定的文件中
&> 或 2>&1 或 1>&2	将标准输出或标准错误的内容全部保存到指定的文件中,之前的文件内容会被删除
&>>	追加保存标准输出和标准错误
/dev/null	特殊设备,可以将其看作一个"黑洞",一般用于丢弃日志
/dev/zero	特殊设备,可以将其看作一个空白字符制造机,一般用于生成空白大文件
/dev/random 、/dev/urandom	随机设备,可以提供不间断的随机字节流,前者依赖硬件中断,速度较慢,可能导致熵池耗尽;后者则不依赖硬件中断,速度快,但是随机性较低
\	转义符,让一个有意义的字符转义成普通字符
"	不保留属性,全部当成普通字符
""	用于原本保留属性
``	用于命令替换,`` 中放置可执行的命令,bash 会将命令执行的结果视为一个变量或变量列表
$	变量引用。例如,$PATH 可查看 Linux 的 Shell 环境变量
;	命令结束符,通常用于多个命令同时执行,每个命令各不影响
&&	"命令 and 命令",表示上一个命令执行成功,下个命令才执行
||	"命令 or 命令",上一个命令执行失败后,下个命令才执行,如果上个命令执行成功,则后面的命令不执行
&	命令后台运行符,将任务放入后台运行,与之对应的是"fg"命令,将任务返回前台运行。"fg pid"命令中 pid 为进程 id

注意:箭头的指向就是数据的流向。以上特殊字符都是在英文半角模式下使用的。关于文件描述符的概念本书会在后面的章节进行详细讲解。

3.6.2 通配符

(1)"*"多字符匹配。

```
[root@yaomm yaomm]# pwd                    ##→当前路径为"/home/yaomm"
/home/yaomm
```

```
[root@yaomm yaomm]# ll                        ##→展示当前目录下的文件
total 56
-rw-r--r-- 1 root root   47 Jan  1 19:37 index.html
drwxr-xr-x 2 root root 4096 Jan 13 10:44 linuxido
...
[root@yaomm yaomm]# ls *.log                  ##→查看当前目录下以".log"结尾的文件
out1.log  out2.log  out3.log  out4.log  out.log  s.log
[root@yaomm yaomm]# ls o*                     ##→查看以"o"开头的文件
out1.log  out2.log  out3.log  out4.log  out.log
```

(2)"?"单字符匹配。

```
[root@yaomm yaomm]# ls out?.log       ##→查看以"out"开头,且只匹配后一位的log文件
out1.log  out2.log  out3.log  out4.log
```

(3)"[]"简单正则匹配。

```
[root@yaomm yaomm]# ls *[ot].txt              ##→查看最后一个字母是"o"或"t"的txt文件
linuxido.txt  testCut.txt
[root@yaomm yaomm]# ls *[1-9].log             ##→查看最后一位字符是1~9的log文件
out1.log  out2.log  out3.log  out4.log
[root@yaomm yaomm]# ls *[a-z].log             ##→查看最后一位字符是a~z的log文件
out.log  s.log
```

(4)"{...}"批量创建文件。

```
[root@yaomm yaomm]# touch {1...9}.txt     ##→使用{}创建以数字1~9为名的9个文件
[root@yaomm yaomm]# ls *.txt                  ##→文件是否被创建
1.txt  2.txt  3.txt  4.txt  5.txt  6.txt  7.txt  8.txt  9.txt  linuxido2.txt
linuxido.txt  testCut.txt
```

3.6.3 管道、重定向、标准输入/输出

(1)管道符"|"连接多个命令。

```
##→将"out1.log"作为输入传递给"wc",统计行数
[root@yaomm yaomm]# cat out1.log | wc -l
3
##→多管道,查找文件中含有To的行数
[root@yaomm yaomm]# cat /etc/inittab | grep To | wc -l
2
```

(2)标准输入"<"(覆盖)、输入追加重定向"<<"(追加)。

```
[root@yaomm yaomm]# wc -l < out1.log      ##→将"out1.log"作为输入源
3
##→"cat" + 输出重定向+输入追加重定向"<<"+分界符"over",完成一次文件testEOF.txt的内容
##→编写
[root@yaomm yaomm]# cat > testEOF.txt << over
```

```
> 1
> 2
> 3
> 4
> 5
> over
[root@yaomm yaomm]# cat testEOF.txt
1
2
3
4
5
```

(3) 标准输出 ">"（覆盖）、输出追加重定向 ">>"（追加）。

```
[root@yaomm yaomm]# echo testEcho > testEOF.txt        ##→标准输出，覆盖文件
[root@yaomm yaomm]# cat testEOF.txt
testEcho
[root@yaomm yaomm]# echo 'append text' >> testEOF.txt  ##→追加文字至文件 testEOF.txt
##→如果文件 next.txt 不存在，则创建文件
[root@yaomm yaomm]# echo 'create next' >> next.txt
[root@yaomm yaomm]# cat testEOF.txt
testEcho
append text
[root@yaomm yaomm]# cat next.txt
create next
```

(4) 文件描述符。

代表性的文件描述符："0<" 标准输入 stdin，"1>" 标准输出 stdout，"2>" 标准错误输出 stderr。

"1>" 等同于 ">"，通常数字 "1" 被省略。

```
[root@yaomm yaomm]# ls null.txt                        ##→查看一个不存在的文件，报错
ls: cannot access null.txt: No such file or directory
[root@yaomm yaomm]# ls null.txt 1> ad.log              ##→ "1>" 为标准输出
ls: cannot access null.txt: No such file or directory
[root@yaomm yaomm]# cat ad.log                         ##→ "1>" 并没有将信息输出至 ad.log
[root@yaomm yaomm]# ls null.txt 2> ad.log              ##→ "2>" 为标准错误输出
[root@yaomm yaomm]# cat ad.log                         ##→可以看到 ad.log 中已经保存了错误信息
ls: cannot access null.txt: No such file or directory
[root@yaomm yaomm]# ls testEOF.txt 1> ad.log           ##→查看已存在的文件，标准输出至 ad.log
[root@yaomm yaomm]# cat ad.log                         ##→查看 ad.log，发现文件被覆盖
testEOF.txt
##→使用 "1>>"，将标准信息追加输出至 ad.log
[root@yaomm yaomm]# ls next.txt 1>> ad.log
[root@yaomm yaomm]# cat ad.log                         ##→查看 ad.log，发现日志已追加
testEOF.txt
```

```
next.txt
##→使用"2>>",将标准错误信息追加输出至 ad.log
[root@yaomm yaomm]# ls null.txt 2>> ad.log
[root@yaomm yaomm]# cat ad.log
testEOF.txt
next.txt
ls: cannot access null.txt: No such file or directory
```

(5)"2>&1"与"1>&2"。

2>&1 表示标准错误(文件描述符 2)重定向到标准输出(文件描述符 1),1>&2 则意思相反。为什么描述符前需要加"&"?因为如果没有"&",那么"1"会被认为是一个普通的文件。

```
[root@yaomm yaomm]# ls out1.log &> ad.log            ##→重置 ad.log 文件
[root@yaomm yaomm]# cat ad.log
out1.log
##→ "1>" + "2>&1",标准输出覆盖,&1 等同于文件描述符 1
[root@yaomm yaomm]# ls out.log 1>ad.log 2>&1
[root@yaomm yaomm]# cat ad.log
out.log
[root@yaomm yaomm]# ls null.txt 1>>ad.log 2>&1    ##→ "1>>" + "2>&1" 标准错误追加
[root@yaomm yaomm]# cat ad.log
out.log
ls: cannot access null.txt: No such file or directory
##→ "2>" + "1>&2",标准错误覆盖,&2 等同于文件描述符 2
[root@yaomm yaomm]# ls null.txt 2>ad.log 1>&2
[root@yaomm yaomm]# cat ad.log
ls: cannot access null.txt: No such file or directory
[root@yaomm yaomm]# ls out.log 2>>ad.log 1>&2      ##→ "2>>" + "1>&2" 标准输出追加
[root@yaomm yaomm]# cat ad.log
ls: cannot access null.txt: No such file or directory
out.log
[root@yaomm yaomm]# ls old.txt &> ad.log             ##→重置 ad.log
[root@yaomm yaomm]# cat ad.log
ls: cannot access old.txt: No such file or directory
```

"ls out1.log &> ad.log"将文件描述符 1 的内容重定向到文件 ad.log,最终标准错误也会重定向到文件 ad.log。

(6)"&>>"。

"&>"(覆盖输出)、"&>>"(追加输出)可以同时保存标准输出和标准错误。

```
[root@yaomm yaomm]# ls null.txt &>> ad.log                ##→使用"&>>"追加标准错误
[root@yaomm yaomm]# cat ad.log
ls: cannot access null.txt: No such file or directory ##→写入的标准错误
[root@yaomm yaomm]# ls out1.log &>> ad.log     ##→ "&>>"同时用来保存标准输出和标准错误
```

```
[root@yaomm yaomm]# cat ad.log
ls: cannot access null.txt: No such file or directory
ad.log                                              ##→追加的标准输出
```

3.6.4 特殊设备

(1) 黑洞设备:/dev/null。

/dev/null 可以理解为一个黑洞设备。所有垃圾都可以放进该设备中,放进去的垃圾将消失不见。

```
[root@yaomm yaomm]# ls old.txt &> ad.log > /dev/null
##→可以看到信息被扔到/dev/null,没有在文件 ad.log 中产生新的信息
[root@yaomm yaomm]# cat ad.log
ls: cannot access old.txt: No such file or directory
```

(2) 空字符设备:/dev/zero。

/dev/zero 可以理解为一个"空"设备,可以将空字符无限填充进去,常用来生成一个特定大小的文件或回环设备。

```
[root@yaomm yaomm]# dd if=/dev/zero of=b.txt bs=1M count=50
##→使用"dd"生成一个 50MB 的文件,其中 if 代表输入文件, of 代表输出文件, bs 为块大小, count
##→为复制块数。相当于生成一个总大小 50 块 1MB 的文件
50+0 records in
50+0 records out
52428800 bytes (52 MB) copied, 0.0397301 s, 1.3 GB/s
[root@yaomm yaomm]# du -sh b.txt                    ##→查看 b.txt 文件的大小
50M     b.txt
```

(3) 随机数设备:/dev/random 和/dev/urandom。

/dev/random 和/dev/urandom 的区别是,random 的随机数来自系统中断(主要是键盘、鼠标等硬件中断)事件,urandom 则不依赖硬件中断。Oracle 有一个 JDBC 驱动的 Bug 就来自 random 的熵池耗尽(详见 7.5.1 节"熵池耗尽的解决方案")。

```
[root@yaomm yaomm]# cat /dev/urandom | od -x | head  ##→urandom 产生随机数的速度很快
0000000 335c b2d3 62cb 005d 4bc7 5e51 90ec dec7
0000020 e2f6 3bcd b39d b663 e9f3 dfa9 f2bf e982

##→random 产生随机数的速度很慢,并且形成阻塞
[root@yaomm ~]# cat /dev/random | od -x | head -n 1
```

3.6.5 单引号、转义符、双引号、反引号

(1) 在单引号内的都是纯字符,空格、特殊字符也是纯字符。

```
[root@yaomm yaomm]# touch '*.log'        ##→创建一个名称带"*"的log文件
[root@yaomm yaomm]# ls '*.log'           ##→使用单引号也可以将其当作普通字符
*.log
```

(2) 转义符可以将特殊字符如"*"转义为普通字符。

```
[root@yaomm yaomm]# ls *.log             ##→想查找名称是"*"的log文件，却查了所有文件
ad.log  *.log  out1.log  out2.log  out3.log  out4.log  out.log  s.log  x.log
[root@yaomm yaomm]# ls \*.log            ##→使用转义符将特殊字符"*"转义为普通字符
*.log
```

(3) 双引号与单引号的功能类似，但在双引号内引用变量符"$"可以起作用。

```
[root@yaomm yaomm]# echo "$PATH"         ##→双引号内可执行变量引用，单引号则直接打印
/usr/local/java/jdk1.8.0_131/bin:/usr/local/java/jdk1.8.0_131/jre/bin: -...
```

(4) 反引号可直接执行引号内的命令内容。

```
[root@yaomm yaomm]# wc -l `ls *.log`     ##→使用反引号执行命令，得到一个结果或列表
 1 ad.log
...
36 total
```

3.6.6　命令执行与逻辑符

多条命令在同一行执行时，可使用分号";"，与"&&"、或"||"逻辑符。

在执行有逻辑关系的命令时，如果使用与"&&"逻辑符，那么逻辑符前面的命令执行失败，后面的命令则不执行。如果使用或"||"逻辑符，那么逻辑符前面的命令执行失败，后面的命令才执行；前面的命令执行成功，后面的命令则不执行。使用分号";"可以隔开多条执行命令，命令间相互不影响。

```
##→"&&"前面的命令执行失败，后面的命令不执行
[root@yaomm yaomm]# ll xxx.log && wc -l out.log;
ls: cannot access xxx.log: No such file or directory
##→"||"前面的命令执行失败，后面的命令才执行
[root@yaomm yaomm]# ll xxx.log || wc -l out.log;
ls: cannot access xxx.log: No such file or directory
3 out.log
##→"||"前面的命令执行成功，后面的命令不执行
[root@yaomm yaomm]# wc -l out1.log || wc -l out.log;
3 out1.log
##→";"隔开多条执行命令，命令间不影响
[root@yaomm yaomm]# ll xxx.log ; wc -l out.log;
ls: cannot access xxx.log: No such file or directory
3 out.log
```

3.7 小结

本章已经正式开始介绍 Linux 的使用。学习完本章后，相信读者对 Linux 上文件的操作已经了如指掌。在后续章节，我们将对 Linux 进行更深一步的探索，但都基于本章对 Linux 中的文件的"增删改查"操作。

现在我们思考一些问题，查看是否已经掌握了在 Linux 上操作文件的方法。

- 如何查看历史命令？
- 如何查看命令帮助？查看命令帮助有哪些方法？
- 如何切换目录？如何进入根目录？当前路径如何查看？
- 如何创建文件与目录？如何批量创建？如何使用一条命令创建多层目录？
- 如何复制、剪切、删除文件与目录？
- 如何查看文件？有哪些查看文件的命令？它们有什么区别？
- 如何编辑文件？有哪些编辑文件的工具？它们有什么区别？
- 如何快速查找文件？如何批量删除文件？
- 如何查找文件中的特定字符？如何查找指定字符前后 100 行的内容？
- 如何统计目录？如何查出系统中占用磁盘空间最多的 10 个文件或目录？
- 如何让输出的日志是彩色的？如何处理文件名与文件内容乱码的问题？
- 如何比较并合并文件？如何查看文件完整性？如何进行文件剪切？
- 什么是通配符？什么是管道符？什么是重定向？它们有什么作用？
- 单引号、双引号、反引号有什么区别？
- 如何同时执行多个命令？"&&"与"||"有什么区别？

第 4 章 Linux 用户与权限

在熟悉了 Linux 文件操作的基础命令后,本章开始介绍 Linux 的用户体系。在 Linux 中,所有文件都是有属性的,我们前面学到的 "ls -al" 命令和 "ll -a" 命令就可以查询目录下所有文件的属性。本章的主要内容是讲解这些属性与用户之间的权限关系。

本章主要涉及的知识点如下。

- root 与用户管理:什么是 root 用户?如何对用户进行管理?如何设置密码?
- 权限切换:为什么要权限切换?如何切换权限?
- 用户查看:如何查看系统中的用户?如何查看用户的登录日志?
- 文件权限:文件也有权限吗?如何控制文件权限?
- 实战案例:FTP 搭建与账户赋权,以及批量创建账号这两个案例向我们展示了在生产工作中对用户的管理及文件权限的使用。

注意:本章的重点是要掌握文件和用户之间是如何赋权的。

4.1 root 与用户管理

什么是 root?Linux 中的 root 用户与 Windows 中的 administrator 一样,是系统中的管理员用户,是安装系统时指定的唯一用户,拥有系统中的最高权限。本书使用的大部分命令都是在 root 用户下演示的。但在生产活动中,读者需要授予不同的角色人员不同的账号权限。如何添加不同的账号,分配不同的账号权限?这就是本节要讲解的内容。

4.1.1 root 与 UID、GID

在 Linux 中有 4 种用户角色:超级用户、系统用户、普通用户及虚拟用户(如 ftpuser 之类的用户)。root 用户是在系统安装时就已添加的。其他用户都是在使用 root 权限运行命令时添加的。

每个用户都有唯一标识 UID(User ID)和一个挂靠的用户组。大部分用户组创建时都与用户同名。例如，root 用户的用户组就是 root。用户组也有唯一标识 GID（Group ID）。

超级用户的 UID 是 0，可以使用 "id root" 命令查看 root 用户的权限 id。命令如下：

```
[root@yaomm sbin]# id root                          ##→查看 root 用户的权限 id
uid=0(root) gid=0(root) groups=0(root)              ##→root 用户的 UID 为 0,GID 为 0,用户组为 root
[root@yaomm sbin]# id yaomm                         ##→查看用户 yaomm 的权限 id
uid=1011(yaomm) gid=1013(yaomm) groups=1013(yaomm)  ##→UID 为 1011，GID 为 1013
[root@yaomm sbin]# id 1000                          ##→使用 UID 查询用户
uid=1000(xuser) gid=1000(xuser) groups=1000(xuser)  ##→UID 为 1000 的用户是 xuser
```

从代码中我们可以看到，新建的第一个普通用户 xuser，其 UID、GID 都是 1000。为什么 UID 是从 1000 开始呢？这就要说到 Linux 的 UID 限制范围了。

在不同的 Linux 发行版本中，UID 都有不同的限制范围。我们以 CentOS 7.x 为例，查看 UID 的范围与用户特性，如表 4.1 所示。

表 4.1　UID 的范围与用户特性

UID 范围	用 户 特 性
0	root 用户，超级管理员权限。如果将其他用户的 UID 修改为 0，则其他用户可以拥有 root 权限，但一般不建议这样做
1～999	系统账户保留的 UID
1000 以上	在创建普通用户、虚拟用户时，如果没有特别指定 UID，则用户都会默认指定一个从 1000 以后增加的 UID

GID 在创建时一般都会与 UID 保持一致。例如，root 用户的 UID 为 0，GID 也是 0。在创建第一个普通用户时，如果没有指定 UID、GID，则其 UID、GID 一般都是 1000。

想要产生与 UID 不一样的 GID，我们可以使用命令新增、删除用户组。示例如下：

```
##→使用 "groupadd" 新增 GID 为 123456 的用户组 testgid

[root@yaomm ~]# groupadd -g 123456 testgid
[root@yaomm ~]# tail -1 /etc/group      ##→查看用户组是否配置成功，x 列对应 gshadow
testgid:x:123456:
[root@yaomm ~]# tail -1 /etc/gshadow    ##→查看用户组密码，当前是 "!"，用户组未设置密码
testgid:!::
[root@yaomm ~]# newgrp testgid          ##→使用 "newgrp" 切换用户组，只能切换到用户支持的用户组
[root@yaomm ~]# groups                  ##→使用 "groups" 查看当前支持的用户组，有 3 组
testgid root docker
[root@yaomm ~]# exit                    ##→使用 "exit" 退出当前用户组环境
exit
[root@yaomm ~]# groups                  ##→可以看到当前支持的用户组已经没有 testgid
root docker
[root@yaomm ~]# groupdel testgid        ##→使用 "groupdel" 删除用户组 testgid
[root@yaomm ~]# grep -w testgid /etc/group       ##→查找用户组 testgid 为空
[root@yaomm ~]# grep -w testgid /etc/gshadow     ##→在用户组密码文件中同样删除此用户组
```

用户与用户组的关系是，一个用户可以加入多个用户组，一个用户组也能拥有多个用户。加入用户组的用户享有这个用户组的权限。

需要注意的是，一个用户拥有两种用户组权限：主用户组权限，次用户组权限（也叫次要用户组、附加用户组）。一个用户的主用户组只能有一个，一般是在创建用户时与用户同名的用户组。次要用户组可以有很多个。次要用户组就像不同的选修课一样，一个读者可以选修多门课程，拥有学习多门课程的权限。

在 Linux 的用户组"选修课"中，只要这个"选修课"（用户组）还有一个"学生"（用户），这个"选修课"（用户组）就不能被取消（不能使用"groupdel"删除）。

4.1.2 用户新增：useradd

在 Linux 中，创建单个用户的命令有两种：useradd、adduser。在其他发行版本中，useradd 命令与 adduser 命令有细微区别（例如，Ubuntu）。但是在 CentOS 7 中，这两种命令没有区别，因为 adduser 命令在 CentOS 7 中只是一个链接文件（类似 Windows 的快捷方式），adduser 命令真正指向的其实是 useradd 命令，如图 4.1 所示。

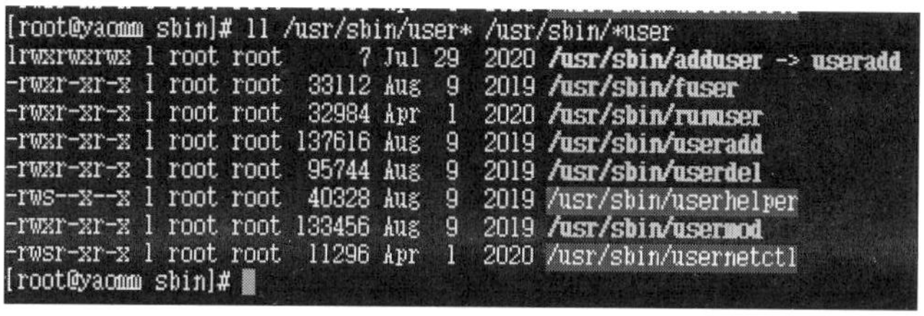

图 4.1 useradd 与 adduser 命令

1. useradd 命令速查手册

（1）useradd 命令的语法格式：useradd［选项］［用户名］。

（2）useradd 命令的选项说明如表 4.2 所示。

表 4.2 useradd 命令的选项说明

选项	说明
-b, --base-dir BASE_DIR	新账户的基目录
-c, --comment COMMENT	用户说明，对应/etc/password 文件中的第 5 列
-d, --home-dir HOME_DIR	指定新账户的主目录，即用户登录的起始目录
-D, --defaults	打印或更改默认的 useradd 配置
-e, --expiredate EXPIRE_DATE	有效期限，设置新账户的过期日期

续表

选项	说明
-f, --inactive INACTIVE	缓冲天数，设置新账户密码的过期时间
-g, --gid GROUP	设置新创建的用户组名称或 ID
-G, --groups GROUPS	附加一个新的用户组，原来的用户组不动
-h, --help	显示此帮助信息并退出
-k, --skel SKEL_DIR	使用这个替代骨架目录
-K, --key KEY=VALUE	覆盖文件/etc/login.defs 默认配置
-l, --no-log-init	不向 lastlog 和 faillog 数据库添加用户
-m, --create-home	创建用户的主目录
-M, --no-create-home	不创建用户的主目录
-N, --no-user-group	不创建同名用户组
-o, --non-unique	允许创建具有副本的用户，（非唯一）UID
-p, --password PASSWORD	新账户的加密密码
-r, --system	创建系统账户。系统用户 id 一般为 1~999，此参数不会创建用户主目录，需要使用-m 建立用户主目录
-P, --prefix PREFIX_DIR	/etc/*文件所在的前缀目录
-s, --shell SHELL	指定新账户的登录 Shell
-u, --uid UID	指定新账户的用户 ID
-U, --user-group	创建与用户同名的组
-Z, --selinux-user SEUSER	使用特定的 SEUSER 进行 SELinux 用户映射

（3）useradd 命令示例。

```
useradd yaomm
##→添加新用户 yaomm。如果/home/yaomm 目录不存在，则会创建用户主目录/home/yaomm；如果不指
##→定用户组，则默认创建一个与用户名同名的用户组

passwd yaomm
##→创建用户后，使用 "passwd" 设置用户密码

useradd -d /opt/testhome duser
##→ "-d" 选项指定用户 duser 的主目录为/opt/testhome

useradd -M linuxido
##→ "-M" 选项不创建用户的主目录，因此/home/linuxido 并没有被创建

useradd -M -s /sbin/nologin ftpuser
##→ "-s" 选项指定 Shell 为/sbin/nologin，表示禁止登录。在创建 Nginx、FTP、MySQL 等用户时使用

useradd -D
##→查看新增用户的默认配置，等同于 cat /etc/default/useradd
```

```
useradd -D -s /bin/sh
##→ "-D" + "-s" 指定所有用户默认登录使用的 Shell,更改 Shell 值

useradd -D -b /home
##→ "-D" + "-b" 新增用户默认的主目录,更改/home 值

useradd -D -e 90
##→ "-D" + "-e" 新增用户的账户停止日期,更改 EXPIRE 值,90 天后所有日期停止,默认为空

useradd -D -f 30
##→ "-D" + "-f" 新增用户过期后几日后停权,过期后 30 天停权,默认值为 -1

useradd -D -g 1000
##→ "-D" + "-g" 新增用户的用户组,默认值为 100

useradd -u 1050 xuser1050
##→新建用户 xuser1050,其 UID 为无人使用的 1050

useradd -u 1020 test1 -e "2021/12/31" -f 30
##→新增用户 test1,其 UID 为 1020,设置过期时间为 2021/12/31,缓冲 30 天,过期停权

useradd test2 -g test1
##→创建用户 test2,但指定用户组为 test1

useradd test3 -G test1
##→ "-G" 选项附加一个新的用户组,所以用户 test3 有两个用户组,是 test3 与 test1
```

注意:"/sbin/nologin" 指的是 "这个用户无法使用 Shell 登录",但依旧可以使用其他资源,如 Nginx、FTP 这些应用的安装用户无须使用 Shell 登录系统。

2. useradd -D 详解

useradd 命令的 "-D" 选项可以用来打印或更改 useradd 文件的配置。useradd 文件的路径为 "/etc/default/useradd"。示例如下:

```
[root@yaomm ~]# useradd -D              ##→ "-D" 选项打印 useradd 的配置
GROUP=100                               ##→默认用户组,"-g" 选项
HOME=/home                              ##→默认用户主目录,"-b" 选项
INACTIVE=-1                             ##→密码失效时间,-1 永不失效,"-f" 选项
EXPIRE=                                 ##→账号失效时间,"-e" 选项
SHELL=/bin/sh                           ##→指定登录 Shell,"-s" 选项
SKEL=/etc/skel                          ##→新建用户目录都以用户主目录模板作为复制模板
CREATE_MAIL_SPOOL=yes                   ##→是否建立邮箱
[root@yaomm ~]# cat /etc/default/useradd ##→与 "useradd -D" 打印的配置一样
# useradd defaults file
```

```
GROUP=100
HOME=/home
...
[root@yaomm ~]# useradd -D -s /bin/bash              ##→将默认 Shell 修改回 bash
[root@yaomm ~]# grep -w SHELL /etc/default/useradd   ##→使用 grep 查找
SHELL=/bin/bash                                      ##→登录 Shell 已经改回/bin/bash
```

读者可能发现了一点奇怪的地方：GROUP=100。实际上，GROUP=100 的配置在其他发行版本（如 SUSE）中是生效的，但在 RHEL、Fedora、CentOS 系列发行版本中并不生效。在 CentOS 中，用户组的初始 GID 与 UID 一样，都是从 1000 开始的，而不是在 "/etc/default/useradd" 中定义的 100。

关于用户使用了哪些 Shell，可以使用 "chsh" 命令进行查看。示例如下：

```
[root@yaomm ~]# chsh --list ##→查看系统中有哪些可用的 Shell,等同于"cat/etc/shells/bin/sh"
...
/bin/csh
```

注意：新建用户的登录目录在有的书中称为家目录，有的称为主目录、还有的称为主属目录。用户新增目录默认是在/home 目录下新建一个与用户名同名的目录。Shell 登录时自动进入该目录。

4.1.3 用户修改与删除：usermod、userdel

新增用户后，如何修改与删除用户呢？使用 usermod 命令可以修改用户权限，使用 userdel 命令可以删除用户。

1. usermod 命令速查手册

usermod 命令的选项与 useradd 命令的基本类似。示例如下：

```
usermod -G yaomm test2        ##→将 test2 用户的次要用户组替换为 yaomm
usermod -aG root test2        ##→追加 test2 用户的次要用户组权限为 root，不删除原用户组
usermod -l newuser test2      ##→修改 test2 用户名为 newuser
usermod -L test1              ##→锁定账号
usermod -U test1              ##→解除账号锁定

usermod -u 666 -c 用户修改 -G root,test2 -e "2021-06-30" -f 30 -d /opt/test1 -m test1
       ##→组合命令，与 useradd 命令基本一致
       ##→ "-u" 选项指定用户 UID 为 666
       ##→ "-s" 选项指定其 Shell 是禁止登录
       ##→ "-G" 选项指定次要用户组权限为 root、test2
```

```
##→ "-e" 选项指定账户过期日期为 2021-06-30
##→ "-f" 选项指定密码过期缓冲为 30 天，6 月 30 日后如果还不延长期限，则 30 天后停权
##→ "-d" 指定用户主目录为/opt/test3
##→ "-m" 选项将原目录内容搬迁到新目录
```

2. userdel 速查手册

彻底删除用户一般使用"userdel -r"命令。该命令会将用户主目录一同清理。示例如下：

```
userdel test3         ##→不加参数删除用户 test3，会发现用户主目录/home/test3 依然存在
userdel -r test3      ##→删除用户主目录/home/test3，并删除与用户相关的所有文件
```

4.1.4 用户与密码的配置文件：/etc/passwd、/etc/shadow

在 Linux 中，所有用户、用户组、密码都是有迹可循的。它们分别保存在不同的配置文件中，如表 4.3 所示。

表 4.3 用户、用户组与密码的配置文件

文件路径	说 明
/etc/passwd	用户配置文件。记录用户的基本属性，所有用户可读。每行记录对应一个用户，字段用冒号":"分隔
/etc/shadow	用户密码文件。存放用户密码，对应/etc/passwd 中的"x"。为了保证密码的安全性，只有 root 权限用户才能读取此文件
/etc/group	用户组配置文件。存放用户组的所有信息，用户组名称不能重复
/etc/gshadow	用户组密码文件。与/etc/shadow 同样的作用，用于存放用户组密码

1.用户配置文件详解

打开文件，查看里面的信息。示例如下：

```
[root@yaomm ~]# cat /etc/passwd              ##→查看用户配置
...                                          ##→省略其他用户信息
kuser:x:1053:1054::/home/kuser:/bin/sh       ##→之前添加的普通用户信息
...
```

我们以 root 用户为例，来查看"/etc/passwd"文件中"root:x:0:0:root:/root:/bin/bash"这一行记录代表什么意思？一行记录经冒号分隔后，有 7 个字段，分别是：用户名、密码占位符、UID、GID、用户组、主目录、登录 Shell，如图 4.2 所示。这几个字段都可以用"useradd"命令进行指定。

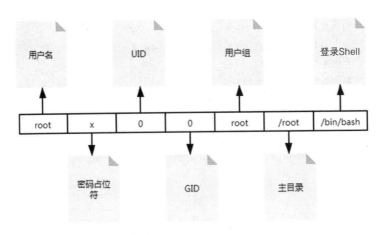

图 4.2   /etc/passwd 文件详解

2. 密码配置文件详解

为了安全，Linux 并没有在 "/etc/passwd" 文件中存放密码。因为 passwd 文件所有用户都有可读权限，所以使用密码占位符 x 表示。真正的密码存放在文件 "/etc/shadow" 中。这个文件只有 root 权限用户才能读取。查看密码示例如下：

```
[root@yaomm ~]# tail -2 /etc/shadow              ##→最新添加的两条密码信息
test2:!!:18666:0:99999:7:::                      ##→没有设置密码
kuser:$6$mCA...BgwgZvu1:18667:0:99999:7:::       ##→设置了密码
[root@yaomm ~]# grep -w root /etc/shadow         ##→查看 root 密码
root:$6$N/dN...Y6JSt43B0:18640:0:99999:7:::      ##→可以看到密码被加密
```

我们可以看到，shadow 文件中的信息也是按行存储的，每行都对应一个用户信息。每行记录也是以冒号分隔，共有 9 个字段，如图 4.3 所示。

root	6N/d...aQY6JSt43B0	18640	0	99999	7			

图 4.3   /etc/shadow 文件详解

- 第 1 列，用户名。
- 第 2 列，密码。$1 表示 MD5 加密算法，$5 表示 SHA-256 加密算法，$6 表示 SHA-512 加密算法。
- 第 3 列，最近一次修改密码的日期。以距离 1970 年 1 月 1 日多少天开始计算。为什么要从这天开始计算呢？因为这天是 UNIX 系统认定的时间纪元，所以所有类 UNIX 系统都有了这个默认的 UNIX 时间戳。
- 第 4 列，密码不能被更改的天数。0 表示随时可以更改。
- 第 5 列，密码过期时间。

- 第 6 列，密码提醒时间。7 代表提前 7 天警告。
- 第 7 列，缓冲时间。密码过期后多少天内可以修改密码。
- 第 8 列，账号过期时间，距离 1970 年 1 月 1 日的天数。
- 第 9 列，预留字段。

4.1.5 密码修改：passwd、chage

密码设置与文件"/etc/passwd""/etc/shadow"有什么关系？如何设置用户密码？在第一次登录管理员分配的主机时，系统提示我们需要强制修改密码才能正常使用，强制修改密码是如何做到的？本节将使用 passwd、chage 这两个命令回答以上问题。

1. passwd 命令速查手册

passwd 是常用的创建与修改密码命令。

（1）passwd 命令的语法格式：passwd [选项] [用户名]。

（2）passwd 命令的选项说明如表 4.4 所示。

表 4.4 passwd 命令的选项说明

选项	说明
-k, --keep-tokens	用户续期
-d, --delete	删除指定账户的密码（仅 root 用户）
-l, --lock	锁定指定账户的密码（仅 root 用户）
-u, --unlock	解锁指定账户的密码（仅 root 用户）
-e, --expire	指定账户的密码过期时间（仅 root 用户）
-f, --force	强制执行
-n, --minimum=DAYS	最小密码有效期（仅 root 用户）。对应 shadow 文件第 4 列
-x, --maximum=DAYS	最大密码有效期（仅 root 用户）。对应 shadow 文件第 5 列
-w, --warning=DAYS	密码到期前警告用户的天数（仅 root 用户）。对应 shadow 文件第 6 列
-i, --inactive=DAYS	当账户被禁用时，密码过期后的天数（仅 root 用户）。对应 shadow 文件第 7 列
-S, --status	显示指定账户（仅 root 用户）的密码状态
--stdin	从 stdin 读取新标记（仅 root 用户）

（3）passwd 命令示例。

```
passwd yaomm          ##→不带参数修改用户 yaomm 的密码，添加用户后也是使用此命令设置密码
passwd -k yaomm       ##→验证原密码后需要输入新的密码续期
passwd -d yaomm       ##→删除用户密码
passwd -l linuxido    ##→锁定账号
passwd -u linuxido    ##→解锁账号
passwd -S linuxido    ##→显示账户的密码状态
```

```
echo "#$Yw20210209*&" | passwd --stdin yaomm
##→从标准输入读取密码"#$Yw20210209*&",并将读取的密码设置为用户 yaomm 的密码

passwd -n 7 -x 90 -w 15 -i 30 linuxido
##→ "-n" 选项设置密码最小有效期为 7 天
##→ "-x" 选项设置密码最大有效期为 90 天,90 天后就必须更换
##→ "-w" 选项设置密码到期前 15 天就要给用户发出警告
##→ "-i" 选项设置密码到期后,30 天内不续期就要禁止登录
```

2. chage 命令速查手册

chage 全称为 "change user password expiry information"。这个命令用来"修改用户密码到期信息"。虽然使用 "passwd -S user" 可以查看密码状态,但是本书更倾向于使用 chage 命令来查看密码有效期。

(1) chage 命令的语法格式:chage [选项][用户名]。

(2) chage 命令的选项说明如表 4.5 所示。

表 4.5 chage 命令的选项说明

选 项	说 明
-h, --help	显示此帮助信息并退出
-l, --list	小写的-L,显示账户老化信息
-d, --lastday LAST_DAY	设置上次修改密码日期为 "LAST_DAY"。对应 shadow 文件第 3 列
-m, --mindays MIN_DAYS	设置密码前的最小天数,改变 MIN_DAYS。对应 shadow 文件第 4 列
-M, --maxdays MAX_DAYS	设置密码前的最大天数,改变 MAX_DAYS。对应 shadow 文件第 5 列
-W, --warndays WARN_DAYS	设置过期警告天数为 "WARN_DAYS"。对应 shadow 文件第 6 列
-I, --inactive INACTIVE	大写的-i,密码过期后设置为未激活状态到不活跃。对应 shadow 文件第 7 列
-E, --expiredate EXPIRE_DATE	设置账户过期日期为 EXPIRE_DATE。对应 shadow 文件第 8 列

(3) chage 命令示例。

```
chage -l yaomm                          ##→查看账户信息
chage -d 0 yaomm                        ##→设置 lastDay 为 0 天,表示下次登录必须要修改密码

chage -m 7 -M 90 -W 15 -I 30 yaomm      ##→有效期为 90 天,缓冲 30 天与下面的写法相通
chage -m7 -M90 -W15 -I30 yaomm
##→两种写法都可以。设置账户 yaomm 7 天内不能更改密码,最大有效期为 90 天,到期前 15 天通知,缓
##→冲 30 天
```

(4) chage 命令实例演示。

```
[root@yaomm ~]# chage -m7 -M90 -W15 -I30 yaomm   ##→修改密码有效期
[root@yaomm ~]# chage -l yaomm                   ##→查看密码设置
Last password change        : Feb 09, 2021       ##→上次修改密码时间 2021 年 2 月 9 日
Password expires            : May 10, 2021 ##→ "-M" 控制,密码到期时间为 2021 年 5 月 10 日
Password inactive           : Jun 09, 2021##→ "-I" 控制,缓冲 30 天,到 2021 年 6 月 9 日
```

```
Account expires                  : never              ##→ "-E" 控制，账户过期时间，永不失效
Minimum number of days between password change:7     ##→ "-m" 控制到期前 7 天通知
Maximum number of days between password change:90    ##→ "-M" 控制 90 天改一次密码
Number of days of warning before password expires:15 ##→ "-W" 控制到期前 15 天通知
```

4.1.6 用户的批量管理：newusers、chpasswd

1. newusers 命令速查手册

newusers 命令用于批量添加用户，与 chpasswd 命令很相似。它们都有批量管理账号的功能，但 chpasswd 命令不能新增账号，只能修改已有账号的密码。

newusers 命令涉及的文件较多，包括"/etc/passwd"（用户表）、"/etc/shadow"（密码表）、"/etc/group"（组用户表）、"/etc/gshadow"（组用户密码表）、"/etc/login.defs"（密码规则配置表）。

```
newusers                         ##→直接输入账号。因为这会很烦琐，所以一般不用
用户名 1:x:UID:GID:用户说明:用户主目录:所用 SHELL
newusers < users.txt             ##→users 文本中每行都有一个新用户
```

注意：在 man 手册中还提到了两个关联文件"/etc/subuid"（从属 UID 表）、"/etc/subgid"（从属 GID 表）。

2. chpasswd 命令速查手册

chpasswd 命令在 man 手册中这样说明："update passwords in batch mode"，即批量更新密码。从 man 手册中可以看出，chpasswd 命令会读取"/etc/login.defs"文件中的加密机制，并改变"/etc/passwd""/etc/shadow"文件内容。

```
chpasswd                         ##→交互式更改密码，输入"用户名:密码"，用户名必须已存在
##→根据文本中数据，批量设置密码，文本中每行数据格式为"用户名:密码"，默认 DES 加密
chpasswd < userpass.txt

echo 'xuser:456789' | chpasswd   ##→从管道接收用户和密码
chpasswd -e  < userpass.txt      ##→ "-e" 选项以密文的文件形式提供密码
chpasswd -m < user.txt           ## "-m" 选项用 md5 的方式取代默认 DES 加密方式
```

注意：从 passwd 命令开始出现 stdin 选项后，使用 chpasswd 命令的频率已逐渐减少。

4.2 权限切换

在使用 Linux 主机服务时，为安全起见，建议读者使用普通用户账号进行 Linux 上的日常操作。但在设置系统环境时，我们又必须用到 root 权限账号才能进行。所以我们会遇到这样两个问题：一是读者如何在 root 用户与普通用户之间进行身份切换？二是读者如何在登录

普通用户账号时行使 root 权限？本节将详细讲解 su 与 sudo 这两个命令，来解决这两个问题。

4.2.1 用户切换：su

su 命令可以从当前用户切换到另一个指定用户执行命令或程序，或当前用户不切换，只以指定用户的身份执行命令或程序。使用 su 命令进行普通用户账号变更时，需要输入所要变更的用户账号与密码，但以 root 用户账号切换为普通用户账号时则不需要。

（1）su 命令的语法格式：su [选项] [-] [user]。

（2）su 命令示例。

```
su -                        ##→不加 user，默认切换为 root 用户
su root                     ##→与 "su -" 命令效果相同，需要输入 root 密码
su -yaomm                   ##→切换到用户 yaomm，并将系统环境一并切换
su yaomm                    ##→切换到用户 yaomm，并执行 Shell 命令，但系统环境还是自身的
su -c "ls /root" root       ##→普通用户切换后，使用 root 用户身份执行 "ls /root" 这条命令，再返回
```

（3）su 命令实例演示。

```
[root@yaomm ~]# su - linuxido        ##→从 root 用户切换为普通用户 linuxido
-bash-4.2$ ls /root                  ##→普通用户查看 root 目录
ls: cannot open directory /root: Permission denied   ##→无权限查看
-bash-4.2$ su -c "ls /root" root     ##→"-c" 选项用 root 权限执行单条 "ls /root" 命令
Password:                            ##→输入 root 密码
##→展示命令结果 x86-1.1.5-kvm.tar.gz
         admin_path.pl.bak     halo-prod.0912     sudoers
...
release-2.x.zip    www.tar.gz          zfile-release.war
-bash-4.2$ pwd                       ##→返回用户 linuxido，查看当前路径
/home/linuxido                       ##→linuxido 的用户主目录
-bash-4.2$ env | egrep "PWD|LOGNAME|USER"    ##→查看当前目录、登录用户、权限用户
USER=linuxido
PWD=/home/linuxido
LOGNAME=linuxido
-bash-4.2$ env | grep linuxido       ##→另一种查看当前用户环境的方法
USER=linuxido
MAIL=/var/spool/mail/linuxido
PWD=/home/linuxido
HOME=/home/linuxido
LOGNAME=linuxido
-bash-4.2$ env | grep root           ##→查看 root 用户的环境变量
-bash-4.2$                           ##→空
-bash-4.2$ cat /etc/shadow           ##→查看密码文件
cat: /etc/shadow: Permission denied  ##→无权限
-bash-4.2$ exit                      ##→退出当前 shell
```

```
logout
[root@yaomm ~]#                    ##→返回 root 环境
[root@yaomm ~]# su linuxido        ##→如果不加 "-" 切换目录，则保留之前用户的环境变量
bash-4.2$ pwd
/root                              ##→可以看到，用户主目录还在/root 下
bash-4.2$ exit                     ##→退出当前 Shell
exit
[root@yaomm ~]#                    ##→返回原 Shell
```

4.2.2　权限升级：sudo

sudo 命令的主要作用是以 root 用户的权限执行一些 Shell 命令或设置系统环境。使用 sudo 命令时，输入用户自身的密码得到授权，而不是 root 密码，通过授权后，有 5 分钟的有效期，超过有效期则需重新输入密码。

这个授权不是普通用户可以得到的，而是需要在 "/etc/sudoers" 文件中进行设置添加的。推荐读者使用 vim 编辑文件，使用 visudo 命令管理 sudo 用户。

1．visudo 命令速查手册

（1）visudo 命令的语法格式：visudo［-chqsV］［-f sudoers］。

（2）visudo 命令示例。

```
visudo          ##→使用 vi 编辑器打开/etc/sudoers 文件，等同于 "vi/etc/sudoers"
visudo -c       ##→检查文件配置是否符合规范
visudo -s       ##→编辑/etc/sudoers 文件，进行严格的语法检查
```

2．sudo 命令速查手册

（1）sudo 命令的语法格式：sudo［选项］［命令］。

（2）sudo 命令示例。

```
sudo -l                 ##→ "-l" 选项查看用户可以使用的权限范围，一般是 ALL=(ALL)
sudo cat /etc/shadow    ##→执行一些只有 root 权限才能执行的命令，如查看密码文件
sudo yum install telnet ##→普通用户使用 root 权限安装应用程序

sudo -u xuser bash -c " echo 'hi,ymm linuxido ' > /tmp/xusertmp"
##→ "-u" 选项切换用户身份， "bash -c" 后接 Shell 命令
```

（3）配置文件详解。

```
[root@yaomm ~]# cat -n /etc/sudoers                           ##→查看 sudo 配置文件
    99    ##→Allow root to run any commands anywhere         ##→找到配置 sudo 用户的地方
   100    root      ALL=(ALL)       ALL                       ##→原始配置
   101    mysql     ALL=(ALL)       ALL                       ##→新增用户
   102    linuxido  ALL=(ALL)       ALL                       ##→新增用户
...
```

用户配置含义如下：

```
##→linuxido 为用户名。ALL=(ALL) 可切换身份，(ALL) 为所有用户，默认切换为 root 用户。ALL 为
##→任何可执行的命令
linuxido        ALL=(ALL)                               ALL
```

如果想让用户使用 sudo 时不再输入密码（注意，这会产生不安全问题，一般不会这么做），则可以在配置文件中配置"NOPASSWD"，配置如下：

```
##→Same thing without a password
%wheel    ALL=(ALL)    NOPASSWD: ALL
```

%wheel 代表用户组"wheel"。上面这段配置的含义是："加入 wheel 用户组的用户可以在使用 sudo 命令时不输入密码"。所以本书一般会用 usermod 命令将用户加入 wheel 用户组，示例如下：

```
[root@yaomm ~]# su - linuxido            ##→使用"su -"选项切换为用户 linuxido
-bash-4.2$ sudo cat /etc/shadow          ##→使用 sudo 命令查看/etc/shadow

We trust you have received the usual lecture from the local System
Administrator. It usually boils down to these three things:

    #1) Respect the privacy of others.
    #2) Think before you type.
    #3) With great power comes great responsibility.

[sudo] password for linuxido:##→输入 linuxido 用户的密码
...
test1:$6$shTB...:99999:7:::    ##→查看成功后，有 5 分钟的有效期不需要输入密码就可使用 sudo
...
-bash-4.2$                              ##→切换为 linuxido 用户的登录 Shell，Shell 为 bash
-bash-4.2$ exit                         ##→输入"exit"退出，切换为 root 用户
[root@yaomm ~]# usermod -aG wheel linuxido   ##→添加至 wheel 用户组，无密码使用 sudo
[root@yaomm ~]# su - linuxido                ##→切换为 linuxido 用户
-bash-4.2$ sudo cat /etc/shadow              ##→使用 sudo 命令查看/etc/shadow
...
test1:$6$shTB...:99999:7:::                  ##→查看成功，不用输入 linuxido 的密码
```

注意：在使用 sudo 命令时，不输入用户自身密码就运行其实是危险的，在并非必需的情况下（如果无人值守程序，则需要 sudo 权限），最好不要这样使用。

4.2.3　su 与 sudo 的异同

在生产环境中，读者通常都会禁止 root 用户远程登录，然后为管理人员、开发人员、运维人员、测试人员分配不同权限的普通账户。如果需要执行 root 权限才能执行的操作，su 与

sudo 命令都可以做到，那么它们有什么区别呢？

最显著的区别是：使用"su - root"命令需要输入 root 密码（安全隐患），才可以执行 Shell 命令。而使用"sudo xxx"命令不需要输入 root 密码，就可以执行 Shell 命令。

在 root Shell 中，可以使用"su - linuxido"命令将当前身份切换至普通用户 linuxido。只要不退出 root Shell 就可以一直是普通用户 linuxido 的身份。而 sudo 命令就很难做到。sudo 命令只有使用"-u"选项调用 bash 时，才执行命令。sudo 命令其实就是受限版的 su 命令，其主要目的是撬动 root 权限。文件"/etc/sudoers"就是 root 权限的授权文件。读者可以事先将要使用 root 权限的用户添加至此文件中。

在 Linux 社区的规划中，su 命令以后会逐渐被 sudo 命令代替。sudo 命令在文件错误配置或遭受损坏的情况下，可以使用 su 命令进行代替。

为什么官方和其他 Linux 相关书籍都推荐使用 sudo 命令呢？它的优势如下。
- 拥有命令日志，提高了安全审计能力。
- 不用知道 root 密码就可以执行特定任务。
- 使用 sudo 命令比使用 su 命令切换 root 用户的速度更快。
- 不用更改 root 密码就可以收回特权。
- 可以添加一个维护列表，包含拥有 root 权限的用户。

以上优势中，最大的优势是可以在不知道 root 密码的情况下使用 root 权限，减少了保留 root shell 的机会，加强了 Linux 的安全性。

但 sudo 就是完美的吗？当然不是，为了确保 sudo 权限的用户账号密码风险较小，需要管理员通过程序和管理手段来定期校验这些账号的安全性。可以通过设置密码必须包含大小写字母+数字+特殊字符，且超过 12 位，管理员在离职交接时更改密码，每三个月提示更改密码等手段来减少安全风险。甚至还可以通过堡垒机、SSH 密钥、生物识别等手段来提升密码登录的安全性。

4.3　用户查看

在 Linux 中，有很多命令可以查看用户信息。这些命令的功能既有相同之处，也有不同之处。本节将会列出工作中常用的一些命令，尽量展示它们在不同场景下的使用方法。

4.3.1　用户查看：id、w、who、users、whoami、finger

在 Linux 中，有许多查看用户信息的命令。本书将其分成实时查看和历史数据查看。本节涉及的命令基本都是用来查看静态用户信息和当前登录的用户信息的。这些命令的主要用途如下。

- id：主要用来查看用户的 UID、GID，这个在前面的章节已经说过了。
- w：用来显示已登录的用户列表，详细展示登录 IP 地址、时间、占用 CPU 时间等。
- who：与 w 略有不同，少了 CPU 相关信息。
- whoami：打印当前登录的用户名。
- users：打印所有已登录的用户名。
- finger：查找用户登录 IP 地址、时间、执行计划。CentOS 7.x 需要额外安装此命令。

下面学习各个命令的选项与常用用法。

1. id 命令速查手册

使用 id 命令查看用户 UID、GID 方便快捷。id 命令主要用来查看用户的静态信息。

```
Id                ##→查看当前用户的 UID、GID、GROUPS
id 1000           ##→查看用户 id 为 1000
id root           ##→查看其他用户的 UID、GID、GROUPS
id -u             ##→"-u"打印当前用户 UID
id -G             ##→"-G"打印当前用户所有用户组 GID
id -ng            ##→"-n"选项与 u、g、G 选项合用，显示用户或用户组名称
id -nG 1012       ##→查看 UID 为"1012"的用户及所有用户组
id -nu            ##→打印当前用户 UID 对应名称
id -rG            ##→"-r"选项与 u、g、G 选项合用，显示 UID 或 GID
id test1 -nG      ##→打印用户 test1 所有用户组的名称
```

2. w 命令速查手册

使用 w 命令查看已登录的用户信息比较全面、方便。w 命令不仅能显示已登录用户的名称、登录时间、访问 IP 地址，还能统计用户使用的进程与占用 CPU 的时间。

```
-bash-4.2$ w            ##→使用 w 命令查看已登录用户信息
 16:01:28 up 7 days, 17:11,  4 users,  load average: 0.05, 0.03, 0.05
USER     TTY      FROM              LOGIN@   IDLE   JCPU   PCPU WHAT
root     pts/1    114.100.65.238    14:29    1:23m  0.06s  0.06s -bash
root     pts/2    114.100.65.238    14:32    0.00s  0.24s  0.00s w
root     pts/3    114.100.65.238    14:35    55:04  0.13s  0.07s -bash
linuxido  pts/4    114.100.65.238    14:38    1:06m  0.05s  0.05s -bash

##→第 1 行信息详解
##→16:01:28 代表当前时间
##→up 7 days, 17:11 代表主机运行 7 天 17 小时 11 分
##→4 users 代表 4 个用户在终端登录
##→load average: 0.05, 0.03, 0.05 代表主机平均负载（10 分钟、5 分钟、1 分钟）
```

```
##→第 2 行信息详解
##→USER：用户名
##→TTY：用户登录终端
##→FROM：登录 IP 地址
##→LOGIN@：登录使用时间
##→IDLE：终端空闲时间
##→JCPU：终端上所有进程及子进程使用系统的总时间
##→PCPU：活动进程使用的系统时间
##→WHAT：用户执行的进程
```

3. who 命令速查手册

who 命令默认查看的信息与 w 命令相似，只是少了与 CPU、进程运行相关的信息。

（1）who 命令的语法格式：who［选项］［文件 | 参数 1 参数 2］。

who 命令的结果数据是从文件"/var/run/utmp"中统计来的。如果 who 命令未指定文件，就使用默认的"/var/run/utmp"。如果 who 命令指定文件，就使用 "/var/log/wtmp"作为参数查看之前登录系统的用户。参数 1 和参数 2 一般为"am i"和"mom likes"。

（2）who 命令示例。

```
who             ##→查看所有已登录的用户信息
who am i        ##→查看当前运行此命令的用户信息
who -q          ##→查看当前用户及数量
who -H          ##→带标题查看
who -r          ##→查看运行级别与时间
who -l          ##→显示系统登录进程
```

4．whoami 与 users

除了命令本身，whoami 命令并没有其他选项（不算--help、--version）可用。它的作用等同于"id -un"，即查看当前登录用户名。示例如下：

```
-bash-4.2$ whoami      ##→查看当前登录用户名
linuxido               ##→当前登录用户名为"linuxido"
```

users 命令等同于"who -q"，显示所有已登录用户，但没有统计登录用户数量，示例如下：

```
-bash-4.2$ users       ##→查看已登录用户
linuxido root root root root
```

5．finger 命令速查手册

使用 finger 命令可以同时查看用户的一些静态信息（如用户主目录、Shell、邮件、计划等），也可以查看用户的登录信息。但在 CentOS 7.x 中需要额外安装 finger 命令，安装命令是"yum install finger -y"。

```
finger
##→使用列表形式查看当前登录用户信息：用户名、登录名、终端窗口、空闲时间、登录时间、访问 IP 地址
```

```
##→在 CentOS 7.x 中，等同于 finger -m、finger -p、finger -s

finger linuxido
##→使用表单形式展示用户 linuxido 的信息，相比 finger 多了用户主目录、Shell、邮件、计划等信息

finger -l
##→查看当前登录用户信息，当前用户为 linuxido，等同于 finger linuxido
```

4.3.2 用户登录日志：last、lastb、lastlog 与 secure

本节涉及的命令不仅可以查看用户当前登录信息，还可以查看用户历史登录信息。下面是各个命令的选项与常用用法。

1. last 命令速查手册

last 命令显示用户最近登录信息，其来源文件是/var/log/wtmp。

（1）last 命令示例。

```
last                        ##→展示用户最近登录信息
last -a                     ##→将 IP 地址放在最后一列
last -n 5                   ##→查看最近 5 条登录记录
last -10                    ##→显示最近 10 条登录信息
last -10 linuxido           ##→显示用户 linuxido 的最近 10 条登录信息
last -t 20191201164000      ##→查询 2019 年 12 月 1 日 16 点 40 分 0 秒前的登录数据
last -f /var/log/btmp       ##→从 btmp 文件中读取登录数据
```

（2）last 命令结果详解。

```
[root@yaomm ~]# last -n 5      ##→查看最近 5 条登录记录
root      pts/1     114.102.153.230   Fri Feb 19 21:02   still logged in
...
linuxido  pts/5     114.102.153.230   Thu Feb 18 23:59 - 03:06  (03:06)

wtmp begins Thu Jul 11 11:10:20 2019    ##→文件 wtmp 是 2019 年 7 月创建的
##→last 命令结果详解
##→第 1 列：linuxido 为用户名
##→第 2 列：pts/5 为终端窗口
##→第 3 列：114.102.153.230 为访问 IP 地址
##→第 4 列：Thu Feb 18 23:59 - 03:06 为登录时间—下线时间
##→第 5 列：(03:06) 为持续时间。still logged in（尚未退出），down（正常关机），crash（强制关机）
```

2. lastb 命令速查手册

lastb 命令展示的是用户登录失败记录，其来源文件是/var/log/btmp。常用示例如下：

```
lastb                       ##→查看所有用户登录失败记录
lastb -n 10 linuxido        ##→查看用户 linuxido 最近 10 条登录失败记录
lastb -t 20210204164001     ##→查看 2021 年 2 月 4 日 16 点 40 分 01 秒前的登录失败记录
```

```
##→lastb 命令结果与 last 相似。但不同的是, last 的终端字段列"pts/4"换成了连接方式"ssh:notty"
##→如果几乎没有使用过的用户 lastb 显示登录失败，那么这些用户有可能正在被恶意攻击
```

3. lastlog 命令速查手册

lastlog 命令展示的是所有用户最近登录的信息。常用示例如下：

```
lastlog                      ##→查看所有用户最近一次的登录信息
lastlog -b 5                 ##→查看 5 天前的用户登录信息
lastlog -t 5                 ##→查看最近 5 天的用户登录信息
lastlog -u linuxido          ##→查看指定用户的登录信息
```

4. secure 日志简析

secure 日志是 CentOS 系统的安全日志，路径为/var/log/secure。它记录验证和授权方面的信息。例如，SSH 登录、su 切换用户、添加用户、修改密码等。CentOS 主机的许多安全防御策略也都是基于 secure 日志的。示例如下：

```
[root@yaomm ~]# useradd testSecure1    ##→①添加测试用户 testSecure1
[root@yaomm ~]# su - testSecure1       ##→②切换用户环境为 testSecure1
[testSecure1@yaomm ~]$ exit            ##→③退出用户 testSecure1
[root@yaomm ~]# passwd testSecure1     ##→④设置用户 testSecure1 的密码
...
passwd: 所有身份验证令牌已经成功更新
##→⑤重新打开一个 Shell 连接，故意输错密码登录失败一次
##→⑥再输入正确密码成功登录
注：⑤⑥是 Shell 操作，已在 2.5.1 节中说明过，此处不再演示。

##→下为 secure 日志日期，对应上面的用户操作
[root@yaomm ~]# tail -fn100 /var/log/secure    ##→单独打开一个 Shell 链接，查看 secure 日志

Feb 20 09:01:13 yaomm useradd[29177]: new group: name=testSecure1, GID=1000
Feb 20 09:01:13 yaomm useradd[29177]: new user: name=testSecure1, UID=1000,
GID=1000, home=/home/testSecure1, shell=/bin/bash
##→① 这两条信息对应命令"useradd testSecure1"

Feb 20 09:01:25 yaomm su: pam_limits(su-l:session): wrong limit value 'unlimit'
for limit type 'soft'
Feb 20 09:01:25 yaomm su: pam_limits(su-l:session): wrong limit value 'unlimit'
for limit type 'hard'
##→'unlimit' 提示系统文件句柄数未合理设置

Feb 20 09:01:25 yaomm su: pam_unix(su-l:session): session opened for user
testSecure1 by root(uid=0)
##→②该命令切换用户环境为 testSecure1，为此用户的此段连接开启一个 session 会话。一个用户
##→可能会开启多个 Shell 窗口。session 会话用以区分登录用户，记录用户操作信息
```

```
    Feb  20  09:01:32  yaomm  su:  pam_unix(su-l:session):  session  closed  for  user
testSecure1
    ##→③退出用户 testSecure1，关闭 Shell 窗口，关闭 session 会话

    Feb 20 09:07:24 yaomm passwd: pam_unix(passwd:chauthtok): password changed for
testSecure1
    Feb  20  09:07:53  yaomm  sshd[29476]:  Accepted  password  for  testSecure1  from
192.168.1.200 port 49869 ssh2
    ##→④设置用户 testSecure1 的密码

    Feb 20 09:11:52 yaomm sshd[29697]: pam_unix(sshd:auth): authentication failure;
logname= uid=0 euid=0 tty=ssh ruser= rhost=192.168.1.200  user=testSecure1
    Feb  20  09:11:54  yaomm  sshd[29697]:  Failed  password  for  testSecure1  from
192.168.1.200 port 50571 ssh2
    ##→⑤用户 testSecure1 登录失败，密码错误，访问 IP 地址是 192.168.1.200，访问方式是 ssh2

    Feb  20  09:12:03  yaomm  sshd[29697]:  Accepted  password  for  testSecure1  from
192.168.1.200 port 50571 ssh2
    ##→⑥用户 testSecure1 登录成功
```

4.4 文件权限

在 Linux 中，所有文件都有它的所属权限。例如，它应该属于哪个用户？是否有读/写权限？本节将学习 Linux 的文件权限规则和如何控制文件权限的方法。

4.4.1 标准权限模型：777 与 umask

一个文件有哪些属性？我们使用“ll -a”或“ls -al”命令进行查看。文件属性查看结果如图 4.4 所示。

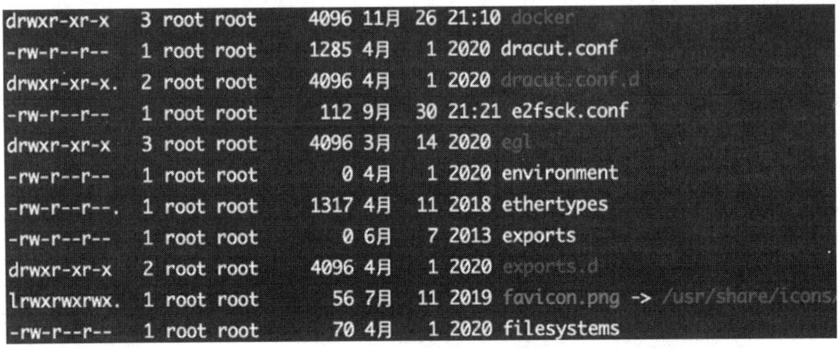

```
drwxr-xr-x   3 root root    4096 11月 26 21:10 docker
-rw-r--r--   1 root root    1285 4月   1 2020 dracut.conf
drwxr-xr-x.  2 root root    4096 4月   1 2020 dracut.conf.d
-rw-r--r--   1 root root     112 9月  30 21:21 e2fsck.conf
drwxr-xr-x   3 root root    4096 3月  14 2020 egl
-rw-r--r--   1 root root       0 4月   1 2020 environment
-rw-r--r--.  1 root root    1317 4月  11 2018 ethertypes
-rw-r--r--   1 root root       0 6月   7 2013 exports
drwxr-xr-x   2 root root    4096 4月   1 2020 exports.d
lrwxrwxrwx.  1 root root      56 7月  11 2019 favicon.png -> /usr/share/icons/
-rw-r--r--   1 root root      70 4月   1 2020 filesystems
```

图 4.4　文件属性查看结果

将图 4.4 中几条具有代表性的文件属性信息提取出来，并进行详细解释，如图 4.5 所示。

drwxr-xr-x	3	root	root	4096	11月	26	21:00	docker
-rw-r--r--	1	root	root	1285	4月	1	2020	dracut.conf
lrwxrwxrwx.	1	root	root	56	7月	1	2019	favicon.png

图 4.5　文件属性信息详细解释

由图 4.5 可知，文件属性由 7 组数据组成。
- 第 1 组：标准文件权限，表示文件的可读/写权限。
- 第 2 组：文件或目录链接数。目录默认链接数为 2，即当前目录"."与上级目录".."链接。这里 docker 目录链接数为 3，是因为其下还有 1 个子目录。
- 第 3 组：文件拥有者，即 owner。
- 第 4 组：文件所属用户组，即 group。
- 第 5 组：文件或目录大小，默认单位是 byte。目录一般大小为 4096。需要注意的是，这个只是目录本身所占磁盘空间的大小，并不包含目录下文件和子目录的大小。
- 第 6 组：创建或修改时间，显示月、日、年或月、日、时分。默认六个月内未修改过的文件显示时间为年份而不是具体时分。
- 第 7 组：文件或目录名称。

drwxr-xr-x 文件权限解读如图 4.6 所示。

d	rwx	r-x	r-x		r	4	读（Read）
-	rw-	rw-	rw-		w	2	写（Write）
l	rwx	rwx	rwx		x	1	执行（eXcute）

图 4.6　drwxr-xr-x 文件权限解读

由图 4.6 可知，文件权限总体由 4 块组成。
- 第 1 块：1 个字符位，文件类型。"d"代表目录，"-"代表普通文件，"l"代表链接文件，其他如 b 代表块设备（硬盘、光盘等），c 代表输入/输出设备（键盘、鼠标等），p 代表管道文件，s 代表 socket 文件。
- 第 2 块：3 个字符位，文件拥有者权限。
- 第 3 块：3 个字符位，所属用户组权限。
- 第 4 块：3 个字符位，其他用户权限。

用户与用户组都有单独的文件执行权限，而每组用户的文件权限也由 3 个字符位"rwx"顺序组成。文件权限说明如表 4.6 所示。

表 4.6 文件权限说明

字符	八进制数	文件权限说明	目录权限说明
r	4	Read 的缩写，读权限，可以读取文件内容（cat、less）	可以读取什么文件（ls、wc）
w	2	Write 的缩写，写权限，可以修改文件内容（vim、sed）	可以创建、移动、删除文件（touch、mv、rm）
x	1	eXecute 的缩写，执行权限，可以执行脚本	可以进入目录（cd）
-	0	无权限。在每组权限中，如果无读取权限，则是"-wx"；如果无写入权限，则是"r-x"；如果无执行权限，则是"rw-"	无权限，同文件权限说明

一个完整的文件授权权限用字符表示为"rwx"，用数字表示为"7"。因为"4+2+1=7"，所以我们用八进制数的方式来计算权限很方便。去除第 1 位的文件类型，其他 9 位权限位中，高 3 位（400.200.100）代表所有者权限，中三位（40.20.10）代表用户组权限，低三位（4.2.1）代表其他用户权限。

标题中的 777 就是高、中、低权限位。高、中、低权限位的完全开放的文件权限都是 421。如果 777 的文件或目录用数字表示，就是 421421421。但在 Linux 中，高、中、低权限位并不会这样显示，而是用字符表示，也就是 rwxrwxrwx。

那么 Linux 为什么不将默认权限设置为 777，而是将目录授权为 755，文件授权为 644 呢？755 和 644 用字符表示分别是"drwxr-xr-x""-rw-r--r--"。这样的操作意味着只有所属用户才能对这个文件或目录进行读写，而其他用户只能进行访问操作。

为什么文件的默认授权不是 755，而是 644 呢？这是因为 Linux 为了安全着想，进一步默认剥夺了非目录文件的执行权限位 x，所以 Linux 创建文件默认的最大权限虽然是 777，但文件权限却是 666。

这个默认权限是在哪设置的？可以调整吗？这就要用到 umask 了。示例如下：

```
[root@yaomm yaomm]# umask            ##→查看默认权限补码
0022
[root@yaomm yaomm]# umask -S         ##→使用"-S"选型展示权限字符
u=rwx,g=rx,o=rx   ##→u 表示 user，g 表示 group，o 表示 other，rx 为目录权限，文件默认是没有 x 权限的
```

可以看到输入 umask 后打印出 0022 字符，这是什么意思呢？0022 实际是一个权限补码，又称权限掩码。第一个 0 是特殊权限位，一般不会用到。我们目前真正用到的权限补码是 022。

umask 的权限补码表示不需要用到的默认权限。022 代表用户组（group）和其他用户（other）都没有写入权限。如果是 033，则表示用户组和其他用户同时没有写入权限和执行权限。从这也可以看出，umask 就是反向权限的意思。

还有一个简单计算权限的方法，即 666－022＝644，所看到的默认权限为"rwxr--r--"。但

这种计算方法在计算文件权限时有个缺陷。例如，在权限补码是 033 时，得出的公式是 666 – 033 = 633，这时，权限位应该变为 "rw--wx-wx"。

文件的 x 执行权限不是默认被移除了吗？如何还能被重新赋予呢？本书通过两段示例进行解释。首先设置权限补码为 044 的示例：

```
[root@yaomm yaomm]# umask 044                    ##→临时设置umask权限补码
[root@yaomm yaomm]# umask                        ##→查看当前umask
0044
[root@yaomm yaomm]# touch testUmask.txt          ##→创建一个文件
[root@yaomm yaomm]# ll  testUmask.txt            ##→查看当前文件属性
##→read权限位4被消除，文件权限为622
-rw--w--w- 1 root root 0 2月  7 15:15 testUmask.txt
```

其次设置权限补码为 033 的示例：

```
[root@yaomm yaomm]# umask 033                    ##→设置权限补码为033
[root@yaomm yaomm]# touch 033.txt;mkdir 033dir   ##→创建测试文件与目录
[root@yaomm yaomm]# ll
...
drwxr--r-- 2 root root    4096 Feb  8 10:19 033dir    ##→目录权限为744
-rw-r--r-- 1 root root       0 Feb  8 10:19 033.txt   ##→目录权限为644
...
```

我们可以看到临时设置 umask 为 044 后，再创建文件，其权限就变成了 "-rw--w--w-"，转换成权限数字就是 622。而 umask 设置为 033 后，目录权限变成了 "drwxr--r--"，但文件权限却变成了 "-rw-r--r--"。

因为在文件的默认权限中是去除 x 执行权限的，所以在 666 – 033 = 633 后，如果文件的权限数字是奇数，奇数位都默认加了 "1"，即 633 变为 644；如果文件的权限数字是 611，则实际使用是 622。目录没有奇偶数权限问题。

如果觉得这种计算方法难以理解，我们只要记住：umask 就是反向权限。

- 0 不变，反向来看就是目录权限为 7（rwx），文件权限为 6（rw-）。
- 1 是去除执行权限（x = 1），反向就是目录权限为 6（rwx）。因为文件本来就没有默认的 x 执行权限，所以也是 6（rw-）。
- 2 是去除写权限（w = 2）。
- 3 是去除写（w = 2）与执行（x = 1）权限。
- 4 是去除读权限（r = 4）。
- 5 是去除读（r = 4）与执行（x = 1）权限。
- 6 是去除读（r = 4）与写（w = 2）权限。
- 7 只有目录才能使用，去除读（r = 4）、写（w = 2）和执行（x = 1）权限。

如果想永久调整 umask 值，则需要在全局变量文件 "/etc/profile" 中设置。当然，在生产中并不建议读者对此默认补码进行调整。原文件如下：

```
[root@yaomm yaomm]# cat /etc/profile        ##→查看变量配置文件
...
##→用 umask 补码设置代码
if [ $UID -gt 199 ] && [ "`/usr/bin/id -gn`" = "`/usr/bin/id -un`" ]; then
    umask 002
else
    umask 022
fi
...
[root@yaomm yaomm]# id -gn                  ##→当前用户组
root
[root@yaomm yaomm]# id -un                  ##→当前用户
root
[root@yaomm yaomm]# echo $UID               ##→root 用户的 UID 是 0
0
```

我们可以看到这段代码中的逻辑是，如果 UID 大于 199 并且用户组名与用户名一致时，则 umask 值是 002，否则是 022。

注意：本节所说的是标准权限模型。但在 Linux 中，有的文件权限字符最后还有个点 "."，如图 4.5 中的 "lrwxrwxrwx."。这个点也是一种权限，是 SELinux 赋予的。开启 SELinux 创建的文件就会有这个点，关闭 SELinux 后创建的文件就不会有这个点，但之前创建的文件还会存在这个点。

4.4.2 更改文件所属：chown

前文讲解了文件与用户之间的所属关系和拥有的权限。如何改变文件的所有者或用户组呢？这就用到了 chown 命令。

（1）chown 命令的语法格式：chown［选项］［所有者:用户组］［文件或目录］。

（2）chown 命令的选项说明如表 4.7 所示。

表 4.7 chown 命令的选项说明

选　　项	说　　明
-R, --recursive	递归处理，将指定目录下的所有文件及子目录，统一更换为同一所有者或用户组
-c, --changes	效果类似-v 参数，但仅打印更改的部分
-f, --silent, --quiet	忽略错误

续表

选　　项	说　　明
-v, --verbose	显示指令执行过程
--dereference	效果和-h 参数相反,影响符号链接文件的引用,而非符号链接文件本身
-h, --no-dereference	只对符号连接的文件进行更改,而不更改相关引用文件
--from= CURRENT_OWNER:CURRENT_GROUP	当每个文件的所有者和用户组符合选项所指定时,才更改所有者和用户组。其中一个可以省略,这时已省略的属性就不需要符合原有的属性。
--no-preserve-root	默认值,不要特别对待"/"
--preserve-root	递归操作"/"失败
--reference=RFILE	根据其他文件的权限设置文件权限
--version	显示版本信息并退出

(3) chown 命令示例。

```
chown root /home/yaomm
##→将 /home/yaomm 的所有者更改为 root 用户

chown -v root:linuxido /home/yaomm
##→将用户组更改为 linuxido,"-v"选项用来查看更改过程

chown -v :root /home/yaomm
##→更改用户组为 root

chown -v .linuxido /home/yaomm
##→更改用户组为 linuxido,将冒号替换为点也可以

chown -R linuxido:linuxido /home/yaomm
##→将目录权限更改为 linuxido 的所有者与用户组

chown -hR root /home/yaomm
##→将 /home/yaomm 及其子目录下的所有文件(包含链接文件)的所有者更改为 root 用户
```

(4) chown 命令实例演示。

```
[root@yaomm ~]# chown -v root:linuxido /home/yaomm/
##→更改所有者、用户组为 "root:linuxido"
changed ownership of "/home/yaomm/" from root:root to root:linuxido   ##→更改过程
[root@yaomm ~]# ll /home/                        ##→使用 "ll" 命令查看目录
总用量 0
...
drwxr-xr-x. 2 root     linuxido 38 1月  23 21:53 yaomm   ##→发现用户组已被改变
[root@yaomm ~]# ll /home/yaomm/                  ##→使用 "ll" 命令查看目录下的文件
总用量 4
##→发现文件所有者、用户组并没有被改变
-rw-r--r--. 1 root root  0 1月  23 16:07 xrs.txt
-rw-r--r--. 1 root root 10 1月  23 21:53 yaomm.txt
```

```
[root@yaomm ~]# chown -R linuxido:linuxido /home/yaomm ##→递归更改整个目录及子文件
[root@yaomm ~]# ll /home/yaomm/
总用量 4
##→发现文件所有者、用户组都被改变
-rw-r--r--. 1 linuxido linuxido  0 1月  23 16:07 xrs.txt
-rw-r--r--. 1 linuxido linuxido 10 1月  23 21:53 yaomm.txt
```

注意：chgrp 命令也可以用于更改文件或目录的用户组，但一般都使用 chown 命令更改。chgrp 常用命令"chgrp linuxido /home/yao"，更改目录/home/yao 的用户组为 linuxido。

4.4.3 更改读写权限：chmod

chmod 本意是"change file mode bits"，即改变文件模式位。如果 chown 命令改变的是文件所有者和用户组，那么 chmod 命令改变的就是文件所有者和用户组对文件所能行使的读、写及执行权限。而读、写及执行权限在 chmod 命令的语法格式里就是"mode bits"，也是前文所描述的文件权限的内容。

（1）chmod 命令的语法格式：chmod [选项] [权限模式] [文件]。

权限模式分为两种：一种是"用户符号+操作符+权限字符"；另一种是"权限八进制数"。

（2）chmod 命令的选项说明如表 4.8 所示。

表 4.8 chmod 命令的选项说明

选 项	说 明
-R, --recursive	递归处理，将指定目录下的所有文件及子目录，统一更换为同一所有者或用户组
-c, --changes	效果类似-v 参数，但仅打印更改的部分
-f, --silent, --quiet	忽略错误
-v, --verbose	显示指令执行过程
--no-preserve-root	默认值，不要特别对待"/"
--preserve-root	递归操作"/"失败
--reference=RFILE	根据其他文件的权限设置文件权限
--version	显示版本信息并退出

（3）用户符号如表 4.9 所示。

表 4.9 用户符号

用 户 符 号	说 明
u	User，代表当前用户，文件所有者
g	Groups，代表和当前用户在同一个组的用户，也称用户组、组用户
o	Other，代表其他用户
a	All，等同于 ugo

（4）chmod 命令的权限操作符如表 4.10 所示。

表 4.10 chmod 命令的权限操作符

操 作 府	说　　明
+	添加目标用户相应的权限
-	删除目标用户相应的权限
=	添加目标用户相应的权限，删除目标用户未提到的权限

（5）权限模式的字符与数字如表 4.11 所示。

表 4.11 权限模式的字符与数字

权 限 字 符	权 限 数 字	说　　明
r	4	Read，读权限
w	2	Write，写权限
x	1	eXcute，执行权限，目录必须有执行权限才能进入
-	0	无权限

（6）chmod 命令示例。

```
chmod +x test.sh       ##→为 Shell 脚本添加可执行权限，无用户符号默认为 a，等同于 a+x
chmod u+x test.sh      ##→给文件所有者添加文件执行权限
##→数字赋值，为 testdir 目录添加任何人都可访问的权限，权限位为 "drwxr-xr-x"
chmod 755 testdir
chmod g+w out1.log     ##→使用 "g+w" 方式为用户组添加文件写权限
chmod g=w out1.log     ##→ "=" 表示文件只能拥有对应的权限，这里表示用户组只能有写权限

chmod u=rwx,g=rw,o=r out1.log
##→权限位为 "-rwxrw-r--"，所有者有读、写、执行权限，组用户有读、写权限，其他用户只有读权限

chmod u-x,g-w,o-rwx out1.log
##→权限位为 "-rw-r-----"，所有者去除执行权限，用户组去除写权限，其他用户去除读、写、执行权限

chmod 644 out1.log     ##→权限位为 "-rw-r--r--"，所有用户可读，只有所有者可写
chmod -R a=rw testdir  ##→目录 testdir 下所有子目录与文件可被所有用户读、写
```

（7）chmod 命令示例演示。

```
[root@yaomm yaomm]# ll out1.log          ##→可以看到用户组没有写权限
-rw-r--r-- 1 root root    63 Jan 28 17:28 out1.log
[root@yaomm yaomm]# chmod g+w out1.log   ##→使用 "g+w" 方式为用户组添加文件写权限
[root@yaomm yaomm]# ll out1.log
-rw-rw-r-- 1 root root 63 Jan 28 17:28 out1.log    ##→可以看到用户组已经拥有写权限
[root@yaomm yaomm]# chmod g=w out1.log             ##→ "g=w" 用户组只能拥有写权限
[root@yaomm yaomm]# ll out1.log
-rw--w-r-- 1 root root 63 Jan 28 17:28 out1.log
[root@yaomm yaomm]# chmod u=rwx,g=rw,o=r out1.log ##→权限位为 "-rwxrw-r--"
```

```
[root@yaomm yaomm]# ll out1.log
-rwxrw-r-- 1 root root 63 Jan 28 17:28 out1.log    ##→权限位为"-rwxrw-r--"
##→所有者去除执行权限，用户组去除写入权限，其他用户去除读、写、执行权限
[root@yaomm yaomm]# chmod u-x,g-w,o-rwx out1.log
[root@yaomm yaomm]# ll out1.log
-rw-r----- 1 root root 63 Jan 28 17:28 out1.log    ##→确认权限是否一致
[root@yaomm yaomm]# chmod 644 out1.log             ##→使用权限数字方式赋予权限
[root@yaomm yaomm]# ll out1.log
##→"644"代表所有用户可读，但是只有所有者可写
-rw-r--r-- 1 root root 63 Jan 28 17:28 out1.log
[root@yaomm yaomm]# mkdir testdir;touch testdir/testfile.txt ##→创建测试目录与文件
[root@yaomm yaomm]# chmod -R -v 644 testdir
mode of 'testdir' changed from 0755 (rwxr-xr-x) to 0644 (rw-r--r--)
mode of 'testdir/testfile.txt' retained as 0644 (rw-r--r--)
[root@yaomm ~]# su - linuxido                      ##→切换为linuxido用户
-bash-4.2$ cd /home/yaomm/testdir/
-bash: cd: /home/yaomm/testdir/: Permission denied     ##→没有进入权限
-bash-4.2$ ll /home/yaomm/testdir/  ##→"ls -l"可以查看文件名，但所有属性会变成问号
ls: cannot access /home/yaomm/testdir/testfile.txt: Permission denied
total 0
-????????? ? ? ? ? ? testfile.txt
```

4.4.4 特殊权限：SUID、SGID、Sticky bit

在 Linux 中，为了解决一些传统的 9 位标准权限模型无法解决的问题，开发人员又在其中设计了一套特殊的权限模式，即由 Linux 内核和文件系统配合实现的一套身份置换系统（Identity Substitution System）。这套特殊的权限模式包含 SUID、SGID、Sticky bit 三种权限位。

按照前文中的逻辑，高权限位对应的是 400、200 和 100。SUID、SGID、Sticky bit 对应的则是 4000、2000 和 1000，它们对应的权限位分别是 setuid、setgid 和 Sticky bit（粘滞位）。

如果文件设置了 setuid、setgid，拥有 SUID 或 SGID 后，那么它会将运行命令中的用户 UID 或 GID 替换为文件自身的 UID 或 GID。passwd 命令就是如此运行的。

普通用户无法修改、查看文件/etc/shadow，如何修改自己的密码呢？为什么使用 passwd 命令就有改变 shadow 文件的权利呢？因为 passwd 文件所有者是 root 用户，并且设置了 SUID，会将使用此命令用户的 UID 替换为文件自身的 UID 来执行命令。示例如下：

```
[root@yaomm ~]# ll /etc/shadow                     ##→查看shadow文件
---------- 1 root root 2663 Feb 21 14:51 /etc/shadow
[root@yaomm ~]# ll /usr/bin/cat                    ##→查看cat命令二进制文件
-rwxr-xr-x 1 root root 54080 Aug 20  2019 /usr/bin/cat    ##→权限位为"-rwxr-xr-x"
[root@yaomm ~]# ll /usr/bin/passwd                 ##→查看passwd命令二进制文件
-rwsr-xr-x 1 root root 27856 Apr  1  2020 /usr/bin/passwd ##→所有者权限出现"s"
```

从上面的示例代码中可以看到，passwd 命令的文件所有者执行权限位上的"x"被替换为了"s"。如果"x"执行权限位变成了"s|S"的文件（基本都是二进制程序），那么 Shell 就会在执行命令时使用文件本身的所有者权限来执行，而不是使用这个命令的用户权限。

passwd 文件的所有者是 root 用户，并且使用 setuid 设置了 SUID，就获得了运行时替换权限的功能。SGID 也是同样的原理，会在执行时获得文件本身的用户组权限来执行，而不是使用人的权限。

如果"s|S"（如果文件本身没有"x"权限，则 s 变成 S）权限位出现在所有者上，那么就是文件设置了 SUID；如果"s|S"仅限位出现在用户组上，那么就是文件设置了 SGID。需要注意的是，"s|S"权限位只对二进制文件起作用，也就是 Shell 命令文件，如"/usr/bin/passwd"。

如何设置特殊权限？示例如下：

```
##→测试 SUID
[root@yaomm yaomm]# touch testfile.txt             ##→创建测试文件
[root@yaomm yaomm]# ll testfile.txt
-rw-r--r-- 1 root root 0 Feb 22 17:09 testfile.txt   ##→查看测试文件权限为 644
[root@yaomm yaomm]# chmod 4644 testfile.txt ##→设置特殊权限 SUID, 在 644 前添加数字 4
[root@yaomm yaomm]# ll testfile.txt
##→原本没有所有者执行权限，"x"变为"S"
-rwSr--r-- 1 root root 0 Feb 22 17:09 testfile.txt

##→测试 SGID
[root@yaomm yaomm]# chmod 777 testfile.txt          ##→设置文件权限为 777
[root@yaomm yaomm]# ll testfile.txt
-rwxrwxrwx 1 root root 0 Feb 22 17:09 testfile.txt  ##→查看文件权限，当前为最大权限
[root@yaomm yaomm]# chmod g+s testfile.txt          ##→使用权限字符的方式设置 SGID
[root@yaomm yaomm]# ll testfile.txt
##→用户组权限已有"x"，所以变为"s"
-rwxrwsrwx 1 root root 0 Feb 22 17:09 testfile.txt
```

说完 SUID、SGID，再来看看 Sticky bit，Sticky bit 只能对目录起作用。如果设置了 Sticky bit 的目录，则其子目录或文件只有所有者和 root 用户才可以删除。Sticky bit 在权限位的表现上就是其他用户的 x 权限位变为了"t|T"。"/tmp"目录是设置了 Sticky bit 权限的特殊目录。如果不为目录设置 Sticky bit，则任何具有该目录写和执行权限的用户都可以操作其目录下的子目录和文件。这样公共目录中的文件安全将无法得到保障。示例如下：

```
[root@yaomm ~]# mkdir /opt/testtmp              ##→创建测试目录
[root@yaomm ~]# chmod 777 /opt/testtmp          ##→设置目录权限为 777，所有人都可操作
[root@yaomm ~]# cd /opt/testtmp/
[root@yaomm testtmp]# mkdir testdir;touch testfile.txt;   ##→创建测试文件
[root@yaomm testtmp]# ll
```

```
total 4
drwxr-xr-x 2 root root 4096 Feb 23 11:22 testdir          ##→子目录权限 755
-rw-r--r-- 1 root root    0 Feb 23 11:22 testfile.txt     ##→文件权限 644
[root@yaomm testtmp]# su linuxido  ##→切换 linuxido 用户，预期应无权删除测试文件和目录
bash-4.2$ pwd
/opt/testtmp                       ##→非 "-" 切换，所以没有切换环境
bash-4.2$ rm -rf test*             ##→删除文件
bash-4.2$ ls -a
...                                ##→可以看到 linuxido 用户将 root 权限的文件删掉了
bash-4.2$ exit                     ##→ "exit" 退回 root 用户
exit
[root@yaomm testtmp]# chmod o+t /opt/testtmp/             ##→添加 Sticky bit 权限
[root@yaomm testtmp]# ll /opt
drwxrwxrwt  2 root root   4096 Feb 23 11:27 testtmp  ##→other 的 x 权限位已替换为 t
[root@yaomm testtmp]# mkdir testdir;touch testfile.txt;   ##→重新创建测试文件
[root@yaomm testtmp]# su linuxido                         ##→切换用户
bash-4.2$ rm -rf test*                                    ##→删除文件
rm: cannot remove 'testdir': Operation not permitted      ##→删除失败
```

关于 SUID、SGID 及 Sticky bit 的特殊权限对比与总结，如表 4.12 所示。

表 4.12　特殊权限对比与总结

特殊权限	字符	八进制数	说明
SUID	s or S	4	只对二进制文件生效，无论谁启动程序，程序运行时自动使用所有者权限 "u+s" 设置 setuid，八进制数表示为 "4xxx"。例如，"chmod u+s file" "chmod 4644 file" 如果无 "x" 权限位设置 setuid，则权限字符显示为 "S"
SGID	s or S	2	SGID 与 SUID 功能一样，但程序使用用户组权限执行文件 "g+s" 设置 setgid，八进制数表示为 "2xxx" "+s" 同时设置 setuid、setgid "-s" 同时取消 setuid、setgid
Sticky bit	t or T	1	只对目录生效，如/tmp 这样的目录，对文件设置的粘滞位并没有特别的作用 只有目录或文件的所有者才可以删除、移动、修改目录下的文件 "o+t" 或 "+t" 设置 sticky bit，八进制数表示为 "1xxx" "-t" 取消粘滞位权限

4.4.5　隐藏权限与扩展文件系统：chattr、lsattr

chattr 命令可以修改 Linux 文件扩展权限的特有属性，相对 chmod 命令来说，其操作的文件属性更低。lsattr 命令用于查看 chattr 命令所更改的文件属性。

1. chattr 命令速查手册

（1）chattr 命令的语法格式：chattr [选项] [操作符] [模式] [文件 | 目录]。

（2）chattr 命令的模式与 chmod 命令的模式相似，不过二者的模式功能不太相同。下面列举 chattr 命令的常见模式，如表 4.13 所示。

表 4.13 chattr 命令的常见模式

选项	说明
a	设置文件只能追加数据，多用于日志文件的安全
A	告诉系统不要修改这个文件的 atime（最后访问时间）
e	表示文件正在使用扩展区来映射磁盘上的块，可能无法删除
i	该文件不能被删除、改名、写入或新增内容（root 用户也不行）

（3）chattr 命令示例。

```
chattr +a ad.log          ##→加锁日志文件，只能追加数据，不能删除和修改已有数据
chattr +i ad.log          ##→任何用户都只能查看，不能操作这个文件，包括 root 用户
```

chattr 命令操作符也是 +、-、=，与 chmod 命令操作符的功能相似。

2. lsattr 命令速查手册

（1）lsattr 命令的语法格式：lsattr [选项] [文件 | 目录]。

（2）lsattr 命令的选项说明如表 4.14 所示。

表 4.14 lsattr 命令的选项说明

选项	说明
-R	递归列出目录及其下文件内容的属性
-V	显示程序版本
-a	列出目录中的所有文件，包括以"."开头的文件属性
-d	查看目录属性，不查看目录下的文件属性
-v	显示文件版本号

（3）lsattr 命令示例。

```
lsattr ad.log               ##→查看文件
lsattr  /home/yaomm         ##→查看目录和目录下文件的隐藏属性
lsattr -d /home/yaomm       ##→查看目录本身属性，不看目录下的文件属性
lsattr -R /home/yaomm       ##→递归查看目录属性，包含子目录下文件内容的属性
```

3. lsattr 与 chattr 命令实例演示

lsattr 与 chattr 是一对孪生命令，一个用来查看隐藏权限，另一个用来设置权限。在 Linux 中，这种类似的命令有很多。操作与查看隐藏权限的演示实例如下。

```
[root@yaomm yaomm]# chattr +a ad.log
```

```
[root@yaomm yaomm]# lsattr ad.log
-----a-------e-- ad.log
[root@yaomm yaomm]# sed -i '1i linuxido' ad.log   ##→使用sed在第1行前插入linuxido
sed: cannot rename ./sedD3Dshr: Operation not permitted   ##→插入失败
[root@yaomm yaomm]# echo 'append linuxido ,ok?' >> ad.log   ##→使用echo追加
[root@yaomm yaomm]# cat ad.log   ##→查看文件
ls: cannot access old.txt: No such file or directory
append linuxido ,ok?   ##→追加成功
[root@yaomm yaomm]# chattr +i ad.log   ##→添加i属性,不可进行删除、修改等操作
[root@yaomm yaomm]# rm -rf ad.log
rm: cannot remove 'ad.log': Operation not permitted   ##→删除失败,root也不行
[root@yaomm yaomm]# chattr -ia ad.log   ##→去除i、a属性
[root@yaomm yaomm]# lsattr ad.log   ##→查看文件属性
-------------e-- ad.log   ##→i、a属性已去除,只留下原本的e属性
[root@yaomm yaomm]# rm -rf ad.log   ##→删除文件
[root@yaomm yaomm]# cat ad.log
cat: ad.log: No such file or directory   ##→文件已被删除
```

注意：chattr命令的功能是修改文件在Linux第二扩展文件系统（E2fs）上的特有属性。E2fs为Ext2 File System。虽然Linux后续扩展了Ext3、Ext4、XFS等文件系统，但是在操作系统的设计中，有很多设计哲学都会被遗留下来，如chattr命令。对chattr命令其他模式感兴趣的读者可搜索chattr维基文档。

4.4.6 文件访问控制模型简析：标准模型、PAM、ACL、SELinux

本节所讲的文件权限统称标准权限控制模型。虽然这种模型经历了时间的验证，也足够优雅，但还是存在比较严重的缺点，即root用户。

以passwd命令为例，普通用户在修改自己密码时，需要先输入当前密码验证身份，再输入两次新的密码。而root用户无须知晓原用户密码，无论是修改root密码，还是修改普通用户密码，都只需输入新密码即可。

passwd如何进行权限分级？由此引申出来PAM认证技术。PAM即插接式认证模块（Pluggable Authentication Module），它解决的不是sudo这样的"A用户是否有权执行B操作？"问题，而是"你如何证明你就是A用户？"的问题。PAM将各种特定的认证方法库封装在一起。需要进行用户认证的程序简单调用PAM即可。像login、sudo、passwd、su这样的程序就不用再提供自己的认证代码了，如Kerberos、一次性密码、ID dongles或指纹识别器都可以通过PAM实现认证。如何判断哪些命令使用了PAM认证？示例如下：

```
[root@yaomm test]# ldd /usr/sbin/chpasswd | grep pam   ##→没有找到PAM模块
[root@yaomm test]# ldd /usr/bin/passwd | grep pam   ##→找到了PAM模块
    libpam.so.0 => /lib64/libpam.so.0 (0x00007f4d23be0000)
```

```
        libpam_misc.so.0 => /lib64/libpam_misc.so.0 (0x00007f4d239dc000)
```

可以看到，passwd 使用了 PAM 认证，而 chpasswd 没有。因此，chpasswd 是可以直接更改用户密码的，而 passwd 则是在调用 PAM 的密码模块，认证之后才能更新密码。可以从 passwd 的命令描述中看到相关描述，命令如下：

```
[root@yaomm test]# man passwd
...
DESCRIPTION
       ...
       This task is achieved through calls to the Linux-PAM and Libuser API.
```

访问控制列表 ACL（Access Control List）是传统的标准 9 位权限控制模型（所有者、用户组、其他用户）的扩展。我们在 Linux 上使用的一种 ACL 规范为 POSIX 提出的标准草案，即 POSIX ACL；另一种 ACL 规范是在微软的 Windows ACL 上发展出的 NFSv4 ACL。

ACL 能够根据用户、用户组自由组合 "rwx" 权限，与标准权限控制模型很像。实际上，在只有一个用户或用户组时，它们的确是等同的。但不同的是，我们在用到 ACL 时，一般需要为一个文件或目录提供至少两个用户或用户组的不同控制权限。例如，为 A 用户提供 test 文件的 "r-x" 权限、为 B 用户提供 test 文件的 "-wx" 权限、为 C 用户提供 test 文件的 "rwx"、为 D 用户提供 test 文件的 "r--" 权限等。因此这套权限控制体系称为访问控制列表。

实际上，ACL 并不受 Linux 社区的重视，因为 ACL 复杂且难以维护。Linux 社区认为所有者、用户组、其他用户这种访问控制模型已经很好了，而 ACL 只是为了跟 Windows 做兼容、共享文件系统而产生的。例如，NFS 使用的 NFSv4 ACL，SMB 使用的 Windows ACL。这些 ACL 规范现在都已纳入 POSIX ACL 中。

使用 ACL 的文件会在权限位后多个加号 "+"。例如，"-rw-rwxr--+"。POSIX ACL 相关命令为 setfacl（设置 ACL 权限）、getfacl（获取 ACL 权限），示例如下：

```
[root@yaomm ~]# ll ymm2.txt                              ##→查看 ymm2.txt 的文件权限
-rw-r--r-- 1 root root    563 Jul 19  2020 ymm2.txt     ##→权限位为 "-rw-r--r--"
[root@yaomm ~]# setfacl -m u:linuxido:rwx ymm2.txt ##→赋予 linuxido 用户全部权限
##→-m 添加权限，-x 取消权限；u 为所有者，g 为用户组，o 为其他用户
[root@yaomm ~]# ll ymm2.txt
-rw-rwxr--+ 1 root root 563 Jul 19  2020 ymm2.txt ##→权限位多了加号 "-rw-rwxr--+"
```

使用 getfacl 命令查看 ACL 具体的权限信息，示例如下：

```
[root@yaomm ~]# getfacl ymm2.txt ##→查看 ymm2.txt 的 ACL 权限
# file: ymm2.txt
# owner: root
# group: root
user::rw-                        ##→所有者权限
user:linuxido:rwx                ##→单独多了 linuxido 用户权限，无法查看文件属性
```

```
group::r--                          ##→所有者权限
mask::rwx                           ##→默认权限
other::r-                           ##→其他用户权限
```

使用"setfacl -x"取消 ACL 权限,使用"setfacl -b"彻底删除 ACL 权限,示例如下:

```
[root@yaomm ~]# setfacl -x u:linuxido ymm2.txt    ##→"-x"去除对应文件权限
[root@yaomm ~]# ll ymm2.txt
-rw-r--rw-+ 1 root root 563 Jul 19  2020 ymm2.txt  ##→权限取消了,但ACL 的标志"+"还在
[root@yaomm ~]# setfacl -b  ymm2.txt               ##→删除所有 ACL 权限
[root@yaomm ~]# ll ymm2.txt
-rw-r--r-- 1 root root 563 Jul 19  2020 ymm2.txt   ##→可以看到没有"+"了
```

还可以使用"d"参数设置目录权限,使目录下所有新建文件与目录都可以继承此目录的权限,示例如下:

```
[root@yaomm ~]# setfacl -m g:linuxido:rx ymm2.txt ##→设置用户组 linuxido 的权限
[root@yaomm ~]# setfacl -m o:rw ymm2.txt           ##→设置其他用户权限
[root@yaomm ~]# ll ymm2.txt
-rw-r-xrw-+ 1 root root 563 Jul 19  2020 ymm2.txt
##→"d"参数,设置默认 ACL,目录下的所有新建文件和目录都继承此目录的权限
[root@yaomm ~]# setfacl -m d:u:linuxido:rwx /home/yaomm/
[root@yaomm yaomm]# cd /home/yaomm;mkdir testfacl      ##→新建子目录 testfacl
[root@yaomm yaomm]# getfacl testfacl                   ##→查看目录的 ACL 权限
……信息太多,省略……
##→给目录下已有的文件设置权限
[root@yaomm ~]# setfacl -R -m u:linuxido:rwx /home/yaomm
[root@yaomm yaomm]# setfacl -R  -b /home/yaomm/        ##→删除整个目录的 ACL 权限
```

读者在当前只需要了解 POSIX ACL 就行,没必要深入研究。

SELinux 是美国国家安全局提议开发的一种安全增强型 Linux,也是强制访问模型 (Mandatory Access Control,MAC) 的实现之一。虽然 SELinux 功能强大,但是其管理复杂。在 Fedora、RHEL、CentOS 系列中,SELinux 默认是开启的,有一套合适的默认策略。使用 SELinux 的文件权限位最后会多一个".",如"lrwxrwxrwx."。

随着 Linux 的深入学习,我们可以自行研究 Linux 文件访问控制系统的原理、实现与使用。当前(甚至以后很长一段时间内),我们只要掌握"所有者、用户组、其他用户"这种传统权限控制模型即可。

4.5 实战案例

本章已经介绍了用户与文件权限相关的管理方法,现在就以两个实战案例来展现在实际工作中用户与文件权限的使用。

4.5.1 FTP 搭建与账户赋权

FTP 是读者在生产工作中经常接触到的工具。如果读者没接触过 FTP，可以将 FTP 理解为原始的网盘。

（1）在 Linux 下，安装 FTP 非常简单。示例如下：

```
[root@yaomm ~]# cat /etc/redhat-release        ##→查看系统版本
CentOS Linux release 7.9.2009 (Core)           ##→确认是 CentOS 7.9

[root@yaomm ~]# yum install vsftpd -y          ##→安装 FTP
...
已安装:
vsftpd.x86_64 0:3.0.2-28.el7                   ##→FTP 版本号
完毕!

[root@yaomm ~]# systemctl start vsftpd         ##→启动 FTP

[root@yaomm ~]# systemctl status vsftpd        ##→查看 FTP 运行状态
...##→active (running) 启动成功
   Active: active (running) since 三 2021-02-24 11:24:45 CST; 1s ago
```

（2）在 FTP 安装完成后，添加 FTP 账号。示例如下：

```
[root@yaomm ~]# ls /etc/vsftpd  ##→vsftpd 的配置都在这个路径下
ftpusers  user_list  vsftpd.conf  vsftpd_conf_migrate.sh

##→添加账号
[root@yaomm ~]# useradd -d /opt/ftp_linuxido -s /sbin/nologin ftp_linuxido
[root@yaomm ~]# passwd ftp_linuxido            ##→设置密码
...
passwd：所有的身份验证令牌已经成功更新

[root@yaomm vsftpd]# mv user_list user_list.bak        ##→备份 user_list 文件
[root@yaomm vsftpd]# echo 'ftp_linuxido' >> user_list  ##→添加账号
[root@yaomm vsftpd]# cat user_list                     ##→查看账号
ftp_linuxido                                           ##→账号添加成功
```

（3）虽然添加完 FTP 账号，但是 Shell 使用 /sbin/nologin 阻止用户登录的方法显得不够优雅，因此应当给用户设置登录 Shell 的提示。示例如下：

```
##→为 FTP 账号不登录 Shell 设置一个提示语，tee -a 等同于 >>
[root@yaomm vsftpd]# echo -e '#!/bin/sh\necho "This account is limited to FTP access only."' | tee -a /bin/ftponly
[root@yaomm vsftpd]# chmod a+x /bin/ftponly           ##→添加所有人可执行的权限
[root@yaomm vsftpd]# echo "/bin/ftponly" >> /etc/shells ##→加入/etc/shells
[root@yaomm vsftpd]# chsh --list  ##→可以看到自定义的/bin/ftponly也成为一种 Shell
```

```
...
/bin/csh
/bin/ftponly                      ##→新增的 FTP 只读 Shell
[root@yaomm vsftpd]# usermod -s /bin/ftponly ftp_linuxido  ##→切换用户的登录 Shell
[root@yaomm vsftpd]# su - ftp_linuxido            ##→尝试切换
This account is limited to FTP access only.       ##→打印出刚才写入的提示语
```

（4）将用户添加到/etc/vsftpd/user_list 中就可以使用 FTP 了吗？当然不是，还需要更改 FTP 的配置。示例如下：

```
[root@yaomm vsftpd]# vi vsftpd.conf   ##→编辑 FTP 配置文件
listen=YES                            ##→IPV4 监听，如果不修改此项，则一般无法远程连接 FTP
listen_ipv6=NO                        ##→IPV6 监听关闭
...
userlist_enable=YES                   ##→用户名单 userlist_file 开启
userlist_file=/etc/vsftpd/user_list   ##→FTP 用户名单位置
userlist_deny=NO                      ##→YES 为黑名单，NO 为白名单
chroot_local_user=YES                 ##→囚牢模式，如果为 NO，则 FTP 用户可以跳出用户的家目录
allow_writeable_chroot=YES            ##→在囚牢模式下允许写入

##→下面这段是云端服务器必备参数
pasv_enable=YES                       ##→支持数据流的被动式连接模式
pasv_min_port=20000                   ##→设置被动模式传输数据的端口范围最小端口
pasv_max_port=25000                   ##→设置被动模式传输数据的端口范围最大端口
pasv_address=12345.56.234             ##→在云端设置本机 IP 地址
pasv_addr_resolve=NO                  ##→不做主机映射
pasv_promiscuous=YES                  ##→关闭 PASV 模式的安全检查
```

（5）FTP 服务与账号都已具备，下面我们在 Linux 上安装客户端工具，测试 FTP 是否可以正常使用。示例如下：

```
[root@yaomm ~]# yum install -y ftp    ##→安装 FTP 客户端
...
已安装:
  ftp.x86_64 0:0.17-67.el7            ##→FTP 客户端版本号
完毕!
[root@yaomm ~]# cd /opt/              ##→进入/opt 目录，查看 ftp_linuxido 用户主目录
[root@yaomm opt]# touch 123.txt       ##→创建测试文件
[root@yaomm opt]# ftp 192.168.1.208   ##→连接 FTP 服务器
Connected to 192.168.1.208 (192.168.1.208).
220 (vsFTPd 3.0.2)
Name (192.168.1.208:root): ftp_linuxido   ##→输入配置后的 FTP 账户
331 Please specify the password.
Password:                             ##→输入密码
230 Login successful.                 ##→登录成功
Remote system type is UNIX.
Using binary mode to transfer files.
```

```
ftp> help                        ##→获取客户端操作命令
ftp> put 123.txt                 ##→上传文件,当前在/opt目录下,事先在此目录下创建123.txt
local: 123.txt remote: 123.txt
227 Entering Passive Mode (192,168,1,208,210,34).
150 Ok to send data.             ##→上传成功
226 Transfer complete.
ftp> mkdir linuxdir              ##→创建目录
257 "/linuxdir" created          ##→创建目录成功
ftp> ls                          ##→查看文件,上传的文件与新建的目录都可以展示出来
227 Entering Passive Mode (192,168,1,208,202,22).
150 Here comes the directory listing.
-rw-r--r--    1 1001     1001            0 Feb 24 09:21 123.txt
drwxr-xr-x    2 1001     1001            6 Feb 24 09:27 linuxdir
226 Directory send OK.
```

(6)使用Windows上的FTP客户端工具,测试FTP是否可以使用,如图4.7和图4.8所示。

图4.7　FTP连接

图4.8　FTP登录成功

4.5.2　批量创建账号密码

批量创建账号密码的方法有3种,一是使用newusers,二是使用"passwd –stdin",三是使用useradd新增用户后chpasswd批量设置密码。

（1）newusers 需要设置的参数过多，较为麻烦，我们用 useradd 命令来添加账户。

```
[root@yaomm ~]# echo linuxido{01..10} | xargs -n 1 useradd    ##→批量创建账号
[root@yaomm ~]# tail /etc/passwd                              ##→查看刚刚创建的账号
linuxido01:x:1003:1003::/home/linuxido01:/bin/bash
...
linuxido10:x:1012:1012::/home/linuxido10:/bin/bash
```

（2）生成"账号：随机密码"的数据放入文件中，密码设置为12位数字以上。

```
##→创建对应的【账号：密码】
[root@yaomm ~]# echo linuxido{01..10}:'!@-'$((RANDOM+10000000))Lo | xargs -n 1 > userpass.txt
[root@yaomm ~]# cat userpass.txt
linuxido01:!@-10006119Lo          ##→$((RANDOM+10000000)) 生成随机8位数
linuxido02:!@-10028600Lo          ##→密码规则为 "!@-" + "8位数字" + "Lo"
...
```

（3）chpasswd 命令读取密码列表，并批量修改。

```
[root@yaomm ~]# chpasswd < userpass.txt    ##→批量修改密码
```

（4）单独打开一个 Shell 连接，使用刚创建的账户、密码进行登录。

```
Connecting to 192.168.1.208:22...
Connection established.
Escape character is '^@]'.

WARNING! The remote SSH server rejected X11 forwarding request.
[linuxido01@yaomm ~]$    ##→登录成功
```

（5）在批量设置账号登录时，必须改密码，使用"chage"命令。

```
##→修改密码有效期为 0 天
[root@yaomm ~]# echo linuxido{01..10} | xargs -n 1 chage -d 0
```

（6）重新登录，可以发现被要求更新密码。

```
WARNING: Your password has expired.
You must change your password now and login again!
更改用户 linuxido01 的密码。
为 linuxido01 更改 STRESS 密码。
 (当前)UNIX 密码：##→输入当前密码
新的密码：
重新输入新的密码：
passwd: 所有的身份验证令牌已经成功更新。
Connection closing...Socket close.    ##→更新成功后自动关闭 Shell 连接
```

4.6 小结

学习完本章后，相信你已经可以自主添加用户、合理分配用户权限，也可以自由切换不同用户与文件的权限。

现在到了每章小结的时间，请思考是否已经掌握了以下内容。

- 如何添加新用户？什么是 UID、GID？root 用户与其他用户的区别是什么？
- 如何在添加用户时不生成用户的家目录？如何在删除用户时，将家目录一同删除？
- 用户信息存储在哪个文件中？用户密码又存储在哪个文件中？
- 用什么命令修改密码？如何做到让密码 3 个月进行一次修改？如何批量生成账户、密码？
- "su" 与 "sudo" 有什么区别？"su" 与 "su –" 有什么区别？
- 如何查看用户的 UID、GID？如何更改用户的用户组？
- 如何查看用户登录信息、登录失败信息？
- 如何查看哪些用户、IP 地址访问过自己的主机？
- 文件与目录的权限如何修改？umask 为 0044 代表什么意思？
- 755 与 644 分别表示什么权限？
- "-rwxrw-r-x" 代表什么？"drwxr-xr-x" 代表什么？"lr-xr-x---" 代表什么？
- 如何赋予文件只有所有者可读、写，用户组用户可读，其他用户无法查看的权限？
- 如何赋予目录只有所有者可操作、建立文件，用户组用户只能进入查看文件，其他用户无法进入查看文件的权限？

第 5 章 文件传输、会话管理与定时任务

在前面熟悉了 Linux 的文件操作与用户管理后，我们就要正式在 Linux 上开始工作了。我们在工作时面临的第一个难题就是如何管理一群机器？如何在这些机器中互相传输文件？如何对服务器上的文件进行安全备份？

本章主要涉及的知识点如下。

- 文件下载与推送：Linux 文件的下载、上传、备份工具。
- 文件压缩：介绍 Linux 打包、解压缩的几个常用工具。
- 会话管理：SSH 原理、免密登录与会话保存工具的使用方法。
- 定时任务与邮件：Linux 定时任务设置与邮件发送。
- 实战案例：以 7-Zip For Linux 的下载、安装与使用，以及定时备份 FTP 文件数据这两个案例演示本章内容。

注意：本章主要在 Linux 下载、上传文件这种实际工作经常使用的场景下扩展相关的知识点。

5.1 文件下载与推送

在 Linux 中，文件的下载或上传、拉取或推送都是非常基本和常用的操作，因此开发者们提供了各种各样的工具。我们可以使用 wget 命令下载网络上的文件，使用 curl 命令提交 HTTP 请求来访问 Web 服务器；我们可以使用 scp 命令将文件推送至网络上的远程主机（只要有它的账号密码即可），也可以使用 rsync 命令将远程主机上的文件拉取到本地。本节将讲解这些工具的常用案例。

5.1.1 文件下载：wget、curl

wget 与 curl 都是 Linux 常用的下载工具，可以通过 HTTP、HTTPS 和 FTP 下载内容，也

可以提交 HTTP POST 请求。

wget 命令的优势是使用简单，功能专一。使用 wget 命令可以递归下载、断点续传，且下载过程稳定。

curl 命令不仅有下载功能，还有上传与发送功能。使用 curl 命令可以发送 POST/GET 请求，调试 Web 服务，也可以将其当作一个 CLI 版的 Postman。curl 命令还可以在很多平台上构建和运行，并且支持很多协议（如 DICT、FILE、FTP、FTPS、GOPHER、HTTP、HTTPS、IMAP、IMAPS、LDAP、LDAPS、MQTT、POP3、POP3S、RTMP、RTMPS、RTSP、SCP、SFTP、SMB、SMBS、SMTP、SMTPS、TELNET 和 TFTP）。

本节主要讲述 wget 和 curl 这两个命令的下载功能。我们一般会倾向使用功能简单的 wget 命令下载文件。

1. wget 命令速查手册

（1） wget 命令的语法格式：wget［选项］［URL］。

（2） wget 命令示例。

```
wget http://www.linuxido.com/
##→下载 linuxido 网站的首页，默认保存为 index.html

wget ftp://ftp_linuxido:12345678@192.168.1.208/123.txt
##→下载 FTP 上的文件，账户为"ftp_linuxido"，密码为"12345678"

wget -O linuxido.html http://www.linuxido.com/
##→下载 linuxido 网站首页后，"-O"指定文件名为 linuxido.html

wget -P /opt/download http://www.linuxido.com/
##→"-P"指定下载文件保存至目录/opt/download，如果没有目录，则新建一个目录

wget -N -P /opt/download http://www.linuxido.com/
##→"-N"只下载最新的文件，如果远程下载的文件不比本地文件新，则不获取

wget -P /opt/download --limit-rate=10k http://www.linuxido.com/
##→"--limit-rate"指定下载速度，此命令以每秒 10KB 的速度下载文件

wget -b --limit-rate=1k http://www.linuxido.com/
##→"-b"转入后台下载并提示继续在后台运行。pid 为 xxx，将把输出内容写入"wget-log"

wget -c --limit-rate=1k http://www.linuxido.com/
##→"-c"断点续传，从上次结束的地方下载。可以按"Ctrl+C"快捷键打断命令过程，然后重新下载

wget --mirror -p --convert-links -P /opt/linuxido http://linuxido.com/
##→"--mirror"为镜像网站，"--convert-links"为转换链接
```

```
wget -m -p -k -P /opt/linuxido http://linuxido.com/
##→"-m" 与 "--mirror" 等同
```

2．curl 命令速查手册

（1）curl 命令的语法格式：curl [选项] [URL]。

（2）curl 命令示例。

```
curl http://www.linuxido.com/
##→查看远程资源，不保存

curl -u ftp_linuxido:12345678  ftp://192.168.1.208/
##→列出 FTP 目录下的文件。"-u" 设置 FTP 账户、密码

curl -u ftp_linuxido:12345678  ftp://192.168.1.208/ -T wget-log
##→ "-T" 将文件上传至 FTP。当前目录为/opt/download，目录下有文件 wget-log

curl -u ftp_linuxido:12345678  ftp://192.168.1.208/wget-log -o down.log
##→下载刚刚上传的 FTP 文件，另起一个名字，curl 命令无法下载空文件 123.txt

curl -O http://www.linuxido.com/index.html
##→ "-O" 保存远程文件，保存为 index.html

curl -o linuxido.html http://www.linuxido.com
##→ "-o" 指定下载内容存储到文件 linuxido.html

curl -A "Mozilla/4.0 (compatible;MSIE 6.0; Windows NT 5.0)" www.baidu.com
##→模拟浏览器访问，"-A" 等同于 "--user-agent"，wget 也可以

curl --limit-rate 1k  -O  http://www.linuxido.com/index.html
##→ "--limit-rate" 限制带宽下载，"-O" 保存远程文件

curl -I http://www.linuxido.com/
##→ "-I" 查看访问请求响应头信息，"-i" 返回全部信息，包含返回页面

curl -k https://www.linuxido.com
##→ "-k" 跳过证书检查。例如，linuxido.com 的证书是自建的，未得到机构认证

curl -L https://alibaba.***.io/arthas/install.sh | sh
##→下载脚本并安装。"-L" 会让 HTTP 请求跟随服务器的重定向

curl -v http://www.baidu.com
##→ "-v" 打印全部访问过程

curl -x socks5://yao:example@linuxido.com:8080 https://***.com/
##→ "-x" 代理请求，指定 HTTP 请求通过 linuxido.com:8080 的 socks5 代理访问 GitHub
```

```
curl -X DOWN http://www.linuxido.com
##→"-X"调用 HTTP 服务的方法

curl --referer http://www.baidu.com http://linuxido.com
##→模拟从百度跳转的 linuxido 网站
```

注意：CLI 即命令行界面。Postman 为一种 HTTP 服务调试工具，常用于调用后台接口测试。在 Linux 下，有个轻量级的多协议和多源命令行下载的实用程序 aria2，堪比迅雷，并且有许多衍生的 GUI 版本。

5.1.2　文件推送：scp、rsync

scp 即 secure copy，是 Linux 中安全复制远程文件的命令。在 Linux 中，scp 命令是最常用的文件推送命令，在管理多台机器的时候非常有用，可以将 A 机器上的文件推送给 B 机器上的文件，省却了文件从 A 机器传到本机再上传到 B 机器的过程。

rsync 即 remote sync，是 Linux 上快速、通用的远程（或本地）文件复制工具。相比 scp 命令只能每次全量复制，rsync 命令可以同时用来做全量和增量数据的同步。

使用 scp 和 rsync 命令进行文件推送时，可以先进行 SSH 互信。这样做比较方便，否则每次进行文件推送都要人工输入密码，比较麻烦。关于如何进行互信推送，见 5.5.2 节的实战案例。

1. scp 命令速查手册

（1）scp 命令的语法格式：scp［选项］［源文件］［用户名：远程主机@目标路径］。
（2）scp 命令示例。

```
scp /opt/download/index.html root@123.56.94.254:/opt
##→将本机文件推送到其他主机上，放在目录/opt 下

scp -r /opt/download/ root@123.56.94.254:/opt/
##→"-r"递归推送，将本机目录推送至远程主机

scp -r -l 100 /opt/download/ root@123.56.94.254:/opt
##→"-l"限定带宽，限制在每秒 100KB

scp -r -l 100 -P 22 /opt/download/ root@123.56.94.254:/opt
##→"-P"指定端口为 22
```

2. rsync 命令速查手册

rsync 命令需要在源主机和目标主机上都安装。
（1）rsync 命令的语法格式主要分为推送和拉取。

推送：rsync［选项］［源文件］［用户名：远程主机@目标路径］。

拉取：rsync［选项］［用户名：远程主机@目标路径］［本地接收目录］。

（2）rsync 命令示例。

```
rsync -r /opt/download/ /opt/new
##→rsync 用于本地目录备份。"-r"递归推送

rsync -a /opt/linuxido/ root@123.56.94.254:/opt/linuxido/
##→"-a"等同于"-rlptgoD"。将本机目录/opt/linuxido/镜像推送到远程主机目录/opt/linuxido/

rsync -av /opt/linuxido/ root@123.56.94.254:/opt/linuxido/
##→"-v"显示传送过程

rsync -av root@123.56.94.254:/opt/soft/  /opt/soft/
##→远程主机在前，拉取远程主机上的文件至本地。对方主机也需要有 rsync 程序

rsync -avR /opt/linuxido/ root@123.56.94.254:/home/linuxido/
##→"-avR"使用相对目录，在对方主机上建立的目录为/home/linuxido/opt/linuxido/

rsync -avR --delete /opt/linuxido/ root@123.56.94.254:/home/linuxido/
##→"--delete"删除源目录中没有，而目标目录中有的文件，保持完全一致的镜像

rsync -avRn  root@123.56.94.254:/opt/linuxido
##→"-avRn"模拟执行，只是查看终端上会打印哪些同步的内容

rsync -avRn --exclude='*.txt' /opt/linuxido root@123.56.94.254:/opt/linuxido
##→模拟排除 txt 文件的同步。"--exclude"排除指定文件

rsync -avn --exclude='*.txt' --exclude='*.html' --exclude='*.png' /opt/linuxido root@123.56.94.254:/opt/linuxido
##→排除多种文件，推送至远程主机

rsync -avn --exclude={'*.txt','*.png','*.html'} /opt/linuxido root@123.56.94.254:/opt/linuxido
##→花括号排除多种文件，推送至远程主机
```

5.2 文件压缩

5.2.1 官方打包：tar

无论什么系统，文件的压缩打包（归档）都是重要的一环。特别是在 Linux 下，很多软件都提供源码包（tar、tar.gz 或 tar.bz2 格式），源码包要在下载后，才能解压缩并安装。考虑到平台兼容性，zip、7za 等 Windows 上常用的解压缩工具也会出现在 Linux 中。但在 Linux 上，

tar 是绝对"当仁不让"的文档打包工具。

（1）tar 命令压缩语法格式如下：

tar［选项］［压缩包名］［待归档文件］。

tar［选项］［待解压缩包名］。

tar 命令是比较奇特的一个命令，它的选项可以用"-"，也可以不用"-"。例如，"tar zcvf archive.tar archive/"和"tar -xvf archive.tar"。

（2）tar 命令示例。

```
tar zcvf /opt/tar/linuxido.tar.gz linuxido/
##→ "-z"使用 gzip 压缩。打包压缩目录 linuxido，压缩包名 linuxido.tar.gz。如果无路径
##→则默认当前目录
##→ "-c"打包，"v"显示打包过程，"f"指定归档文件名。归档文件名是自己取的，习惯上用.tar 作为
##→后缀。如果加 z 选项，则以.tar.gz 或.tgz 代表 gzip 压缩过的 tar 包；如果加 j 选项，则以.tar.bz2
##→作为 tar 包名。

tar -zxvf linuxido.tar.gz
##→ "-x"解压缩。解压缩打包文件 linuxido.tar.gz

tar -cvf  linuxido.tar linuxido
##→没有"-z"，只打包，不压缩

tar xvf linuxido.tar
##→从归档文件中解出打包文件

tar -cjvf linuxido.tar.bz2 linuxido
##→ "-j"将 bz2 压缩

tar jxvf linuxido.tar.bz2 -C /tmp/
##→ "-C"指定解压缩目录。目录必须存在，否则运行结果会报找不到目录

tar -Jcvf linuxido.tar.xz linuxido
##→ "-J"打包为 linuxido.tar.xz

tar xvf linuxido.tar.xz
##→解压缩时也可以不指定压缩程序，直接使用"x"解压缩，但不能使用 gzip 解压缩 xz 压缩程序

tar tvf linuxido.tar.bz2
##→ "-t"不解压缩查看压缩包中的文件

tar zcvfh redhat.tar.gz  /etc/redhat-release
##→ "-h"打包软链接文件指向的真实源文件
```

```
tar zcvf linuxido-exclude.tar.gz --exclude *.html linuxido
##→"--exclude"排除某些不被打包的文件

tar zcvf linuxido-exclude.tar.gz --exclude *.html linuxido /etc /var/log/*.log
##→打包多个目录

tar -N "2020/12/31" -zcvf linuxido-exclude.tar.gz --exclude *.html linuxido /etc
/var/log/*.log
    ##→只打包 2020 年 12 月 31 日后的文件

find /etc ! -type l | xargs tar zcvf etc.tar.gz
##→查找/etc 目录下非链接文件并打包

tar zcvf - wget-log | openssl des3 -salt -k '123456' -out wget-log.tar.gz
##→tar+openssl,为压缩包设置密码为 123456

openssl des3 -d -k '123456' -salt -in wget-log.tar.gz | tar zxvf -
##→openssl 解密压缩包
```

注意:tar 是一个打包程序,tar 内置了各种选项来调用 gzip、bz2、xz 解压缩程序。gzip 的解压缩命令为"gzip""gunzip",bz2 的解压缩命令为"bzip2""bunzip2",xz 的解压缩命令为"xz""unxz"。我们也可以使用"unxz linuxido.tar.xz"命令来解压缩程序,但是解压缩后,程序还是一个 tar 包,需要用 tar 来解包。因此,一般使用"tar zxvf linuxido.tar.gz"这样的命令来直接解压缩程序。

5.2.2 其他压缩工具:zip、unzip、7za

1. zip 命令速查手册

(1) zip 命令的语法格式:zip [选项] [压缩包] [待压缩文件]。

(2) zip 命令示例。

```
zip -r linuxido.zip linuxido      ##→"-r"递归压缩目录下所有文件,否则只压缩一个目录
zip -r curdir.zip ./*             ##→压缩当前目录下所有文件
zip -d curdir.zip linuxido.zip    ##→"-d"删除压缩包内文件
zip -r curdir.zip ./*  -x linuxido.zip
zip -u curdir.zip ./*             ##→"-u"只打包新文件
##→"-9"最高压缩比打包文件,"-1"最低压缩比打包文件,数字越大压缩比越高,最高为 9,最低为 1
zip -9 curdir.zip ./*
zip -9 -q curdir.zip ./*          ##→"-q"不在控制台压缩打包信息
zip -r -j zipall.zip ./*          ##→"-j"只打包文件,不打包目录
zip -r -P '123456' zip-pwd ./*    ##→"-P"加密压缩,密码为 123456
```

2. unzip 命令速查手册

在 CentOS 7.9 下，unzip 命令已默认安装，未安装的可以使用"yum install unzip -y"进行安装。

（1）unzip 命令的语法格式：unzip [选项] [压缩包]。

（2）unzip 命令示例。

```
unzip zipall.zip                              ##→解压缩文件
unzip -d linuxido zipall.zip                  ##→"-d"指定解压缩文件至目录 linuxido
unzip -l zipall.zip                           ##→"-l"展示压缩包内文件
unzip -o zipall.zip                           ##→"-o"解压缩时不提示直接覆盖
unzip -P '123456' zip-pwd.zip -d zip-pwd      ##→"-P"解密压缩包，密码为123465
```

3. 7za 命令速查手册

7za 命令是 7-Zip 在 Linux 上的命令。7-Zip 在 Linux 上的命令行程序为 p7zip。p7zip 命令的安装见 5.5.1 节的实战案例。

（1）7zip 命令的语法格式：7za [内置命令] [选项] [压缩包] [待归档文件]。

（2）7zip 命令的内置命令如表 5.1 所示，常用选项如表 5.2 所示。

表 5.1　7zip 命令的内置命令

内置命令	说明
a	将文件添加到存档，用法为 7za a [压缩包] [待归档目录]
b	基准测试，测试 7zip 当前性能
d	从存档中删除文件
e	解压缩，不提取路径，将所有文件解压缩到一个目录中
h	计算文件的哈希值
i	显示文件支持的格式信息
l	不解压缩查看压缩包中的内容
rn	在存档中重命名文件
t	测试档案的完整性
u	将文件更新并存档
x	解压缩，提取文件的完整路径

表 5.2　7zip 命令的常用选项

选项	说明
-r[-|0]	递归压缩或解压缩子目录
-o{Directory}	指定解压缩目录，需要注意的是，"-o"与目录间没有空格，这是比较奇特的一点
-p{Password}	设置解压缩密码

（3）7zip 命令示例。

```
7za b                            ##→命令"b"，基准测试，测试 7-Zip 的压缩效率
7za a 7zcurdir.7z                ##→命令"a"，压缩，如果"待归档文件"为空，则压缩当前目录
7za a -r 7zall.7z ./*            ##→选项"-r"，压缩子目录
##→命令"x"，解压缩；选项"-o"，解压缩至指定目录，与目录间不能有空格
7za x 7zall.7z -o7zall-other
7za l 7zall.7z                   ##→命令"l"，不解压缩查看压缩包内文件
7za d 7zall.7z bin/7z.so         ##→命令"d"，删除压缩包中已有文件
7za a -r 7zall.7z ./* -p'123456' ##→选项"-p"，加密，密码与选项之间不能有空格
7za x 7zall.7z -o7zdir1 -p'123456'  ##→解密
```

5.3 会话管理

在前面的章节中，登录 Linux 主机都采用的是 Xshell 工具使用账号密码登录的方式。如果管理多台 Linux 主机，或在多台机器之间传输文件时，输入密码的方式会非常麻烦。因此，本节主要讲述主机之间互信的操作手段与会话管理工具。

5.3.1 互信加密：SSH

每次使用 scp 与 rsync 命令推送文件至远程主机时，都需要输入远程主机的账号和密码。如何才能不用每次都输入账号和密码呢？使用给予对方密钥的方式，利用 SSH 加密，即可解决安全通信的问题。

1．什么是 SSH

SSH 是一种网络加密协议，主要用来保护网络中计算机之间的数据传输、网络安全服务和远程命令的执行安全。SSH 其实是 SSH2。因为 SSH1 是 1995 年的版本，SSH2 是 2006 年的版本。所以 Xshell 软件在之前的版本中会有 SSH1、SSH2 这样的选项，如图 5.1 所示。

图 5.1　SSH 协议选择

在最新的 Xshell 7 版本中，已经不会再有 SSH1、SSH2 这样的协议区分了，因为当前的 SSH 协议已经默认为 SSH2 了，如图 5.2 所示。

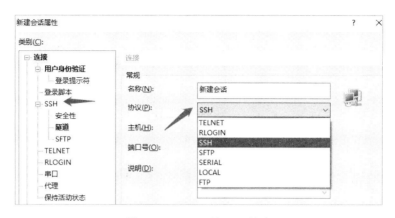

图 5.2 Xshell 7 的 SSH 协议

2. 什么是 SSH 互信

在 Windows 上，我们一般使用 Xshell、SecureCRT 这样的工具建立 SSH 连接，选择协议并输入主机、端口、账号、密码登录远程主机。在 Linux 上，我们则是直接使用 "ssh 用户@主机"的命令，即可登录远程主机。但无论是 Windows 还是 Linux，在首次登录远程主机时，都会出现一次公钥确认，示例如下：

```
[root@yaomm .ssh]# ssh root@123.56.94.254        ##→使用 SSH 进行远程登录
The authenticity of host '123.56.94.254 (123.56.94.254)' can't be established.
ECDSA key fingerprint is SHA256:aHn8hbkCov7W1Y0icoaxVDuLGO89IuNFlwX8VG8AYNs.
##→公钥加密算法 SHA256
ECDSA key fingerprint is MD5:38:02:8d:da:5b:38:1b:a4:de:3d:9f:b2:10:71:c0:99.
##→公钥的 MD5 指纹
Are you sure you want to continue connecting (yes/no)? yes
##→确认远程主机的公钥能否信任
Warning: Permanently added '123.56.94.254' (ECDSA) to the list of known hosts.
##→此时表示 host 主机已得到认可
root@123.56.94.254's password:                   ##→输入密码
Last failed login: Sun Feb 28 19:02:47 CST 2021 from 36.57.136.133 on ssh:notty
There were 2 failed login attempts since the last successful login.
Last login: Sun Feb 28 18:45:29 2021 from 36.57.136.133

Welcome to Alibaba Cloud Elastic Compute Service !     ##→登录成功
[root@yaomm ~]# curl cip.cc          ##→查看登录上的远程主机的外网 IP 地址及运营商信息
IP: 123.56.94.254
地址：中国  北京
运营商：阿里云/电信/联通/移动/铁通/教育网
...
[root@yaomm ~]# exit                 ##→退出远程主机
Connection to 123.56.94.254 closed.  ##→关闭 Shell 连接
```

下面简单描述一下上面这段示例的登录过程是什么样的。
- 远程主机收到用户的登录请求，把自己的公钥发出来，给用户确认。
- 用户核对这个公钥，确认无误后，信任并保存这个公钥，此后都不必再反复确认这个公钥的真实性。远程主机的列表保存在文件 "~/.ssh/known_hosts" 中。清除掉此文件内容，需要重新确认远程主机是否可信任。
- 用户输入自己的密码。SSH 将这个密码使用此公钥加密后，终端将加密密码发送给远程主机。
- 远程主机使用自己的私钥解密终端发来的加密密码，密码正确则登录成功。

上面的案例需要输入密码，如何才能免密登录远程主机呢？将用户的公钥放入远程主机即可。示例如下：

```
##→生成一对公、私密钥，不设密码
[root@yaomm ~]# ssh-keygen -t dsa -P '' -f ~/.ssh/id_dsa
Generating public/private dsa key pair.
...
+----[SHA256]-----+

[root@yaomm ~]# cat ~/.ssh/id_dsa.pub              ##→查看生成的公钥
ssh-dss
AAAAB3NzaC1kc3MAAACBAJEuug8YAPVSy/u+SPjcVz1a3dHin9Ht3trLWUzAioAKQbTdD5mGG...TKf/Fm
aK8kUK8p5aN0roGSpuUv1v1Amouue/dudg== root@yaomm
##→使用 "ssh-copy-id" 将 "id_dsa.pub" 复制到远程主机的 "~/ .ssh/authorized_keys" 文件中
[root@yaomm ~]# ssh-copy-id root@123.56.94.254
/usr/bin/ssh-copy-id: INFO: Source of key(s) to be installed: "/root/.ssh/id_dsa.pub"
/usr/bin/ssh-copy-id: INFO: attempting to log in with the new key(s), to filter out any that are already installed
/usr/bin/ssh-copy-id: INFO: 1 key(s) remain to be installed -- if you are prompted now it is to install the new keys            ##→安装过程
root@123.56.94.254's password:                     ##→输入密码

Number of key(s) added: 1                          ##→添加了 1 个 key

##→现在尝试登录
Now try logging into the machine, with:   "ssh 'root@123.56.94.254'"
and check to make sure that only the key(s) you wanted were added.
```

我们先使用 "ssh-keygen" 生成了一对公、私密钥，然后将公钥通过 "ssh-copy-id" 命令发送到远程主机上，并追加到文件 "~/.ssh/authorized_keys" 中。此时 SSH 互信完成，我们再来尝试登录远程主机查看是否需要输入密码，示例如下：

```
[root@yaomm ~]# ssh root@123.56.94.254              ##→登录远程主机
```

```
Last login: Sun Feb 28 22:21:13 2021 from 36.57.136.133
Welcome to Alibaba Cloud Elastic Compute Service !    ##→登录成功，未输入密码
[root@yaomm ~]# curl cip.cc                           ##→查看是否登录远程主机
IP: 123.56.94.254
地址：中国  北京
运营商：阿里云/电信/联通/移动/铁通/教育网
...

[root@yaomm ~]# cat ~/.ssh/authorized_keys ##→查看密钥，与终端的 id_dsa.pub 内容一致
ssh-dss
AAAAB3NzaC1kc3MAAACBAJEuug8YAPVSy/u+SPjcVz1a3dHin9Ht3trLWUzAioAKQbTdD5mGG...vEZiDu
llXn+TKf/FmaK8kUK8p5aN0roGSpuUvlv1Amouue/dudg== root@yaomm
```

既然可以不需要密码登录远程主机，那么远程推送是不是也不需要密码了？示例如下：

```
##→scp 不用再输入密码
[root@yaomm ~]# scp -r /opt/linuxido root@123.56.94.254:/opt/linuxido
favicon.ico
100%   18KB  370.8KB/s   00:00     ##→推送成功
gzh.png
100%   87KB  1.7MB/s    00:00
...
```

这样进行远程推送不方便，因为"root@123.56.94.254"太长了，所以我们可以给远程主机起个别名。示例如下：

```
[root@yaomm ~]# echo 123.56.94.254 app1 >> /etc/hosts       ##→给主机起个别名 app1
##→再次远程推送时，使用 app1 即可
[root@yaomm ~]# scp -r /opt/linuxido app1:/opt/linuxido
The authenticity of host 'app1 (123.56.94.254)' can't be established.
ECDSA key fingerprint is SHA256:aHn8hbkCov7W1Y0icoaxVDuLGO89IuNFlwX8VG8AYNs.
ECDSA key fingerprint is MD5:38:02:8d:da:5b:38:1b:a4:de:3d:9f:b2:10:71:c0:99.
##→确认公钥
Are you sure you want to continue connecting (yes/no)? yes     ##→需要重新信任一次
Warning: Permanently added 'app1' (ECDSA) to the list of known hosts.
favicon.ico
100%   18KB  361.1KB/s   00:00                                 ##→推送成功
```

截至目前，我们说的都是单方的信任授权。如何互信？反推上面的步骤就可以了。

SSH 信任步骤就是 A 主机将自己的公钥放入 B 主机中。在访问 B 主机时，A 主机使用私钥解析自己的公钥，即可访问。反之，按上面示例将 B 主机的公钥放入 A 主机，即可无密码访问。

3．Xshell 工具免密登录

在 Windows 上，也可以使用 SSH 免密登录，如图 5.3 所示。Windows 可以先使用"ssh-keygen"生成公、私密钥，将公钥放入远程主机，然后在 Xshell 这样的终端工具中选择密钥登录。亚马逊的 AWS 主机则是预先生成密钥，只有下载密钥后，才能使用密钥进行远程访问。

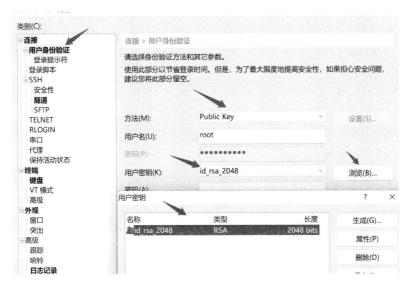

图 5.3　选择密钥登录

5.3.2　终端复用器：screen

终端复用器（Terminal Multiplexer）是用于复用多个虚拟终端的应用软件，允许用户在一个终端窗口中访问多个单独的登录会话，并存储会话，在下次登录时恢复上次关闭终端前的多个会话窗口。本节将介绍 screen 这款具有代表性的终端复用器。除了 screen，我们也可以尝试 tmux、Byobu 或 Mtm 终端复用器。

screen 是屏幕的意思，是带有 VT100/ANSI（从 UNIX 时代延续下来的两种终端模式）终端仿真的屏幕管理器。screen 具体的作用是在 Shell 窗口中使用同一个 session 创建多个 screen 会话窗口，每个窗口都是一个仿真的 Shell 窗口。screen 可以让程序在 Shell 窗口关闭后也继续执行。

screen 需要单独安装，安装命令为"yum install screen -y"。

1．screen 命令速查手册

（1）screen 命令的语法格式：screen［选项］［窗口 pid | 窗口名称 | Shell 命令］。

（2）screen 命令的选项说明如表 5.3 所示。

表 5.3 screen 命令的选项说明

选 项	说 明
-4	只将主机名解析为 IPv4 地址
-6	只将主机名解析为 IPv6 地址
-a	强制将所有功能写入每个窗口的 termcap
-A -[r|R]	调整所有窗口以适应新的显示宽度和高度
-c file	读取配置文件,而不是'.screenrc'
-d (-r)	-d 分离指定的 screen 会话(同时使用-r 重新连接)
-r \<pid\>	连接离线的 screen 会话
-R \<pid\>	先恢复离线的会话,若找不到离线的会话,则建立新的 screen 作业
-dmS name	作为守护进程启动:在分离模式下的屏幕会话
-D \<pid\>	远程分离并注销会话
-D -RR	执行获取屏幕会话所需的任何操作
-e xy	改变命令字符
-f	流量控制打开,-fn 关闭,-fa 自动打开
-h lines	设置 scrollback 历史缓冲区的大小
-i	当流量控制开启时,中断输出更快
-l	登录模式 on (update /var/run/utmp),　-ln = off
-ls [match] 或-list	列出所有 screen 会话窗口
-L	打开输出日志记录
-m	忽略$STY 变量,创建一个新的屏幕会话
-O	选择最优的输出而不是精确的 vt100 仿真
-p window	如果存在命名窗口,则预先选择它
-q	安静地启动。如果失败,则以非零返回码退出
-Q	命令将响应发送到查询进程的标准输出中
-r [session]	重新连接到已分离的屏幕进程
-R	如果可能,则请重新连接,否则启动一个新的会话
-s shell	指定建立新视窗时,所要执行的 Shell
-S sockname	新建一个会话,指定会话名
-t title	设置标题(窗口的名字)
-T term	对于 Windows,使用 term 作为$ term,而不是 screen
-U	告诉屏幕使用 UTF-8 编码
-v	打印 screen 版本
-wipe [match]	默认清理所有 screen 会话窗口
-x	附加到一个未分离的屏幕(多显示模式)
-X	在指定的会话中执行\<cmd\>作为屏幕命令

（3）screen 窗口内部有许多操作快捷键。这些快捷键需要按"Ctrl+A"快捷键激活控制台，再加上一个其他键，如按"Ctrl+A"快捷键激活控制台后，按"D"键表示关闭 screen 窗口，暂时离线。screen 窗口的常用快捷键如表 5.4 所示。

表 5.4　screen 窗口的常用快捷键

快 捷 键	说　　明
?	查看快捷键帮助
d	Detach，关闭 screen 窗口，暂时离线
Ctrl+A	两个窗口间来回切换
c	创建一个新的 screen 窗口并切换到新窗口
n	Next，切换下个窗口
p	Previous，切换上个窗口
S	水平切割窗口
|	垂直切割窗口
tab	切换窗口
X	关闭当前分割窗口
Q	关闭其他分割窗口

（4）screen 命令示例。

```
screen        ##→开启一个screen会话窗口，使用"echo $STY"查看当前窗口是否在screen会话中
##→按"Ctrl+A+D"快捷键，退出screen窗口，但只是暂时离线，而不是关闭。关闭且退出screen窗口
##→需要使用exit

screen -S s1     ##→"-S"开启一个会话窗口，命名为s1
screen -r        ##→若只有一个screen会话窗口，则直接进入(Detached状态)。若有多个screen
                 ##→会话窗口，则显示会话列表
screen -r 19286  ##→"-r session"指定进入session ID为19286的screen会话窗口
screen -d -r 19286
##→"-d -r"选项剥离在线的screen会话窗口（Attached状态），在本Shell窗口中重新建立连接

screen -R 19286
##→"-R session"如果窗口不存在，则新建一个窗口，之后19286和新的session ID都指向同一个
##→窗口

screen -ls
##→"-ls"展示screen窗口列表

screen vi ymm.txt
##→使用screen直接打开vi。此命令会直接打开vi窗口，编辑ymm.txt，退出vi也同样退出screen

screen -x 19452
##→共享会话。打开两个独立的Shell窗口，都执行此命令进入screen会话，会显示镜像操作
```

2. screen 命令实例演示

由于使用 screen 会话会进入一个新的 Shell 仿真窗口，因此本实例将会打开两个 Shell 窗口和多个 screen 窗口用于命令演示。由于演示较为复杂，因此本实例用序号标注步骤。

【Shell 1】实例如下：

```
[root@yaomm ~]# screen -v              ##→0."-v"查看 screen 版本为 4.01
screen version 4.01.00devel (GNU) 2-May-06
[root@yaomm ~]# screen -S scn001       ##→1."-S"指定 screen 新窗口名称，进入新窗口
[remote detached from 1692.scn001]     ##→4.被"screen -d -r 1692"剥离
[root@yaomm ~]# screen                 ##→8."screen"直接新建一个会话，并进入
[detached from 2631.pts-0.yaomm]       ##→11.显示离线状态
[root@yaomm ~]# screen -ls             ##→12.查看当前 screen 窗口状态
There are screens on:
    2631.pts-0.yaomm    (Detached)
    1692.scn001         (Attached)
2 Sockets in /var/run/screen/S-root.
[root@yaomm ~]# screen -r scn001 ##→13."-r name"使用名称进入会话
```

【Shell 2】操作与【Shell 1】一一对应，示例如下：

```
[root@yaomm ~]# screen -ls    ##→2."Shell 2 窗口"查看新创建的 screen 会话
There is a screen on:
    ##→1 个进程，PID(screen 的 session 号)为 1692，名称为 scn001，状态在线(Attached)
    1692.scn001     (Attached)
1 Socket in /var/run/screen/S-root.

[root@yaomm ~]# screen -d -r 1692      ##→3.进入新的 screen 会话
[detached from 1692.scn001]            ##→7.按"Ctrl+A+D"快捷键，暂离会话
```

【screen scn001】窗口，示例如下：

```
[root@yaomm ~]# echo $STY    ##→5.查看当前终端，"screen -d -r 1692"命令进入 scn001
                             ##→1692.scn001
##→6.按"Ctrl+A+D"快捷键，暂离会话
```

【screen 2631】窗口，示例如下：

```
[root@yaomm ~]# echo $STY    ##→9. 使用 screen 进入窗口
2631.pts-0.yaomm             ##→"pts-0.yaomm"为默认生成的 screen 名称
##→10.按"Ctrl+A+D"快捷键，暂离会话
##→可以按"Ctrl+A+C"快捷键新建一个 screen 窗口
##→可以按"Ctrl+A+N""Ctrl+A+P""Ctrl+A+空格"等快捷键切换窗口，操作方法同上
##→可以使用 exit 关闭 screen 会话，在 screen -ls 中也不会再显示
```

其实 Xshell 上方的标题栏也会在进入 screen 窗口后显示不同的标题，如图 5.4 所示。

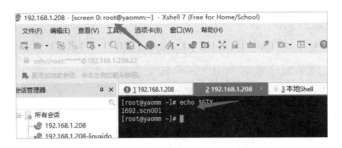

图 5.4　Xshell 显示不同的标题

3．screen 的窗口分割

screen 有个强大的功能，可以将 Shell 窗口切分为多个窗口（v4.0.1 以上版本），如图 5.5 所示。操作步骤如下。

进入 screen 会话窗口，输入 top 命令。

按"Ctrl+A+|"快捷键，垂直切分窗口。

按"Ctrl+A+S"快捷键，水平切分窗口。

按"Ctrl+A+Tab"快捷键，切换到下个窗口，输入 ping 命令。

按"Ctrl+A+C"快捷键，创建新的 screen 会话。

按"Ctrl+A+Tab"快捷键，切换到下个窗口。

按"Ctrl+A+C"快捷键，创建新的 screen 会话，输入 ls 命令。

注：在 screen 窗口中，快捷命令每次使用都需要先按"Ctrl+A"快捷键，再按"C""N""P"键等。

图 5.5　screen 将 Shell 窗口分为多个窗口

如果想关闭切割窗口，可按"Ctrl+A+S"快捷键关闭当前焦点窗口，按"Ctrl+A+Q"快捷键关闭焦点窗口外的其他窗口。

5.4 定时任务与邮件

在 Linux 中，所有文件都有它的所属权限。例如，文件应该属于哪个用户？文件是否有读/写权限？本节将介绍 Linux 的文件权限规则，以及控制文件权限的方法。

5.4.1 定时任务：crontab 与 crond

在 Linux 下，有两个与在 Windows 下的计划任务类似的工具，即 at 与 crontab。这两个工具可以在 Linux 下定时执行某个任务。例如，自动备份 FTP 文件、MySQL 数据库、外部接口数据等。

at 可以用来预定一次执行任务，而 crontab 可以循环地定时执行任务。在 Linux 中，我们一般都使用 crontab 来定时执行任务。

crontab 在 CentOS 下是默认安装并自行启动的服务工具，但它的服务名称却是 crond。使用 crontab 命令设置定时任务后，其进程 crond 会每分钟定期检查是否有要执行的任务。

crontab 的配置文件被保存在"/var/spool/cron"目录中，所有用户定义的 crontab 文件也都被保存在这个目录中。定时任务的文件名与用户名一致。

1. crontab 命令速查手册

（1）crontab 命令的语法格式：crontab [选项]。

（2）crontab 命令示例。

```
crontab -l                          ##→查看当前用户有什么定时任务
crontab -l -u linuxido               ##→查看 linuxido 的用户下是否有定时任务
##→编辑当前用户的定时任务，如果是 root 用户，则等同于使用 vi 打开/var/spool/cron/root
crontab -e
echo 'cmd' >> /var/spool/cron/root   ##→为 root 用户设置定时任务
crontab -e -u linuxido               ##→编辑 linuxido 用户的定时任务
```

2. crontab 定时任务详解

（1）crontab 定时任务的配置可参考文件"/etc/crontab"，示例如下：

```
[root@yaomm download]# cat /etc/crontab    ##→查看定时任务默认配置
SHELL=/bin/bash                             ##→指定系统使用的 Shell
PATH=/sbin:/bin:/usr/sbin:/usr/bin          ##→指定系统执行命令的路径
MAILTO=root                                 ##→指定任务执行信息通过电子邮件发送给哪个用户
```

```
# For details see man 4 crontabs

# Example of job definition:
# .---------------- minute (0 - 59)                        ##→第 1 列：分钟
# |  .------------- hour (0 - 23)                          ##→第 2 列：小时
# |  |  .---------- day of month (1 - 31)                  ##→第 3 列：每月的哪一天
# |  |  |  .------- month (1 - 12) OR jan,feb,mar,apr ...  ##→第 4 列：每年的哪一月
# |  |  |  |  .---- day of week (0 - 6) (Sunday=0 or 7)    ##→第 5 列：每周的周几
# |  |  |  |  |
# *  *  *  *  * user-name  command to be executed  ##→定时任务格式，时间之后为执行命令
```
##→星号：代表所有可能的值
##→逗号：指定多个列表值，如果第 1 列的值是 3 或 5，则表示 3 分钟或 5 分钟
##→连字符：指定一个范围值，如果第 2 列的值是 8-11，则代表每天 8 点到 11 点
##→正斜线：指定时间的间隔频率，0-59/2 表示每两分钟，如果只有 2，则表示每小时第 2 分钟

（2）crontab 定时任务示例。

使用 "crontab -e" 或直接编辑任务文件 "/var/spool/cron/{user}"。

```
0-59/2 * * * * ls /home >> /var/home.log
```
##→查看/home 目录输出到/var/home.log。"0-59/2" 表示每两分钟执行一次 Shell 命令

```
0 0 1,15 * * /usr/sbin/fsck /home
```
##→每月 1 日、15 日检查一次/home 目录所在的磁盘

```
30 21 * * * /etc/init.d/smb restart
```
##→每晚 9 点 30 分重启 smb 服务

```
3,15 8-11 * * * /sbin/service sshd restart
```
##→每天上午 8 点到 11 点的第 3 分钟和第 15 分钟重启 sshd 服务

```
0 23 * * 6 /etc/init.d/smb restart
```
##→每星期六的晚上 11 点重启 smb 服务

关于 crontab 设置定时任务的具体示例，可参考 5.5 节的实战案例。

注意：新创建的 crond 任务不会马上执行，可使用 "systemctl restart crond" 重启服务。不知道任务有没有执行就查看日志 "tail -f /var/log/cron"。"crontab –r" 要谨慎使用，它会删除用户的 crontab 文件。

5.4.2　邮件发送：mail、mailx、mailq 与 postfix

CentOS 系列都自带邮件服务，也是命令行版的邮件服务，但这些邮件服务并没有 GUI。下面来查看邮件服务的"藏身之地"。

```
[root@yaomm ~]# whereis mail              ##→查找 mail 命令相关文件
mail: /usr/bin/mail /etc/mail.rc /usr/share/man/man1/mail.1.gz
```

```
[root@yaomm ~]# ll /usr/bin/mail*         ##→查看/usr/bin 下与 mail 相关的二进制程序
lrwxrwxrwx. 1 root root      5 12月 15 14:44 /usr/bin/mail -> mailx
lrwxrwxrwx. 1 root root     27 12月 15 14:45 /usr/bin/mailq ->
/etc/alternatives/mta-mailq
lrwxrwxrwx. 1 root root     31 12月 15 14:44 /usr/bin/mailq.postfix -> ../../usr/
sbin/sendmail.postfix
-rwxr-xr-x. 1 root root 392880 4月  11 2018 /usr/bin/mailx
```

从上面的示例可以看出，mail 命令其实是个软连接，其源程序是 mailx，mailq 的源程序是 mta-mailq，mailq.postfix 的源程序是 sendmail.postfix。

- mail 实际指向的是 mailx，用来接收和发送电子邮件。
- mailq 则是邮件队列，即待发送的邮件列表。
- postfix 是邮件发送服务器，实现的是 SMTP。

1. mail 命令速查手册

（1）mail 命令的语法格式：mail［选项］［邮箱地址］。

（2）mail 命令示例。

```
mail -s 'hello,we are linuxido.com' 448671246@qq.com
##→"-s"指定邮件主题，按"Enter"键后输入信件内容（交互式发送邮件），按"Ctrl+D"快捷键发送
##→（发送标识 EOT）

echo '初次使用postfix服务！' | mail -s 'hello,we are linuxido.com' kiokyw@163.com
##→使用管道发送

echo '附件是下载日志' |  mail -s '附件,linuxido.com' -a /opt/download/wget-log
kiokyw@163.com
##→"-a"发送附件
```

2. 邮件发送服务器搭建演示

（1）启动 postfix 服务，对服务进行一些必要的配置。

```
[root@yaomm ~]# cat /etc/redhat-release           ##→查看系统版本
CentOS Linux release 7.9.2009 (Core)
[root@yaomm ~]# systemctl start postfix           ##→启动 postfix 服务
##→启动 postfix 服务失败
Job for postfix.service failed because the control process exited with error
code. See "systemctl status postfix.service" and "journalctl -xe" for details.
[root@yaomm ~]# systemctl status postfix.service  ##→查看服务状态，看看为什么会报错
...
##→报错信息，"interfaces"配置错误
fatal: parameter inet_interfaces: no local interface found
...
[root@yaomm ~]# vi /etc/postfix/main.cf           ##→编辑服务配置
...
```

```
    inet_interfaces = all                    ##→监听所有域名
    inet_protocols = all                     ##→IPv4、IPv6 都监听
    ...
[root@yaomm ~]# systemctl restart postfix    ##→重新启动服务
[root@yaomm ~]# systemctl status postfix     ##→重新查看服务状态
    postfix.service - Postfix Mail Transport Agent
     Loaded: loaded (/usr/lib/systemd/system/postfix.service; enabled; vendor preset: disabled)
    ##→服务启动成功
     Active: active (running) since 三 2021-03-03 17:27:30 CST; 5s ago
    ...
```

(2)启动 postfix 服务成功,开始发送邮件。

```
##→交互式发送邮件
[root@yaomm ~]# mail -s 'hello,we are linuxido.com' kiokyw@163.com
初次使用 postfix 服务!                        ##→输入邮件内容,按"Enter"键
EOT                                          ##→按"Ctrl+D"快捷键发送邮件
[root@yaomm ~]# echo '第 2 次发送 postfix 服务邮件' | mail -s ' linuxido.com 第 2 次发送' kiokyw@163.com
                                             ##→使用管道提交邮件内容
您在 /var/spool/mail/root 中有新邮件
[root@yaomm ~]# mailq                        ##→使用"mailq"查看待发送邮件
-Queue ID-  --Size-- ----Arrival Time---- -Sender/Recipient-------
8F5C160E8E94*      505 Wed Mar  3 17:00:18  root@yaomm.localdomain
                                            kiokyw@163.com

-- 0 Kbytes in 1 Request.

[root@yaomm ~]# echo '第 3 次发送 postfix 服务邮件' | mail -s ' linuxido.com 第 3 次发送' kiokyw@163.com                 ##→第 3 次发送邮件
[root@yaomm ~]# mailq                        ##→再次使用"mailq"查看待发送邮件
Mail queue is empty                          ##→已经没有邮件
[root@yaomm ~]# tail -fn100 /var/log/maillog ##→查看邮件发送日志
```

(3)邮件接收成功,一份垃圾邮件,两份正常邮件。

(4)出现发了几封便收不到邮件的情况,这是因为没有正常备案的域名容易被国内邮件服务器拒收。最好先申请企业邮箱(例如,微信、阿里巴巴、网易),再行配置。本节虽然不申请企业邮箱,但是会给发件人配置一个虚拟域名。示例如下:

```
##→配置本机邮箱域名
[root@yaomm ~]# echo 192.168.1.208 mail.linuxido.com >> /etc/hosts
[root@yaomm ~]# vi /etc/postfix/main.cf      ##→修改 postfix 配置
myhostname = mail.linuxido.com
mydomain = linuxido.com
...

[root@yaomm ~]# systemctl restart postfix    ##→重启 postfix 服务
```

```
[root@yaomm ~]# echo 'this is num 4' | mail -s 'num 4,linuxido.com'
kiokyw@163.com                                    ##→发送邮件
[root@yaomm ~]# echo '附件是下载日志' | mail -s '附件,linuxido.com' -a
/opt/download/wget-log  kiokyw@163.com            ##→发送附件

[root@yaomm ~]# mailq                             ##→查看邮件队列
[root@yaomm ~]# tail -fn100 /var/log/maillog      ##→查看邮件发送日志
```

（5）重新在收件箱和垃圾箱查看是否收到了邮件。

注意：（1）国内云服务器没有开通 25 端口，因此不能发送邮件。本节演示用的是自己的机器，但没有公网 IP 地址，无法接收邮件。（2）本节示例没有实现邮件接收。邮件接收的前提是服务器要有公网 IP 地址和域名，然后使用 dovecot 作为邮件接收服务器，cyrus-sasl 作为登录验证服务器。

5.5 实战案例

5.5.1 7-Zip For Linux 的下载、安装与使用

本节主要以 7-Zip 的安装为例，讲述如果在 Linux 上使用 "yum install xxx" 这样的命令无法安装想要的软件，还有什么方法可以安装；遇到问题应该如何排查并解决。

（1）找到 7-Zip 官网，找到下载链接，使用 "wget -c" 下载 Linux 下的 p7zip 安装包。

```
[root@yaomm ~]# cd /opt/download/                 ##→进入下载目录
[root@yaomm download]# wget -c https://sourceforge.net/projects/p7zip/files/
p7zip/16.02/p7zip_16.02_x86_linux_bin.tar.bz2/download   ##→下载 p7zip 安装包
...
长度: 2766066 (2.6M), 剩余 2602226 (2.5M) [application/octet-stream]
正在保存至: "download"

100%[+++++===========================================================
=============>] 2,766,066  3.22KB/s 用时 12m 33s

2021-02-27 16:33:46 (3.38 KB/s) - 已保存 "download" [2766066/2766066])
```

（2）下载完成，将默认的 download 文件改回后缀为 ".bz2" 的 7-Zip 包名，解压缩并安装。

```
##→改名下载文件
[root@yaomm download]# mv download p7zip_16.02_x86_linux_bin.tar.bz2
[root@yaomm download]# tar xvf p7zip_16.02_x86_linux_bin.tar.bz2  ##→解压缩安装包
[root@yaomm p7zip_16.02]# cd p7zip_16.02/         ##→进入解压缩的目录 p7zip_16.02
[root@yaomm p7zip_16.02]# ./install.sh            ##→执行安装程序
- installing /usr/local/bin/7za
```

```
- installing /usr/local/bin/7zr
- installing /usr/local/bin/7z
...
```

（3）安装完成，查看是否可用。如果报错，则需要安装依赖包。

```
[root@yaomm p7zip_16.02]# 7za                              ##→使用"7za"命令查看7-zip是否可用
##→缺失依赖，使用搜索引擎查找错误来源，或在官网上查看FAQ及其必要的依赖
/usr/local/bin/7za: /usr/local/lib/p7zip/7za: /lib/ld-linux.so.2: bad ELF
interpreter: 没有那个文件或目录

[root@yaomm p7zip_16.02]# yum install glibc.i686           ##→找到依赖并安装
...
已安装：
  glibc.i686 0:2.17-323.el7_9

作为依赖安装：
  nss-softokn-freebl.i686 0:3.53.1-6.el7_9
...
```

（4）依赖安装完成。再次使用"7za"命令查看7-Zip是否可用，使用"7za b"进行基准测试，测试7-Zip在此机器上的压缩性能。

```
[root@yaomm p7zip_16.02]# 7za                                        ##→使用7za命令

##→7za版本号
7-Zip (a) [32] 16.02 : Copyright (c) 1999-2016 Igor Pavlov : 2016-05-21
   p7zip Version 16.02 (locale=zh_CN.UTF-8,Utf16=on,HugeFiles=on,32 bits,2 CPUs
Intel(R) Core(TM) i5-4590 CPU @ 3.30GHz (306C3),ASM,AES-NI)    ##→主机CPU

##→7za语法格式
   Usage: 7za <command> [<switches>...] <archive_name> [<file_names>...]
          [<@listfiles...>]
...
[root@yaomm p7zip_16.02]# 7za b    ##→基准测试，测试7-Zip在此主机下的压缩性能

7-Zip (a) [32] 16.02 : Copyright (c) 1999-2016 Igor Pavlov : 2016-05-21
   p7zip Version 16.02 (locale=zh_CN.UTF-8,Utf16=on,HugeFiles=on,32 bits,2 CPUs
Intel(R) Core(TM) i5-4590 CPU @ 3.30GHz (306C3),ASM,AES-NI)

Intel(R) Core(TM) i5-4590 CPU @ 3.30GHz (306C3)
CPU Freq:  3087  3197  3160  3403  3359  3291  3280  3270  3249
...
```

（5）使用"7za a"命令压缩，"-r"选项用于递归目录；使用"7za x"命令解压缩，"-o"选项用于指定解压缩目录。

```
[root@yaomm p7zip_16.02]# 7za a -r 7zall.7z ./*           ##→压缩当前目录下所有文件
```

```
...
Files read from disk: 108
Archive size: 2801091 bytes (2736 KiB)
Everything is Ok
[root@yaomm p7zip_16.02]# 7za x 7zall.7z -o7zall-other   ##→解压缩至目录7zall-other
...
Extracting archive: 7zall.7z
--
...
Everything is Ok
```

5.5.2 定时备份 FTP 文件数据

本节案例分为 3 个步骤：首先增量备份文件，应做到让主机信任，如果需要输入密码就不能无人值守了；完成任务后，发送邮件通知；最后将前两个步骤写入一个 Shell 脚本，再设置定时计划。例如，每天晚上 9 点 30 分备份一次。

（1）增量备份文件，这里读者应该选择 rsync 命令而不是 scp 命令。rsync 可以增量备份，并且拉取远程主机上的文件。而 scp 只能进行全量推送。示例如下：

```
[root@yaomm home]# rsync -av  app1:/home/ftp_linuxido /opt/backup
receiving incremental file list
created directory /opt/backup
ftp_linuxido/
...
ftp_linuxido/123.txt
ftp_linuxido/New Folder/
[root@yaomm backup]# ls /opt/backup/                  ##→查看是否备份
ftp_linuxido
[root@yaomm backup]# ls /opt/backup/ftp_linuxido/     ##→查看具体的备份文件
123. txt  New Folder
```

需要注意的是，这里没有输入密码，因为在前面章节的示例中已经完成了远程主机的信任。

（2）测试邮件发送，使用 mail 命令，示例如下：

```
[root@yaomm backup]# mail -s '备份成功 2021-03-05' -a /var/log/rsyncFtp.log kiokyw@163.com
 ##→测试邮件发送，将日志文件直接作为附件发送
```

查看邮箱，接收邮件成功。如果邮件没有发送成功，则请参考 5.4.2 节的示例。

（3）编写脚本。

```
[root@yaomm linuxido]# cd /home/linuxido/             ##→进入目录
[root@yaomm linuxido]# vi rsyncFtp.sh                 ##→编辑脚本
```

```bash
#/bin/bash
##→title: 数据备份脚本
##→desc: 1.数据备份；2.发送邮件；3.此脚本添加进定时任务
##→author: linuxido.com
##→date: 2021-03-04

curTime=`date +"%F %H:%M:%S"`
##→获取时间

echo '测试当前时间: ' ${curTime}
##→打印当前时间

echo '' >> /var/log/rsync.log                                    ##→空行
echo '' >> /var/log/rsync.log                                    ##→再添加一行空行
echo '-------------------------------' ${curTime} >> /var/log/rsync.log
echo '本次备份任务开始...' >> /var/log/rsync.log


echo 'begin... 拉取FTP(/home/ftp_linuxido)文件至本机(/home/upload)' `date +"%F %H:%M:%S"` >> /var/log/rsyncFtp.log

rsync -av app1:/home/ftp_linuxido /opt/backup
##→备份，拉取FTP文件至本机

echo 'end... 拉取FTP(/home/ftp_linuxido)文件至本机(/opt/backup)' `date +"%F %H:%M:%S"` >> /var/log/rsyncFtp.log


echo '本次备份任务结束...' >> /var/log/rsync.log
echo '-------------------------------' ${curTime} >> /var/log/rsync.log

echo 'ftp备份日志见附件' |mail -s "备份成功,时间: ${curTime} " -a /var/log/rsyncFtp.log kiokyw@163.com
##→可以给指定邮箱发送邮件，也可以给用户组抄送邮件
```

（4）编写脚本后执行测试。

```
##→使用"bash -x"查看脚本执行过程中是否有报错
[root@yaomm linuxido]# bash -x rsyncFtp.sh
++ date '+%F %H:%M:%S'
+ curTime='2021-03-06 11:54:06'
+ echo 测试当前时间: 2021-03-06 11:54:06
测试当前时间: 2021-03-06 11:54:06
+ echo ''
+ echo ''
+ echo ------------------------------- 2021-03-06 11:54:06
+ echo 本次备份任务开始...
```

```
++ date '+%F %H:%M:%S'
+ echo 'begin... 拉取 ftp(/home/ftp_linuxido)文件至本机(/home/upload)' 2021-03-06
11:54:06
+ rsync -av app1:/home/ftp_linuxido /opt/backup
receiving incremental file list

sent 26 bytes  received 267 bytes  195.33 bytes/sec
total size is 634  speedup is 2.16
++ date '+%F %H:%M:%S'
+ echo 'end... 拉取 ftp(/home/ftp_linuxido)文件至本机(/opt/backup)' 2021-03-06
11:54:07
+ echo 本次备份任务结束...
+ echo ------------------------------- 2021-03-06 11:54:06
+ echo ftp 备份日志见附件
+ mail -s '备份成功，时间：2021-03-06 11:54:06 ' -a /var/log/rsyncFtp.log
kiokyw@163.com
```

（5）赋予脚本执行权限。

```
[root@yaomm linuxido]# chmod +x rsyncFtp.sh        ##→添加 x 执行权限
```

（6）添加定时任务。

```
[root@yaomm linuxido]# echo '30 21 * * * bash /home/linuxido/rsyncFtp.sh ' >>
/var/spool/cron/root
```
##→直接将任务写入用户的定时文件，也可以使用"crontab -e"编辑
```
[root@yaomm linuxido]# crontab -l                  ##→查看 crond 任务是否添加成功
30 21 * * *  ./home/linuxido/rsyncFtp.sh           ##→每天晚上 9 点半执行此任务
```

（7）测试定时任务。

```
[root@yaomm cron]# crontab -e                      ##→添加一个测试任务，每分钟执行一次
30 21 * * * bash /home/linuxido/rsyncFtp.sh
0-59/1 * * * * bash /home/linuxido/rsyncFtp.sh     ##→"0-59/1"每分钟执行一次
```

查看定时任务执行情况。

```
[root@yaomm linuxido]# tail -fn100 /var/log/cron  ##→查看定时任务执行情况
...
Mar  6 12:30:01 yaomm CROND[24486]: (root) CMD (bash /home/linuxido/rsyncFtp.sh )
Mar  6 12:31:01 yaomm CROND[24507]: (root) CMD (bash /home/linuxido/rsyncFtp.sh )
...
```

查看同步日志。

```
[root@yaomm cron]# tail -fn100 /var/log/rsyncFtp.log  ##→查看同步日志
...
begin... 拉取 ftp(/home/ftp_linuxido)文件至本机(/home/upload) 2021-03-06 12:29:01
end... 拉取 ftp(/home/ftp_linuxido)文件至本机(/opt/backup) 2021-03-06 12:29:02
begin... 拉取 ftp(/home/ftp_linuxido)文件至本机(/home/upload) 2021-03-06 12:30:01
```

```
end... 拉取 ftp(/home/ftp_linuxido)文件至本机(/opt/backup) 2021-03-06 12:30:01
...
```

登录邮箱,查看邮件是否接收成功。

(8) 删除测试定时任务。

```
[root@yaomm cron]# sed -i '2d' /var/spool/cron/root
[root@yaomm cron]# crontab -l
30 21 * * * bash /home/linuxido/rsyncFtp.sh
```

5.6 小结

在学习完本章内容后,我们已经可以在多台机器上来回传输文件,设置定时任务,备份重要数据,甚至不用密码就可以登录远程主机,创建一个后台会话,并在下次登录时恢复控制台。

现在到了每章小结的时间,请思考是否已经掌握了以下内容。

- 如何下载 HTTP 链接文件?有哪些方法?
- 如何推送文件至远程主机?有哪些方法?
- 如何解压缩下载的压缩文件?如何打包压缩文件?有哪些方法?
- 如何不用密码而登录远程主机?这种方法的原理是什么?
- 如何才能打开一个永久运行的控制台,并不会在关闭 Xshell 后停止运行?
- 如何设置定时任务?有哪些方法?如何查看定时任务是否设置成功?如何查看定时任务是否运行?
- 如何发送邮件?如何查看邮件是否发送成功?如何查看有哪些待发送邮件?
- 如何在 Linux 主机上接收邮件?有哪些方法?
- 除了 screen,其他终端复用器有什么突出的功能和特点?

第 6 章 Linux 磁盘与文件系统

在熟悉了文件管理、用户管理、文件传输等各种操作后,我们将学习一种特殊的文件,即存储设备——磁盘。

本章主要涉及的知识点如下。
- 磁盘与文件系统:查看磁盘空间,知道 inode 与 openfiles 的区别,创建软/硬链接,了解文件系统的组成。
- 磁盘挂载:了解硬盘种类与数据存放的过程,利用实例演示如何格式化一块磁盘并挂载。
- 磁盘扩展:了解磁盘扩展的方式,学习 LVM 与 RAID 的使用方法,并知道其区别。
- 磁盘诊断:了解系统日志与磁盘检测工具,解决系统启动过程中遇到的问题。
- 实战案例:以 LVM、RAID、NFS 这几种 Linux 实用的分区架构和文件系统为例,提出一个磁盘使用率 100%的解决方法,演示本章内容。

注意:本书实战案例所用的机器尽量使用虚拟机或测试机。读者不要在机器上保存重要数据,因为磁盘格式化会丢失数据。

6.1 磁盘与文件系统

在 Linux 中,有一种出现频率最高的故障叫"磁盘满了"。"磁盘满了"会导致各种问题,数据库、应用都有可能处于瘫痪状态。本节将介绍如何查看磁盘空间与磁盘的文件系统。

6.1.1 设备查看:df、lsblk

1. df 命令速查手册

df 命令是 Linux 最常用的命令之一,可以用来查看磁盘分区及空间使用率。

(1) df 命令的语法格式:df [选项]。

(2) df 命令示例。

```
df              ##→查看磁盘空间使用率，默认单位为KB
df -m           ##→指定以MB为单位展现磁盘空间使用情况
df -i           ##→"-i"显示inode的使用情况
df -Th          ##→"-T"显示所有文件系统，"-h"以人类可读的方式显示磁盘空间的使用情况
```

（3）df命令结果详解。

如图6.1所示，"文件系统"是设备在Linux中的显示名称，如同Window下的盘符"C、D、E"；"类型"是指设备的底层文件属性，如同Windows上常见的"NTFS""FAT32"等；"挂载点"是指设备挂载的位置，也就是在Linux中的目录。Linux中每个硬件设备在安装时都有对应的默认名称和目录。

```
[root@yaomm ~]# df -i
文件系统                    Inode    已用(i)    可用(I)  已用(I)%  挂载点
devtmpfs                   467966       410     467556       1%  /dev
tmpfs                      471090         1     471089       1%  /dev/shm
tmpfs                      471090       611     470479       1%  /run
tmpfs                      471090        16     471074       1%  /sys/fs/cgroup
/dev/mapper/centos-root  19216384     86901   19129483       1%  /
/dev/sda2                  524288        17     524271       1%  /boot
/dev/sda1                       0         0          0       -   /boot/efi
/dev/mapper/centos-home   9381888      1172    9380716       1%  /home
tmpfs                      471090         1     471089       1%  /run/user/0
[root@yaomm ~]# df -Th
文件系统                   类型       容量     已用    可用   已用%  挂载点
devtmpfs                 devtmpfs   1.8G       0    1.8G     0%  /dev
tmpfs                    tmpfs      1.8G       0    1.8G     0%  /dev/shm
tmpfs                    tmpfs      1.8G    185M    1.7G    11%  /run
tmpfs                    tmpfs      1.8G       0    1.8G     0%  /sys/fs/cgroup
/dev/mapper/centos-root  xfs         37G     13G     25G    33%  /
/dev/sda2                xfs       1014M    147M    868M    15%  /boot
/dev/sda1                vfat       200M     12M    189M     6%  /boot/efi
/dev/mapper/centos-home  xfs         18G    1.6G     17G     9%  /home
tmpfs                    tmpfs      369M       0    369M     0%  /run/user/0
```

图6.1　df命令实例演示

"inode"列为系统可创建的文件数，"容量"为磁盘总大小，"已用"为磁盘使用量。其他展示结果含义直接看标题可知。

2．lsblk命令速查手册

lsblk命令可以树状列出块设备（如硬盘、闪存盘、CD-ROM等），读者可以很直观地看出设备关系。

（1）lsblk命令的语法格式：lsblk [选项]。

（2）lsblk命令示例。

```
lsblk           ##→默认是以树状列出设备，打印列NAME、MAJ:MIN等
lsblk -f        ##→"-f"列出文件系统与UUID，类似"blkid"命令
lsblk -m        ##→"-m"可以列出/dev下的权限信息
lsblk -p        ##→"-p"常用于查看设备的全路径
lsblk -S        ##→"-S"只获取SCSI设备的列表
lsblk -t        ##→"-t"列出磁盘设备的详细数据，包括磁盘阵列集、预读/写的数据量大小等
```

```
lsblk -d -o name,model,serial ##→ "-d" 剔除从属设备，"-o" 查看主设备的名称、型号、序列号
```

(3) lsblk 命令的结果说明如表 6.1 所示。

表 6.1 lsblk 命令的结果说明

结 果	说 明
NAME	设备名
KNAME	内核设备名(internal kernel device name)
MAJ:MIN	主、次设备号
FSTYPE	文件系统类型
MOUNTPOINT	挂载点，设备安装位置
LABEL	文件系统标签
UUID	设备 UUID
PARTLABEL	分区 LABEL
PARTUUID	分区 UUID
RA	提前读取设备
RO	只读设备
RM	可移动设备，如光盘、U 盘、移动硬盘等
MODEL	设备标识符
SERIAL	磁盘序列号
SIZE	磁盘空间
STATE	设备状态
OWNER	用户名
GROUP	用户组
MODE	设备权限，如"brw-rw----"，b 是块设备，c 是字符设备
ALIGNMENT	偏移位置
MIN-IO	最小 I/O
OPT-IO	优化后 I/O
PHY-SEC	物理扇区大小
LOG-SEC	逻辑扇区大小
ROTA	旋转设备
SCHED	I/O 调度器的名称
RQ-SIZE	请求队列的大小
TYPE	设备类型
DISC-ALN	丢弃对齐偏移
DISC-GRAN	丢弃粒度
DISC-MAX	丢弃最大字节
DISC-ZERO	丢弃零数据
WSAME	写入相同的最大字节
WWN	唯一的存储标识符

续表

结果	说明
RAND	增加随机性
PKNAME	内部父内核设备名称
HCTL	SCSI 的主机、通道、目标、Lun
TRAN	设备传输类型
REV	设备版本
VENDOR	设备供应商

3. 设备与别名

Linux 沿袭 UNIX 的风格,将设备也当作一个文件,即设备文件。但设备文件并不是真的设备,只是硬件设备在 Linux 中的一个投影(可以理解为驱动)。我们通过设备文件来操作硬件设备。

Linux 中的硬件设备可分为两类:块设备 block-device(如硬盘、U 盘、光盘等)与字符设备 character-device(如键盘、鼠标、声卡等)。除此之外,其他设备可统称伪设备(如 socket 文件、tty 终端、/dev/null、/dev/random 等)。

本节使用 df、lsblk、blkid 等命令显示设备情况。我们可以看到设备名总是以/dev、sda、sdb 命名。这是 Linux 内核与硬件设备的一个约定,硬件设备基本都放在/dev 下。

Linux 中的常见设备如表 6.2 和表 6.3 所示。

表 6.2 常见块设备

主设备号 (major)	次设备号 (minor)	文件名	说明
1	0-249	/dev/ram[0-249]	Ramdisk,闪存。将一部分内存划出来当作硬盘使用,加快内核启动速度
	250	/dev/initrd	Initial RAM disk /dev/initrd 是指被引导加载程序预加载的 RAM 磁盘 较新的内核使用/dev/ram0 作为 initrd
2	*	/dev/fd[0-7]	软驱,现在基本已经看不见了
3	0	/dev/hda	第 1 个"主 IDE 设备",如硬盘或光驱。现在很少见
	1-61	/dev/hda[1-63]	hda 的第 1 个分区到第 63 个分区 对于 Linux/i386,分区 1~4 是主分区,分区 5 及以上是逻辑分区。其他版本的 Linux 使用适合各自架构的分区方案
	64	/dev/hdb	第 1 个"从 IDE 设备"

续表

主设备号（major）	次设备号（minor）	文件名	说明
4	0	/dev/root	根文件系统在以只读方式挂载时，使用该设备作为动态分配的主设备的别名
7	*	/dev/loop*	loop 设备，用于挂载在非块设备上的文件系统，如 ISO 格式的虚拟光驱文件
8	0	/dev/sda	第 1 个 SCSI 磁盘 SCSI 磁盘分区限制是 15 随着 IDE 被淘汰，这是当前最主流的硬盘接口 如今的 USB 硬盘、SATA 硬盘都按 SCSI 处理
8	1-15	/dev/sda[1-15]	第 1 个分区到第 15 个分区
8	16	/dev/sdb	第 2 个 SCSI 磁盘
8	32	/dev/sdc	第 3 个 SCSI 磁盘
9	*	/dev/md*	Metadisk (RAID)设备 用于将文件系统跨多个物理磁盘
11	*	/dev/scd*	SCSI 光驱 0 = /dev/scd0，第 1 个 SCSI 光盘 1 = /dev/scd1，第 2 个 SCSI 光盘
22	0-64	/dev/hdc,d	第 2 个主、从 IDE 设备
240-254	*	*	本地/实验使用 device-mapper 的主设备号是 253

表 6.3 常见字符设备

主设备号（major）	次设备号（minor）	文件名	说明
1	1	/dev/mem	物理内存访问
1	2	/dev/kmem	访问内核映射后内存
1	3	/dev/null	空设备，当作一个黑洞，写入该设备的信息将被直接丢弃，读取都将得到 EOF
1	4	/dev/port	I/O 端口访问
1	5	/dev/zero	零字节源，可以用于生成回环空间
1	6	/dev/core	已废弃，被/proc/kcore 取代
1	7	/dev/full	写入信息时，返回 ENOSPC（无剩余空间）错误，可用于测试磁盘空间满时程序的行为
1	8	/dev/random	随机数生成器
1	9	/dev/urandom	生成速度更快但不安全的随机数生成器
1	10	/dev/aio	异步 I/O 通知接口

续表

主设备号 (major)	次设备号 (minor)	文件名	说明
1	11	/dev/kmsg	把它的写操作作为 printk 的输出，读取输出缓冲的 printk 记录
	12	/dev/oldmem	已过时，被/proc/vmcore 取代
2	0-256	/dev/ptyp[0-256]	伪终端，序号为 0～256，Pseudo-TTY masters
3	0-256	/dev/ttyp[0-256]	伪终端，序号为 0～256，Pseudo-TTY slaves
4	0	/dev/tty0	当前虚拟控制台
	1-63	/dev/tty[1-63]	虚拟控制台，序号为 1～63
	64-255	/dev/ttyS[0-191]	UART 串口，序号为 0～191
5	0	/dev/tty	当前远程终端设备
	1	/dev/console	系统控制台
6	*	/dev/lp*	并口打印机

注意：本节主/次设备的内容可详见 Linus Torvalds 维护的 Linux 内核项目。

6.1.2 文件、句柄和设备标识：inode、openfiles、UUID

1. 什么是 inode

inode 是 Linux 中的文件唯一标识，也是文件的索引。inode 类似于户口簿，或一本书的目录，但 inode 比它们强大。知道了一个文件的 inode，就可以查出文件内容（block 存储块）。

Linux 文件有 inode 的数量限制，如果 Linux 文件没有可用的 inode，则无法再产生新的文件，并在磁盘空间未满的情况下报 "No space left on device" 错误。临时解决方案是删除大量无用的小文件（一般是多天前的 log 文件和软件安装文件等）。

如果是 Ext 的文件系统，想调整 inode 阈值，则需要重新格式化磁盘，并重新指定 inode 的大小。关于格式化磁盘会在后面章节中讲解。

但在 CentOS 7.x 以后，XFS 已经成为 Red Hat 系列发行版本的默认文件系统。使用 XFS 的磁盘可以动态调整 inode 大小。

Linux 文件系统遵循 POSIX 标准。在创建文件时，有一些必要的元文件信息，这些元文件信息存储在 inode 中，如所有者、访问权限（读、写、执行）、链接数、文件类型（文本还是目录）、内容修改时间、上次访问时间、对应的文件存储地址等。查看 inode 中具体存放了哪些信息，可以使用 "stat file" 命令。

在 Linux 中，文件名并不是文件的唯一 ID，inode 才是文件的唯一 ID。如果遇到文件名乱码，无法删除、修改的情况，则可以使用 "ls -i" 命令查看 inode。

需要注意的是，文件被创建后，inode 并不是一成不变的。虽然修改文件名称并不会导致

inode 变化，但是在使用 vi/nano/sed 这类文本编辑器修改内容以后，inode 将会发生变化，相当于变成了一个新的文件。如果把修改的内容退回，则 inode 又会变成原来的号码。实际操作演示如下。

（1）创建文件，使用 echo 追加内容，inode 保持不变，依旧为 109983786。

```
[root@yaomm ~]# touch testinode.txt            ##→创建一个空文件
[root@yaomm ~]# ls -i testinode.txt            ##→使用 ls 的"-i"选项查看 inode
109983786 testinode.txt                        ##→inode 为 109983786
[root@yaomm ~]# echo '修改文件' >> testinode.txt  ##→使用 echo 追加内容
[root@yaomm ~]# ls -i testinode.txt
109983786 testinode.txt                        ##→inode 没有变化
```

（2）使用 vi 编辑内容，inode 变为 109983788。

```
[root@yaomm ~]# vi testinode.txt               ##→使用 vi 编辑内容
[root@yaomm ~]# cat testinode.txt              ##→使用 cat 查看编辑后的文件内容
修改文件                                        ##→vi 编辑后的内容
用 vi 修改的，inode 会变吗
[root@yaomm ~]# ls -i testinode.txt
109983788 testinode.txt                        ##→inode 变为 109983788
```

（3）使用 sed 删除 vi 编辑的内容，inode 退回为 109983786。

```
[root@yaomm ~]# sed -i '2d' testinode.txt      ##→使用 sed 删除第 2 行内容
[root@yaomm ~]# cat testinode.txt              ##→重新查看
修改文件                                        ##→内容又只剩下一行
[root@yaomm ~]# ls -i testinode.txt
109983786 testinode.txt                        ##→inode 变为 109983786
```

（4）使用 sed 新增内容，inode 变为 109983787。

```
[root@yaomm ~]# sed -i '1i 我是sed新增 ' testinode.txt ##→使用 sed 在第 1 行前插入内容
[root@yaomm ~]# cat testinode.txt
我是sed新增                                     ##→sed 插入后的内容
修改文件
[root@yaomm ~]# ls -i testinode.txt
109983787 testinode.txt                        ##→inode 变为 109983787
```

（5）再次使用追加符">>"添加内容，inode 不会改变，还是 109983787。

```
##→使用 echo 追加内容
[root@yaomm ~]# echo '再次使用echo追加，inode 会变吗' >> testinode.txt
[root@yaomm ~]# ls -i testinode.txt
109983787 testinode.txt                        ##→inode 不变
```

2. 文件句柄或文件描述符：openfiles

句柄这个概念其实是 Windows 的，它不仅可以用来标识对象，还可以用来描述 Windows 中的窗体、文件等。openfiles 借用了这个概念，将每个打开的文件都当作一个"句柄"。

如果一个文件打开多次，那么就会产生多个"句柄"。但每个打开文件都只会占用一个 openfiles 的值。如果这个参数的阈值达到极限，则会报一个"too many open files"的错误，可能是某个进程打开文件数过多导致的。临时解决方案是关闭某个进程，彻底解决的方案是调整 openfiles 的最大阈值。其默认值一般是 1024，表示一个进程最多可以打开 1024 个文件。本书一般将此值调整为 65535，如果这个阈值能达到极限，则应该是主机上的程序代码出现死循环、句柄泄露之类的问题。

（1）查看系统中已经打开了多少个文件。

```
[root@yaomm ~]# lsof | wc -l            ##→查看当前总体的打开文件数
11556
[root@yaomm ~]# lsof -p 1 | wc -l       ##→PID 为 1 的进程打开的文件数
74
```

（2）使用 ulimit 命令查看 openfiles 的阈值。

```
[root@yaomm limits.d]# ulimit -n        ##→查看 openfiles 的阈值
1024
[root@yaomm ~]# ulimit -a               ##→查看所有 ulimit 参数,unlimited 为无限制
core file size          (blocks, -c)    0           ##→核心文件大小为 0 表示未开启
data seg size           (kbytes, -d)    unlimited   ##→进程数据段
scheduling priority             (-e)    0           ##→调度优先级,默认值为 0
file size               (blocks, -f)    unlimited   ##→文件大小
pending signals                 (-i)    7183        ##→待处理的信号队列最大值
max locked memory       (kbytes, -l)    64          ##→单进程可锁住的最大内存
max memory size         (kbytes, -m)    unlimited   ##→单进程常驻物理内存最大值
open files                      (-n)    1024        ##→单进程可同时打开文件数
pipe size            (512 bytes, -p)    8           ##→管道最大空间为 512×8 位
POSIX message queues     (bytes, -q)    819200      ##→POSIX 的 MQ 最大值
real-time priority              (-r)    0           ##→实时优先级,默认值为 0
stack size              (kbytes, -s)    8192        ##→单进程栈中最大值
cpu time               (seconds, -t)    unlimited   ##→进程使用的 CPU 时间,单位为秒
max user processes              (-u)    7183        ##→单用户最大进程数
virtual memory          (kbytes, -v)    unlimited   ##→最大地址空间
file locks                      (-x)    unlimited   ##→可以锁住的文件个数
```

（3）查看 limit 可以设置的最大值，然后修改 limit 的值。

```
[root@yaomm ~]#  cat /proc/sys/fs/file-max      ##→查看 openfiles 的最大值（系统级）
91656                                           ##→1GB 内存的虚拟机，默认的最大值
[root@yaomm ~]# cat /proc/sys/fs/file-nr        ##→查看可分配句柄的最大值
1728    0    91656                              ##→已分配 1728, 未使用 0, 最大值 91656
```

（4）file-max 是根据内存而定的，一般占内存的十分之一左右。file-max 一般不会调整。如果要调整，示例如下：

```
##→设置 openfiles 的最大值
[root@yaomm ~]# echo fs.file-max=102400 >> /etc/sysctl.conf
[root@yaomm ~]# sysctl -p                    ##→命令使其生效
fs.file-max = 102400                         ##→显示生效参数
[root@yaomm210 fs]# cat /proc/sys/fs/file-max    ##→查看参数是否生效
102400
```

（5）虽然设置了最大值，但是单进程可打开的文件数却没有变。可以使用"ulimit"命令临时调整文件数。临时调整示例如下：

```
[root@yaomm ~]# ulimit -HSn 65536          ##→只在当前终端生效，重新打开一个终端
##→"-H"设置硬件资源限制，"-S"设置软件资源限制，"-n"设置 open files
```

（6）临时调整后，只能在当前 Shell 生效，重新打开一个 Shell 就不起作用了。如果想要永久调整文件数，则要修改配置文件/etc/security/limits.conf，示例如下：

```
##→设置 limit 参数，直接复制即可
cat >> /etc/security/limits.conf <<EOF
*          soft     core      unlimit
*          hard     core      unlimit
*          soft     fsize     unlimited
*          hard     fsize     unlimited
*          soft     data      unlimited
*          hard     data      unlimited
*          soft     nproc     65535
*          hard     nproc     65535
*          soft     stack     unlimited
*          hard     stack     unlimited
EOF
```

（7）还有一个很重要的参数"max user processes"，即单用户最大进程数。如果这个值过小，就很容易导致报错"unable to create new native thread"。这个值受全局 kernel.pid_max 的值限制。也就是说，kernel.pid_max=1024，如果用户的 max user processes 的值是 7183，则用户能打开的最大进程数还是 1024。如何查看 pid_max？示例如下：

```
cat /proc/sys/kernel/pid_max              ##→方法 1，查看文件
sysctl kernel.pid_max                     ##→方法 2，使用系统参数命令 sysctl
```

如何改变 pid_max 的值？示例如下：

```
echo 65535 > /proc/sys/kernel/pid_max      ##→方法 1，直接修改文件
sysctl kernel.pid_max = 65535              ##→方法 2，使用系统参数命令 sysctl 修改
```

3. 设备标识 UUID

UUID 是每个设备的唯一标识。可使用 "blkid" "lsblk -f" 命令来查看设备 UUID，如图 6.2 所示。

```
[root@yaomm ~]# blkid
/dev/sda1: SEC_TYPE="msdos" UUID="AAC6-0D6F" TYPE="vfat" PARTLABEL="EFI System Partition" PARTUUID="50f44843-2ebc-4575-b455-f1f644abf4ac"
/dev/sda2: UUID="0f5e8d2b-01ee-47e4-b0e9-02857e8cf65a" TYPE="xfs" PARTUUID="0ffaa007-98a9-4b86-97cb-f94319afc493"
/dev/sda3: UUID="SEuU1d-oi7o-FET7-B9Vv-ZWyJ-vl0u-fU56k6" TYPE="LVM2_member" PARTUUID="e72a09c8-34c0-4d2e-8215-08661ea9b70f"
/dev/mapper/centos-root: UUID="64ecd32e-56c4-4206-aac4-30324dc9969f" TYPE="xfs"
/dev/mapper/centos-swap: UUID="5ad9a494-7fd8-4be8-8ec9-a50e5c4b03b8" TYPE="swap"
/dev/mapper/centos-home: UUID="2e1b6a60-d842-4073-86a7-45fadcf22be5" TYPE="xfs"
[root@yaomm ~]# lsblk -f
NAME             FSTYPE        LABEL   UUID                                      MOUNTPOINT
sda
├─sda1           vfat                  AAC6-0D6F                                 /boot/efi
├─sda2           xfs                   0f5e8d2b-01ee-47e4-b0e9-02857e8cf65a      /boot
└─sda3           LVM2_member           SEuU1d-oi7o-FET7-B9Vv-ZWyJ-vl0u-fU56k6
  ├─centos-root  xfs                   64ecd32e-56c4-4206-aac4-30324dc9969f      /
  ├─centos-swap  swap                  5ad9a494-7fd8-4be8-8ec9-a50e5c4b03b8      [SWAP]
  └─centos-home  xfs                   2e1b6a60-d842-4073-86a7-45fadcf22be5      /home
```

图 6.2　查看设备 UUID

在挂载数据盘或移动硬盘时，如果使用盘符/dev/sdb、/dev/sdc 作为挂载对象，则可能出现系统无法正常启动的状况，其解决方案是以 UUID 作为唯一标识进行挂载。

6.1.3　硬链接与软连接：ln

在前面的章节中，我们经常遇到一类文件：链接文件。在 Linux 中，链接文件分为两类：硬链接（Hard Link）与软链接（也称符号链接，Symbolic Link）。

硬链接是通过 inode 来链接的，可以让一个文件拥有多条有效路径，即使删除了源文件，硬链接也存在。但如果利用 inode 删除源文件，则源文件和硬链接都被删除了。软链接就相当于 Windows 上的快捷方式，删除了源文件，软链接也就失效了。

（1）硬链接删除测试。

```
[root@yaomm ~]# echo 'testlink' >> testlink.txt          ##→创建测试文件
[root@yaomm ~]# ln testlink.txt testlink2.txt            ##→创建硬链接
[root@yaomm ~]# ll -i testlink*                          ##→查看两个文件的 inode
##→inode 与源文件相同
33592455 -rw-r--r--. 2 root root 9 3月  11 21:20 testlink2.txt
33592455 -rw-r--r--. 2 root root 9 3月  11 21:20 testlink.txt
[root@yaomm ~]# rm -f testlink.txt                       ##→删除源文件
[root@yaomm ~]# cat testlink2.txt                        ##→查看新文件
testlink                                                 ##→文件可读
```

```
[root@yaomm ~]# ls -i testlink2.txt        ##→查看文件 inode 是否发生变化
33592455 testlink2.txt                     ##→inode 还是 33592455，没有发生变化
```

(2) 硬链接与目录。

最典型的硬链接就是目录。在创建一个目录时，实际做了 3 件事：先在父目录文件中增加一个条目，然后分配一个 inode，最后分配一个存储块。存储块用来保存当前被创建目录包含的文件与子目录。被创建的目录文件中自动生成两个子目录的条目，其名称分别是"."和".."。示例如下：

```
[root@localhost ~]# ls -a    ##→查看隐藏文件与目录
.  ..  anaconda-ks.cfg  .bash_logout  .bash_profile  .bashrc  .cache  .config  .cshrc  index.html  .tcshrc         ##→"."链接为当前目录，".."链接为上级目录
```

"."与该目录具有相同的 inode 号码，因此是该目录的一个硬链接。".."是该目录的父目录的 inode 号码。任何一个目录的硬链接总数，总是等于它的子目录总数（含隐藏目录）加 2，即每个子目录文件中的".."条目，加上它自身的目录文件中的"."条目，再加上父目录文件中的对应该目录的条目。

(3) 软链接删除测试。

```
[root@yaomm ~]# ln -s testlink2.txt testlink3.txt ##→创建软链接 testlink3.txt
[root@yaomm ~]# ll -i testlink*                   ##→查看文件 inode
33592455 -rw-r--r--. 1 root root  9 3月  11 21:20 testlink2.txt
##→inode 变化
33629094 lrwxrwxrwx. 1 root root 13 3月  11 21:26 testlink3.txt -> testlink2.txt
[root@yaomm ~]# cat testlink3.txt         ##→软链接此时可以正常打开
testlink
[root@yaomm ~]# rm -f testlink2.txt       ##→删除源文件
[root@yaomm ~]# cat testlink3.txt         ##→重新查看软链接文件
cat: testlink3.txt: 没有那个文件或目录      ##→软链接已经无法打开
[root@yaomm ~]# ll -i testlink*           ##→再次查看文件，软链接还在，但已显示失效
33629094 lrwxrwxrwx. 1 root root 13 3月  11 21:26 testlink3.txt -> testlink2.txt
##→再次查看软链接文件，此时 testlink2.txt 会变为闪烁或失效的效果
```

6.1.4 文件系统：VFS、XFS 及动态调整 inode

在 Linux 中，有各种各样的文件系统。随着硬盘容量的扩张，文件系统从 UFS（UNIX File System）到 Ext2 一路进化到 Ext3、Ext4，直到如今的主流文件系统 XFS，还有正在发展的 ZFS、Btrfs。

在 Linux 中，文件系统是可以同时存在的，就像在 Windows 中，C 盘文件系统可以是 FAT32，D 盘文件系统可以是 NTFS 一样。因为在这些文件系统上，还有一个统一文件模型 VFS，其英文全称为 Virtual Filesystem Switch，直译过来为虚拟文件交换系统。用户在读取文件时，通过 VFS 在各个文件系统中寻找对应文件。

Linux 支持哪些文件系统，可以进入内核目录的 fs 目录下查看。

```
[root@yaomm fd]# cd /lib/modules/$(uname -r)/kernel/fs  ##→$(uname -r)为内核版本
[root@yaomm fs]# pwd
/lib/modules/3.10.0-1160.el7.x86_64/kernel/fs  ##→内核版本为3.10.0-1160.el7.x86_64
[root@yaomm fs]# ll                             ##→查看 fs 目录下支持哪些文件系统
总用量 20
drwxr-xr-x. 2 root root   25 12月 15 14:44 btrfs
...
drwxr-xr-x. 2 root root   23 12月 15 14:44 xfs
[root@yaomm fs]# ll | wc -l                     ##→共支持 27 种文件系统
27
[root@yaomm fs]# cat /proc/filesystems          ##→查看加载到内存中的文件系统
nodev   sysfs
##→nodev 即 no dev 的意思，指定文件系统不能包含特殊设备，一般在 tmp 目录下使用
...
nodev   mqueue
        xfs
        vfat
```

XFS 文件系统是当前 CentOS 7 的默认文件系统，有许多相关命令，如下所示：

```
[root@yaomm fs]# ls /sbin/xfs*     ##→查看 XFS 文件系统的相关命令
/sbin/xfs_admin    /sbin/xfs_estimate    /sbin/xfsinvutil          /sbin/xfs_mkfile
/sbin/xfs_rtcp
...
```

Linux 的文件系统共分为 3 块：superblock、datablock、inode table，如图 6.3 所示。

datablock 一般由硬盘上的 8 个扇区（sector，每个扇区 512 字节）组成，主要用来存放文件数据。inode table 用来存放 block 的信息与文件的元数据信息，遵循 POSIX 标准强制规范，存放如文件地址、所有者、访问权限等信息。superblock 用来存放整个分区的档案信息，包含数据块长度、空闲块映射表、inode 大小与位置和其他一些重要的文件参数。分区对于 superblock 就如普通文件对于 inode 一样。

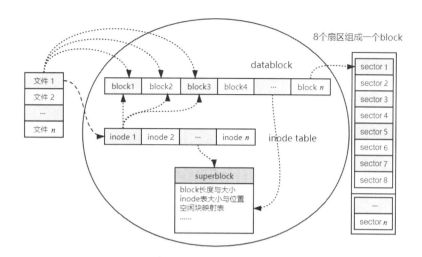

图 6.3 Linux 文件系统

XFS 文件系统的 superblock 可以使用 "xfs_info" 命令查看，示例如下：

```
[root@yaomm fs]# xfs_info /     ##→查看根目录，根目录必须是 XFS 文件系统，可用 "df -Th" 查看

meta-data=/dev/mapper/centos-root    isize=512    agcount=4, agsize=2402048 blks
…
##→第 1 行的 meta-data 为元数据，isize 为 inode 大小，每个 inode 大小为 512byte
##→agcount 为 4 个存储区群组，agsize 指的是有 2402048 个区块，总大小为 2402048*4*4KB
…
data     =         bsize=4096   blocks=9608192,imaxpct=25
…
##→第 4 行的 data 数据区配置，blocks 表示 9608192 个区块在此文件系统中
##→bsize 的 block 大小为 4KB，imaxpct 指定 inode 最大为磁盘分区的 25%
```

在 Linux 文件系统中，一个 block 最多只能有一个文件，但一个文件可以占据多个块。假定块的大小是 8 个扇区，为 4KB，如果一个文件大小为 2KB，那么其占用磁盘空间会达到 4KB。如果一个文件大小为 15KB，那么它会占据 4 个 block，占用磁盘空间为 16KB。示例如下：

```
[root@yaomm ~]# echo 'testblock' >> testbolock.txt    ##→创建一个文件
[root@yaomm ~]# cat -A testblock.txt      ##→使用 "cat -A" 查看文件，包括隐藏字符
testblock$                                ##→9 个字符加换行符$
[root@yaomm ~]# ll -h testblock.txt       ##→查看文件属性
-rw-r--r-- 1 root root 10 3月  10 11:32 testblock.txt ##→可以看到只有 10 字节
[root@yaomm ~]# du -h testblock.txt       ##→查看文件所占据的磁盘空间
4.0 K   testblock.txt                     ##→文件占据磁盘空间为 4KB
```

查看 inode 存放了哪些信息，示例如下：

```
[root@yaomm ~]# stat testblock.txt              ##→使用 stat 命令查看文件 inode 的信息
文件："testblock.txt"
大小：10        块：8         IO 块：4096   普通文件
设备：fd00h/64768d    inode：102498619   硬链接：1
权限：(0644/-rw-r--r--)  UID:(    0/    root)  GID:(    0/    root)
最近访问：2021-03-11 10:29:02.372020386 +0800
最近更改：2021-03-11 10:29:02.373020419 +0800
最近改动：2021-03-11 10:29:02.373020419 +0800
创建时间：-
[root@yaomm ~]# stat --format=%i testblock.txt      ##→只输出 inode
102498619
```

使用 Ext 文件系统的磁盘，需要重新格式化才能初始化 inode 的大小与数量。使用 XFS 文件系统的磁盘，可以动态调整 inode 的大小，示例如下：

```
[root@yaomm fs]# xfs_growfs -m 30 /              ##→将根目录的 inode 容量提升了 30%
meta-data=/dev/mapper/centos-root isize=512   agcount=4, agsize=2402048 blks
...
realtime =none                  extsz=4096   blocks=0, rtextents=0
inode max percent changed from 25 to 30          ##→inode 发生改变，从 25 到 30
[root@yaomm fs]# xfs_info / | grep imaxpct       ##→重新查看 imaxpct 的值
data     = bsize=4096   blocks=9608192, imaxpct=30
```

6.2 磁盘挂载

在使用 Linux 主机时，磁盘挂载是一种很常见的操作。本节将简单介绍存储设备的类型和磁盘挂载的过程。

6.2.1 硬盘与接口：HDD 与 SSD、IDE 与 SATA、SCSI、SAS

IDE（Integrated Drive Electronics）是最早的硬盘接口，又称为 ATA（Advanced Technology Attachment）。IDE 磁盘的电源与数据接口称为并口。SATA 全称为 Serial ATA，即串口磁盘。相比 IDE，SATA 3.0 传输速度更快，目前最高运行速率为 6GB/s（SATA 2.0 最高运行速率只有 3GB/s），传输速率为 600MB/s。

HDD（Hard Disk Drive）是传统称呼中的硬盘，为了与固态磁盘区分，HDD 可称为机械磁盘。HDD 基本都是 IDE、SATA 接口。SATA 接口的硬盘是目前个人计算机上最常用的硬盘（2010 年以后基本没有 IDE 接口的硬盘了）。组成磁盘的最小单位是扇区。一片扇区称扇面，一圈扇区组成一个柱面（如同树的年轮），所有柱面组成一张碟片。一张碟片有两面，一面有一个磁头，一个完整的磁盘一般有 4 张碟片、8 个磁头。机械硬盘与数据接口如图 6.4 所示。

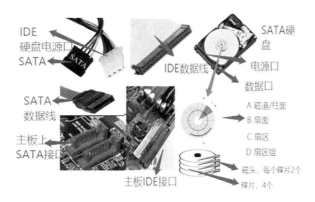

图 6.4 机械硬盘与数据接口

在计算机技术的发展中，所有类似的接口都不是唯一的，都有可替代的技术栈，只是最终会由一两种技术栈占据主流，硬盘接口也是这样。与 IDE 占据个人计算机的主流硬盘接口，而后发展出 SATA 接口一样。SCSI（Small Computer System Interface，小型机系统接口）一直以高性能占据企业级硬盘的市场，并发展出新一代的 SCSI 技术，即 SAS。值得一提的是，SAS 可以兼容 SATA 接口，所以现在 SAS 跟 SCSI、SATA 基本上是同义词，所有 SAS、SCSI、SATA、USB 接口的存储设备都被 Linux 识别为/dev/sd[a-p]。

SAS 目前的运行速率是 SATA 运行速率的两倍。SAS 通常适用于企业级服务器，所以又称为企业级硬盘，它可以 7×24 小时不间断工作。

是否有更快的存储设备？是否有设备能像内存一样快速读/写，却又不会因为断电而丢失数据？在更高、更快的追求下，固态硬盘（Solid State Disk，SSD）应运而生。经过多年发展，SSD 从之前的价格昂贵到现在已经成为计算机的标配系统盘，8 秒开机已经是基本操作。而大容量的机械硬盘则慢慢沦为以前磁带机（一种按顺序读/写的存储设备）的角色，作为存放数据使用。

SSD 常采用 SATA、PCI Express、mSATA、M.2、U.2 等接口。SSD 相比 HDD 有两大优势，一是随机读/写速度变快，尤其是在小文件读取上，最好的 HDD 读/写速度也只能赶上最差的 SSD 读/写速度；二是 SSD 从物理结构上发生了变化，不再通过磁头进行读/写，所以其抗震性很强，不容易损坏，而且体积变小。M.2、PCIe 接口的 SSD 像内存条一样。

现在主流的 SSD 还是 SATA 3.0，笔记本的 mSATA、M.2 接口在性能上都被 PCIe 通道标准远远甩下。理论上，全信道开启的 PCIe 接口传输速率可以达到 SATA 接口的 20 倍。所以现在出现的 SATA Express、M.2 for NVM Express 都是在向 PCIe 接口靠拢。

目前厂家宣传的 SATA 3.0 读/写速率在 520～550MB/s 之间，NVMe 读/写速率在 1800～2400MB/s 之间，PCIe 读/写速率在 4100～6500MB/s 之间。当然，不同厂家的不同价位的产品会有不小的差异，但读/写速率大致是这样的范围。

6.2.2 分区格式化：GPT、fdisk 与 mkfs

了解了硬盘的构造后，我们现在要正式对一块硬盘进行分区格式化的操作。

1. 为什么要对硬盘进行分区格式化，什么是分区，什么是格式化

分区格式化的目的是创建文件系统，划分存储区域，如下所示。

- 对磁盘空间进行分区，分为/dev/sda1、/dev/sda2…，一般分为系统分区和数据分区。
- 分区完成后，只有创建文件系统，才能存储数据，这就是俗称的格式化。
- 先指定文件系统的底层格式是 XFS 还是 Ext，然后将存储空间分为数据区域和 inode 区域。数据存储区又分为很多扇区，一个扇区 4KB 大小，8 个扇区才能编组为一块（block）。
- 设立文件索引，这就是 inode。在 XFS 文件系统下，inode 默认占 512 字节。XFS 文件系统可以动态添加 inode，而 Ext 文件系统则不行。
- 存放磁盘分区整体情况的地方被称为超级块（superblock），并且这个 superblock 有多个备份。
- 如果磁盘空间不够了，就需要挂载新磁盘。磁盘名一般为/dev/sdb，新分区一般为/dev/sdb1。

2. 在什么情况下需要对硬盘进行分区

- 第一次使用的新硬盘需要分区（安装系统也是第一次使用新硬盘）。
- 分区不合理，某个硬盘的单个分区容量太小或太多时需要重要分区。针对这个问题，Linux 还有 LVM 的技术可以在线扩容。
- 硬盘感染引导区病毒，无法清除（这种情况一般在 Windows 中比较常见）时需要分区。

除此之外，一般不对硬盘进行分区格式化的操作。因为格式化会清除当前分区的所有数据，所以格式化前重要数据需要先备份好。

3. 哪些命令可以对硬盘进行分区与格式化操作

parted、gparted、fdisk、cfdisk、sfdisk、gdisk 命令都可以对硬盘进行分区与格式化操作，只要这些命令能处理 GPT（GUID Partition Table，全局唯一标识分区表）就可以。GPT 是基于 UEFI（Unified Extensible Firmware Interface，统一可扩展固件接口）的磁盘分区架构，最大支持 18EB 的硬盘。注意：只有 64 位系统才能支持 GPT。

4. 开始分区格式化

前面列举了很多格式化的工具。但在 Linux 上，我们最常用的工具还是 fdisk。如果 fdisk 工具不能格式化 GPT 分区，则要先升级 fdisk，升级方法如下。

（1）首先为虚拟机添加一块新硬盘，容量为 1GB，如图 6.5 所示。

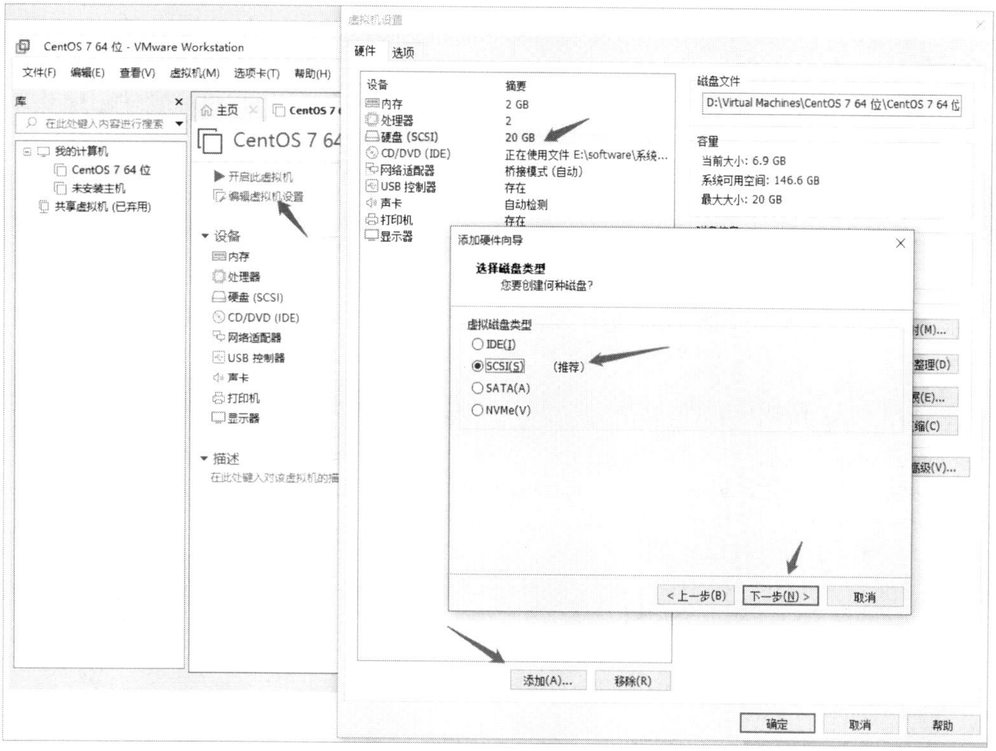

图 6.5　为虚拟机添加一块新硬盘

（2）使用"lsblk"命令查看虚拟机中的磁盘是否新增成功，可知已经有一个 1GB 容量的磁盘，但没有分区，如图 6.6 所示。

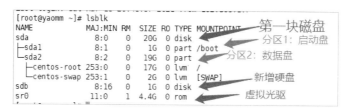

图 6.6　查看虚拟机磁盘

（3）查看 fdisk 版本与使用帮助。

```
[root@yaomm fs]# fdisk -v              ##→查看 fdisk 版本
fdisk，来自 util-linux 2.23.2          ##→fdisk 是工具包 util-linux 里的命令
[root@yaomm fs]# fdisk -h              ##→查看 fdisk 使用帮助
```

```
用法：
    fdisk [选项] <磁盘>        更改分区表
    fdisk [选项] -l <磁盘>     列出分区表
    fdisk -s <分区>            给出分区大小(块数)

选项：
    -b <大小>           扇区大小(512、1024、2048 或 4096)
    -c[=<模式>]         兼容模式："dos"或"nondos"(默认)
    -h                  打印此帮助文本
    -u[=<单位>]         显示单位："cylinders"(柱面)或"sectors"(扇区，默认)
    -v                  打印程序版本
    -C <数字>           指定柱面数
    -H <数字>           指定磁头数
    -S <数字>           指定每个磁道的扇区数
```

(4) 使用 fdisk 格式化 GPT 分区。

```
[root@yaomm ~]# fdisk /dev/sdb                    ##→使用 fdisk 格式化磁盘
WARNING: fdisk GPT support is currently new, and therefore in an experimental
phase. Use at your own discretion.
欢迎使用 fdisk (util-linux 2.23.2).

更改将停留在内存中，直到您决定将更改写入磁盘.
使用写入命令前请三思.

命令(输入 m 获取帮助): m                          ##→输入 m 获取帮助，查看 fdisk 内置命令
命令操作
    d   delete a partition                        ##→删除分区
    g   create a new empty GPT partition table    ##→创建 GPT 分区表
    G   create an IRIX (SGI) partition table      ##→创建一个 IRIX 分区表
    l   list known partition types                ##→查看分区列表
    m   print this menu                           ##→打印菜单
    n   add a new partition                       ##→添加新的分区
    o   create a new empty DOS partition table    ##→创建 DOS 分区表
    p   print the partition table                 ##→打印分区表
    q   quit without saving changes               ##→退出不保存
    s   create a new empty Sun disklabel          ##→创建一个空的 sun 磁盘标签
    t   change a partition's system id            ##→改变一个分区类型 id
    v   verify the partition table                ##→验证分区表
    w   write table to disk and exit              ##→写入分区表并退出
    x   extra functionality (experts only)        ##→额外的功能

命令(输入 m 获取帮助): g                          ##→创建 GPT 分区表，并指定分区的 GUID
Building a new GPT disklabel (GUID: B2768B13-AF54-4E77-AC73-FEF8EA542A03)

命令(输入 m 获取帮助): n                          ##→添加新的分区
分区号 (1~128, 默认为 1):                         ##→按"Enter"键默认为 1 分区，这里会产生 sdb1
```

```
第 1 个扇区 (2048~2097118, 默认为 2048):    ##→按 "Enter" 键默认从 2048 扇区开始
##→默认使用所有空闲磁盘空间, 如果想分成多个区, 则可以使用+200MB 将一个 200MB 空间的分区出来
Last sector, +sectors or +size{K,M,G,T,P} (2048~2097118, 默认为 2097118):
已创建分区 1.

命令(输入 m 获取帮助): w                              ##→写入分区表并退出
The partition table has been altered!

Calling ioctl() to re-read partition table.
正在同步磁盘.

[root@yaomm ~]# lsblk -p                          ##→查看磁盘与路径
NAME              MAJ:MIN    RM  SIZE RO TYPE MOUNTPOINT
...
/dev/sdb          8:16    0   1G  0     disk
└─/dev/sdb1       8:17    0 1023M 0     part     ##→分区格式化成功
...
```

（5）分区格式化成功后，还是无法使用，原因是挂载点（MOUNTPOINT）是空的，需要创建 XFS 文件系统，并将其挂载到系统目录中。创建 XFS 文件系统如下：

```
##→创建 xfs 文件系统, 使用 "-f" 选项强制覆盖文件系统
[root@yaomm ~]# mkfs.xfs -f /dev/sdb1
meta-data=/dev/sdb1         isize=512    agcount=4, agsize=65471 blks
...
```

（6）格式化完成后，再创建一个挂载点，使用 "mount" 命令挂载新的 XFS 文件系统。

```
[root@yaomm ~]# blkid | grep sdb         ##→查看设备 UUID
/dev/sdb1: UUID="92b400ab-d9c8-42e5-b9e4-86183649b474"...
[root@yaomm ~]# mkdir /newxfs            ##→创建挂载点, 在根目录下新建一个 newxfs 目录
[root@yaomm ~]# echo 'UUID=92b400ab-d9c8-42e5-b9e4-86183649b474  /newxfs  xfs
defaults 0 0' >> /etc/fstab  ##→将 UUID 写入/etc/fstab 文件, 永久挂载生效, 启动时加载此分区
[root@yaomm ~]# mount -a && mount        ##→ "mount -a" 挂载 fstab 中的所有 XFS 文件系统
...
/dev/sdb1 on /newxfs type xfs (rw,relatime,seclabel,attr2,inode64,noquota)
[root@yaomm ~]# df -Th                   ##→查看当前磁盘空间
文件系统           类型    容量    已用  可用  已用%  挂载点
...
/dev/sdb1          xfs    1020M   33M  988M   4%   /newxfs
[root@yaomm ~]# echo 'newfile' >> /newxfs/newfile.txt    ##→在新目录下创建文件
[root@yaomm ~]# cat /newxfs/newfile.txt                  ##→查看文件, 创建成功
newfile
```

注意：如果是新系统，则交换空间 "Swap" 一般设置为内存的一半大小，但内存最低为 2GB（物理机上）。安装 CentOS 7.x 时，系统安装程序已经给我们设置了合理的数值。

6.2.3 挂载与卸载：mount、umount 与/etc/fstab

在前文中，读者使用 mount 命令将磁盘/dev/sdb1 分区挂载到目录/newxfs 下，如果不想使用设备了，则可以使用 umount 命令卸载。

mount 命令的主要作用如下。

- 挂载外挂设备，如 U 盘、光驱。
- 挂载存储设备，如云主机购买的数据盘就需要自己挂载。
- 用 mount 来设置 NFS、Samba 等共享文件系统。
- 挂载本地 Yum 源。

1．mount 命令速查手册

（1）mount 命令的语法格式：mount［选项］［设备］［挂载点］。

（2）mount 命令中有一个特殊的选项"-o"。"mount -o 命令"选项非常多，且较为常用，如表 6.4 所示。

表 6.4 "mount -o"命令的选项说明

选项	说明
sync	以同步方式执行文件系统的输入/输出动作
async	以非同步的方式执行文件系统的输入/输出动作
atime	每次存取都要更新 inode 的存取时间，默认设置，取消选项为 noatime
noatime	每次存取时不更新 inode 的存取时间
auto	必须在/etc/fstab 文件中指定此选项。执行-a 参数时，会加载、设置 auto 的设备，取消选项为 noauto
noauto	无法使用-a 参数来加载
dev	可读文件系统上的字符或块设备，取消选项为 nodev
nodev	不读文件系统上的字符或块设备
exec	可执行二进制文件，取消选项为 noexec
noexec	无法执行二进制文件
user	让用户加载设备
nouser	使用户无法执行加载操作，默认设置
suid	启动 set-user-identifier（设置用户 ID）与 set-group-identifer（设置组 ID）设置位，取消选项为 nosuid
nosuid	关闭 set-user-identifier（设置用户 ID）与 set-group-identifer（设置组 ID）设置位
ro	以只读模式加载
rw	以可读/写模式加载
defaults	使用默认的选项。默认选项为 rw、suid、dev、exec、anto nouser 与 async
loop	用来把一个文件当成硬盘分区挂接至系统
remount	重新加载设备，用于改变设备的设置状态

（3）mount 命令示例。

```
mount
##→等同于 mount -l，列出所有带有指定标签的挂载

mount -a
##→挂载/etc/fstab 文件中的设备

mount /dev/sdb1 /media/usb
##→将 sdb1 分区挂载至/media/usb 目录

mount -v --bind /media/usb /mnt
##→"-v"查看挂载过程，将已挂载的设备移到其他目录

mount -v -o ro /dev/sdb1 /media/usb/
##→"-o"选择挂载模式，"ro"为只读模式

mount -v -o rw,remount /dev/sdb1 /media/usb
##→"rw"用可读/写模式挂载，"remount"重新挂载

mount -v -o loop /root/CentOS-7-x86_64-DVD-2009.iso /media/cdrom
##→"loop"挂载 ISO 文件，创建待挂载目录"/media/cdrom"

mount -t nfs 192.168.1.208:/opt/share /opt/share
##→挂载远端共享目录。这个命令详见示例 NFS 共享磁盘挂载

mount -o username=yao,password=yao123 -l //192.168.6.2/soft /mnt
##→访问 Windows 共享文件，使用"-o"选项设置用户名、密码，"-l"后为//网络地址/共享文件
```

2．umount 命令速查手册

（1）umount 命令的语法格式：umount［选项］［设备｜挂载点］。

（2）umount 命令示例。

```
umount -v /dev/sdb1        ##→命令通过设备名卸载，按照 mount 顺序倒序卸载
umount -v /media/usb       ##→根据挂载目录卸载
umount -vl /media/usb      ##→延迟卸载，挂载点忙碌时，无法直接卸载，使用"-l"选项延迟卸载
lsof | grep usb            ##→如果显示磁盘忙碌无法卸载，则可用 lsof 打开文件，查找并关闭相应进程
```

3．/etc/fstab 参数详解

在前面的示例中，先使用 echo 将设备信息写入/etc/fstab，然后使用"mount -a"命令进行挂载。/etc/fstab 文件中的 6 个参数的含义如表 6.5 所示。

表 6.5　/etc/fstab 参数含义

参　数	说　明
UUID=92b400ab-d9c8-42e5-b9e4-86183649b474	要挂载的分区设备，可以使用 UUID，也可以使用设备名，推荐使用 UUID。使用设备名/dev/sdb 有可能会在重启时被首先识别成 sda，而不是 sda，从而导致挂载失败
/newxfs	挂载点，根目录下的一个新目录，对应新的设备分区
xfs	文件系统
defaults	挂载选项 async/sync，是否为同步方式运行，默认 async auto/noauto，"mount -a" 命令在执行时是否被主动挂载，默认 auto rw/ro，读/写或只读 exec/noexec，限制能否有 "执行" 权限，默认 exec user/nouser，是否允许普通用户使用 mount 命令挂载，默认 nouser，只允许 root 用户挂载 suid/nosuid，是否允许 SUID 存在，默认 suid userquota，文件系统支持磁盘配额模式 grpquota，启动文件系统支持群组磁盘配额模式 defaults，默认选项为 async、auto、rw、exec、rw、suid
0	是否备份，0 表示不备份，1 表示每天备份，2 表示不定期备份
0	是否检测，0 表示不检测，1 表示最早检测（根目录可能会选择此值），2 表示检测完 1 的设备后检测 2 的设备 fsck 命令会根据此命令在系统启动时进行检测

6.3　磁盘扩展

学习完如何挂载一块新硬盘后，请读者思考目录下的磁盘空间使用率达到极限后应该如何扩展？本节会通过 LVM 与 RAID 不同的角度对磁盘的扩展进行讲解。

6.3.1　分区扩展：LVM

我们已经学过如何挂载一个新的磁盘了，但是否发现，在使用 "lsblk" 命令查看磁盘时，/dev/sdb1 的 type 列与/dev/sda2 的 type 列字段不一样？/dev/sda2 的分区类型是 lvm，sdb1 的却是 part。磁盘分区类型如图 6.7 所示。

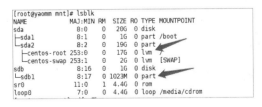

图 6.7　磁盘分区类型

1. LVM

为什么我们在安装 CentOS 7.9 时，系统会自动将根目录设置为 LVM？想象一下这个场景：创建好分区 A、B 后，读者使用了 3 个月，然后发现分区 A 的文件系统太大了，总是用不完，而分区 B 的文件系统又太小了，完全不够用，这时该怎么办呢？如果重新格式化，添加一块新磁盘，则意味着我们只有再进行一次数据备份，才能执行上述操作。

显然上述方法很麻烦，那么有没有可以动态地扩展或缩小分区的技术呢？逻辑卷管理器就是这样的技术。LVM（Logical Volume Manager，逻辑卷管理）是在 Linux 上进行逻辑卷管理的一种非常好的技术实现。在采用 LVM 技术后，管理员可以在不用重新分区的情况下动态调整文件系统的大小，在服务器添加新磁盘后，也可以直接通过 LVM 跨磁盘扩展文件系统。

LVM 具备的功能如下所示。
- 在不同的物理设备之间移动逻辑卷。
- 动态扩展或收缩逻辑卷。
- 生成写时复制（copy-on-write）和"快照"（副本）。
- 在线更换硬盘，不中断服务。
- 在逻辑卷中实现镜像和条带化（分布式管理）。

2. LVM 与传统硬盘分区架构对比

既然 LVM 很好，那我们要明白好在哪里？首先要明白传统硬盘分区是如何架构的。传统硬盘分区方案如图 6.8 所示。

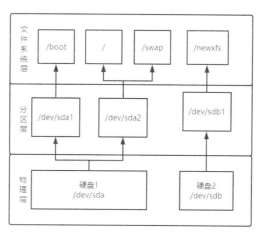

图 6.8 传统硬盘分区方案

如果使用 LVM 进行逻辑卷管理，则一块磁盘可以分成多个 PV，多个磁盘也可以合成一个 PV。LVM 分区方案如图 6.9 所示。

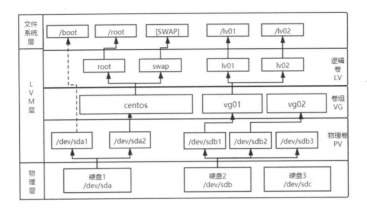

图 6.9 LVM 分区方案

3. LVM 命令速查手册

（1）LVM 命令的语法格式：LVM 命令 ［选项］［设备］。

（2）LVM 命令主要分为 3 类，PV（Physical Volume，物理卷）类、VG（Volume Group，卷组）类、LV（Logical Volume，逻辑卷）类。LVM 命令类型如表 6.6 所示。

表 6.6　LVM 命令类型

功　　能	PV（物理卷）	VG（卷组）	LV（逻辑卷）
扫描（scan）	pvscan	vgscan	lvscan
创建（create）	pvcreate	vgcreate	lvcreate
查看（display）	pvdisplay	vgdisplay	lvdisplay
修改（change）	pvchange	vgchange	lvchange
删除（remove）		vgremove	lvremove
扩展（extend）		vgextend	lvextend
缩减（reduce）		vgreduce	lvreduce
检查（ck）	pvck	vgck	lvck
调整（resize）	pvresize		lvresize
重命名（rename）		vgrename	lvrename
统计（statistics）	pvs	vgs	lvs

（3）LVM 命令示例。

```
pvcreate /dev/sdb1              ##→创建 PV1
pvdisplay /dev/sdb1             ##→查看物理卷/dev/sdb1 的详情

vgcreate vg01 /dev/sdb1         ##→创建卷组 vg01
vgdisplay vg01                  ##→查看卷组 vg01 的详情

lvcreate -n lv01 -L 100M        ##→创建逻辑卷 lv01，指定大小为 100M
```

```
lvdisplay                    ##→查看所有逻辑卷的详情
pvs                          ##→统计所有物理卷使用空间及可用空间
vgs                          ##→统计所有卷组使用空间及可用空间
lvs                          ##→统计所有逻辑卷使用空间及可用空间
```

6.3.2 磁盘阵列：RAID

在做文件存储时，磁盘阵列是一种非常有效和常用的手段，RAID（Redundant Array of Independent Disks，独立硬盘冗余阵列）就是这种手段的代名词，又被称为廉价冗余磁盘阵列（Redundant Array of Inexpensive Disks）。RAID 利用虚拟化存储技术把多个硬盘组合起来，成为一个或多个硬盘阵列组，其目的是提升性能或资料冗余，或是两者同时提升。

简单地说，RAID 把多个硬盘组合成一个逻辑硬盘。因此，操作系统只会把它当作一个实体硬盘。当任一磁盘发生故障时，RAID 仍然可以利用同位检查（Parity Check）读出数据。在数据重构时，RAID 可将数据计算后重新载入磁盘中。

可以这样说，RAID 其实就是单机的分布式存储，分布式存储是机器集群的 RAID。（当然，二者的具体实现并不一样，只是实现思路上比较相似。）

1. RAID

RAID 类型（或层级）不同，使用磁盘阵列的资料会以多种模式分散于各个硬盘。RAID 类型的命名会以 RAID 开头并带数字，例如，RAID 0、RAID 1、RAID 5、RAID 6、RAID 7、RAID 01、RAID 10、RAID 50、RAID 60。每种 RAID 类型都有其理论上的优缺点，不同的 RAID 类型在两个目标间获取平衡。两个目标分别是增加资料可靠性及增加存储器（群）的读/写性能。目前，在企业中经常使用的 RAID 类型是 RAID 1、RAID 5 和 RAID 10。RAID 常见类型如表 6.7 所示。

表 6.7 RAID 常见类型

RAID 类型	磁盘数	存储利用率	最大容错(盘)	IO 性能	RAID 特性
RAID 0	>= 2	100%	0	高	条带化，数据并发技术 追求最大容量、最快速度
RAID 1	>= 2	<= 50%	$n-1$	低	镜像集，镜像存储技术 追求最大安全性
RAID 5	>= 3	$(n-1)/n$	1	较高	带奇偶校验的条带 数据校验，比镜像存储安全性低，但备份速度快 追求最大容量、最小预算

续表

RAID 类型	磁盘数	存储利用率	最大容错(盘)	IO 性能	RAID 特性
RAID 6	>= 4	$(n-2)/n$	2	较高	带奇偶校验的条带集，双校验 同 RAID 5，但较安全
RAID 10	>= 4	<= 50%		中	RAID 1 的安全+RAID 0 的高速
RAID 50	>= 6	$(n-2)/n$		中	RAID 5 的安全+RAID 0 的高速

在做硬件选型时，如果对安全性有需求，在追求最快速度但对强度要求不高的情况下，我们一般会选择 RAID 5 类型。如果对数据的可靠性要求高，我们会选择 RAID 10 类型。如果具体到使用场景、文件、图片存储服务器，我们一般会选择 RAID 5 类型。如果创建大型数据库的服务器，那么我们会选择 RAID 10 类型。

RIAD 的创建方式有两种：使用系统软件实现的软 RAID 和硬件 RAID 卡实现的硬 RAID。目前，软 RAID 逐渐占据主流。使用软 RAID 的前提是在 Linux 内核中先要包含 md（multiple devices）模块，然后使用系统软件 mdadm（multiple devices admin）创建和管理磁盘阵列。

2. mdadm 命令速查手册

（1）mdadm 命令的语法格式：mdadm ［模式］［设备］［选项］。

（2）mdadm 命令有多种类型的选项。例如：模式选项，互斥；通用选项，多种模式都有；在其他模式下使用的特定选项。

（3）mdadm 命令示例。

```
mdadm -C --help
##→查看 create 模式的帮助选项
##→查看修改模式帮助。使用命令"mdadm --grow --help"或"mdadm -G --help"

mdadm -C -v /dev/md/md0 -l 0 -n 2 /dev/sdc /dev/sdd
##→创建磁盘阵列 RAID 0
##→"-C" create 创建磁盘阵列，"-v" verbose 打印详细信息，阵列名称为/dev/md/md0
##→"-l" level 设置 RAID 级别（类型）为 RAID 0，"-n" 指定两块磁盘，磁盘为 sdc、sdd

mdadm --create /dev/md/md1 --level=1 --chunk=1M --metadata=1.1 --raid-disks 2 /dev/sd[e-f]
##→创建磁盘阵列 RAID 1
##→"--create"等同于"-C"，创建 RAID /dev/md/md1。"--chunk"等同于"-c"，指定 block
##→大小为 1MB
##→"--metadata"指定元数据版本为 1.1，"--raid-disks"等同于"-n"，指定两块磁盘，磁盘为 sde、sdf

mdadm -C /dev/md/md10 --level 10 -n 6 /dev/sd[g-l]    ##→创建 RAID 10，指定 6 块磁盘
mdadm --build md-device --chunk=X --level=Y --raid-devices=Z devices ##→构建模式
mdadm --grow /dev/md4 --level=6 --backup-file=/root/backup-md4  ##→增长（更改）模式

mdadm -Dsv > /etc/mdadm.conf       ##→保存 RAID 配置文件
```

```
mdadm -D /dev/md1                    ##→查看 RAID md1 的详情
mdadm -S /dev/md1                    ##→停止 RAID1 md1 的使用
mdadm -As                            ##→重新激活之前停止使用的阵列
mdadm /dev/md/md1-2 -f /dev/sdg      ##→模拟故障,将 RAID md1-2 的磁盘 /dev/sdg 设为故障盘
mdadm -r /dev/md/md1-2 /dev/sdg      ##→移除故障盘
mdadm -a /dev/md/md1-2 /dev/sdg      ##→磁盘更换或修复后,重新添加
```

注意:LVM 可以在 RAID 的基础上进行存储池的管理。

6.4 磁盘诊断

在使用 Linux 时,我们总会遇到各种各样的故障。在遇到磁盘故障时不要慌乱,Linux 有比较完善的系统日志和磁盘检测工具。

6.4.1 系统日志:dmesg、journalctl

Linux 的系统日志一般都在/var/log 下。本节选取与磁盘相关的两个日志进行查看。

1. dmesg

Linux 内核在进行系统引导时,会将硬件和模块初始化的信息写入一个内核环形缓冲区(kernel-ring buffer),并同时将写入的信息保存到/var/log/dmesg 这个 log 日志中。dmesg 是读取 log 日志的命令,常用示例如下:

```
dmesg                          ##→查看 dmesg 日志

dmesg | less                   ##→使用 less 命令查看 dmesg 日志

more /var/log/dmesg            ##→使用 more 命令查看 dmesg 日志

dmesg -T                       ##→打印可读的时间戳

dmesg -T | grep raid1          ##→过滤 raid1 相关日志

dmesg -T --follow              ##→--follow 实时滚动输出

dmesg -f kern,daemon           ##→消息类别,仅显示内核和系统守护程序消息
##→kern(内核),daemon(系统守护程序),user(用户级),mail(邮件系统)
##→auth(安全/授权),syslog(内部 syslogd),lpr(打印机),news(网络新闻子系统)

dmesg -l emerg,err             ##→日志级别,输出系统错误信息
##→emerg(系统无法使用),alert(必须立即采取措施),crit(紧急情况)
##→err(错误),warn(警告),notice(正常但重要),info(全部信息),debug(调试信息)
```

2. journalctl

本节介绍的另一个日志文件是/var/log/messages，该文件能够记录各种事件。例如，系统错误消息、系统启动和关闭、网络配置更改等。通常情况下，Linux 出现问题，这是第 1 个需要查看的地方。journalctl 就是用来查看这个文件的命令。journalctl 常用示例如下：

```
tail -fn100 /var/log/messages
##→实时查看最后 100 行的 messages 日志
##→可以看到用户进程（Java 应用）及其报错日志会自动写进 messages 中

journalctl -fn 100
##→相当于"tail -fn100"命令，但格式不一样

journalctl -xb
##→"-b"不指定 id 时，显示本次启动日志，从头开始查找
##→"-x"增加了一些解释性的短文本，如日志的含义、问题的解决方案、支持论坛、开发文档等
```

journalctl 还有一些其他查看日志的方法，如下所示：

```
journalctl -k                                ##→"-k"等同于"--dmesg"，仅查看内核日志
journalctl /usr/lib/systemd/systemd          ##→查看指定服务日志
journalctl /usr/bin/bash                     ##→查看指定路径脚本日志
journalctl -xb -u frpc.service               ##→"-u"查看 unit 服务日志
journalctl -u frpc.service -fn100            ##→滚动查看 frpc 服务的最后 100 行
journalctl _PID=1 -fn100                     ##→滚动查看 PID 进程为 1 的最后 100 行
journalctl -xb -u frpc.service -o json           ##→json 格式输出，单行
journalctl -xb -u frpc.service -o json-pretty   ##→json 格式输出，多行
```

journalctl 的更多使用方法详见 man 文档。

6.4.2 磁盘坏道检测：badblocks、smartctl

磁盘故障是导致 PC 主机经常出现故障的原因之一，本节将介绍两个检测磁盘的工具。

1. badblocks

badblocks 是一个坏道检测工具，它是 Ext2、Ext3、Ext4 文件系统工具集 e2fsprogs 的一部分。磁盘在检测时，不能被挂载，否则会报"/dev/sdg is apparently in use by the system; it's not safe to run badblocks!"的错误。badblocks 命令示例如下：

```
[root@localhost ~]# umount /dev/md/md1           ##→卸载 RAID md1
[root@localhost ~]# badblocks -n /dev/md/md1     ##→"-n"只读性检测
[root@localhost ~]# badblocks -nvs /dev/md/md1   ##→"-v"混杂模式，"-s"展示检测进度
Checking for bad blocks in non-destructive read-write mode
From block 0 to 1046527
```

```
Checking for bad blocks (non-destructive read-write test)
Testing with random pattern: 40.22% done, 0:21 elapsed. (0/0/0 errors)
```

##→ "-w" 用于破坏性检测，会损坏盘中的数据。已有数据的盘最好使用 "-n" 选项测试，或备份好数据
##→ 再测试。"-b" 用于指定区块大小

```
[root@localhost ~]# badblocks -wvsb 4096 /dev/sdb2
Checking for bad blocks in read-write mode
From block 0 to 76799
Testing with pattern 0xaa: done
正在读取并比较: done
...
Pass completed, 0 bad blocks found. (0/0/0 errors)
```

2. smartctl

smartctl 是 smartmontools 工具集中的一个命令，在 CentOS 7.x 中，不需要单独安装就可以使用。

```
[root@localhost ~]# smartctl -H /dev/sdb              ##→检测磁盘的健康状态
...
SMART Health Status: OK   ##→磁盘健康。如果不健康，则说明磁盘已经损坏或将在 24 小时内损坏

[root@localhost ~]# smartctl -t short /dev/sdb        ##→后台检测磁盘，短时测试
##→ 使用 "-t" 选项还可以进行其他测试。例如，offline（离线测试），long（长时测试）。其他测试详见
##→ man 文档
...
Short offline self test failed [unsupported field in scsi command]

[root@localhost ~]# smartctl -a /dev/sdb              ##→查看磁盘详细信息
...
Device type:          disk
Local Time is:        Fri Mar 19 17:17:25 2021 CST
SMART support is:     Unavailable - device lacks SMART capability.
...

[root@localhost ~]# smartctl -l selftest /dev/sdb     ##→磁盘健康报告
##→ "-l" 选项有 4 种日志类型，error、selftest、selective、directory
...
Device does not support Self Test logging
[root@localhost ~]# smartctl -l error /dev/sdb        ##→磁盘错误报告
...
Error Counter logging not supported
```

注意：。本书并没有介绍 Ext 文件系统的相关工具，因为 XFS 才是目前 Linux 系统的主流文件系统。掌握了 XFS 文件系统相关的处理流程后，处理 Ext 文件系统也是同样的思路与流程。

6.4.3 故障模拟与磁盘自检修复：fsck、xfs_repair

磁盘挂载与文件系统故障是 Linux 中出现频率最高的故障。具体到故障场景：一是磁盘挂载错误；二是在没有 UPS 备用电源的情况下突然断电，从而导致 Linux 文件系统受损。本节将介绍 fsck、xfs_repair 两个 Linux 文件系统修复工具。

我们使用修改设备或加载文件的方式，模拟磁盘或文件系统产生故障的场景。

1．故障模拟

（1）故障模拟，修改/etc/fstab 文件，改错盘符。

```
##→修改 fstab
[root@yaomm ~]# echo /dev/vg01/xlv01 /xlv01 xfs defaults 0  >>/etc/fstab
[root@yaomm ~]# mount -a                      ##→重新挂载失败
mount: 特殊设备 /dev/vg01/xlv01 不存在
```

（2）重启系统。

```
[root@yaomm ~] reboot                         ##→重启系统
```

（3）远程终端无法连接，进入虚拟机查看，发现报错，提示"Control -D"。但不要按提示做，因为会导致计算机重启。读者应输入 root 密码，进入系统，如图 6.10 所示。

图 6.10　输入 root 密码

（4）进入系统后可以查看 dmesg、message 日志，使用 badblocks、smartctl 等工具检测磁盘坏道，或使用"journalctl –xb"命令查看系统错误。

（5）重启后发现网卡未加载，重新打开 network 服务后报错，如图 6.11 所示。

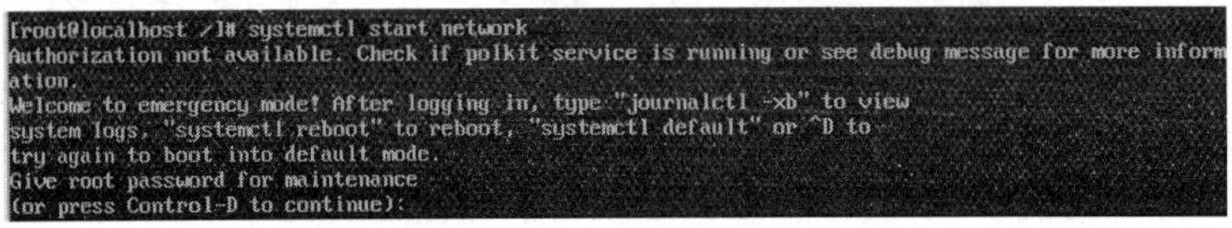

图 6.11　重新打开 network 服务后报错

（6）提示加载 polkit 服务，使用"system start polkit"命令还是启动失败。

（7）模拟的故障只需要修改/etc/fstab 文件，重启就可以解决。

```
[root@yaomm ~]# cat /etc/fstab | grep xlv     ##→已删除/etc/fstab 中的 xlv
[root@yaomm ~]#                               ##→查看无数据
```

上面的问题从表面上看是网卡服务无法启动,导致远程终端连接不上。为什么网卡服务无法启动呢?因为 polkit 服务没加载起来。为什么 polkit 服务加载不起来呢?因为内核在挂载磁盘时失败,导致后续的一系列服务都加载失败,所以在 Linux 主机无法正常启动时,多数原因在于磁盘或文件系统挂载失败导致的故障。

2. fsck

fsck 一般用来修复 Ext 类型的文件系统。

查看系统日志,在知道哪块硬盘、哪个分区或哪个目录有问题后,可以直接使用"fsck -y xxx"命令进行修复,示例如下:

```
fsck -y /boot        ##→修复启动区,使用"-y"将所有互动选项设置为 yes
fsck -y /usr         ##→修复系统文件区
fsck -y /home        ##→修复用户目录区

fsck -y /dev/sda1    ##→修复启动盘
fsck -y /dev/sdb1    ##→修复数据盘
```

fsck 检查的返回值有如下情况。

- 0,没有错误。
- 1,文件系统错误但已修复。
- 2,系统应当重启。
- 4,文件系统错误没有修复。
- 8,运行错误。
- 16,用法或语法错误。
- 32,用户撤销了 fsck 操作。
- 128,共享库错误。

如果不知道哪个分区文件系统损坏了,则使用"fsck -A"命令可以自动检查修复,还可以自动搜索/etc/fstab 文件,一次检查在文件中所有的有定义文件系统。

如果使用 fsck 修复 XFS 分区,则会得到如下提示:

```
[root@yaomm ~]# fsck -y /dev/vg01/lv01    ##→修复 XFS 文件系统的 lvm 分区
fsck,来自 util-linux 2.23.2
If you wish to check the consistency of an XFS filesystem or
repair a damaged filesystem, see xfs_repair(8).
```

3. xfs_repair

从上例反馈得知,Linux 官方推荐使用 xfs_repair 修复 XFS 文件系统。在使用 xfs_repair 工具前,需要先卸载待修复的设备。示例如下:

```
[root@yaomm208 nfs]# xfs_repair -n /dev/sda3        ##→ "-n" 仅检查，不修复
Phase 1 - find and verify superblock...
bad primary superblock - bad magic number !

attempting to find secondary superblock...
..........................................................................
[root@yaomm210 share]# umount /dev/md/md1           ##→卸载设备
[root@yaomm210 share]# xfs_repair /dev/md/md1       ##→修复设备中的 XFS 文件系统
Phase 1 - find and verify superblock...
Phase 2 - using internal log
        - zero log...
        - scan filesystem freespace and inode maps...
        - found root inode chunk
...
Phase 7 - verify and correct link counts...
done
[root@yaomm210 share]# xfs_repair -L /dev/md/md1    ##→ "-L" 强制修复
Phase 1 - find and verify superblock...
...
Maximum metadata LSN (1:62) is ahead of log (1:2).
Format log to cycle 4.
done
```

注意：没有损坏的 XFS 文件系统尽量不要使用 fsck、xfs_repair 来修复。因为 xfs_repair 使用 "-L" 选项时，XFS 文件系统可能会出现损坏，并可能导致用户文件或数据丢失。

6.5 实战案例

本节案例将演示如何使用 LVM、RAID、NFS 等技术进行文件系统的挂载，并提供出现故障频率最高的磁盘空间满载的解决方法。

6.5.1 LVM 创建、扩展与缩减

下面演示 LVM 分区的创建、扩展与缩减。

1. LVM 分区创建

（1）1GB 大小的新磁盘/dev/sdb，创建分区 sdb1、sdb2、sdb3。sdb1 大小为 200MB，sdb2 大小为 300MB，sdb3 占剩余空间大小。

```
[root@localhost ~]# fdisk /dev/sdb                  ##→格式化磁盘 sdb
欢迎使用 fdisk (util-linux 2.23.2)。
命令（输入 m 获取帮助）：g                          ##→创建 GPT 分区表
Building a new GPT disklabel (GUID: 64619699-24F2-42CA-9D41-D5C746049839)
```

```
命令(输入 m 获取帮助): n                        ##→新增分区
分区号 (1~128, 默认 1): 1                       ##→创建第 1 个分区
第 1 个扇区 (2048-2097118, 默认 2048):
Last sector, +sectors or +size{K,M,G,T,P} (2048-2097118, 默认 2097118): +200M
已创建分区 1                                    ##→第 1 个分区大小为 200MB

命令(输入 m 获取帮助): n                        ##→新增分区
分区号 (2~128, 默认 2): 2                       ##→创建第 2 个分区
第 2 个扇区 (411648-2097118, 默认 411648):      ##→按"Enter"键
Last sector, +sectors or +size{K,M,G,T,P} (411648-2097118, 默认 2097118): +300M
已创建分区 2                                    ##→第 2 个分区大小为 300MB

命令(输入 m 获取帮助): n                        ##→新增分区
分区号 (3~128, 默认 3): 3                       ##→创建第 3 个分区
第 3 个扇区 (1026048-2097118, 默认 1026048):    ##→按"Enter"键
Last sector, +sectors or +size{K,M,G,T,P} (1026048-2097118, 默认 2097118):
已创建分区 3                                    ##→第 3 个分区大小为剩余所有空间
```

（2）分区类型改为 Linux LVM。

```
命令(输入 m 获取帮助): t                        ##→更改分区类型
分区号 (1~3, 默认 3): 1                         ##→更改分区 1, sdb1
分区类型(输入 L, 列出所有类型): L               ##→查看分区类型
 1 EFI System              C12A7328-F81F-11D2-BA4B-00A0C93EC93B
...
27 Linux reserved          8DA63339-0007-60C0-C436-083AC8230908
28 Linux home              933AC7E1-2EB4-4F13-B844-0E14E2AEF915
29 Linux RAID              A19D880F-05FC-4D3B-A006-743F0F84911E
30 Linux extended boot     BC13C2FF-59E6-4262-A352-B275FD6F7172
31 Linux LVM               E6D6D379-F507-44C2-A23C-238F2A3DF928
...
分区类型(输入 L, 列出所有类型): 31      ##→输入 31,更改文件系统为 Linux LVM,旧版本为 8e
##→已将分区 1 的"Linux Filesystem"类型更改为"Linux LVM"
##→分区 2, 分区 3 操作也是如此，按照 t、1、31 这样的顺序修改即可

命令(输入 m 获取帮助): p                        ##→查看磁盘状态
...
#      Start        End       Size    Type   Name
1       2048      411647      200M    Linux  LVM
2     411648     1026047      300M    Linux  LVM
3    1026048     2097118      523M    Linux  LVM

命令(输入 m 获取帮助): w                        ##→分区写入磁盘
The partition table has been altered!

Calling ioctl() to re-read partition table.
正在同步磁盘。
```

（3）创建 PV。

```
[root@localhost ~]# pvcreate /dev/sdb1                    ##→创建 PV1
  Physical volume "/dev/sdb1" successfully created.
[root@localhost ~]# pvcreate /dev/sdb2 /dev/sdb3          ##→创建 PV2、PV3
  Physical volume "/dev/sdb2" successfully created.
  Physical volume "/dev/sdb3" successfully created.

[root@localhost ~]# pvscan                                ##→扫描所有 PV
  PV /dev/sda2    VG centos           lvm2 [<19.00 GiB / 0      free]
  PV /dev/sdb3                        lvm2 [522.98 MiB]
  PV /dev/sdb2                        lvm2 [300.00 MiB]
  PV /dev/sdb1                        lvm2 [200.00 MiB]
  Total: 4 [<20.00 GiB] / in use: 1 [<19.00 GiB] / in no VG: 3 [1022.98 MiB]

[root@localhost ~]# pvdisplay /dev/sdb1                   ##→查看 PV1 详细信息
  "/dev/sdb1" is a new physical volume of "200.00 MiB"
  --- NEW Physical volume ---
  PV Name               /dev/sdb1
  VG Name
  PV Size               200.00 MB                         ##→PV 大小
  ...
  PV UUID               Q3pK0x-oASp-PFjZ-r9ox-32Ds-3Q6T-73xaNy
```

（4）创建 VG。

```
[root@localhost ~]# vgcreate vg01 /dev/sdb1               ##→创建卷组 vg01
  Volume group "vg01" successfully created
[root@localhost ~]# vgdisplay vg01                        ##→查看卷组 vg01 的详细信息
  --- Volume group ---
  VG Name               vg01
  ...
  VG Size               196.00 MiB                        ##→VG 大小
  PE Size               4.00 MiB                          ##→PE 大小
  Total PE              49                                ##→共有多少 PE
  Alloc PE / Size       0 / 0
  Free  PE / Size       49 / 196.00 MiB                   ##→空闲 PE 及大小
  VG UUID               TXbMVu-Onq9-L7QD-P0pY-gQB9-TcJ4-DX2Fau
```

（5）创建 LV。

```
[root@localhost ~]# lvcreate -n lv01 -L 100M    ##→创建逻辑卷 lv01，指定大小为 100MB
  No command with matching syntax recognised.  Run 'lvcreate --help' for more information.
  Nearest similar command has syntax:
  lvcreate --type error -L|--size Size[m|UNIT] VG
  Create an LV that returns errors when used.


##→从 vg01 中创建 lv01，使用 "-L" 指定 lv 大小
```

```
[root@localhost ~]# lvcreate -n lv01 -L 100M vg01
  Logical volume "lv01" created.
##→使用 "-l" 指定 PE 大小为 10
[root@localhost ~]# lvcreate -n lv02 -l 10  vg01
  Logical volume "lv02" created.
[root@localhost ~]# lvscan
  ACTIVE            '/dev/vg01/lv01' [100.00 MiB] inherit
  ACTIVE            '/dev/vg01/lv02' [40.00 MiB] inherit
  ACTIVE            '/dev/centos/swap' [2.00 GiB] inherit
  ACTIVE            '/dev/centos/root' [<17.00 GiB] inherit
[root@localhost ~]# lvdisplay              ##→查看所有 lv 详情
  --- Logical volume ---
  LV Path              /dev/vg01/lv01
  LV Name              lv01
  VG Name              vg01
  LV UUID              jxNVaE-eNTv-VCDy-G1d7-mDSN-8ctp-7OkE4k
  LV Write Access      read/write
  ...
  Block device         253:2

  --- Logical volume ---
  LV Path              /dev/vg01/lv02
  ...
```

（6）再次查看 PV 与 VG。

```
[root@localhost ~]# pvdisplay /dev/sdb1       ##→查看 pv1 的详情
  --- Physical volume ---
  PV Name       /dev/sdb1                ##→PV 盘符
  VG Name       vg01                     ##→此 PV 上的 VG
  PV Size       200.00 MiB / not usable 4.00 MiB ##→总大小为 200MB，默认 4MB 为保留空间
...
[root@localhost ~]# vgdisplay vg01            ##→查看卷组 vg01 的详情
  --- Volume group ---
  VG Name       vg01                     ##→VG 名称
...
  VG Size       196.00 MiB               ##→VG 大小
  PE Size       4.00 MiB                 ##→PE 默认为 4MB
  Total PE      49                       ##→总共分为 49 个 PE
...
[root@localhost ~]# lsblk -p    ##→查看当前磁盘环境，VG 全路径在 /dev/mapper 下
NAME                         MAJ:MIN RM  SIZE RO TYPE MOUNTPOINT
...
/dev/sdb                      8:16    0    1G  0 disk
└─/dev/sdb1                   8:17    0  200M  0 part
  ├─/dev/mapper/vg01-lv01    253:2    0  100M  0 lvm  /lv01
  └─/dev/mapper/vg01-lv02    253:3    0   40M  0 lvm
```

...

（7）LV 挂载。

```
[root@localhost ~]# mkfs.xfs /dev/vg01/lv01         ##→为逻辑卷lv01创建XFS文件系统
meta-data=/dev/vg01/lv01         isize=512    agcount=4, agsize=7168 blks
...
[root@localhost ~]# mount /dev/vg01/lv01 /lv01      ##→挂载逻辑卷lv01到目录/lv01下
[root@localhost ~]# df -Th
文件系统                  类型      容量    已用    可用    已用%   挂载点
...
/dev/mapper/vg01-lv01    xfs      109M    5.9M    103M    6%      /lv01
##→开机自动挂载
[root@localhost ~]# echo '/dev/vg01/lv01 /lv01 xfs defaults 0 0' >> /etc/fstab
```

2. 分区扩展

（1）扩展 LV。

```
[root@localhost ~]# lvextend -L +10M /dev/vg01/lv01    ##→为lv01增加10MB的空间
  Rounding size to boundary between physical extents: 12.00 MiB.
  Size of logical volume vg01/lv01 changed from 100.00 MiB (25 extents) to 112.00 MiB (28 extents).
  Logical volume vg01/lv01 successfully resized.
[root@localhost ~]# df -Th /dev/vg01/lv01 ##→查看分区空间，这里空间显示为109MB，换算问题
文件系统                  类型      容量    已用    可用    已用%   挂载点
/dev/mapper/vg01-lv01    xfs      109M    5.9M    103M    6%      /lv01
[root@localhost ~]# vgs vg01                       ##→查看可扩展空间
  VG   #PV #LV #SN Attr   VSize   VFree
  vg01   1   2   0 wz--n- 196.00m 44.00m
```

（2）从上例中可以看到，虽然只给 lv01 增加 10MB 的空间，但实际上是为 lv01 增加了 12MB 的空间，达到了 112.00MB（28 extents）。上例中提示的"physical extents"为 PV 中最小的存储单元（简称 PE），默认为 4MB，也可以自行指定，但必须小于初始化的 PE 值。示例如下：

```
[root@localhost ~]# vgchange -s 8m vg01    ##→更改PE为8MB，但是失败了
  New extent size is not a perfect fit     ##→失败报错
[root@localhost ~]# vgchange -s 2m vg01    ##→更改PE为2MB，不能超过默认初始化值4MB
  Physical extent size of VG vg01 is already 2.00 MiB.
  Volume group "vg01" successfully changed
[root@localhost ~]# vgdisplay vg01         ##→查看卷组vg01的信息
...
  PE Size              2.00 MiB            ##→vg01的PE为2MB
[root@localhost ~]# vgcreate -s 12m vg02 /dev/sdb2 ##→创建卷组vg02，指定PE为12MB
  Volume group "vg02" successfully created  ##→创建vg02成功
[root@localhost ~]# vgchange -s 8m vg02     ##→指定PE为8MB
  Volume group "vg02" successfully changed  ##→设置成功
```

3. XFS 的分区缩减

在上面的示例中可以看到，LVM 可以动态增加使用空间，但 XFS 文件系统不支持在线缩小分区空间。如果真的想缩减 XFS 文件系统，就需要将 XFS 文件系统中的文件备份（xfsdump）到别的磁盘，重新格式化分区，缩减后再将数据恢复（xfsrestore）。示例如下：

```
[root@localhost ~]# touch /lv01/{1..5}.txt           ##→创建测试文件
[root@localhost ~]# ls /lv01/                        ##→查看文件是否创建成功
1.txt  2.txt  3.txt  4.txt  5.txt                    ##→文件创建成功
##→xfsdump 备份 lv01
[root@localhost backup]# xfsdump -f /backup/backup.xfsdump /lv01
xfsdump: using file dump (drive_simple) strategy
xfsdump: version 3.1.7 (dump format 3.0) - type ^C for status and control
============================= dump label dialog ==============================
please enter label for this dump session (timeout in 300 sec)
 -> backup                                           ##→设置标签
session label entered: "backup"
------------------------------- end dialog -----------------------------------
...
xfsdump: Dump Status: SUCCESS                        ##→备份成功

[root@localhost ~]# umount /lv01                     ##→卸载目录/lv01
[root@localhost ~]# lvresize -L 50M /dev/vg01/lv01   ##→重置逻辑卷 lv01 为 50MB
  WARNING: Reducing active logical volume to 50.00 MiB.
  THIS MAY DESTROY YOUR DATA (filesystem etc.)
Do you really want to reduce vg01/lv01? [y/n]: y     ##→y 确认缩减
  Size of logical volume vg01/lv01 changed from 112.00 MiB (56 extents) to 50.00 MiB (25 extents).
  Logical volume vg01/lv01 successfully resized.     ##→重置成功
[root@localhost ~]# mkfs.xfs -f /dev/vg01/lv01       ##→重新格式化，为 lv01 创建文件系统
meta-data=/dev/vg01/lv01          isize=512    agcount=2, agsize=6400 blks
...
[root@localhost ~]# mount /dev/vg01/lv01 /lv01       ##→挂载逻辑卷 lv01 至目录/lv01
##→xfsrestore 恢复 XFS 备份
[root@localhost ~]# xfsrestore -f /backup/backup.xfsdump /lv01/
...
xfsrestore: Restore Status: SUCCESS                  ##→恢复成功
[root@localhost ~]# ls /lv01/                        ##→重新查看
1.txt  2.txt  3.txt  4.txt  5.txt                    ##→文件恢复成功
```

6.5.2 RAID 创建、挂载、删除与热插拔

本节将演示创建 3 种 RAID 模式，分别是 RAID 0、RAID 1、RAID 10。此外，在 RAID 模式创建完成后，演示 RAID 的停止、删除与热插拔操作。

1. 添加硬盘

添加 10 块硬盘如下：

```
[root@localhost ~]# lsblk          ##→查看新增硬盘
NAME            MAJ:MIN RM    SIZE RO TYPE MOUNTPOINT
...
sdc              8:32    0     1G  0 disk
sdd              8:48    0     1G  0 disk
...
sdk              8:160   0     1G  0 disk
sdl              8:176   0     1G  0 disk
```

2. 创建 RAID

（1）创建 RAID 0。

```
##→创建 RAID 0
[root@localhost ~]# mdadm -C -v /dev/md/md0 -l 0 -n 2 /dev/sdc /dev/sdd
mdadm: chunk size defaults to 512KB    ##→磁盘 block 的大小，默认为 512KB，"-c" 可指定
mdadm: Defaulting to version 1.2 metadata##→默认为 1.2 版本的元数据
mdadm: array /dev/md/md0 started.       ##→磁盘阵列/dev/md/md0 启动

[root@localhost ~]# mdadm -D -s         ##→扫描 RAID 信息
  ARRAY       /dev/md/md0    metadata=1.2       name=localhost.localdomain:md0
UUID=a133ea00:5056235e:0e7160a8:dfdd1ec7
[root@localhost ~]# mdadm -D /dev/md/md0 ##→查看指定 RAID 的详细信息
...
        Raid Level: raid0                ##→RAID 层级
        Array Size: 2093056 (2044.00 MiB 2143.29 MB)   ##→总容量
        Raid Devices: 2                  ##→使用磁盘数量为 2
        Total Devices: 2                 ##→总磁盘数量为 2
        Persistence: Superbl
...
    Number   Major   Minor   RaidDevice State
       0       8       32        0      active sync   /dev/sdc
       1       8       48        1      active sync   /dev/sdd

[root@localhost ~]# mkfs.xfs /dev/md/md0          ##→RAID 0 创建文件系统
meta-data=/dev/md/md0        isize=512    agcount=8, agsize=65408 blks
...
[root@localhost ~]# mkdir /raid0                  ##→创建挂载目录 raid 0
[root@localhost ~]# mount /dev/md/md0 /raid0/     ##→挂载 RAID 0
[root@localhost ~]# lsblk -p                      ##→查看当前磁盘信息
NAME                 MAJ:MIN RM   SIZE RO TYPE MOUNTPOINT
...
/dev/sdc              8:32    0    1G  0 disk
└─/dev/md0            9:0     0    2G  0 raid0 /raid0
```

```
/dev/sdd                              8:48    0   1G  0 disk
└─/dev/md0                            9:0     0   2G  0 raid0 /raid0
...
[root@localhost ~]# lsblk -p -o NAME,UUID,SIZE,MOUNTPOINT   ##→查看磁盘全路径及 UUID
NAME                  UUID                                    SIZE  MOUNTPOINT
...
/dev/sdc              a133ea00-5056-235e-0e71-60a8dfdd1ec7    1G
└─/dev/md0            24583af0-b74e-456b-adc4-dbbc8d3685d3    2G    /raid0
...
##→使用路径挂载
[root@localhost ~]# echo '/dev/md0 /raid0 xfs defaults 0 0' >> /etc/fstab
[root@localhost ~]# cd /raid0/                              ##→进入 raid 0 目录
[root@localhost raid0]# mkdir test;echo 'test' >> test.txt  ##→创建测试文件
[root@localhost raid0]# ll                                  ##→查看文件是否创建成功
总用量 4
drwxr-xr-x. 2 root root 6 3月  17 18:14 test
-rw-r--r--. 1 root root 5 3月  17 18:14 test.txt
```

（2）创建 RAID 1。

```
[root@localhost ~]# mdadm --create /dev/md/md1 --level=1 --chunk=1M --
metadata=1.1 --raid-disks 2 /dev/sd[e-f]    ##→创建 RAID 1，空间利用率只有 50%
mdadm: array /dev/md/md1 started.            ##→启动 RAID 1

[root@localhost ~]# lsblk -p                 ##→查看磁盘详情
NAME                  MAJ:MIN RM SIZE RO TYPE MOUNTPOINT
...
/dev/sde              8:64    0  1GB  0 disk  ##→可以看到总容量只有 1GB
└─/dev/md127          9:127   0 1022M 0 raid1
/dev/sdf              8:80    0  1GB  0 disk
└─/dev/md127          9:127   0 1022M 0 raid1
[root@localhost ~]# mkfs.xfs /dev/md127       ##→为 RAID 1 创建文件系统
meta-data=/dev/md127        isize=512    agcount=4, agsize=65408 blks
[root@localhost ~]# mkdir /raid1; mount /dev/md/md1 /raid1  ##→挂载到目录 raid1
```

（3）创建 RAID 10。

```
##→创建 raid 10
[root@localhost ~]# mdadm -C /dev/md/md10 --level 10 -n 6 /dev/sd[g-l]
mdadm: Defaulting to version 1.2 metadata
mdadm: array /dev/md/md10 started.
[root@localhost ~]# mkdir /raid10                    ##→创建挂载点
[root@localhost ~]# mkfs.xfs /dev/md/md10            ##→RAID 10 创建文件系统
[root@localhost ~]# mount /dev/md/md10 /raid10       ##→挂载 RAID 10
```

3. 多种挂载 RAID 方式

（1）根据设备路径挂载。

```
##→开机挂载 RAID 0
```

```
[root@localhost ~]# echo /dev/md0 /raid0 xfs defaults 0 0 >> /etc/fstab
```

（2）根据 RAID 名称挂载。

```
##→开机挂载 RAID 1
[root@localhost ~]# echo '/dev/md/md1 /raid1 xfs defaults 0 0' >> /etc/fstab
```

（3）根据 UUID 挂载。

```
[root@localhost ~]# blkid | grep /md10       ##→查看 RAID 10 的 UUID
/dev/md10: UUID="02882d90-4b85-46f5-9dcc-6521378d37e8" TYPE="xfs"
[root@localhost ~]# echo  UUID="02882d90-4b85-46f5-9dcc-6521378d37e8" /raid10
xfs defaults 0 0 >> /etc/fstab                ##→使用 UUID 挂载 RAID 10
```

（4）验证挂载文件是否正确并执行。

```
[root@localhost ~]# mount -a                  ##→验证挂载，挂载/etc/fstab 文件中的磁盘
```

（5）查看 RAID 挂载情况。

```
[root@localhost ~]# lsblk -p -o name,size,MOUNTPOINT   ##→查看磁盘路径、容量、挂载点
NAME                 SIZE MOUNTPOINT
...
/dev/sdc              1G
└─/dev/md0            2G /raid0              ##→RAID 0 总容量 2GB=1GB+1GB
/dev/sdd              1G
└─/dev/md0            2G /raid0
/dev/sde              1G
└─/dev/md1         1022M /raid1              ##→RAID 1 总容量 1GB=（1GB+1GB）/ 2
/dev/sdf              1G
└─/dev/md1         1022M /raid1
/dev/sdg              1G
└─/dev/md10           3G /raid10             ##→RAID 10 总容量 3GB=6GB / 2
/dev/sdh              1G
└─/dev/md10           3G /raid10
/dev/sdi              1G
└─/dev/md10           3G /raid10
/dev/sdj              1G
└─/dev/md10           3G /raid10
/dev/sdk              1G
└─/dev/md10           3G /raid10
/dev/sdl              1G
└─/dev/md10           3G /raid10
```

4．RAID 停止、激活、删除与扩展操作

（1）RAID 停止，再重新激活 RAID。

```
[root@localhost ~]# mdadm -Dsv > /etc/mdadm.conf    ##→第 1 步：保存 RAID 配置文件
[root@localhost ~]# mdadm -D /dev/md1                ##→第 2 步：确认数据同步是否完成
[root@localhost ~]# umount /dev/md1                  ##→第 3 步：卸载 RAID 1 md1
```

```
[root@localhost ~]# mdadm -S /dev/md1              ##→第 4 步：停止 RAID 1 md1
mdadm: stopped /dev/md1                            ##→停止成功
[root@localhost ~]# mdadm -As                      ##→第 5 步：重新激活已有整列
mdadm: /dev/md/md1 has been started with 2 drives. ##→激活了阵列 md1
[root@localhost ~]# mount -a                       ##→第 6 步：重新加载
```

（2）删除 RAID。

```
[root@localhost ~]# mdadm -Dsv > /etc/mdadm.conf   ##→保存配置文件
[root@localhost ~]# mdadm -D /dev/md10             ##→查看磁盘同步状态
...
     Active Devices: 6
    Working Devices: 6
...
Consistency Policy: resync
...
[root@localhost ~]# mdadm -S /dev/md10     ##→停止 RAID 10
mdadm: Cannot get exclusive access to /dev/md10:Perhaps a running process,
mounted filesystem or active volume group?    ##→停止失败,如果不先卸载就停止,则会报此错误
[root@localhost ~]# umount /dev/md10       ##→卸载 RAID 10 设备
[root@localhost ~]# mdadm -S /dev/md10     ##→停止 RAID 10
mdadm: stopped /dev/md10                   ##→停止成功
[root@localhost ~]# mdadm --zero-superblock /dev/sdg  ##→清除 sdg 盘 superblock
[root@localhost ~]# mdadm --zero-superblock /dev/sdk  ##→清除 sdk 盘 superblock
[root@localhost ~]# mdadm -As                         ##→激活已有的 RAID
mdadm: /dev/md/md10 has been started with 4 drives (out of 6). ##→激活 4 块,原来 6 块
[root@localhost ~]# mount -a                          ##→重新挂载
[root@localhost ~]# mdadm -D /dev/md10                ##→查看 RAID 10 的详情
/dev/md10:
           Version: 1.2
     Creation Time: Wed Mar 17 19:35:43 2021
        Raid Level: raid10
        Array Size: 3139584 (2.99 GiB 3.21 GB)
     Used Dev Size: 1046528 (1022.00 MiB 1071.64 MB)
      Raid Devices: 6                                 ##→RAID 盘 6 块
     Total Devices: 4                                 ##→现在是 4 块
...
    Active Devices: 4                                 ##→激活盘 4 块
   Working Devices: 4                                 ##→工作盘 4 块
...
    Number   Major   Minor   RaidDevice State
       -       0        0       0      removed       ##→被删除的盘
       1       8      112       1      active sync set-B  /dev/sdh
       2       8      128       2      active sync set-A  /dev/sdi
       3       8      144       3      active sync set-B  /dev/sdj
       -       0        0       4      removed       ##→被删除的盘
       5       8      176       5      active sync set-B  /dev/sdl
```

（3）热插拔。

使用刚才清除的 3 个磁盘 sdg、sdk、sdj，再次创建一个 RAID 1，然后模拟磁盘故障，热插拔一块磁盘（在线移除，在线添加）。

```
[root@localhost ~]# mdadm -C /dev/md/md1-2 --level 1 -n 2 -x 1 /dev/sdg /dev/sdj /dev/sdk
        ##→创建 RAID 1，名称为 md1-2，指定两块工作盘，使用 "-x" 指定 1 块热备盘
mdadm: Note: this array has metadata at the start and
    may not be suitable as a boot device.  If you plan to
    store '/boot' on this device please ensure that
    your boot-loader understands md/v1.x metadata, or use
    --metadata=0.90
Continue creating array? y                ##→输入 y 或 yes 都可以
mdadm: Defaulting to version 1.2 metadata
mdadm: array /dev/md/md1-2 started.       ##→创建成功

[root@localhost ~]# mdadm -D /dev/md/md1-2
/dev/md/md1-2:
...
     Raid Devices : 2                     ##→RAID 磁盘组成为两块磁盘
    Total Devices : 3                     ##→总共有 3 块磁盘
...
   Active Devices : 2                     ##→两块激活盘
  Working Devices : 3                     ##→3 块工作盘
   Failed Devices : 0                     ##→0 块坏盘
    Spare Devices : 1                     ##→1 块备用盘
...
    Number   Major   Minor   RaidDevice State
       0       8       96        0      active sync   /dev/sdg
       1       8      144        1      active sync   /dev/sdj
       2       8      160        -      spare         /dev/sdk   ##→sdk 盘序号为 2 是热备盘

##→挂载 RAID 1 至 md1-2
[root@localhost ~]# mkdir /raidx ;mount /dev/md/md1-2 /raidx
[root@localhost ~]# cp -r /var/log/ /raidx              ##→复制测试数据
[root@localhost ~]# mdadm /dev/md/md1-2 -f /dev/sdg     ##→模拟故障
mdadm: set /dev/sdg faulty in /dev/md/md1-2             ##→sdg 盘被设为坏盘
[root@localhost ~]# mdadm -D /dev/md/md1-2              ##→查看 md1-2 详情
/dev/md/md1-2:
...
   Active Devices : 2                     ##→激活盘还是 2 块
  Working Devices : 2                     ##→工作盘从 3 块降为 2 块
   Failed Devices : 1                     ##→坏盘从 0 块变成 1 块
    Spare Devices : 0                     ##→热备盘从 1 块降为 0 块
...
    Number   Major   Minor   RaidDevice State
```

```
         2       8      160         0          active sync   /dev/sdk
         1       8      144         1          active sync   /dev/sdj
         0       8       96         -          faulty        /dev/sdg  ##→sdg 盘状态为 faulty

[root@localhost ~]# ls /raidx/log                              ##→查看磁盘中的数据是否有损坏
...
[root@localhost ~]# mdadm -r /dev/md/md1-2 /dev/sdg            ##→移除坏盘
mdadm: hot removed /dev/sdg from /dev/md/md1-2                 ##→移除完成
[root@localhost ~]# mdadm -D /dev/md/md1-2                     ##→再次查看 md1-2 的详情
...
     Active Devices: 2
    Working Devices: 2
     Failed Devices: 0                                         ##→坏盘为 0 块
      Spare Devices: 0                                         ##→热备盘为 0 块
...
    Number   Major   Minor   RaidDevice State
         2       8      160         0          active sync   /dev/sdk
         1       8      144         1          active sync   /dev/sdj
##→sdg 已经不见

[root@localhost ~]# mdadm -a /dev/md/md1-2 /dev/sdg            ##→磁盘更换或修复后,重新添加
mdadm: added /dev/sdg
[root@localhost ~]# mdadm -D /dev/md/md1-2                     ##→查看 md1-2 详情
...
     Active Devices: 2
    Working Devices: 3                                         ##→工作盘由两块变为 3 块
     Failed Devices: 0
      Spare Devices: 1                                         ##→热备盘为 1 块
...
    Number   Major   Minor   RaidDevice State
         2       8      160         0          active sync   /dev/sdk
         1       8      144         1          active sync   /dev/sdj
         3       8       96         -          spare         /dev/sdg  ##→sdg 盘序号变为 3,热备盘
```

6.5.3　NFS 共享磁盘挂载

使用 LVM 进行分区扩展,使用 RAID 搭建磁盘阵列,这些都是单个机器上的操作。如果想共享多个机器的磁盘该怎么办?具体场景是,两台负载应用服务器需要将文件存储到同一个磁盘文件目录,方便读取。

NFS(Network File System)可以在网络中使多台 Linux 主机共享一个文件系统(磁盘目录)。在 CentOS 7.x 中,NFS 已经是 V4 版本。下面介绍 NFS 是如何进行磁盘共享的。

(1)准备两台主机。

一台主机为 NFS 服务端,IP 地址为 192.168.1.208。另一台主机为 NFS 客户端,IP 地址

为 192.168.1.210。

（2）安装 NFS 服务端。

登录 192.168.1.208，安装 NFS 服务端。查看系统是否已安装 NFS 服务端，若已安装，则跳过。

```
[root@ yaomm ~]# hostnamectl set-hostname yaomm208    ##→设置机器名为 yaomm208
[root@yaomm208 ~]# rpm -qa | grep nfs                 ##→查看是否安装过 NFS 服务端
[root@yaomm208 ~]# rpm -qa | grep rpcbind             ##→NFS 是基于 rpc 提供的服务
rpcbind-0.2.0-49.el7.x86_64
……重新登录 208
[root@ yaomm208 ~]# yum -y install nfs-utils rpcbind  ##→安装 NFS 服务端
已安装：
  nfs-utils.x86_64 1:1.3.0-0.68.el7
作为依赖被安装：
  gssproxy.x86_64 0:0.7.0-29.el7              keyutils.x86_64 0:1.5.8-3.el7
  libbasicobjects.x86_64 0:0.1.1-32.el7       libcollection.x86_64 0:0.7.0-32.el7
  libini_config.x86_64 0:1.3.1-32.el7         libnfsidmap.x86_64 0:0.25-19.el7
  libpath_utils.x86_64 0:0.2.1-32.el7         libref_array.x86_64 0:0.1.5-32.el7
  libverto-libevent.x86_64 0:0.2.5-4.el7
安装完毕！
```

（3）NFS 服务端配置。

```
[root@ yaomm208 ~]# mkdir -p /opt/share                ##→创建共享目录
[root@ yaomm208 ~]# chmod 777 /opt/share               ##→赋权，所有用户可读/写
[root@ yaomm208 ~]# chown -R nobody:nobody /opt/share  ##→文件所属+组用户=nobody
##→NFS 配置文件是/etc/sysconfig/nfs，但 NFS 文件系统列表的文件是/etc/exports
##→本条命令设置挂载点为/opt/share，192.168.1.210 为可访问主机的 IP 地址，rw 设置读/写
##→sync 同步写入数据，其他 linuxido.com 域中的主机设置为 ro 只读、async 异步
[root@yaomm208 share]# exportfs -a    ##→"-a"打开目录共享，"-r"重新共享
[root@yaomm208 share]# exportfs -v    ##→显示共享目录列表,等同于 cat /var/lib/nfs/etab
/opt/share
          192.168.1.210(sync,wdelay,hide,no_subtree_check,sec=sys,rw,secure,root_squash,no_a
ll_squash)
/opt/share
          *.linuxido.com(async,wdelay,hide,no_subtree_check,sec=sys,ro,secure,root_squash,no
_all_squash)
/opt/share
          <world>(sync,wdelay,hide,no_subtree_check,sec=sys,ro,secure,root_squash,no_all_squ
ash)
[root@ yaomm208 ~]# systemctl start rpcbind              ##→启动 RPC 服务
[root@ yaomm208 ~]# systemctl start nfs                  ##→启动 NFS 服务
[root@ yaomm208 share]# echo linuxido.com >> linuxido.txt ##→写入测试文件
```

服务端需要注意设置共享目录的所有者、组用户为 nobody，为远程共享的客户端提供 root

伪装服务。nobody 的 UID 为 99。

（4）NFS 客户端。

```
[root@localhost ~]# hostnamectl set-hostname yaomm210  ##→设置机器名为 yaomm210
……重新登录 210
[root@ yaomm208 ~]# yum -y install nfs-utils rpcbind   ##→安装 NFS 服务
[root@yaomm210 ~]# systemctl start rpcbind             ##→启动 RPC 服务
[root@yaomm210 ~]# systemctl start nfs                 ##→启动 NFS 服务
[root@yaomm210 ~]# showmount -e 192.168.1.208          ##→查看服务端 NFS 挂载点
Export list for 192.168.1.208:
/opt/share (everyone)
[root@yaomm210 share]# mkdir -p /opt/share             ##→创建挂载目录
[root@yaomm210 ~]# mount -t nfs 192.168.1.208:/opt/share /opt/share
##→挂载远端 nfs 挂载点，nfsV4 指定 TCP 传输，nfsV2、nfsV3 默认使用 UDP
[root@yaomm210 ~]# cd /opt/share/                      ##→进入共享目录
[root@yaomm210 share]# ll                              ##→查看是否可以看到服务端写入的文件
总用量 4
-rw-r--r--. 1 nobody nobody 13 3月  21 22:58 linuxido.txt
[root@yaomm210 share]# cat linuxido.txt                ##→查看客户端文件内容
linuxido.com
[root@yaomm210 share]# echo nfs210 >> nfs210.txt       ##→写入测试文件
```

（5）在服务端查看文件。

进入/opt/share 目录，查看文件。

```
[root@yaomm208 ~]# cd /opt/share/                                    ##→进入共享目录
[root@yaomm208 share]# ll
总用量 8
-rw-r--r-- 1 nobody    nobody     13 3月  21 22:58 linuxido.txt
-rw-r--r-- 1 nfsnobody nfsnobody   7 3月  22 10:40 nfs210.txt        ##→客户端创建文件
[root@yaomm208 share]# cat nfs210.txt
nfs210111
[root@yaomm208 share]# echo 'server208' >> nfs210.txt
[root@yaomm208 share]# cat nfs210.txt
nfs210111
server208
```

从上例中可以看到，客户端创建的文件在服务端变成了 nfsnobody。nfsnobody 是一个伪用户，它是远程 root 用户在 NFS 服务器上的伪装身份，其默认 UID 是 65534。

```
[root@yaomm208 share]# id nfsnobody
uid=65534(nfsnobody) gid=65534(nfsnobody) groups=65534(nfsnobody)
```

（6）查看 NFS 服务端的运行情况。

```
[root@yaomm208 nfs]# nfsstat -s        ##→查看 NFS 服务端的运行情况
Server rpc stats:
```

```
calls      badcalls    badclnt    badauth    xdrcall
1355       0           0          0          0
Server nfs v4:
null         compound
3       0%   1352      99%
...
```

(7）查看 NFS 客户端的运行情况。

```
[root@yaomm210 share]# nfsstat -c              ##→查看 NFS 客户端的运行情况
Client rpc stats:
calls      retrans     authrefrsh
1357       0           1357
...
```

6.5.4　磁盘使用率 100%的解决方法

前文介绍在磁盘空间未满，inode 使用率为 100%时，会报一个"No space left on device"的错误。如果 inode 未使用完毕，也报了这个错误，应该怎么办呢？解决方法如下。

（1）发现问题。

使用"df -Th"查看各挂载目录，发现某个目录下挂载的磁盘使用率确实达到了 100%。

（2）查找大文件并删除。

```
find / -type f -size +500MB                           ##→查找 500MB 以上的大文件
find / -type f -size +500MB | xargs rm -rf            ##→删除 500MB 以上的大文件
##→排除"我不能删"的文件
find / -type f -size +500MB | grep -v '我不能删*' | xargs rm -rf
```

（3）查找并删除 N 天前的日志文件。

```
find /var/log/ -mtime +30 -name '*.log'| xargs rm -f  ##→查找并删除 30 天前的日志文件
```

（4）删除日志后磁盘空间无法释放的解决方法。

```
echo '' > x.log              ##→使用带有空字符串的 echo 命令，并将其重定向到 x.log 文件
truncate -s 0 x.log          ##→指定目标文件字符大小为 0
cp /dev/null x.log           ##→复制/dev/null 至 x.log 文件
cat /dev/null > x.log        ##→cat 重定向/dev/null 至 x.log 文件
dd if=/dev/null of=x.log     ##→dd 转换/dev/null 至 x.log 文件
```

6.6　小结

学习完本章内容后，我们已经可以挂载一个新磁盘了。挂载不仅可以将廉价磁盘整合为冗余阵列，还可以把多个网络主机中的磁盘整合在一起，作为本地磁盘使用。

现在到了每章小结的时间，请思考是否掌握了以下内容。
- 如何查看磁盘空间？如何查看磁盘分区与文件系统？
- 磁盘满了怎么办？有哪些故障可能会导致报"No space left on device"的错误？
- 什么是软链接？什么是硬链接？
- 哪个文件系统可以动态调整 inode 大小？
- SSD 为什么比 HDD 运行速度快？PCIe 和 SATA 3.0，理论上哪个读/写速度更快？
- 什么是 GPT 分区？GPT 分区与 MBR 分区有什么区别？如何创建 GPT 分区？
- 如何创建一个文件系统？XFS 文件系统有什么快速备份的方法？
- 如何挂载一个磁盘？如何卸载一个磁盘？
- LVM 和 RAID 有什么区别？
- LVM 如何在线扩容？RAID 如何实现热插拔？
- 网络文件系统有哪些？NFS 搭建的步骤有哪些？

第 7 章 Linux 进程

在 Windows 下，右击任务栏，可以打开"任务管理器"，能查看系统中正在运行的各种程序，并且可以观察到它们的 CPU、内存、磁盘占比，还可以手动结束运行的程序。那么在 Linux 下，如何观察并管理系统中正在运行的这些程序呢？

本章主要涉及的知识点如下。

- 系统与内存：简单说明如何查看系统版本、CPU 型号、计算内存与 Swap。
- 进程与 PID：简单说明进程的概念，学习如何查看进程，如何查找进程文件。
- 进程管理：软、硬件资源的查看，触发一个进程并使其在后台运行，关闭进程。
- 性能监控：对进程占用硬件资源的情况进行持续监控与解析。
- 实战案例：本书通过生产环境解决实际的问题，加深读者对本章知识的理解。

注意：本章的重点就是学习进程的查看与关闭。

7.1 系统与内存

在对主机进行性能指标的设定之前，我们需要先了解有哪些主机资源是需要被监控的。例如，前面章节所说的磁盘使用率，本章所说的内存与 CPU 使用率，这些都是重点监控的主机资源。除此之外，还有一些需要上报监听中心的数据，如系统版本、主机名、IP 地址、CPU 型号及内核数等。这些就是本章要讲述的内容。

7.1.1 系统、主机与 CPU：uname、hostnamectl、lscpu

uname 查看系统内核，hostnamectl 设置主机别名，lscpu 查看 CPU 的型号及内核数。但在此之前，CentOS/RedHat 版本可以直接从文件中查看。

1. 查看 CentOS/RedHat 版本

```
[root@yaomm208 ~]# cat /etc/redhat-release        ##→查看 RedHat 版本
CentOS Linux release 7.9.2009 (Core)
```

```
[root@yaomm208 ~]# cat /etc/centos-release          ##→查看CentOS版本
CentOS Linux release 7.9.2009 (Core)
[root@yaomm208 ~]# ll /etc/redhat-relea*            ##→可以看到只是个软连接
lrwxrwxrwx. 1 root root 14 12月 15 14:42 /etc/redhat-release -> centos-relea
root@yaomm208 ~]# rpm -q centos-release             ##→查看CentOS安装包版本
centos-release-7-9.2009.0.el7.centos.x86_64
[root@yaomm208 ~]# cat /proc/version                ##→查看Linux内核版本
Linux version 3.10.0-1160.el7.x86_64 (mockbuild@kbuilder.bsys.centos.org) (gcc
version 4.8.5 20150623 (Red Hat 4.8.5-44) (GCC) ) #1 SMP Mon Oct 19 16:18:59 UTC
2020
##→Linux内核版本为3.10，RedHat版本为4.8.5，SMP为多核环境
```

2. uname命令速查手册

uname命令在前面章节也使用过，是Linux中经常用到的一个命令。

（1）uname命令的语法格式：uname［选项］。

（2）uname命令实例演示。

```
[root@yaomm210 ~]# uname -a          ##→查看系统相关信息
Linux yaomm210 3.10.0-1160.el7.x86_64 #1 SMP Mon Oct 19 16:18:59 UTC 2020 x86_64
x86_64 x86_64 GNU/Linux
[root@yaomm210 ~]# uname -s          ##→查看内核
Linux
[root@yaomm210 ~]# uname -n          ##→查看主机名
yaomm210
[root@yaomm210 ~]# uname -r          ##→查看内核版本号
3.10.0 -1160.el7.x86_64
[root@yaomm210 ~]# uname -v          ##→查看内核版本发行时间
#1 SMP Mon Oct 19 16:18:59 UTC 2020
[root@yaomm210 ~]# uname -m          ##→主机架构，x86_64
x86_64
[root@yaomm210 ~]# uname -p          ##→处理器类型，基本与主机架构一样
x86_64
[root@yaomm210 ~]# uname -i          ##→硬件平台，基本与主机架构一样
x86_64
[root@yaomm210 ~]# uname -o          ##→操作系统
GNU/Linux
```

3. hostnamectl命令速查手册

hostnamectl命令在前面章节使用过，主要用来设置主机别名，一般与hostname命令一起使用。

（1）hostnamectl命令的语法格式：hostnamectl［选项 | 指令］。

（2）hostname命令实例演示。

```
[root@yaomm210 ~]# hostnamectl status                        ##→查看系统状态
```

```
        Static hostname : yaomm210              ##→静态主机名
     Transient hostname: status                 ##→瞬态主机名
            Icon name  : computer-vm            ##→主机 Icon
              Chassis  : vm                     ##→虚拟机
           Machine ID  : 566e247bd3024b818a50361a3d5e487a  ##→主机 ID
              Boot ID  : 2a7b6fe16da74a8695b367fafbdbe9b6  ##→引导 ID
        Virtualization : vmware                 ##→VMware 虚拟化
     Operating System  : CentOS Linux 7 (Core)  ##→操作系统
         CPE OS Name   : cpe:/o:centos:centos:7 ##→CPE 命名标准
##→o 是操作系统，a 是应用，h 是硬件平台
               Kernel: Linux 3.10.0-1160.el7.x86_64   ##→内核版本号
         Architecture: x86-64                   ##→主机架构

[root@yaomm210 ~]# hostnamectl set-hostname linuxido  ##→修改主机别名
[root@yaomm210 ~]# hostname       ##→使用"hostname"命令查看主机名
linuxido                          ##→主机名已经改变，需要重新登录或重新打开一个 Shell
```

重新打开一个 Shell。

```
Connecting to 192.168.1.210:22...
Connection established.
To escape to local shell, press Ctrl+Alt+].

WARNING! The remote SSH server rejected X11 forwarding request.
Last login: Wed Mar 24 18:40:19 2021 from 192.168.1.52
[root@linuxido ~]# echo $HOSTNAME      ##→查看全局变量 HOSTNAME
linuxido
```

4. lscpu 命令速查手册

lscpu 命令主要从 sysfs、/proc/cpuinfo 中收集 CPU 数据，如物理插槽数量、芯片型号、内核数等。在使用 lscpu 命令查看主机时，需注意虚拟主机和物理主机的区别，它们在系统架构上有着明显差异。类似 lscpu 命令这样查看硬件的命令还有 lsusb、lspci。

```
[root@linuxido ~]    # lscpu           ##→查看 CPU 信息
Architecture:        x86_64            ##→主机架构
CPU op-mode(s):      32-bit, 64-bit    ##→CPU 支持模式
Byte Order:          Little Endian     ##→字节顺序
CPU(s):              2                 ##→CPU 个数，这里是双核 CPU
On-line CPU(s) list: 0,1               ##→在线 CPU 列表
Thread(s) per core:  1                 ##→每核超线程
Core(s) per socket:  1                 ##→每核线程数
##→主板插槽，指物理 CPU 数量。这里是因为给虚拟机分配了两个物理核心，在物理机上，一般主板插槽都是 1
座:                   2
NUMA 节点:            1                 ##→MySQL 优化有用，限于物理机
厂商 ID:              GenuineIntel      ##→厂商是 intel
CPU 系列:             6
型号:                 158
```

```
型号名称：            Intel(R) Core(TM) i5-8500 CPU @ 3.00GHz    ##→CPU 型号名称
步进：               10                 ##→版本号
CPU MHz：            3000.003           ##→CPU 主频
CPU max MHz：        0.0000
CPU min MHz：        0.0000
##→MIPS 是每秒百万条指令，这里是估算值，Bogo 是 Bogus（伪）的意思
BogoMIPS：           6000.00
超管理器厂商：        VMware             ##→阿里云的虚拟化厂商是 KVM
虚拟化类型：          full               ##→完全虚拟化
L1d 缓存：           32K                ##→一级缓存，d-cache, 读/写缓存
L1i 缓存：           32K                ##→一级缓存，i-cache, 只读缓存，速度快
L2 缓存：            256K               ##→二级缓存
L3 缓存：            9216K              ##→三级缓存
NUMA 节点 0 CPU：    0,1                ##→虚拟机无法设置 NUMA 节点
##→NUMA（Non-Uniform MemoryAccess）可以指定物理 CPU 运行的程序。在物理机上安装 MySQL 时
##→此参数有很大的优化作用，但在虚拟机上无法启用
Flags:                 fpu vme de pse tsc msr pae mce cx8 apic sep mtrr pge mca
cmov pat pse36 clflush dts mmx fxsr sse sse2 ss syscall nx pdpe1gb rdtscp lm
constant_tsc ...
##→Flags 表示 CPU 的一些特征
```

我们也可以通过 /proc/cpuinfo 查看 CPU 详细信息。示例如下：

```
cat /proc/cpuinfo                                        ##→查看 CPU 详细信息
cat /proc/cpuinfo | grep name | cut -f2 -d: | uniq -c    ##→查看 CPU 信息（型号）
cat /proc/cpuinfo| grep "physical id"| sort| uniq| wc -l ##→查看物理 CPU 个数
cat /proc/cpuinfo| grep "cpu cores"| uniq  ##→查看每个物理 CPU 中, core 的个数（即核数）
cat /proc/cpuinfo| grep "processor"| wc -l ##→查看逻辑 CPU 的个数
```

注意：对操作系统来说，逻辑 CPU 的数量就是 Socket * Core * Thread。

7.1.2　内存与交换空间：free、Swap

现代操作系统都会有物理内存和虚拟内存的设计。free 命令用来查看内存使用情况，包含查看虚拟内存（交换空间 Swap）。free 命令的数据来自文件 /proc/meminfo。

1. free 命令速查手册

（1）free 命令的语法格式：hostnamectl［选项 | 指令］。

（2）free 命令示例。

```
free                   ##→默认 KB 显示内存使用情况
free -m                ##→"-m" 选项，以 MB 为单位
free -h                ##→"-h" 展示人类可读的内存使用详情，自动转换为 KB、MB、GB 单位
free -h -s 10          ##→"-s" 每隔 10 秒定时刷新内存使用情况，按 "Ctrl+C" 快捷键退出
free -h -s 3 -c 3      ##→"-c" 每隔 10 秒刷新一次内存使用情况，总共打印 3 次
```

(3) free 命令结果详解。

```
[root@linuxido ~]# free -h           ##→展示可读的内存详情
        total     used     free     shared   buff/cache   available
Mem:    972M      557M     66M      48M      348M         186M
Swap:   2.0G      1.8M     2.0G
##→total: 总内存, used: 已使用内存, free: 未分配内存, shared: 共享内存, buff/cache: 缓冲
##→区（读取/写入）内存, available: 活动内存。
```

Mem 展示物理内存情况，Swap 展示交换空间（虚拟内存）的使用情况。

Linux 总是将使用过的内存缓存起来，以便下次打开同样的程序可以重复使用。所以总的可用内存可通过"free+buff/cache"查看，或直接查看 available 字段值。

2．内存与 Swap 的关系

在上例中，Swap 展示内存交换空间的使用情况。系统在创建时，分配 Swap 的内存空间一般是物理内存的十分之一左右，最低会为 Swap 分配 2GB 的内存空间。

为什么会这样分配呢？Swap 内存交换空间是用来做什么的？

首先，我们要明白，程序运行是要加载在内存中的。因为程序在内存中的运行速度会比在磁盘上的运行速度快很多。为什么不全部加载到 CPU 呢？因为 CPU 价格昂贵，所以 CPU 只用来接收程序发出的指令，而不是加载程序本身。内存相对磁盘来说，是既快又便宜的运行载体。

在内存容量为 512MB 的年代（更远就是 512KB 的年代了），因为操作系统和应用程序能使用的内存很少，所以当物理内存（内存条上的内存）全部被占用且需要更多内存时，操作系统就会临时使用磁盘空间代替部分内存。

Linux 是这么做的：内存管理程序将一些不经常使用的内存页交换到硬盘上，这个专门用于指定"分页"（可以认为内存上的数据是"一页一页"存储的）或交换的特殊分区就是 Swap。虽然这样会导致程序的运行速度变慢，主机性能下降，但是在迫不得已的情况下，这是一个折中的办法。

到了 2021 年，个人主机（还有小企业的云主机）的内存为 4GB 至 32GB，日常使用的内存一般为 16GB。企业服务器的云主机甚至可以扩展到单根 128G 内存，总内存能达到 24TB（交警 12123 网站）、42TB（12306 网站），甚至 64TB（IBM 小型机）。商用机性价比较高的应该是各大厂商 12TB 左右的服务器。当然，超级计算机和计算机集群不在此列。

现今，个人主机中的 Swap 空间已渐渐不重要了。但对服务器来说，在某些情况下，Swap 还有一定的生存空间。例如，某些程序在启动时会需要大量内存，但在启动完成后，需要的内存却很小。

发生内存泄漏之类的生产事故,如果物理内存不够,则会临时使用 Swap。某些进程占用了大量内存,但又长时间未被使用,可能会被交换到 Swap,当进程使用时再读入内存中。

3. Swap 交换分区的创建与启用

Swap 交换分区的相关命令主要有 3 个,分别是 mkswap(创建)、swapon(启动)、swapoff(关闭)。常用示例如下:

```
mkswap -c /dev/sdb2          ##→将 sdb2 创建为 Swap 交换分区,"-c"检查坏块
swapon /dev/sdb2             ##→"swapon"启用指定交换分区 sdb2
swapoff /dev/centos/swap     ##→"swapoff"关闭原来的 Swap 分区
swapon -s                    ##→"-s"查看正在使用的交换分区设备
swapoff -a                   ##→关闭在/etc/fstab 中的 Swap 挂载
```

注意:mkswap、swapon 还有一些其他选项。例如,可使用"--help"选项查看帮助。

7.2 进程与 PID

本节将介绍进程的基本概念与查看进程的方法。读者如果理解什么是进程,知道如何查看进程,那么我们就会明白 Linux 是如何运行的了。

7.2.1 进程、程序、PID

进程其实是一般正在运行的程序。打开的文件、挂起的信号、处理器状态、内存空间、内部线程等都是进程的一部分。部分进程也被称为"服务",如 crond、Nginx、FTP 或视频、音乐等软件都是服务,这些服务在运行时都会有对应的进程。

一根普通内存条有多块内存颗粒。程序文件存放在硬盘上,运行时会被 CPU 读取到内存条(内存颗粒)中,如图 7.1 所示。

图 7.1 内存条

注意:图 7.1 来自维基百科的纠错内存,其中描述了内存错误检查、奇偶校验位等技术。

CPU 每秒可以执行 N 条命令(由 CPU 核数与主频决定),在 1 秒内可能同时执行了 A、B、C 三种程序(如视频、音乐、开发等各种软件)。对我们来说,几乎所有程序都是并行运行的。

CPU 就像大脑,程序就像我们事先编写的流程文档。例如,我们的大脑要求先倒一杯水,

然后扫地，对我们来说操作当然是有顺序的，并且几乎不能同时操作。如果发出命令的是 CPU，则 CPU 会在内存颗粒中分配一块空间，然后将倒水程序读取至内存中，在读取内存的过程中，CPU 又将扫地程序以同样的步骤读取至内存中。但为什么我们的感知中 CPU 是在同时工作的呢？

以一块主频为 3GHz 的 CPU 为例，其中一个核心 1 秒可以处理 30 亿个时钟脉冲信号（1GHz=1000MHz, 10^9Hz）。时钟脉冲信号之间的时间间隔称为时钟周期或振荡周期。执行一个加减运算一般需要 3~5 个时钟周期，乘除需要 10~20 个时钟周期。对 CPU 来说，倒水、扫地这些工作虽然是有先后顺序的，但是因为 CPU 处理速度过快，我们对于 CPU 的操作几乎毫无感知，所以我们会以为它们是同时运行的，如图 7.2 所示。

图 7.2　多核 CPU 及主频

再以同时听音乐和打字为例，我们在播放一首音乐的同时在 Word 软件上编写文档。在我们敲击键盘时，会触发一个程序中断（硬中断）事件，CPU 调用了输入法，将我们用键盘敲击的文字编写在文档中。这个过程很流畅，音乐同时在播放。当音乐切换到下一首歌时，也会触发一个程序中断（软中断）事件，获取到 CPU 的调度权限，读取下一首歌的资源，从硬盘或网络读取至内存，将信号发送给播放器，同时我们敲击文字的动作并没有受影响。这是因为 CPU 切换任务的速度太快，以至于我们毫无察觉。

在什么情况下计算机的运行会被用户感知到呢？以 Windows 为例，在读取大资源或在计算机中同时运行的任务过多时，可能会出现我们常说的"卡死"问题，即屏幕卡住了，电脑没反应了。如果磁盘读取/写缓慢，则程序所在的进程可能会报一个无响应问题，通常会有个弹出框让我们结束进程或继续等待。如果内存不够用，则程序可能会报内存溢出等问题，系统直接蓝屏。如果 CPU 计算资源不足，则直接黑屏死机。

现代计算机一般很少出现因为 CPU 资源不足而死机的情况。根据木桶理论，能承载多少水是受限于最短的那块板的。内存、磁盘就是相对 CPU 而言的短板。

最后，我们为进程下定义：一个进程就是一段正在执行的程序产生的实时结果，并且这段程序可以被反复执行。同一段代码可以产生两个及以上的不同进程，但不同进程又有可能共享同样的打开文件、地址空间等资源。

如何区分不同的进程呢？进程有一个唯一标识符 PID（Process Identification）。

如何查看进程与它的 PID？如何运行与关闭进程？如何对进程占用的资源（如文件、磁盘、CPU、内存等）进行监控？这就是我们接下来要学习的。

注意：Linux 中的线程也是进程。线程中会有 PPID 的进程。进程内的线程间可以共享内存资源，调度切换 CPU 的速度非常快。

7.2.2 进程查看：ps、pgrep、pstree

在 Linux 中，最全最好用的进程查看工具是命令 ps（process scan）。"pgrep xx"可以根据进程名查找进程信息，相当于"ps|grep xx"。pstree 相当于查看文件时的 tree 命令，可以像树状列出父子目录一样列出父子进程的信息。

1. ps 命令速查手册

ps 命令的作用相当于执行命令时给 Linux 进程拍了一张快照。读者在这张快照中使用 ps 命令的参数功能查找到需要的信息。使用该命令可以确定有哪些进程正在运行，哪些进程占用了过多的资源，进程是否结束，进程有没有僵死等。

（1）ps 命令的语法格式：ps [选项]。

（2）ps 命令示例。

```
ps                ##→查看当前终端正在执行的进程
ps -a             ##→查看所有终端执行的进程，除了阶段作业领导者
ps a              ##→查看所有终端执行的进程，包括其他用户的进程
ps -u root        ##→查看指定 root 用户的进程
ps j              ##→输出字段 PPID、PID、PGID、SID、TTY、TPGID、STAT、UID、TIME、COMMAND
ps -l             ##→查看进程优先级等数据

ps -ef                              ##→查看所有进程
ps -ef | grep frp                   ##→根据进程名查找进程
ps -ef | grep frp | grep -v 'grep'  ##→根据进程名查找进程，过滤自身

ps axjf                             ##→以树状方式显示所有进程，PPID 为父进程
ps aux | grep frp | grep -v 'grep'  ##→根据进程名查找进程详细信息

ps -eo 'pid,user,%cpu,%mem,args'    ##→标准格式，输出进程号、用户名、CPU、内存、命令
ps -eo "%C %P %p %z %a"             ##→AIX 格式，输出%CPU、PPID、PID、VSZ、COMMAND
##→"--sort"指定排序，pcpu 按 CPU 使用率排序，-pcpu 按照从大到小降序排序，+pcpu 按照从小
##→到大升序排序
ps -eo "%C %P %p %z %a" --sort -pcpu | head -n10
```

2. ps 命令结果详解

（1）进程、父子进程、进程组、会话与领导者。

在使用 ps、ps -a 与 ps a 命令查看进程时，我们可以看到其结果并不相同。ps 命令输出的内容是，使用者当前所在终端的进程；ps -a 命令输出的内容是，所有终端执行的进程；而不加 "-" 的 ps a 命令，其输出的内容多了几行，并多了一个结果字段 STAT，CMD 字段变为了 COMMAND。

多出的几行内容是因为 "a" 选项将 STAT 状态列中的 "s" 状态的进程也打印了出来。"s" 状态表示这个进程是 session leader，即会话领导者或进程领导者。在通常情况下，远程终端的登录进程都是会话领导者。在这个 Shell 终端下执行的所有其他进程 SID 都是这个 Shell 的子进程，如下所示：

```
[root@yaomm208 ~]# ps ajf            ##→树状展示所有终端执行的进程
 PPID   PID   PGID   SID       TTY    TPGID   STAT   UID   TIME  COMMAND
95143 95148  95148  95148     pts/5   113132   Ss     0    0:00  -bash
95148 113132 113132 95148     pts/5   113132   R+     0    0:00   \_ ps ajf
...
```

上述示例结果的两个重要字段分别是 PPID（父进程 ID）和 PID（进程 ID）。以进程结果的第 2 行 PID 为 113132 的进程为例，可以看到程序是执行了 "-bash" 这个进程的，其父进程 PPID 为 95148。

第 1 行进程 PID 为 95148，即第 2 行进程的父进程。如果 STAT 的结果状态含有 "s"，则为会话领导者，也称进程领导者。会话领导者的执行命令是 "-bash"，也是登录 Shell 的进程。

进程领导者不一定是会话领导者，但会话领导者一定是进程领导者，如下所示：

```
[root@yaomm208 ~]# ps axjf      ##→树状展示所有非中断进程，包括系统进程
...
    1  1094  1094  1094   ?       -1 Ss     0   0:00 /usr/sbin/sshd -D
 1094  4144  4144  4144   ?       -1 Ss     0   0:00  \_ sshd: root@pts/0
 4144  4146  4146  4146 pts/0   4146 Ss+    0   0:00  |   \_ -bash
 1094  4209  4209  4209   ?       -1 Ss     0   0:00  \_ sshd: root@pts/1
 4209  4211  4211  4211 pts/1  21233 Ss     0   0:00      \_ -bash
 4211 21233 21233  4211 pts/1  21233 R+     0   0:00          \_ ps axjf
...
```

（2）ps 命令的结果说明如表 7.1 所示。

表 7.1　ps 命令的结果说明

结　　果	说　　明
F	flag，进程标识
UID	执行用户 ID
USER	执行进程的用户名
PID	进程 ID
PPID	父进程 ID

续表

结　　果	说　　明
PGID	父进程组用户
SID、SESS、SESSION	会话领导者的 SID，也是会话领导者的进程 ID
TPGID	进程在 tty 终端上连接的前台进程组 ID，如果没有连接 tty 终端，则为-1
C、%CPU	CPU 使用百分比
PRI	Priority，进程的优先级，此值越小进程的优先级别越高
NI	nice，修正优先级，默认为 0，可设置 nice 命令。这不是程序最终的优先级，需要与 PRI 相加才是最终的优先级
SZ	进程核心映像物理页中的大小，参见 VSZ、RSS
WCHAN	目前这个进程是否正在运行，"-"表示正在运行，进程是多线程的。如果 ps 没有显示线程，则用"*"表示
%MEM	内存使用百分比
VSZ	该进程使用的虚拟内存量，单位为 KB
RSS	RSZ、RSSIZE，该进程占用的物理内存量，单位为 KB
TTY	进程所属的终端控制台，TTY 列的结果是 tty，为本机登入者在操作，pts/3 为第 4 个远程终端，可使用 tty 命令查看当前终端 "?" 表示并非由终端执行的程序
S、STAT、STATE	该进程目前的状态。D、R、S、T、X、Z 为其主要状态 D：Uninterruptible Sleep，不可中断的休眠状态。通常是在等待 I/O。不接受外来的任何信号（signal），无论是"kill -9"，还是"kill -15" R：TASK_RUNNING，正在运行 S：Interruptible Sleep，可中断的休眠状态。等待调用 T：TASK_STOPPED- TASK_TRACED，暂停运行，跟踪调试状态。通常进程在收到 SIGSTOP（kill -19）信号时会进入该状态，接收 SIGCONT（kill -18）信号时恢复为 R（RUNNING） X：TASK_DEAD - EXIT_DEAD，退出状态。即将销毁的进程 Z：TASK_DEAD - EXIT_ZOMBIE，退出状态。僵尸进程，进程已终止，但进程描述符存在 额外状态，在 DRSTX 之后的状态，如 Ss+中的 s+ <：high-priority，高优先级进程 N：low-priority，低优先级进程 s：session leader，会话领导者 L：锁定状态 l：多线程，克隆线程 +：前台进程
STIME、START	进程开始运行的时间
TIME	进程使用的 CPU 时间总和
CMD 、COMMAND	执行命令

（3）ps 命令的结果解读。

我们来解读一段常见的 ps 命令结果，示例如下：

```
PID          TTY        STAT    TIME         COMMAND
5175         pts/4      S+      0:00         tail -fn100 frpc.log
```

我们可以将其解读为以下内容。

- 它的进程 id 号为 5175（PID 为 5175）。
- 它是由网络连接的第 5 个终端操作的（tty 为 pts/4）。
- 它是一个前端进程（STAT 为+），但现在是中断或睡眠状态（STAT 为 S）。中断或睡眠状态说明此日志文件没有被新的数据写入。
- 它几乎没有耗费的 CPU 的运行时间（TIME 为 0.00）。
- 它是一个查看日志的进程，查看日志的命令是 tail（COMMAND 行结果）。

（4）ps 命令指定的输出结果。

ps 命令可以使用 "-o" 选项输出指定字段，一般与 "-e" 选项一起使用。示例如下：

```
[root@linuxido ~]# ps -eo 'pid,user,%cpu,%mem,args' | head -n 10
##→输出进程号、用户名、CPU 使用率、内存使用率、带参数的执行命令
    PID USER      %CPU %MEM COMMAND
      1 root       0.0  0.6 /usr/lib/systemd/systemd --switched-root --system --deserialize 22
      2 root       0.0  0.0 [kthreadd]
...
[root@linuxido ~]# ps -eo "%C %P %p %z %a" | head -n 10
##→输出 CPU、父进程、进程号、内存、执行命令
%CPU  PPID   PID   VSZ    COMMAND
 0.0     0     1 136772  /usr/lib/systemd/systemd --switched-root --system --deserialize 22
...
##→按照内存大小进行排序
[root@linuxido ~]# ps -eo "%C %P %p %z %a" --sort -vsz | head -n10
%CPU   PPID  PID   VSZ    COMMAND
 0.0      1 2989 713760 /home/deploy/frp/frpc/frpc -c /home/deploy/frp/frpc/frpc.ini
 0.0      1 1048 626456 /usr/sbin/NetworkManager --no-daemon
 0.0      1 1017 615092 /usr/lib/polkit-1/polkitd --no-debug
...
```

从上例中可以看出，输出字段有几种不同的风格。我们称 pcpu、user 这种格式为标准格式，%C、%P 这种格式为 AIX 格式。ps 命令指定的输出字段如表 7.2 所示。

表 7.2　ps 命令指定的输出字段

AIX 输出格式	标 准 格 式	输出标题头	说　　　明
%C	pcpu	%CPU	CPU 使用率占比
%G	group	GROUP	组用户
%P	ppid	PPID	父进程的 PID

续表

AIX 输出代码	标准格式	输出标题头	说　明
%U	user	USER	用户名
%a	args	COMMAND	执行命令，带完整参数
%c	comm	COMMAND	执行命令
%g	rgroup	RGROUP	组用户
%n	nice	NI	进程优先级修正值
%p	pid	PID	进程号
%r	pgid	PGID	进程组 ID
%t	etime	ELAPSED	进程启动时间
%u	ruser	RUSER	执行进程的用户名
%x	time	TIME	进程执行时间
%y	tty	TTY	进程执行的终端
%z	vsz	VSZ	进程使用内存，虚拟值

3. 扩展命令：pgrep 与 pstree

我们在对 ps 命令有一定了解后，现在来学习一些其他常用的命令来查看进程。其他常用命令相对于 ps 命令较为简洁，如 "pgrep xx" 类似于 "ps -ef | grep xx"，"pstree" 类似于 "ps axjf"。

（1）pgrep 命令示例。

```
pgrep ftp              ##→直接通过进程名查找 PID
pgrep -l ftp           ##→ "-l" 选项列出进程执行命令
pgrep -a ftp           ##→ "-a" 选项列出执行命令+参数
pgrep -u linuxido -a   ##→ "-u" 选项查看指定用户进程
```

（2）pstree 命令示例。

pstree 命令需要单独安装。其工具包为 psmisc，安装命令为 "yum install psmisc"。

```
pstree         ##→树状展示进程信息。默认以 systemd 为根进程，PID 为 1
pstree 0       ##→查看进程为 0 的进程树
pstree root    ##→查看 root 用户的进程树
pstree -p      ##→ "-p" 选项可查看进程号
```

注意：由于 ps 命令支持各种不同发行版本的 Linux 或 UNIX，因此 ps 命令有各种格式。UNIX 选项必须在其前面加 "-"。BSD 选项不能与 "-" 一起使用。GNU Long 选项前面有两个 "-"。

7.2.3　进程文件查看：lsof

lsof 是 list open file 的缩写。在前面章节中，我们用它打开被进程占用的文件。事实上，lsof 不仅可以根据进程找到打开的文件，还可以根据文件找到对应的进程信息。

（1）lsof 命令的语法格式：lsof [选项] [PID | 文件]。

（2）lsof 命令示例。

```
lsof /var/log/messages    ##→根据文件找到对应的进程信息
lsof -p 10178             ##→"-p"根据从 PID 打开所在的进程和文件
lsof -c vsftpd            ##→"-c"根据从进程名显示打开的进程和文件

lsof -d 3                 ##→"-d"打开文件描述符是 3 的进程
lsof +d /var/log          ##→"+d"打印此目录下正在被打开的日志文件
lsof +D /var/log          ##→"+D"递归此目录下被打开的文件

lsof -i                   ##→打印所有 IPV4、IPV6 的 tcp 及 UDP 进程
lsof -i:21                ##→查看 21 端口所在的进程，一般是 FTP
lsof -i:1-100             ##→打印 1~100 的端口号所在的进程
lsof -i:21 -t             ##→只打印端口所在的进程号，即 PID
lsof -i udp               ##→打印所有 UDP 进程
lsof -i tcp               ##→打印所有 TCP 进程
lsof -i tcp:22            ##→查看同时是 TCP 和 22 端口的进程，一般是 SSH 服务，远程 Shell
lsof -i tcp:ftp,22,8080   ##→输出 TCP 下的 FTP 服务、22 端口、8080 端口进程

lsof -u linuxido          ##→打印用户 linuxido 的进程
lsof -U                   ##→打印所有 socket 进程
```

（3）lsof 命令实例演示。

```
[root@yaomm ~]# lsof /var/log/messages       ##→打开文件对应的进程信息
COMMAND       PID USER   FD   TYPE DEVICE SIZE/OFF   NODE NAME
abrt-watc     701 root   4r   REG  253,0   139036  17237917 /var/log/messages
rsyslogd     1076 root   7w   REG  253,0   139036  17237917 /var/log/messages

[root@yaomm ~]# lsof -a /var/log/messages    ##→与默认不加"-a"选项的命令基本一致
COMMAND       PID USER   FD   TYPE DEVICE SIZE/OFF   NODE NAME
abrt-watc     701 root   4r   REG  253,0   139036  17237917 /var/log/messages
rsyslogd     1076 root   7w   REG  253,0   139036  17237917 /var/log/messages

[root@yaomm ~]# pgrep -l ftp                 ##→pgrep 根据进程中的关键字找到对应进程
10178 vsftpd
[root@yaomm ~]# lsof -p 10178                ##→"-p"利用 PID 打开相关进程与文件
COMMAND PID USER FD   TYPE      DEVICE       SIZE/OFF NODE    NAME
...
vsftpd  10178 root 3u unix 0xffff9dc276158cc0 0t0    394278  socket
vsftpd  10178 root 4u IPv4 394205             0t0    TCP     *:ftp (LISTEN)

[root@yaomm ~]# lsof -c vsftpd               ##→"-c"利用进程名打开相关进程与文件
COMMAND PID  USER FD TYPE  DEVICE   SIZE/OFF  NODE  NAME
...
vsftpd 10178 root 3u unix 0xffff9dc276158cc0 0t0   394278  socket
vsftpd 10178 root 4u IPv4 394205             0t0   TCP    *:ftp (LISTEN)
```

```
[root@yaomm ~]# lsof -d 3                    ##→打开 FD 列文件描述符是 3 的进程
COMMAND     PID USER FD  TYPE  DEVICE            SIZE/OFF NODE  NAME
systemd-u   386 root 3u  unix  0xffff8c033697c000 0t0     10062 /run/udev/ control
...
[root@yaomm ~]# lsof +d /var/log              ##→"+d"打印此目录下正在打开的日志文件
COMMAND     PID USER FD  TYPE DEVICE SIZE/OFF NODE     NAME
abrt-watc   701 root 4r  REG  253,0  7042     17288654 /var/log/messages
...
[root@yaomm ~]# lsof +D /var/log              ##→"+D"递归此目录下打开的文件
COMMAND     PID USER FD  TYPE DEVICE SIZE/OFF NODE     NAME
auditd      677 root 4w  REG  253,0  582870   34085988 /var/log/audit/audit.log
abrt-watc   701 root 4r  REG  253,0  7042     17288654 /var/log/messages
...

[root@yaomm ~]# lsof -i:21                    ##→"-i:端口"利用端口打开对应进程
COMMAND     PID   USER FD  TYPE DEVICE SIZE/OFF NODE NAME
vsftpd      10178 root 4u  IPv4 394205 0t0      TCP  *:ftp (LISTEN)

##→输出 TCP 下的 FTP 服务、22 端口、8080 端口进程
[root@yaomm ~]# lsof -i tcp:ftp,22,8080
COMMAND     PID   USER FD  TYPE DEVICE SIZE/OFF NODE NAME
sshd        1074  root 3u  IPv4 22055  0t0      TCP  *:ssh (LISTEN)
sshd        1074  root 4u  IPv6 22057  0t0      TCP  *:ssh (LISTEN)
vsftpd      10178 root 4u  IPv4 394205 0t0      TCP  *:ftp (LISTEN)

[root@yaomm ~]# lsof -i:1-100                 ##→打印 1~100 的端口号所在的进程
...
```

（4）lsof 命令的结果说明如表 7.3 所示。

表 7.3　lsof 命令的结果说明

结　　果	说　　明
COMMAND	命令
PID	进程号
USER	用户名
FD	文件描述符，应用程序通过文件描述符识别该文件 0、1、2 都是系统级的文件描述符，每个进程都固定有 0、1、2 三种文件描述符。进程每打开一个新文件，都是从最小的文件描述符了开始的 0：标准输入 1：标准输出 2：标准错误 3、4、…、n 都是一个新文件描述符 其他类型 mem：memory，在内存中打开文件，一般为依赖包 cwd：current working dir，当前工作目录

续表

结　果	说　明
FD	rtd：root dir，根目录 txt：二进制文件 一般在 0、1、2 后紧跟一个文件状态模式：u、r、w u：文件被打开，并处于读取/写入模式，如 3u r：文件被打开，并处于只读模式 w：文件被打开，并处于写入模式 在文件状态后，可能还有文件锁，如 R、W、U、X r：只读文件锁——部分 R：只读文件锁——整个 w：写入文件锁——部分 W：写入文件锁——整个 u：读/写锁——部分 U：读/写锁——整个
TYPE	文件类型 unix：socket 文件 IPv4：网络协议 IPv4 套接字 IPv6：网络协议 IPv6 套接字 CHR：字符类型 DIR：目录 BLK：块设备类型 FIFO：通道文件，先进先出队列 REG：程序二进制文件 unknown：无法识别的文件，如 Windows 的 exe 文件 a_inode：inode 文件
DEVICE	磁盘主次设备号 如果是 socket 文件，则是 0xffff8c0311b7aec0 形式的内存地址
SIZE/OFF	文件大小
NODE	索引节点，inode number 如果是网络协议进场，则分为 TCP、UDP
NAME	文件名称

7.2.4　程序查找：pwdx、which、whereis

相比 ps、lsof 命令都可以根据进程名查找进程，pwdx 命令则是一个非常简洁的命令，可以根据进程号（PID）查找当前进程的工作目录。which、whereis 命令可以静态查找程序文件，无须程序运行。

which 命令是在 PATH 环境变量定义的路径中查找的。whereis 命令不仅在 PATH 环境变量的基础上增加了一些系统目录的查找，而且可以查找命令相关的其他文件。示例如下：

```
[root@yaomm ~]# pgrep -l mysql      ##→查找 mysql 进程
1426 mysqld

[root@yaomm ~]# pwdx 1426           ##→"pwdx"根据 mysql 的 PID 查找工作目录
1426: /var/lib/mysql                ##→mysql 的工作目录在/var/lib 下

[root@yaomm ~]# echo $PATH          ##→"PATH"为当前 Shell 的环境变量
/usr/local/java/jdk1.8.0_131/bin:/usr/local/java/jdk1.8.0_131/jre/bin:/usr/local/rvm/gems/ruby-2.7.0/bin:/usr/local/rvm/gems/ruby-2.7.0@global/bin:/usr/local/rvm/rubies/ruby-2.7.0/bin:/usr/local/sbin:/usr/local/bin:/usr/sbin:/usr/bin:/usr/local/rvm/bin:/root/bin:/sbin:/usr/bin:/usr/sbin

[root@yaomm ~]# which mysql         ##→"which"查找启动 mysql 的命令，在/usr/bin 下
/usr/bin/mysql

[root@yaomm ~]# whereis mysql       ##→"whereis"查找相关启动程序及帮助文件
mysql: /usr/bin/mysql /usr/lib64/mysql /usr/share/mysql /usr/share/man/man1/mysql.1.gz

[root@yaomm ~]# whereis -m mysql ##→"-m"只查找帮助文件
mysql: /usr/share/man/man1/mysql.1.gz

[root@yaomm ~]# whereis -b mysql ##→"-b"只查找二进制文件
mysql: /usr/bin/mysql /usr/lib64/mysql /usr/share/mysql
```

注意：读者之前学过 pwd 命令，它用于查看当前目录。而 pwdx 则用于查看进程运行的当前目录。

7.3 进程管理

本节主要讲述如何运行进程、关闭进程及调整进程执行的优先级。

7.3.1 前后台进程与免挂起：& 与 nohup

"&"用来将命令放入后台运行。

（1）打开 Shell 1，使用 ping 命令将结果重定向至 ping.log 文件，使用 "&" 将命令放入后台运行。

```
##→将执行 ping 命令的结果放入 ping.log 文件
```

```
[root@yaomm ~]# ping linuxido.com >> ping.log
^C                                                    ##→按"Ctrl+C"快捷键结束上个命令

[root@yaomm ~]# ping linuxido.com >> ping.log &       ##→将ping命令放入后台
[1] 11683                                             ##→这个放入后台的进程号是11683
```

（2）根据反馈的进程号 11683 查看相关进程文件。

```
[root@yaomm ~]# lsof -p 11683  ##→使用lsof命令打开相关进程文件，ping命令也有很多依赖包
COMMAND   PID  USER  FD   TYPE DEVICE SIZE/OFF     NODE NAME
ping    11683  root  cwd  DIR   253,0    4096  33574977 /root
ping    11683  root  rtd  DIR   253,0    4096        64 /
...
ping    11683  root   2u  CHR   136,1     0t0         4 /dev/pts/1

[root@yaomm ~]# pwdx 11683                ##→使用pwdx命令查看的工作目录是/root
11683: /root
```

（3）直接使用命令关键字查看相关进程。

```
[root@yaomm ~]# ps -ef|grep ping          ##→使用ps命令查看ping命令的相关进程
root      11683  11388  0 12:46 pts/1    00:00:00 ping linuxido.com
root      11694  11388  0 12:50 pts/1    00:00:00 grep --color=auto ping


[root@yaomm ~]# whereis ping              ##→查看ping命令的相关文件
ping: /usr/bin/ping /usr/share/man/man8/ping.8.gz

[root@yaomm ~]# which ping                ##→二进制程序文件在/usr/bin下
/usr/bin/ping

[root@yaomm ~]# tail -fn100 ping.log ##→查看ping.log文件
64 bytes from app1 (123.56.94.254): icmp_seq=1460 ttl=53 time=26.4 ms
64 bytes from app1 (123.56.94.254): icmp_seq=1461 ttl=53 time=26.5 ms
...
```

（4）新打开一个 Shell，将其命名为 Shell 2，查看有哪些进程在使用 ping.log 文件。

```
[root@yaomm ~]# lsof ping.log             ##→查看文件被哪些进程打开
COMMAND   PID    USER    FD   TYPE   DEVICE  SIZE/OFF   NODE      NAME
ping      11683  root    1w   REG    253,0   95893      34086007  ping.log
tail      11751  root    3r   REG    253,0   95893      34086007  ping.log
```

（5）从上例可以看到，ping 命令被 "&" 隐藏到后台。如何将后台的程序再转回控制台呢？我们可以先用 jobs 命令查看有哪些程序在后台运行，然后使用 fg（foreground）命令将其重置到控制台。

```
[root@yaomm ~]# jobs                    ##→查看当前终端有多少程序在后台运行
[1]+  运行中                  ping linuxido.com >> ping.log &
[root@yaomm ~]# fg 1                    ##→使用fg将后台运行的程序重置到控制台,序号为[1]+中的1
ping linuxido.com >> ping.log           ##→控制台运行了
```

(6) 相对 fg 命令而言，bg（background）命令的存在感就没有那么强了。在什么情况下使用 bg 呢？例如，我们在执行命令时没有加上 "&"，但又不想按 "Ctrl+C" 快捷键中断命令再执行，此时，我们可以按 "Ctrl+Z" 快捷键将进程挂起，然后使用 bg 命令让进程在后台继续运行。

```
[root@yaomm ~]# ping linuxido.com >> ping.log      ##→执行 ping 命令,没加 "&"
^Z                                                 ##→按"Ctrl+Z"快捷键挂起进程
[1]+  已停止               ping linuxido.com >> ping.log  ##→进程已被挂起,是第1个job
[root@yaomm ~]# bg 1                               ##→继续运行job
[1]+ ping linuxido.com >> ping.log &               ##→在后面加了 "&"
```

(7) 但使用 bg 命令放入后台就可以了吗？关闭 Shell 1 查看这个进程是否还存在。

```
[root@yaomm ~]# lsof ping.log           ##→查找这个文件被谁打开过? 没有
[root@yaomm ~]# lsof -p 11683           ##→查找 11683 进程还存在吗? 不存在
[root@yaomm ~]# pwdx 11683              ##→查看这个进程的工作目录
11683: 没有那个进程                      ##→显示没有这个进程
[root@yaomm ~]# ps -ef|grep ping        ##→查找是否还有在使用 ping 的进程? 没有
root      11775   11641  0 13:28 pts/0    00:00:00 grep --color=auto ping
```

可以看到，在 Shell 1 终端关闭后，这个终端执行的命令也会结束并销毁，不再执行。

(8) 我们在前面章节学习过 screen 会话管理工具。在 screen 中运行的程序，关闭 Shell 终端，下次再连接 screen 依然可以运行。如何使 Shell 中的命令达到 screen 这样的效果？这就要用到 nohup（no hangup，忽略挂起）命令了。

```
[root@yaomm ~]# nohup ping linuxido.com &          ##→nohup+& 表示在后台运行
[2] 13030
[root@yaomm ~]# nohup: 忽略输入并把输出追加到"nohup.out"  ##→默认写入 nohup.out
^C
```

(9) nohup 命令默认忽略输入，并把输出追加到 nohup.out。如何将日志写入指定文件？

```
[root@yaomm ~]# nohup ping linuxido.com >> ping2.log & ##→使用 nohup 运行后台程序
[2] 12276
[root@yaomm ~]# nohup: 忽略输入重定向错误到标准输出端        ##→没有指定重定向日志
^C  ##→按"Ctrl+C"快捷键中断这个警告,并执行其他程序
[root@yaomm ~]# lsof ping2.log              ##→打开 ping2.log 文件所在进程
COMMAND    PID     USER   FD   TYPE DEVICE SIZE/OFF   NODE      NAME
ping      12276    root   1w    REG  253,0    61673   33606295  ping2.log
[root@yaomm ~]# tail -fn100 ping2.log       ##→使用 tail 查看输入的数据是否正确
64 bytes from app1 (123.56.94.254): icmp_seq=140 ttl=53 time=27.0 ms
```

```
64 bytes from app1 (123.56.94.254): icmp_seq=141 ttl=53 time=26.3 ms
...
```

（10）关闭 Shell 终端，记住 12276 这个 PID，重新登录 Shell，可以看到其正在运行。

```
[root@yaomm ~]# lsof -p 12276    ##→打开 PID 为 12276 的进程
COMMAND   PID   USER   FD    TYPE DEVICE  SIZE/OFF   NODE      NAME
ping      12276 root   txt   REG  253,0   66176      51080504  /usr/bin/ping
...
```

（11）使用 nohup 命令运行程序时，有个警告是"忽略输入重定向错误到标准输出端"。如何消除这个警告，而不按"Ctrl+C"快捷键来中断呢？示例如下：

```
[root@yaomm ~]# nohup ping linuxido.com >> ping3.log 2>&1 > /dev/null &
[2] 12603        ##→文件描述符 2 为标准错误，重定向至标准输出 1，将描述符 2、标准输出 1 都扔进黑洞
设备/dev/null
```

（12）在系统关机重启后，nohup 命令是不会跟随启动的。如何让 nohup 命令变成系统服务，跟随系统开机一起启动呢？读者们可以自己思考，或翻阅本书第 9 章内容，查看实现的办法。

注意："jobs -l"可查看进程 PID。jobs、bg、fg 都可使用 help bg 这样的命令进行查看帮助。

7.3.2　杀死进程：kill、killall、pkill

kill 命令在 Linux 中可谓"名声在外"。刚接触 Linux 的初学者可能已经在使用此命令关闭进程了。我们使用最多的命令是 "kill -9 PID" "kill -15 PID"。它们都可以关闭进程。但它们有什么区别？都代表什么意思？在什么情况下使用？还有别的 kill 命令吗？这就是本节要讲解的内容。

1. kill 命令速查手册

（1）kill 命令的语法格式：kill ［-s 信号名称 |-信号编号］PID。

（2）kill 命令示例。

```
kill -9 12261            ##→杀死进程，强制终止
kill -SIGKILL 12261      ##→等同于 kill -9

kill -15 12276           ##→终止进程
kill 12276               ##→等同于 kill -15。如果不见信号编号，则默认发送 SIGTREM 信号

kill -s STOP 12603       ##→暂停，相当于"Ctrl+Z"快捷键
kill -s CONT 12603       ##→继续，相当于 bg 命令

kill -l                  ##→查看有哪些 sig 信号
```

```
kill -l 9                    ##→查看编号为 9 的是什么信号，结果为“KILL”
```

（3）kill 命令的信号。

kill 命令有哪些信号可以发送？我们可以输入“kill -l”命令进行查看，结果如图 7.3 所示。

```
[root@linuxido ~]# kill -l
 1) SIGHUP       2) SIGINT       3) SIGQUIT      4) SIGILL       5) SIGTRAP
 6) SIGABRT      7) SIGBUS       8) SIGFPE       9) SIGKILL     10) SIGUSR1
11) SIGSEGV     12) SIGUSR2     13) SIGPIPE     14) SIGALRM     15) SIGTERM
16) SIGSTKFLT   17) SIGCHLD     18) SIGCONT     19) SIGSTOP     20) SIGTSTP
21) SIGTTIN     22) SIGTTOU     23) SIGURG      24) SIGXCPU     25) SIGXFSZ
26) SIGVTALRM   27) SIGPROF     28) SIGWINCH    29) SIGIO       30) SIGPWR
31) SIGSYS      34) SIGRTMIN    35) SIGRTMIN+1  36) SIGRTMIN+2  37) SIGRTMIN+3
38) SIGRTMIN+4  39) SIGRTMIN+5  40) SIGRTMIN+6  41) SIGRTMIN+7  42) SIGRTMIN+8
43) SIGRTMIN+9  44) SIGRTMIN+10 45) SIGRTMIN+11 46) SIGRTMIN+12 47) SIGRTMIN+13
48) SIGRTMIN+14 49) SIGRTMIN+15 50) SIGRTMAX-14 51) SIGRTMAX-13 52) SIGRTMAX-12
53) SIGRTMAX-11 54) SIGRTMAX-10 55) SIGRTMAX-9  56) SIGRTMAX-8  57) SIGRTMAX-7
58) SIGRTMAX-6  59) SIGRTMAX-5  60) SIGRTMAX-4  61) SIGRTMAX-3  62) SIGRTMAX-2
63) SIGRTMAX-1  64) SIGRTMAX
```

图 7.3　kill 命令的信号

如图 7.3 所示，所有信号都以 SIG 开头，9 代表 KILL（杀死），15 表示 TERM（终止）。示例如下：

```
[root@yaomm ~]# ps -ef|grep ping      ##→查看 ping 进程
root      12261  12067  0 08:01 pts/2   00:00:06 ping linuxido.com
root      12276  12067  0 08:15 pts/2   00:00:06 ping linuxido.com
root      12603  12531  0 10:28 pts/0   00:00:00 ping linuxido.com
root      12626  12067  0 10:50 pts/2   00:00:00 grep --color=auto ping

[root@yaomm ~]# jobs                  ##→查看当前终端运行任务，ping3.log 不在此终端下
[1]-  运行中                ping linuxido.com >> ping.log &
[2]+  运行中                nohup ping linuxido.com >> ping2.log &

[root@yaomm ~]# kill -9 12261         ##→给 PID 为 12261 的进程发出 SIGKILL 信号
[root@yaomm ~]# jobs
[1]-  已杀死                ping linuxido.com >> ping.log          ##→状态变为“已杀死”
[2]+  运行中                nohup ping linuxido.com >> ping2.log &

[root@yaomm ~]# kill -15 12276        ##→给 PID 为 12276 的进程发出 SIGTERM 信号
[root@yaomm ~]# jobs                  ##→刚才杀死的进程已经消亡，无法再进行查看
[2]+  已终止                nohup ping linuxido.com >> ping2.log  ##→状态变为“已终止”

[root@yaomm ~]# jobs                  ##→再执行一次 jobs，发现终端已经没有后台任务
[root@yaomm ~]# ps -ef|grep ping      ##→只剩下另一个终端的 ping3.log 任务
root      12603  12531  0 10:28 pts/0   00:00:00 ping linuxido.com
root      12630  12067  0 10:53 pts/2   00:00:00 grep --color=auto ping
```

我们发现，kill -9 与 kill -15 都可以关闭进程。进程状态在关闭时一个是“已杀死”状态，另一个是“已终止”状态。它们的区别是，如果发送 SIGKILL（9）信号，则进程会被立即终止，无法被阻止、忽略，就算有子进程也会被一同“杀死”；如果发送 SIGTERM（15）信号，则进程可能会忽略、阻止或处理这个信号。如果有子进程，则会通知子进程处理完当前任务

再终止进程。所以发送 SIGTERM（15）信号会导致 3 种可能的结果：一是立即停止；二是清理资源后停止；三是继续无限期地运行。

如果应用程序处于不良状态（如等待磁盘 I/O），则它可能无法对已发送的信号进行操作。如 SIGTERM 或其他信号。对于无响应的进程（在 Windows 上经常出现），我们可以使用 "kill -9" 发送 SIGKILL 信号直接终止这个进程。

当然，对我们来说，最好使用 "kill -15 PID" 这种更为 "优雅" 的方式终止进程。

（4）kill 命令的常用信号说明如表 7.4 所示。

表 7.4　kill 命令的常用信号说明

信 号 名 称	信 号 编 号	说　　明
HUP	1	挂起进程、进程睡眠；使用示例 kill -1 PID，kill -HUP PID
INT	2	中断进程，等同于 Ctrl+C
QUIT	3	退出进程，等同于 Ctrl+\
KILL	9	杀死进程，强制终止
TERM	15	终止进程，告知进程自行关闭，优雅的关闭进程方式
CONT	18	继续进程，与 STOP 信号相反，等同于 bg 命令
STOP	19	暂停进程，等同于 Ctrl+Z

注意：kill 是 bash 内建命令。我们可用 help kill 查看帮助。系统初始化进程（如 init、sysV 或 systemd）是无法被内核停止的。僵尸进程和陷入不间断睡眠的进程也无法被内核停止，需要重新启动才能从系统中清除这些进程。

2．killall 命令速查手册

killall 可以终止一组同名进程，默认发出的信号是 "SIGTERM"。这个命令与 pstree 一样，同属 psmisc 工具包。我们需要事先安装 psmisc 工具包。这个工具包中还有 fuser 命令，类似 lsof 命令，可以根据文件查找进程。

（1）killall 命令的语法格式：killall［选项］［程序名］。
（2）killall 命令的选项说明如表 7.5 所示。

表 7.5　killall 命令的选项说明

选　　项	说　　明
-e,--exact	对长名称进行精确匹配
-I,--ignore-case	忽略大小写的不同
-g,--process-group	杀死进程所属的进程组
-y,--younger-than	杀死小于 TIME 的进程
-o,--older-than	杀死大于 TIME 的进程

续表

选项	说明
-i,--interactive	交互式杀死进程，杀死进程前需要确认
-l,--list	打印已知所有信号列表
-q,--quiet	如果没有进程被杀死，则不输出任何信息
-r,--regexp	使用正规表达式匹配要杀死的进程名称
-s,--signal SIGNAL	用指定的进程号代替默认信号"SIGTERM"
-u,--user USER	杀死指定用户的进程
-v,--verbose	报告信号是否发送成功
-V,--version	显示版本信息
-w,--wait	等待进程死亡
-Z,--context	正则表达式，仅杀死含有指定上下文的进程

（3）killall 命令实例演示。

```
[root@yaomm ~]# yum install psmisc -y           ##→安装psmisc
软件包 psmisc-22.20-17.el7.x86_64 已安装并且是最新版本    ##→已经安装过psmisc
无须任何处理
[root@yaomm ~]# killall -V                       ##→killall命令已经存在
killall (psmisc) 22.20
...
[root@yaomm ~]# ping linuxido.com >> ping4.log & ##→ping4.log
[1] 12923
[root@yaomm ~]# ping baidu.com >> ping5.log &    ##→ping5.log
[2] 12925

[root@yaomm ~]# jobs -l                          ##→jobs的"-l"选项可以查看进程PID
[1]- 12923 运行中              ping linuxido.com >> ping4.log &
[2]+ 12925 运行中              ping baidu.com >> ping5.log &

[root@yaomm ~]# killall ping                     ##→关闭所有ping命令的进程
[1]-  已终止               ping linuxido.com >> ping4.log
[2]+  已终止               ping baidu.com >> ping5.log
```

3. pkill 命令速查手册

pkill 类似于 pgrep+kill。

（1）pkill 命令的语法格式：pkill［选项］［程序名］。

（2）pkill 命令实例演示。

```
[root@yaomm ~]# ping linuxido.com >> ping4.log & ##→创建任务1
[1] 12982
[root@yaomm ~]# ping baidu.com >> ping5.log &    ##→创建任务2
[2] 12983
```

```
[root@yaomm ~]# ping cnblogs.com >> ping6.log &        ##→创建任务 3
[3] 12984

[root@yaomm ~]# pgrep -l ping                          ##→查找进程
12982 ping
12983 ping
12984 ping
[root@yaomm ~]# jobs -l                                ##→查找后台任务
[1]  12982 运行中              ping linuxido.com >> ping4.log &
[2]- 12983 运行中              ping baidu.com >> ping5.log &
[3]+ 12984 运行中              ping cnblogs.com >> ping6.log &

[root@yaomm ~]# pkill ping                             ##→根据运行程序名称终止进程
[1]  已终止                    ping linuxido.com >> ping4.log
[2]- 已终止                    ping baidu.com >> ping5.log
[3]+ 已终止                    ping cnblogs.com >> ping6.log
```

7.3.3 进程优先级：nice 与 renice

什么是优先级？Linux 的优先级和占据 CPU 的使用周期有关。优先级越高，可优先使用 CPU 的周期就越多。Linux 的优先级数字越小，其优先级越高，范围是-20（最大优先级）到 19（最小优先级）。

nice、renice 都可以指定一个程序的优先级。但二者的区别是，nice 可以指定程序启动时的优先级，renice 可以更改正在运行中的程序的优先级。

1. nice 命令速查手册

（1）nice 命令的语法格式：nice［选项］［命令］。

（2）nice 命令示例。

```
nice -n 19 tar zcf var.tar.gz /         ##→设置最小优先级为 19
nice -n -20 tar zcf var.tar.gz /        ##→设置最大优先级为-20
```

2. renice 命令速查手册

（1）renice 命令的语法格式：renice［选项］［PID | 用户<name|id>］。

（2）renice 命令示例。

```
renice 6 1375                                          ##→设置 PID 为 1375 的进程，其 nice 值为 6
##→如果将 PID 为 1375.1333 的进程还有用户 linuxido、root 的优先级都设置为 6，则 linuxido
##→root 这些用户也可以替换为 UID
renice 6 1375 -u linuxido root -p 1333
```

7.3.4 进程小结：进程运行与 KILL 信号

在学习完 ps 与 kill 命令后，读者已经了解了进程的查看与管理，对进程的运行状态可能有一些疑惑。例如，进程的状态之间到底是如何转换的？ps 命令的 STAT 的状态与 kill 命令又是如何对应的。

（1）程序在运行时，都会创建一个进程。此时这个进程会经历新建、就绪、运行这几种状态。但我们在使用 ps 命令查看时，只能查看到 R（Running，活动进程）状态。然后 R 状态可能会通过各种事件或信号转换成 D（UnInterruptible Sleep，不可中断）、S（Interruptible Sleep，中断状态）、T（Stop，暂停进程）、X（TASK_DEAD or EXIT_DEAD，终止进程）状态，而 X 状态则可能转换成 Z（Zombie，僵尸进程）状态，如图 7.4 所示。

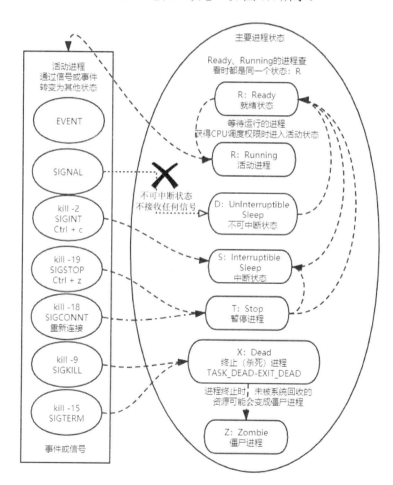

图 7.4　进程运行与信号

（2）R 状态的进程可能会因为程序运行完毕自动终止，也可能被故意终止。如果是一个前端进程，则按 "Ctrl+C" 快捷键，会发出一个中断信号（SIGINT）。以 ping 命令为例，进程会在接收中断信号后停止运行，并输出统计数据，如下所示：

```
[root@yaomm208 ~]# ping linuxido.com        ##→在 Shell 前端运行 ping 命令
ping linuxido.com (123.56.94.254) 56(84) bytes of data.
64 bytes from app1 (123.56.94.254): icmp_seq=1 ttl=53 time=27.0 ms
^C     ##→按 "Ctrl+C" 快捷键，在接收 SIGINT 中断信号后，输出 statistics，并终止命令
--- linuxido.com ping statistics ---
1 packets transmitted, 1 received, 0% packet loss, time 0ms
rtt min/avg/max/mdev = 27.098/27.098/27.098/0.000 ms
```

（3）如果按 "Ctrl+Z" 快捷键或 "kill -19 PID"，则会发出一个 SIGSTOP 信号，进程转换为 T 状态。如果对此进程发出 SIGCONT 信号，则进程转换为 S 或 R 状态。

```
[root@yaomm208 ~]# ping linuxido.com        ##→在 Shell 前端运行 ping 命令
ping linuxido.com (123.56.94.254) 56(84) bytes of data.
64 bytes from app1 (123.56.94.254): icmp_seq=1 ttl=53 time=27.0 ms
64 bytes from app1 (123.56.94.254): icmp_seq=2 ttl=53 time=26.5 ms
^Z    ##→SIGSTOP 信号，等同于 kill -19
[2]+  已停止               ping linuxido.com

[root@yaomm208 ~]# ps aux | grep ping   ##→查看进程状态为 T，N 为额外状态，低优先级进程
root     27190  0.0  0.0 132752  1704 pts/2    TN   16:30   0:00 ping linuxido.com

[root@yaomm208 ~]# kill -18 27190       ##→发出 SIGCONT 信号给 PID 为 27190 的进程
[root@yaomm208 ~]# ps aux | grep ping   ##→进程状态转换为 S
root     27190  0.0  0.0 132752  1704 pts/2    SN   16:30   0:00 ping linuxido.com
```

（4）使用 "kill -15" 发出 SIGTERM 信号，使用 "kill -9" 发出 SIGKILL 信号，都会转换为 X 状态。但因为进程已经消失，所以无法在 ps、top 之类的命令中查看。

```
[root@yaomm208 ~]# ping linuxido.com        ##→测试命令，杀死进程
ping linuxido.com (123.56.94.254) 56(84) bytes of data.
64 bytes from app1 (123.56.94.254): icmp_seq=1 ttl=53 time=26.5 ms
64 bytes from app1 (123.56.94.254): icmp_seq=2 ttl=53 time=26.7 ms
已杀死       ##→在另一个 Shell 终端中使用 kill -9 发出 SIGKILL 信号杀死进程

[root@yaomm208 ~]# ping linuxido.com        ##→测试命令，终止进程
ping linuxido.com (123.56.94.254) 56(84) bytes of data.
64 bytes from app1 (123.56.94.254): icmp_seq=1 ttl=53 time=26.6 ms
64 bytes from app1 (123.56.94.254): icmp_seq=2 ttl=53 time=26.4 ms
已终止       ##→在另一个 Shell 终端中使用 kill -15 发出 SIGTERM 信号终止进程
```

7.4 性能监控

对于 Linux 主机，甚至所有操作系统而言，主机性能的监控无非是磁盘存储、内存使用、CPU 使用率这三大主要硬件资源的监控。当然，对于提供网络服务的主机而言，网络带宽、网络 I/O 的吞吐量都是关键的指标。

7.4.1 命令监听：watch

watch 是一个监听命令的命令，默认每隔两秒就执行一次要监听的命令或查看要监听的文件。监听结果会以全屏方式显示。按 "Ctrl+C" 快捷键退出。

（1）watch 命令的语法格式：watch［选项］［命令］。

（2）watch 命令示例。

```
watch "df -i;df -h"     ##→每隔两秒（默认），监测磁盘 inode 和 block 数目变化情况
watch -t uptime         ##→监听系统负载情况，使用"-t"去除头部信息，如时间、命令、间隔等
watch cat /proc/sys/kernel/random/entropy_avail    ##→监听随机熵池文件
watch -t -differences=cumulative uptime            ##→使用"-d"监听高亮变化
watch -n 1 -d ps a                      ##→每隔1秒，监听"ps a"命令变化情况
watch -n 1 -d 'ps -elf |grep java'      ##→监听 Java 进程的变化情况
watch -n 1 -d netstat -ant              ##→监听网络链接数的变化情况
```

以一个监听网络连接的情况为例，watch 命令会打开一个 Shell 界面，并全屏展开。Shell 界面头部由间隔时间（Every 1.0s）、监听命令（netstat -ant）、当前时间（Tue Mar 30 16:42:35 CST 2021）组成。

注意：还有专门用于监听 arp 缓存的 arpwatch 命令和用于监听日志的 logwatch 命令，此处不再详述。

7.4.2 监测工具包 Procps-ng：uptime、top、vmstat

uptime 命令可以打印系统总共运行了多长时间和系统的平均负载。top 命令包含了 uptime 命令和更多的 CPU 使用情况。vmstat 命令主要用来查看内存的统计使用情况。这些命令与 free、kill、watch 等命令属于同一个工具包 Procps-ng。这个工具包目前是各大 Linux 发行版本的标准工具包。

1. Procps-ng 工具包

（1）如何查看某个命令是属于哪个工具包的？只要查看命令版本信息就知道了。示例如下：

```
[root@yaomm208 ~]# uptime -V          ##→查看 uptime 版本
uptime from Procps-ng 3.3.10          ##→属于 Procps-ng 3.3.10 版本工具包
```

（2）Procps-ng 工具包说明如表 7.6 所示。

表 7.6 Procps-ng 工具包说明

选项	说明
free	报告系统中空闲和已使用的内存数量
kill	给一个基于 PID 的进程发送一个信号
pgrep	根据名称或其他属性列出进程
pkill	根据名称或其他属性向进程发送信号
pmap	报告进程的内存映射
ps	报告进程信息
pwdx	报告进程的当前目录
skill	pgrep/pkill 的过时版本
slabto	实时显示内核 slab 的缓存信息
snice	renice 过程
sysctl	在运行时读取或写入内核参数
tload	系统平均负载的图形表示
top	运行进程的动态实时视图
uptime	显示系统运行了多长时间
vmstat	虚拟内存统计报表
w	报告登录的用户和他们正在做什么
watch	定期执行程序，全屏显示输出

（3）Procps-ng 工具包相关文件。

/proc/meminfo 包含内存信息，/proc/stat 包含系统统计信息，/proc/*/stat 包含各进程的统计信息。

2．uptime 命令速查手册

uptime 命令可以依次显示系统当前运行的时间，系统已经运行了多长时间，目前有多少登录用户，系统在过去的 1 分钟、5 分钟和 15 分钟内的平均负载，显示的数据是从 /proc/loadavg 中读取的。

（1）uptime 命令的语法格式：uptime ［选项］。

（2）uptime 命令示例。

```
uptime              ##→查看系统负载情况
uptime -p           ##→显示系统本次开机以来的运行时间
uptime -s           ##→显示系统当前的运行时间
```

（3）uptime 结果详解。

```
[root@yaomm208 ~]# uptime      ##→查看系统负载
 17:37:56 up 23:58,  9 users,  load average: 1.49, 1.44, 1.46
```

```
##→ "17:37:56"表示系统当前运行的时间
##→ "up 23:58"表示开机以来运行了 23 小时 58 分
##→ "9 users"表示当前登录用户为 9 个
##→ "load average: 1.49, 1.44, 1.46"表示系统 1 分钟、5 分钟、15 分钟的平均负载
```

什么是系统负载？什么是 load average？

在 Linux 中，load average 即 system load averages（系统平均负载）。在这个指标刚创建时，单指每个 CPU 核心所运行的线程数。随着这个指标的不断扩展，目前是测量所有不完全空闲（正在运行或等待运行）的线程数（不只是进程）的结果反馈，包含 CPU、磁盘、不间断锁等。

负载值如何看？什么情况是系统繁忙？什么情况是空闲状态呢？

一般而言，数值越大，系统负载越大。大多数系统在"load average/CPU 核数=2"的情况下可能会产生性能问题。读者需要使用其他手段排查占用 CPU 最多的进程。例如，读者接下来学习的 top 和 vmstat 命令。

如果 load average 是 0.0，则意味着系统处于空闲状态。如果 1 分钟的平均负载高于 5 分钟或 15 分钟的平均负载，则说明负载正在增加，反之负载正在减少。

注意：其实所谓的 1 分钟、5 分钟、15 分钟的平均负载并不准确。它们只是为了方便理解才这样描述。

3. top 命令速查手册

top 是一个原生的非常强大的系统监测命令。它可以实时动态地查看系统中各个进程的资源占用状况，可以按 CPU 使用率、内存使用率和执行时间进行排序，并提供互动式界面。

（1）top 命令的语法格式：top [选项]。

（2）top 命令的选项说明如表 7.7 所示。

表 7.7　top 命令的选项说明

选　　项	说　　明
-b	以批处理模式操作
-c	COMMAND 列显示完整命令 交互命令"c"切换显示命令名称和完整命令行
-d <secs>	指定屏幕刷新的间隔时间，如"top -d 5"每隔 5 秒刷新
-H	指定 top 显示单个线程。如果没有这个命令行选项，则显示每个进程中所有线程的总和。 交互命令"H"切换显示明细线程（Threads）、任务（Tasks）或进程（Process）

续表

选 项	说 明
-i	只显示当前活动进程 交互命令"i"切换活动进程与所有进程
-n <number>	指定循环显示次数,如"top -n 2",只显示两次
-o <Override-sort-field>	按照指定字段排序,如"top -o PID"按照 PID 从大到小降序排序,"top -o -PID"按照从小到大升序排序
-O <Output-field-names>	输出指定字段,如"top -O PID"只输出 PID 列
-p <PID>	只监视具有指定进程 id 的进程。这个选项最多可以给出 20 次,或可以提供一个以逗号分隔的列表,最多可以提供 20 个 PID
-s	强制启动安全模式
-S	当开启累积时间模式时,将列出每个进程及其死去的子进程所使用的 CPU 时间
-u | -U number or name	只显示指定用户名下的进程,如"top -u linuxido"
-w <cols>	指定 top 结果显示宽度,如"top -w 150"

(3) top 命令示例。

```
top                    ##→全屏展示 top 命令,按"Ctrl+C"快捷键退出
top -c                 ##→"-c"显示完整命令
top -d 5               ##→"-d"每 5 秒刷新 1 次
top -n 3               ##→"-n"只循环打印 3 次
top -o %CPU            ##→"-o"按照 CPU 使用率从大到小排序
top -p 1182            ##→"-p"只打开进程 1182 的信息
top -p 1182,1078       ##→可以指定显示多个进程信息,最多 20 个
```

(4) top 命令交互。

top 命令提供交互式界面,是一个拥有非常多交互命令的工具。一些命令不止出现一次,它们的含义或范围可能根据发布时的上下文有所不同。top 命令的交互命令说明如表 7.8 所示。

表 7.8 top 命令的交互命令说明

交 互 命 令	说 明
?, =, 0, A, B, d, E, e, g, h, H, I, k, q, r, s, W, X, Y, Z	全局命令
C, t, m, 1, 2, 3	摘要区域命令
b, J, j, x, y, z	任务区域——外观
c, f, F, o, O, S, u, U, V	任务区域——内容
#, i, n	任务区域——展示进程数
<, >, f, F, R	任务区域——排序
a, B, b, H, M, q, S, T, w, z, 0~7	颜色命令
-, _, =, +, A, a, g, G, w	窗口命令
C, Up, Dn, Left, Right, PgUp, PgDn, Home, End	滚动窗口命令
L, &	搜索命令

其中，top 命令常用的交互命令详解如表 7.9 所示。

表 7.9　top 命令常用的交互命令详解

交 互 命 令	详　　解
h | ?	显示帮助信息
l	数字 1，切换显示多核 CPU 明细信息与 CPU 汇总信息
B	活动进程字体加粗
b	进程背景高亮
c	切换显示命令名称和完整命令行
f	增加或减少进程显示标志
i	切换活动进程（忽略闲置或僵死进程）与所有进程
k	kill，关闭指定进程
l	显示或隐藏 uptime 信息
m	显示或隐藏内存状态信息
M	按 %MEM（内存占比）排行
n	设置显示进程数
u	指定显示用户进程
W	将当前 top 设置写入 "~/.toprc" 文件
P	根据 CPU 使用百分比大小进行排序
r	修改进程 renice 值
s	设置刷新时间间隔
S	累计模式，会把已完成或退出的子进程占用的 CPU 时间累计到父进程的 TIME+ 中
t	显示或隐藏进程和 CPU 状态信息
T	根据 TIME+（时间/累计时间）进行排序

我们使用 "top -c" 命令查看进程信息，top 命令结果分为摘要区和任务区，如图 7.5 所示。我们可以使用交互命令 "1" 查看多核 CPU 的明细信息，按 "B" 键加粗部分进程，高亮展示命令结果，如图 7.6 所示。

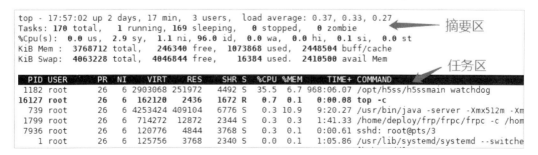

图 7.5　使用 "top -c" 命令查看进程信息

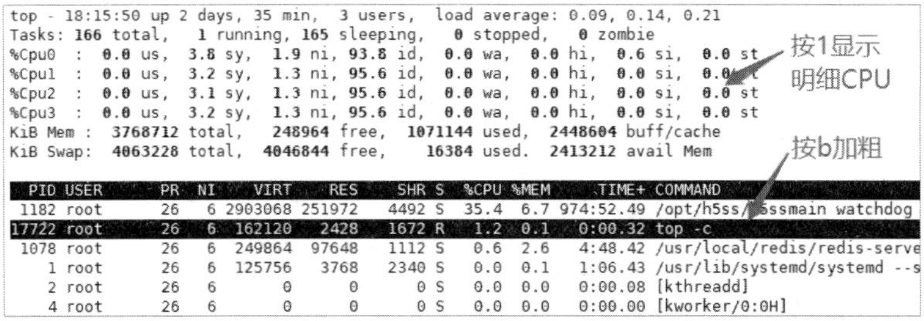

```
top - 18:15:50 up 2 days, 35 min,  3 users,  load average: 0.09, 0.14, 0.21
Tasks: 166 total,   1 running, 165 sleeping,   0 stopped,   0 zombie
%Cpu0  :  0.0 us,  3.8 sy,  1.9 ni, 93.8 id,  0.0 wa,  0.0 hi,  0.6 si,  0.0 st
%Cpu1  :  0.0 us,  3.2 sy,  1.3 ni, 95.6 id,  0.0 wa,  0.0 hi,  0.0 si,  0.0 st
%Cpu2  :  0.0 us,  3.1 sy,  1.3 ni, 95.6 id,  0.0 wa,  0.0 hi,  0.0 si,  0.0 st
%Cpu3  :  0.0 us,  3.2 sy,  1.3 ni, 95.6 id,  0.0 wa,  0.0 hi,  0.0 si,  0.0 st
KiB Mem :  3768712 total,   248964 free,  1071144 used,  2448864 buff/cache
KiB Swap:  4063228 total,  4046844 free,    16384 used.  2413212 avail Mem

  PID USER      PR  NI    VIRT    RES    SHR S  %CPU %MEM     TIME+ COMMAND
 1182 root      26   6 2903068 251972   4492 S  35.4  6.7 974:52.49 /opt/h5ss/h5ssmain watchdog
17722 root      26   6  162120   2428   1672 R   1.2  0.1   0:00.32 top -c
 1078 root      26   6  249864  97648   1112 S   0.6  2.6   4:48.42 /usr/local/redis/redis-serve
    1 root      26   6  125756   3768   2340 S   0.0  0.1   1:06.43 /usr/lib/systemd/systemd --s
    2 root      26   6       0      0      0 S   0.0  0.0   0:00.08 [kthreadd]
    4 root      26   6       0      0      0 S   0.0  0.0   0:00.00 [kworker/0:0H]
```

按1显示明细CPU

按b加粗

图 7.6　使用交互命令 "1" 查看多核 CPU 的明细信息

（5）top 命令结果详解。

top 命令的摘要区显示系统总体的运行信息。如运行时间、平均负载、总进程数、CPU 总占用率、内存使用情况等。其结果详解如下：

```
[root@yaomm208 ~]# ps -ef| grep -v ps | wc -l      ##→系统总进程数
166                                                 ##→与 top 中的 "Tasks: 166 total" 对应

[root@yaomm208 ~]# top                             ##→查看系统运行情况
top - 19:47:58 up 2 days,  2:08,  3 users,  load average: 0.37, 0.27, 0.25
##→第 1 行, uptime 结果信息

Tasks: 166 total,   2 running, 164 sleeping,   0 stopped,   0 zombie
##→第 2 行, Tasks 任务（进程）信息
##→total: 任务数, 166 表示 166 个进程
##→running: 运行进程, sleeping: 睡眠进程, stopped: 终止进程, zombie: 僵死进程

%Cpu(s):  0.0 us,  5.5 sy,  2.7 ni, 91.8 id,  0.0 wa,  0.0 hi,  0.0 si,  0.0 st
##→第 3 行, %Cpu(s)表示 CPU 的总体信息。此行各个指标都表示 CPU 占比
##→us: user space, 用户态进程占用 CPU 时间百分比, 不包含 nice 值为负的任务
##→sy: kernel space, 内核占用
##→ni: niced, 使用 nice、renice 改变过优先级的进程
##→id: idle, 空闲 CPU
##→wa: waiting, I/O 等待所占用的 CPU
##→hi: hardware interrupt, 硬中断。当硬件设备（如敲击键盘）向 CPU 发出信号时, 硬件设备会
##→产生中断
##→si: software interrupt, 软中断。软件发起的中断信号, 在硬中断处理之后再处理
##→st: steal, 虚拟机占用。在虚拟机下才有意义, 此列占用率过高时, 可能是因为云厂商虚拟机 "超售" 了

KiB Mem:  3768712 total,   240772 free,  1070680 used,  2457260 buff/cache
KiB Swap:  4063228 total,  4046844 free,    16384 used.  2405444 avail Mem
##→第 4 行: 物理内存, free 命令查看结果
##→第 5 行: Swap, free 命令查看结果

  PID   USER   PR  NI    VIRT     RES    SHR S   %CPU  %MEM    TIME+    COMMAND
 1182   root   26   6 2903068  251972   4492 S   35.3   6.7  1008:02   h5ssmain
```

```
25551 root      26   6    162092   2272    1536 R    5.9    0.1    0:00.04    top
...
```
##→第 6 行：空行
##→第 7 行及之后，都是进程信息。这些字段与 ps 命令的结果类似
##→PID：进程号
##→USER：用户
##→PR：priority，优先级，与 ps 命令中的 PR 在范围上有所区别，默认值为 20，范围为 0~39
##→NI：nice，改变优先级
##→VIRT：虚拟内存（KB），RES：物理内存（KB），SHR：共享内存
##→S：进程状态，同 ps 中的 STAT
##→%CPU：进程使用 CPU 占比
##→%MEM：进程使用内存占比
##→TIME+：进程使用 CPU 时间总计
##→COMMAND：进程命令

4．vmstat 命令速查手册

vmstat 命令意为显示虚拟内存状态，但也可以报告关于进程、内存、I/O 等系统整体运行状态。

（1）vmstat 命令的语法格式：vmstat［选项］［时间间隔］［次数］。

（2）vmstat 命令示例。

```
vmstat                              ##→单次查看内存、I/O 等信息
vmstat 1 3                          ##→每 1 秒刷新一次结果，共 3 次
vmstat 5                            ##→每 5 秒刷新一次结果
```

（3）vmstat 命令结果详解。

```
[root@yaomm208 proc]# vmstat 1 3       ##→刷新 3 次 vmstat 结果
procs -----------memory---------- ---swap-- -----io---- -system-- ------cpu-----
 r  b   swpd   free   buff  cache   si   so    bi    bo   in   cs us sy id wa st
 1  0  17152 112384    100 2581840    0    0     4     9   20   30  6  3 90  0  0
 2  0  17152 112272    100 2581952    0    0     0     0 8319 20768 26  6 68  0  0
 1  0  17152 112152    100 2582056    0    0     0     0 8232 20835 27  5 68  0  0
```

vmstat 命令的结果说明如表 7.10 所示。

表 7.10　vmstat 命令的结果说明

结果	说明
r	running，等待运行的进程数 运行队列中进程数量，这个值也可以判断是否需要增加 CPU（如果运行的进程数长期大于 1）
b	uninterruptible，等待 I/O 的进程数量，处在非中断睡眠状态的进程数
swpd	使用虚拟内存的大小

续表

结果	说明
free	空闲物理内存大小
buff	用作缓冲的内存大小
cache	用作缓存的内存大小 free+buff+cache 为可用内存
si	每秒从交换区写到内存的大小，由磁盘调入内存
so	每秒写入交换区的内存大小，由内存调入磁盘 si、so 是 Swap 交换空间的指标值。内存够用时，si、so 的值都是 0。如果这两个值长期大于 0，则系统性能会受到影响，磁盘 I/O 和 CPU 资源都会被消耗
bi	每秒读取块数
bo	每秒写入块数 随机磁盘在读/写时，bi、bo 这两个值越大，CPU 等待 I/O 的值越大
in	Interrupts per second，每秒中断数
cs	Context per second，每秒上下文切换数 in、cs 的值越大，内核消耗的 CPU 时间会越长
us	user，用户进程占据 CPU 时间百分比 us 的值高时，说明用户进程消耗的 CPU 时间长。但如果 CPU 长期超过 50%的使用，那么读者就该考虑优化程序算法或加速进行
sy	system，内核系统进程执行时间百分比 sy 的值高时，说明系统内核消耗的 CPU 资源多，需要排查原因
id	idle，CPU 空闲、时间百分比
wa	waiting，I/O 等待时间百分比 wa 的值高时，说明 I/O 等待比较严重，这可能是大量随机访问磁盘造成的，也有可能是磁盘出现瓶颈（块操作）
st	steal，虚拟机占用的 CPU 时间

7.4.3　进阶工具包 SYSSTAT：pidstat、mpstat、iostat、sar

pidstat、mpstat、iostat、sar 都是一些综合性监控的工具，它们都同属一个工具包 SYSSTAT。在 CentOS 7.9 中，Linux 已经默认安装了此工具包。如果系统没有安装此工具包，则可使用"yum install sysstat -y"安装。

1．SYSSTAT 工具包

（1）SYSSTAT 工具包中包含的命令的选项说明如表 7.11 所示。

表 7.11　SYSSTAT 工具包中包含的命令的选项说明

选项	说明
iostat	报告设备，分区和网络文件系统 CPU 的统计信息和输入/输出统计信息
mpstat	报告单个或组合的处理器相关统计信息

续表

选项	说明
pidstat	报告 Linux 任务（进程）的统计信息，如 I/O、CPU、内存等
tapestat	报告连接到系统的磁带驱动器的统计信息
cifsiostat	报告 CIFS 统计信息
sar	收集、报告和保存系统活动信息（如 CPU、内存、磁盘、中断、网络接口、TTY、内核表等）

（2）SYSSTAT 工具包相关文件。

/proc/stat 文件存放系统统计信息，/proc/diskstats 文件统计磁盘信息，/proc/self/mountstats 文件存放网络文件系统的统计信息，/proc/uptime 文件存放系统正常运行时间。

/sys 目录包含块设备的统计信息。/dev/disk 目录包含持久性设备名称。

2．pidstat 命令速查手册

pidstat 报告 Linux 任务（进程）的统计信息，I/O、CPU、内存等。

（1）pidstat 命令的语法格式：pidstat［选项］［时间间隔］［次数］。

（2）pidstat 命令示例。

```
pidstat                 ##→查看所有 CPU 的使用情况
pidstat 2 2             ##→每隔两秒刷新一次，总共刷新两次
pidstat -u              ##→与 pidstat 效果一样
pidstat -u -p ALL       ##→展示线程的使用情况
pidstat -d              ##→展示 I/O 统计信息
pidstat -r              ##→内存使用情况统计
pidstat -w -p 1182      ##→查看指定进程的上下文切换情况
##→使用 "-t" 查看多线程数据，"-C" 使用指定 Nginx 进程，使用 "-l" 显示进程命令名
pidstat -w -t -C "nginx" -l
watch pidstat -d        ##→使用 watch 监听 I/O 情况
```

（3）pidstat 结果详解。

```
[root@yaomm208 ~]# pidstat -V       ##→查看版本
sysstat 版本 10.1.5                  ##→所属 sysstat
(C) Sebastien Godard (sysstat <at> orange.fr)

[root@yaomm208 ~]# pidstat 2 2      ##→每隔两秒刷新一次，总共刷新两次
Linux 3.10.0-1160.el7.x86_64 (yaomm208)    2021 年 04 月 01 日   _x86_64_   (4 CPU)
##→内核版本，主机 host，当前时间，x86 架构，4 核 CPU

21 时 01 分 24 秒   UID      PID    %usr  %system  %guest   %CPU   CPU   Command
21 时 01 分 26 秒    0      1182    9.36   26.60    0.00   35.96    0   h5ssmain
21 时 01 分 26 秒    0     18524    0.49    1.48    0.00    1.97    3   pidstat
##→第 1 次刷新
21 时 01 分 26 秒   UID      PID    %usr  %system  %guest   %CPU   CPU   Command
...
```

```
21时01分28秒      0    18524    0.50    1.50    0.00    2.00    3    pidstat
##→第2次刷新
平均时间：       UID    PID     %usr  %system  %guest   %CPU   CPU   Command
...
##→最后总计的平均值
平均时间：        0    18524    0.50    1.49    0.00    1.99    -    pidstat
```

pidstat 命令的结果说明如表 7.12 所示。

表 7.12 pidstat 命令的结果说明

结 果	说 明
首列	进程运行时间
UID	进程所属用户
PID	进程号
%usr	进程在用户空间占用 CPU 的百分比
%system	进程在内核空间占用 CPU 的百分比
%gues	进程在虚拟机空间占用 CPU 的百分比
%CPU	进程占用 CPU 的百分比
CPU	处理进程的 CPU 编号，top 命令中交互命令 "1" 展示的编号
Command	当前进程对应的命令
kB_rd/s	"-d" 选项输出，每秒磁盘读取数，单位为 KB
kB_wr/s	"-d" 每秒磁盘写入数
kB_ccwr/s	"-d" 任务取消的每秒写入磁盘数
Minflt/s	"-r" 每秒次缺页错误次数（minor page faults）
majflt/s	"-r" 每秒主缺页错误次数（major page faults）
VSZ	"-r" 虚拟内存
RSS	"-r" 物理内存
%MEM	"-r" 当前任务使用的有效内存的百分比
cswch/s	"-w" 每秒自动上下文切换
nvcswch/s	"-w" 每秒非自愿的上下文切换

3. mpstat 命令速查手册

mpstat 命令主要用于多 CPU 环境下，它显示各个可用 CPU 的状态。这些信息存放在 /proc/stat 文件中。在多 CPU 系统中，我们不但能查看所有 CPU 的平均状况信息，而且能查看特定 CPU 的信息。

（1）mpstat 命令的语法格式：mpstat ［选项］［时间间隔］［次数］。

（2）mpstat 命令示例。

```
mpstat                    ##→不带参数时，输出 CPU 总和信息
mpstat 2 2                ##→刷新2次，每隔2秒刷新一次
mpstat -A                 ##→等同于 "-u -I ALL -P ALL"
```

```
mpstat -I SUM              ##→查看中断总和
mpstat -P ALL              ##→查看CPU总和及所有单个CPU的使用信息
watch mpstat -P ALL        ##→监听mpstat命令
```

(3) mpstat 命令的结果详解。

mpstat 命令的结果说明如表 7.13 所示。

表 7.13 mpstat 命令的结果说明

结 果	说 明
CPU	all，CPU 总计； 0、1、2、…、n CPU 序号
%usr	进程在用户空间占用 CPU
%nice	改变优先级进程占用 CPU
%sys	进程在内核空间占用 CPU
%iowait	等待未完成的磁盘 I/O 所花费 CPU 时间占比
%irq	硬中断花费 CPU 时间占比
%soft	软中断花费 CPU 时间占比
%steal	显示当管理程序为另一个虚拟处理器提供服务时，虚拟 CPU 或 CPU 所花费的非自愿等待时间的百分比
%guest	显示 CPU 运行虚拟机所花费的时间百分比处理器
%gnice	显示 CPU 运行虚拟机改变优先级进程所占百分比
%idle	闲置 CPU
intr/s	"-I" 表示 CPU 每秒接收的中断总数

4. iostat 命令速查手册

iostat 命令生成两种类型的报告，即 CPU 利用率报告和设备利用率的报告。iostat 命令的特点是汇报磁盘活动统计情况，同时也会汇报 CPU 使用情况。同 vmstat 命令一样，iostat 命令也有一个弱点，它不能对某个进程进行深入分析，仅对系统的整体情况进行分析。

(1) iostat 命令的语法格式：iostat [选项][时间间隔][次数]。

(2) iostat 命令示例。

```
iostat                   ##→自启后，显示所有CPU和设备的单个历史记录
iostat -d 2              ##→"-d" 只查看Device状态，每两秒显示一次连续的设备报告
iostat -d 2 6            ##→以两秒为间隔为所有设备显示六个报告
iostat -p sda 2 6        ##→"-p"显示sda及其所有分区（sda1等）的报告。以两秒为间隔，共6次
iostat -x sda sdb 2 6    ##→"-x"显示设备sda和sdb扩展统计信息的报告。以两秒为间隔，共6次
iostat -xz 1             ##→"-z" 只显示活动设备的输出，每秒输出一次
iostat -c 1 10           ##→"-c" 只查看avg-cpu状态
iostat -d -x -k 1 3      ##→"-k" 以KB为显示单位。每隔1秒刷新，共3次，显示设备扩展信息
```

(3) iostat 命令结果详解。

```
[root@yaomm208 proc]# iostat        ##→不带选项运行,默认打印一次
Linux 3.10.0-1160.el7.x86_64 (yaomm208)    2021年04月02日    _x86_64_    (4 CPU)
##→内核版本为3.10,主机host为yaomm208,当前时间为2021年04月02日,x86架构,4核CPU

avg-cpu:  %user   %nice %system %iowait  %steal   %idle
           1.63    4.96    3.51    0.00    0.00   89.89
##→avg-cpu为CPU使用时间占比
##→%user:用户进程占用CPU,%nice:"改变过优先级的进程/总进程"占比,%system:"用户进程/
##→总进程"占比
##→%iowait:等待磁盘I/O所用CPU,%steal:虚拟机占用,%idle:空闲CPU

Device:            tps    kB_read/s    kB_wrtn/s    kB_read    kB_wrtn
sda               0.89        16.42        33.62    5671888   11615309
...
##→Device为磁盘I/O吞吐
##→tps: transfers per second,每秒传输数,即I/O请求数,数值越大,说明磁盘读/写量越高
##→kB_read/s:每秒读取速度,kB_wrtn/s:每秒写入速度,kB_read:磁盘读取,kB_wrtn:磁盘写入

[root@yaomm208 ~]# iostat -d -x -k 1 3      ##→每隔1秒刷新,共3次,显示设备扩展信息
...
Device:   rrqm/s   wrqm/s    r/s    w/s   rkB/s   wkB/s avgrq-sz avgqu-sz   await
r_await w_await  svctm   %util
sda        0.00     0.05    0.11   0.61    8.93   20.23    80.85     0.01    7.42
   1.03    8.61    0.39   0.03
...
```

iostat命令的结果说明如表7.14所示。

表7.14 iostat命令的结果说明

结　　果	说　　明
rrqm/s	每秒排队到设备中的合并（merge）的读取请求数 当系统调用需要读取数据的时候，VFS将请求发送到各个FS，如果FS发现不同的读取请求读取的是相同block的数据，则FS会将这个请求合并至merge
wrqm/s	每秒排队到设备中的合并写入请求数量
r/s	每秒设备完成的读取请求数（合并后）
w/s	每秒设备完成的写入请求数（合并后）
rKB/s	每秒从设备读取的扇区数
wKB/s	每秒写入设备的扇区数
avgrq-sz	平均请求扇区的大小
avgqu-sz	平均请求队列的长度。毫无疑问，队列长度越短越好
await	每一个I/O请求处理的平均时间（单位是毫秒）。这里可以理解为I/O的响应时间，一般系统I/O响应时间应该低于5毫秒。如果大于10毫秒，就比较大了。这个时间包括了队列时间和服务时间，也就是说，在一般情况下，如果await大于svctm，它们的差值越小，则说明队列时间越短。反之差值越大，队列时间越长，说明系统出了问题

续表

结果	说明
r_await	读取发送给要服务的设备的请求的平均时间（以毫秒为单位）
w_await	写入要服务的设备发出的请求的平均时间（以毫秒为单位）
svctm	表示每次设备 I/O 操作的平均服务时间（以毫秒为单位）。如果 svctm 的值与 await 很接近，则表示几乎没有 I/O 等待，磁盘性能很好。如果 await 的值远高于 svctm 的值，则表示 I/O 队列等待太长，系统上运行的应用程序将变慢
%util	向设备发出 I/O 请求的经过时间百分比（设备的带宽利用率）。当串行服务请求的设备的此值接近 100% 时，将发生设备饱和。但对于并行处理请求的设备（例如，RAID 阵列和现代 SSD），此数字并不反映其性能限制

5．sar 命令速查手册

（1）sar 命令的语法格式：sar［选项］［时间间隔］［次数］。

（2）sar 命令的选项说明如表 7.15 所示。

表 7.15　sar 命令的选项说明

选项	说明
-A	相当于 "-bBdFHqrRSuvwWy -I SUM -I XALL -m ALL -n ALL -u ALL -P ALL"
-B	报告分页统计信息 pgpgin/s：系统每秒从磁盘分页的总千字节数 pgpgout/s：系统每秒分页到磁盘的总千字节数 fault/s：系统每秒造成的页面错误数（主要+次要） majflt/s：系统每秒发生的主要故障数 pgfree/s：系统每秒在空闲列表中放置的页面数 pgscank/s：kswapd 守护程序每秒扫描的页面数 pgscand/s：每秒直接扫描的页面数 pgsteal/s：系统每秒已从高速缓存回收的页面数，以满足其内存需求 %vmeff：计算为 pgsteal / pgscan，这是页面回收效率的度量。如果它接近 100%，则几乎所有从非活动列表尾部出来的页面都将被收录。如果它变得太低（例如，小于 30%），则虚拟内存会遇到一些问题。如果在此时间间隔内未扫描任何页面，则此字段显示为零
-b	报告 I/O 和传输速率统计信息 tps：每秒发送给物理设备的传输总数 rtps：每秒发送给物理设备的读取请求总数 wtps：每秒发送给物理设备的写请求总数 bread/s：从设备读取的数据总量，以每秒块为单位。块等同于扇区，因此其大小为 512 字节 bwrtn/s：每秒写入设备的数据总量（以块为单位）
-C	从文件读取数据时，告诉 sar 显示 sadc 插入的注释

续表

选项	说明
-D	使用"saYYYYMMDD"而不是"saDD"作为标准系统活动每日数据文件名。与选项-o 结合使用，在将数据保存到文件时，此选项才有效
-d	报告每个块设备的活动情况。此选项与"iostat -x"类似 DEV：设备名 tps：每秒磁盘 I/O 请求数 rd_sec/s：每秒从设备读取的流量 wr_sec/s：每秒写入设备的流量 avgrq-sz：发送到设备的请求，其平均大小 avgqu-sz：发送到设备的请求的平均队列长度 await：发送到设备的 I/O 请求的平均时间（以毫秒为单位） svctm：表示每次设备 I/O 操作的平均服务时间（以毫秒为单位） %util：向设备发出 I/O 请求经过的时间百分比
--dec = {0 | 1 | 2}	指定要使用的小数位数（0 到 2，默认值为 2）
--dev = dev_list	指定要由 sar 显示其统计信息的块设备。dev_list 是逗号分隔的设备名称的列表
-e [hh: mm [: ss]]	设置报告的结束时间，默认结束时间为 18:00:00。小时必须以 24 小时格式给出。从文件读取数据或将数据写入文件时，可以使用此选项（选项 -f 或 -o）
-F [MOUNT]	显示当前安装的文件系统的统计信息，伪文件系统将被忽略 MBfsfree：可用空间总量（以兆字节为单位）（包括仅特权用户可用的空间） MBfsused：已使用的总空间量（以兆字节为单位） %fsused：特权用户看到的已使用文件系统空间的百分比 %ufsused：非特权用户看到的已使用文件系统空间的百分比 Ifree：文件系统中空闲文件节点的总数 Iused：文件系统中使用的文件节点的总数 %Iused：文件系统中使用的文件节点的百分比
-f [filename]	从文件名中提取记录（由-o filename 标志创建）
--fs=fs_list	指定 sar 要显示其统计信息的文件系统。fs_list 是逗号分隔的文件系统名称或挂载点的列表
-H	报告大页面利用率统计信息 kbhugfree：尚未分配的大页面内存量（以千字节为单位） kbhugused：已分配的大页面内存量（以千字节为单位） %hugused：已分配的大页面内存总量的百分比 kbhugrsvd：保留的大页面内存量（以千字节为单位） kbhugsurp：多余的大页面内存量（以千字节为单位）
-h,--help	显示简短帮助消息，然后退出
--human	以人类可读格式打印的大小（例如，1KB、1.23MB 等）

续表

选项	说明
-I { int_list | SUM | ALL | XALL }	报告中断的统计信息。int_list 是逗号分隔值或值范围，如"sar -I 3"。此选项从/var/log/sa/sa\<dd> 中无法获得。dd 为 01、02 这样的当天日期
--iface=iface_list	指定 sar 要显示其统计信息的网络接口
-j { SID | ID | LABEL | PATH | UUID | ... }	显示永久设备名称。将此选项与-d 选项一起使用。ID，LABEL 等选项指定持久名称的类型
-m { keyword [,...] | ALL }	报告电源管理统计信息
-n { keyword [,...] | ALL }	报告网络统计信息，显示 5 种统计结果 IFACE：报告其统计信息的网络接口的名称 rxpck/s：每秒接收的数据包总数 txpck/s：每秒传输的数据包总数 rxkB/s：每秒接收的千字节总数 txkB/s：每秒传输的千字节总数 rxcmp/s：每秒接收的压缩数据包数 txcmp/s：每秒传输的压缩数据包数 rxmcst/s：每秒接收的组播数据包数 IFACE：报告其统计信息的网络接口的名称 rxerr/s：每秒接收的错误数据包总数 txerr/s：传输数据包时每秒发生的错误总数 coll/s：传输数据包时每秒发生的冲突数 rxdrop/s：Linux 缓冲区空间不足，每秒丢弃的接收数据包数 txdrop/s：Linux 缓冲区空间不足，每秒丢弃的传输数据包数 txcarr/s：传输数据包时每秒发生的载波错误数 rxfram/s：每秒在接收的数据包上发生的帧对齐错误数 rxfifo/s：每秒在接收数据包上发生的 FIFO 超限错误数 txfifo/s：每秒在传输的数据包上发生的 FIFO 超限错误数 call/s：每秒发出的 RPC 请求数 retrans/s：每秒 RPC 请求数，需要重新传输的请求数（如服务器超时） read/s：每秒进行的"读取"RPC 调用数 write/s：每秒进行的"写入"RPC 调用数 access/s：每秒进行的"访问"RPC 调用数 getatt/s：每秒进行的"getattr"RPC 调用数 scall/s：每秒接收的 RPC 请求数 badcall/s：每秒接收的错误 RPC 请求数 packet/s：每秒接收的网络数据包数 udp/s：每秒接收的 UDP 数据包数 tcp/s：每秒接收的 TCP 数据包数 hit/s：每秒回复的缓存命中数

续表

选项	说明
-n { keyword [...] | ALL }	miss/s：每秒回复的缓存未命中数 sread/s：每秒接收的"读取"RPC 调用数 swrite/s：每秒接收的"写"RPC 调用数 saccess/s：每秒接收的"访问"RPC 调用数 sgetatt/s：每秒接收的"getattr"RPC 调用数 totsck：系统使用的套接字总数 tcpsck：当前正在使用的 TCP 套接字数 udpsck：当前正在使用的 UDP 套接字数 rawsck：当前正在使用的 RAW 套接字数 ip-frag：当前队列中的 IP 地址碎片数 tcp-tw：处于 TIME_WAIT 状态的 TCP 套接字数
-o [filename]	将读取的数据以二进制数形式保存在文件中 filename 参数的默认值是当前每日数据文件/var/log/sa/sa*（*为 dd 日期）
-P { cpu_list | ALL }	指定查看 CPU 使用信息
-p	以规范的格式打印设备名。此选项与选项"-d"结合使用
-q [keyword [,...] | ALL]	报告系统负载和压力失速的统计信息 runq-sz：运行队列长度 plist-sz：进程列表中的任务数 davg-1：最后一分钟的平均系统负载 ldavg-5：过去 5 分钟的平均系统负载 ldavg-15：过去 15 分钟的平均系统负载 blocked：当前阻止并等待 I/O 完成的任务数
-r [ALL]	打印内存和交换空间的统计信息 kbmemfree：可用内存量（以千字节为单位） kbmemused：已用内存量 %memused：已用内存的百分比 kbbuffers：内核用于缓冲区的内存量 kbcached：内核用于缓存数据的内存量 kbcommit：当前工作负载所需的内存量 %commit：当前工作负载所需的内存百分比（RAM+Swap） kbactive：活动内存量 kbinact：非活动内存量 kbdirty：等待写入磁盘的内存量
-S	报告交换空间利用率的统计信息 kbswpfree：可用交换空间量 kbswpused：已用交换空间量 %swpused：已用交换空间的百分比 kbswpcad：缓存的交换内存量 %swpcad：缓存的交换内存/已用交换空间量（%）

续表

选项	说 明
-s [hh:mm[:ss]]	设置数据的开始时间,默认开始时间为 08:00:00,24 小时制
-u [ALL]	默认选项,查看 CPU 统计信息。默认结果为 CPU、%user、%nice、%system、%iowait、%steal、%idle。结果含义参考 mpstat
-V	查看版本信息
-v	报告索引节点、文件和其他内核表的状态 entunusd:目录缓存中未使用的缓存条目数 file-nr:系统使用的文件句柄数 inode-nr:系统使用的 inode 数 pty-nr:系统使用的伪终端数
-W	报告交换的统计信息 pswpin/s:系统每秒引入的交换页面总数 pswpout/s:系统每秒带出的交换页面总数
-w	报告任务创建和系统切换活动。 proc/s:每秒创建的任务总数 cswch/s:每秒上下文切换总数
-y	报告 TTY 设备活动 TTY:终端序号 rcvin /s:当前串行线每秒接收的中断数 xmtin/s:当前串行线每秒传输的中断数 framerr/s:当前串行线每秒帧的错误数 prtyerr/s:当前串行线每秒奇偶校验的错误数 brk/s:当前串行线每秒的中断数 ovrun/s:当前串行线每秒超限的错误数

(3)sar 命令示例。

```
sar              ##→默认结果 CPU、%user、%nice、%system、%iowait、%steal、%idle,参考 mpstat
sar -o sys_info  10 3    ##→查看 CPU 信息,10 秒采样一次,共采样 3 次,使用 "-o" 选项将
                         ##→信息存储到 sys_info
sar -f sys_info          ##→读取 "-o" 选项创建的文件
sar -f /var/log/sa/sa01  ##→读取 sar 命令记录的统计信息文件
sar -n ALL               ##→查看网络统计信息
sar -P 0                 ##→指定查看第 1 个 CPU 使用信息
sar -r                   ##→查看内存和交换空间的使用率
sar -s 15:00:00          ##→读取从 15 点开始的统计信息
sar -o sys_info 30 10 > /dev/null 2>&1 &    ##→每隔 30 秒刷新,共刷新 10 次,存储到
                                            ##→指定文件
```

注意:在 Linux 中,还有许多好用的性能或资源监控工具。但这些工具需要额外安装,如 htop、iotop、dstat 等。

7.5 实战案例

本章的实战案例有两个，第一个熵池耗尽的案例在生产环境中，我们很难遇到。但如果遇到，则很难解决，所以将其作为一个特殊案例放入本章内容中。第二个资源不足自动报警的案例是在生产环境中，我们经常需要使用的，对于硬件资源的监控一直是所有运维系统的重中之重。本案例展现了最基础的资源监控方案，在工作中，我们会接触到各种各样的监控与运维平台，但这些平台对硬件资源监控的核心点，无非也就是这几类。

7.5.1 熵池耗尽的解决方案

笔者曾在公司的测试环境中遇到过很有意思的问题，使用 Spring Boot 加载多数据源，在启动时数据库连接报错："The error occurred while executing a query"。面对这个情况，作者找到了 Linux 及 Oracle 专家马丁.克里尔（Martin Klier）进行探讨，确认是 Linux 熵池耗尽的问题。

1．解决熵池耗尽的办法

在 JVM 启动参数中加上如下参数就可以解决熵池耗尽的问题，如下所示：

```
-Djava.security.egd=file:/dev/./urandom
```

2．使用/dev/urandom 可以解决熵池耗尽问题的原因

这是因为在无头（CLI 命令行，非 GUI）服务器中，Oracle 11g 的 JDBC 驱动程序需要大约 40 字节的安全随机数，以加密其连接字符串。这个随机数默认是从/dev/random 中获取的。

dev/random 和/dev/urandom 都是 Linux 提供的随机伪设备。这两个设备的任务是提供永不为空的随机字节数据流。很多解密程序与安全应用程序（如 SSH Keys、SSL Keys 等）都需要它们提供的随机字节数据流。

但/dev/random 生成随机数，非常依赖熵池。如果熵池为空或不够用，则/dev/random 的读取就会堵塞，直到熵池够用为止。/dev/urandom 虽然也根据熵池来生成随机数，但它会重复使用熵池中的数据来产生伪随机数。/dev/urandom 可以作为生成较低强度密码的伪随机数生成器，但不建议将其用于生成高强度长期密码。

对比来说，/dev/urandom 的随机性强于/dev/random，但安全性弱于/dev/random。

3．出现熵池不够的问题

出现这种问题一般要满足两个条件：一是 Linux 版本较低，如 CentOS 6.x；二是使用虚拟机部署的操作系统。两者缺其一，一般都不会出现此问题。

因为只有很少的驱动程序会填充熵池，熵池填充主要依赖硬中断。例如，键盘和鼠标发出的信号。所以常使用的物理机基本不会出现这种问题。/dev/random 主要从"noice source"中获取数据，"noice source"可能是键盘事件、鼠标事件、设备时钟等。Linux 内核从 2.4 版本升级到 2.6 版本时，出于安全性的考虑，废弃了一些 source。因此，熵池补给的速度会变慢，进而不够用。

但在 Linux 内核升到 3.x 时，Linux 内核已经通过默认加载 rng-tools 服务解决此问题。

4．查看 random 熵池

使用命令如下：

```
cat /proc/sys/kernel/random/entropy_avail      ##→查看熵，通常为 3000 以上
cat /proc/sys/kernel/random/poolsize           ##→查看池，通常为 4096
```

使用 watch 观察熵值：

```
watch cat /proc/sys/kernel/random/entropy_avail ##→全屏观察此文件熵值，每两秒刷新一次
```

5．补充熵池

安装 rng-tools 可以伪装硬件中断事件，增加熵池数据。CentOS 7.9 已经默认安装此工具。如果系统没有安装此工具，则其安装命令如下：

```
yum install rng-tools -y     ##→安装 rng-tools 工具
system start rngd            ##→启动 rngd 服务，查看 rng-tools 的服务名
system status rngd           ##→查看服务状态
```

7.5.2 资源不足自动报警方案

我们会利用本章及之前学过的一些命令组合对 Shell 脚本以及服务器进行磁盘、CPU、内存方面的一些监控。

有些 Shell 语法不了解没关系，知道命令是如何执行的就可以。如果想弄清 Shell 语法，则可以先翻阅本书后面章节的 Shell 入门篇的内容，再回看本节内容。

1．编写脚本

编写 sysMonitor.sh 脚本。内容如下：

```
[root@yaomm ~]# cat sysMonitor.sh
#!/bin/bash
# fileName: sysMonitor.sh
# title: 系统监控
# desc: 获取内核及系统版本、主机名及 IP 地址，监控内存、交换空间 Swap、磁盘、CPU 及主机负载等
# 信息
# author: yaomaomao
```

```bash
# date: 2021-04-07
# quote: 本 shell 命令部分来源于互联网

# 内核信息
kernel=$(uname -r)
# 操作系统版本
release=$(cat /etc/redhat-release)
# 主机名
hostName=$HOSTNAME
# IP 地址列表,可能有多个网卡
localIp=$(ip addr show | awk '/inet /{print $2}')

# 使用 lscpu 获取 CPU 型号
cpu_model=$(LANG=C lscpu | grep 'Model name' | cut -d ":" -f2)
# 从 CPU 信息文件中获取 CPU 物理核心数
cpu_cores=$(cat /proc/cpuinfo| grep "cpu cores"| uniq | cut -d ":" -f2)
# 从/proc/cpuinfo 中获取 CPU 线程数
cpu_processor=$(cat /proc/cpuinfo| grep "processor"| wc -l)

# 内存总量(MB)
mem_total=$(free -m | awk '/Mem/ {print $2}')
# 内存可用量(MB)
mem_free=$(free -m | awk '/Mem/ {print $7}')
# 交换分区总量(MB)
swap_total=$(free -m | awk '/Swap/ {print $2}')
# 交换分区剩余量(MB)
swap_free=$(free -m | awk '/Swap/ {print $4}')

# 磁盘总量(MB)
disk_total=$(df -m | tail -n +2 | awk '{sum+=$2} END{print sum}')
# 磁盘剩余量(MB)
disk_free=$(df -m | tail -n +2 | awk '{sum+=$4} END{print sum}')

# 统计总用户数
users_count=$(cat /etc/passwd | wc -l)
# 统计登录用户数
users_login=$(who | wc -l)

# 统计进程数量
process_count=$(ps aux | wc -l)

# 占用 CPU 资源最多
cpu_top10=$(ps -eo "%C | %p | %c" --sort -c | head -n10)
# 占用内存资源最多
mem_top10=$(ps -eo vsz,pid,comm --sort -vsz | head -n 10)
```

```
# 无法执行 sar 命令的读者，需要预先安装 sysstat 工具包，CentOS 7 不需要安装
# yum install -y sysstat
io_tps=$(LANG=C sar -d -p 1 3 | awk '/Average/{print "["$2"]:"$3,$4,$5}')

# 函数名称：echoC
# 功能描述：使用 echo 将输入参数填充颜色并打印
# 参数：1.描述文字，2.数据
function echoC() {
 echo -e "$1: \033[0;34m $2 \033[0m"
}

# 输出系统监控信息
echo -e "\033[32m--------------------输出系统监控信息--------------------\033[0m"
echo -e "Linux 内核: \033[0;34m $kernel \033[0m, 系统版本: \033[0;34m $release \033[0m "
echoC "主机: " $hostName

echo -e "IP 地址列表如下: "
echo -e "$localIp"

echo -e "CPU 配置: \033[0;34m $cpu_cores \033[0m 内核 \033[0;34m $cpu_processor \033[0m 线程, 型号: \033[0;34m $cpu_model \033[0m "

echoC "内存总量（MB）" $mem_total
echoC "内存可用量（MB）" $mem_free
echoC "交换分区总量（MB）" $swap_total
echoC "交换分区剩余量（MB）" $swap_free
echoC "磁盘总量（MB）" $disk_total
echoC "磁盘可用空间（MB）" $disk_free
echoC "总用户" $users_count
echoC "登录用户数" $users_login

echoC "总进程数" $process_count

echo -e "占用 CPU 最多的进程如下:"
echo -e " $cpu_top10 "

echo -e "占用内存最多的进程如下:"
echo -e " $mem_top10 "

echo -e "磁盘 I/O "TPS、读取、写入": "
echo -e "$io_tps "

echo -e "\033[32m------------------------结束----------------------\033[0m"
```

2. 释义脚本

可以看到，Shell 脚本中用到的命令基本都是之前使用过的，现在不过是将它们组合在一

起使用。每条命令都有相应的注释，如果觉得哪条命令不理解，则可以将该条命令单独拿出来执行，如"LANG=C lscpu""LANG=C lscpu | grep 'Model name'""LANG=C lscpu | grep 'Model name' | cut -d ":" -f2"。

例如，在脚本中获取 CPU 型号的命令：

```
cpu_model=$(LANG=C lscpu | grep 'Model name' | cut -d ":" -f2)
```

将执行命令放入 Shell 终端窗口中单独执行，查看命令结果。

```
##→执行单行命令
[root@yaomm208 ~]# LANG=C lscpu | grep 'Model name' | cut -d ":" -f2
           Intel(R) Celeron(R) CPU  J1900  @ 1.99GHz      ##→CPU 型号
```

这个命令本身是由多个命令组合在一起的，每个命令含义如下。
- LANG=C：设置输出语言为英文模式。
- lscpu：命令主体，列出 CPU 相关信息，单独执行，查看输出结果。
- |：管道符，将前一个命令的结果作为后一个命令的输入值。
- grep 'Model name'：使用 grep 命令查找结果中包含"Model name"的字符行。
- cut -d ":" -f2：使用":"作分隔，截取第 2 列结果。

3．执行脚本

了解了组合型命令的查看方法，现在来看 sysMonitor.sh 脚本的执行效果：

```
[root@yaomm208 ~]# sh sysMonitor.sh        ##→执行脚本
------------------------输出系统监控信息---------------------
Linux 内核：3.10.0-1160.el7.x86_64  ，系统版本：CentOS Linux release 7.9.2009 (Core)
主机：yaomm208
IP 地址列表如下：
127.0.0.1/8
192.168.1.208/24
CPU 配置：4  核  4  线程，型号：    Intel(R) Celeron(R) CPU  J1900  @ 1.99GHz
内存总量（MB）：3680
内存可用量（MB）：2269
交换分区总量（MB）：3967
交换分区剩余量（MB）：3951
磁盘总量（MB）：64762
磁盘可用空间（MB）：46414
总用户：42
登录用户数：1
总进程数：159
占用 CPU 最多的进程如下：
 %CPU  |  PID  |  COMMAND
 34.9  |  1182 |  h5ssmain
```

```
  0.4 |  28592 | bash
  0.2 |    739 | java
  0.2 |   1122 | h5ss
  0.2 |  28588 | sshd
  0.1 |      9 | rcu_sched
  0.1 |   1078 | redis-server
  0.1 |  28610 | abrt-dbus
  0.0 |      1 | systemd
占用内存最多的进程如下：
    VSZ   PID COMMAND
4253424   739 java
2903068  1182 h5ssmain
 714272  1799 frpc
 614972   722 polkitd
 574280  1074 tuned
 474788   736 NetworkManager
 418180  1075 rsyslogd
 350968 28610 abrt-dbus
 249864  1078 redis-server
磁盘I/O "TPS、读取、写入"：
[DEV]:tps rd_sec/s wr_sec/s
[sda]:1.00 0.00 23.67
[centos-root]:0.67 0.00 23.67
[centos-swap]:0.00 0.00 0.00
[centos-home]:0.00 0.00 0.00
------------------------结束---------------------
```

其执行结果如上例所示，输出内容大致如下。

- uname 命令及/etc/redhat-release 文件：Linux 系统内核及操作系统版本。
- hostname 命令：主机名称。
- ip 命令：网卡 IP 地址列表。
- lscpu 命令及/proc/cpuinfo 文件：CPU 的型号及配置。
- free 命令：内存、交换分区的总量及可用量。
- df 命令：磁盘的总量及可用量。
- /etc/passwd 文件及 who 命令：总用户数、当前用户登录数。
- ps 命令：总进程数、占用 CPU 进程 top10、占用内存进程 top10。
- sar 命令：磁盘 I/O 的 tps 及读取、写入的平均 I/O 值。

4．扩展脚本

上面的脚本只做了监控方案，还没有做报警方案。在此基础上，可以更进一步扩展这个脚本，可以设想如下方案：

（1）利用 crond 在脚本中加入定时任务，每日或每小时执行一次。

（2）设置资源阈值。如磁盘利用率、内存利用率达到 80%，就会告警，并发送 E-mail 或短信通知管理员。

（3）将整个程序分成客户端、云端。在云端上编写一个接收脚本，将本脚本作为客户端 agent，推送云端，将整个程序扩展为一个监控平台。监控平台详见夜莺（国产）、Zabbix、Prometheus 等。

注意：前面章节已经给出了定时任务、发送邮件的方案（详见 5.5.2 节 "定时计划实战案例"）。感兴趣的读者可以利用此脚本大胆地做一些尝试。

7.6　小结

在学习完本章内容后，我们可以找出最耗费系统资源的进程，并将它关闭。现在到了每章小结的时间，请思考是否掌握了以下内容。

- 如何查看 Linux 内核？有几种方法？如何查看操作系统版本？有几种方法？
- 如何查看主机名称？有几种方法？如何修改主机名称？有几种方法？
- 如何查看内存大小？如何查看可用内存？
- 如何查看、修改交换空间？为什么需要交换空间？
- 什么是进程？进程是如何运行的？进程有哪些状态？
- 如何查看所有终端运行的进程？如何查看系统中的所有进程？PID 与 PPID 分别表示什么？
- 如何查看哪个进程打开了哪些文件？如何根据文件查看打开它的是哪个进程？
- 如何查看是哪个程序打开的进程？如何查看程序的运行目录与程序的所在目录？
- 如何将终端运行的程序放入后台？如何在终端关闭后，使程序依旧运行？
- 进程的优先级是什么？有什么作用？进程运行后能不能更改优先级？
- 如何关闭一个进程？有几种方法？分法间有什么区别？
- 如何关闭一批进程？有几种方法？分法间有什么区别？
- 给进程发送不同的信号会导致进程变成什么状态？
- 如果一个命令本身不支持重复执行，则用什么命令可以监听这个命令？一个文件的内容不断变化，有什么命令可以查看这个文件内容？
- 如何查看系统已经开机运行了多少天？如何查看系统负载情况？
- 如何找出最耗费 CPU、内存资源的进程？
- 如何统计 CPU、内存、磁盘 I/O、进程中断这些系统数据？

第 8 章 Linux 网络与安全

在前面的章节中，我们相继掌握了 Linux 的文件、用户、磁盘、进程相关知识与管理工具。本章将介绍 Linux 网络与安全。在为人们提供服务的过程中，无论是局域网、广域网（Internet，互联网），还是私有云、公有云，网络和流量都是其中非常重要的一环。但使用网络和流量伴随而来的还有安全问题。

本章主要涉及的知识点如下。

- 网卡是如何管理的：对网卡、IP 地址、路由、网关等进行添加、删除、查看操作。
- 域名是如何工作的：讲述域名的起源与工作流程及公私网的 IP 地址分类。
- 网络探测与流量监听：利用工具探测本地与远程端口，追踪、监听、截取流量。
- 防火墙与安全组：讲述在 Linux 上常用的防火墙系统及常用命令。
- 简说 TCP/IP：简述 TCP/IP 网络模型与常用的 TCP、HTTP/HTTPS 等协议。
- 网络安全的"矛"与"盾"：介绍 NAT、漏洞扫描工具、安全防御守则及相关等保信息。
- 实战案例：介绍 denyhosts、frp 的安装使用及一次性清除挖矿病毒的过程。

注意：病毒攻击与安全防护是一对"孪生兄弟"，需要"学彼之矛，增子之盾"。

8.1 网卡是如何管理的

网络是如何连接的？从物理硬件上来说，网络是由网卡加上网线，再通过交换机或路由器（也称三层交换机）连接到网络中的（局域网或互联网）。IP 地址（非公网 IP 地址）就是路由器默认的 DNS 服务器分发给网卡的门牌地址。本节将讲述如何管理网卡与路由。

8.1.1 手动配置网卡

网卡默认配置 DHCP 服务，由路由器自动分配 IP 地址。如果想指定 IP 地址，则需要将网卡配置项"BOOTPROTO"设置为"static"，而不是默认的"dhcp"。给网卡设置静态 IP 地址的过程如下所示。

（1）查看网卡。

进入网卡配置目录，查看网卡文件：

```
[root@linuxido ~]# cd /etc/sysconfig/network-scripts/    ##→进入网卡配置目录
[root@linuxido network-scripts]# ll                      ##→查看目录下的文件
...
-rw-r--r--. 1 root root    370 4月  12 16:07 ifcfg-ens33  ##→配置网卡
-rw-r--r--. 1 root root    254 5月  22 2020 ifcfg-lo      ##→回环设备
lrwxrwxrwx. 1 root root     24 3月  15 18:50 ifdown -> ../../../usr/sbin/ifdown
##→禁用网卡命令
-rwxr-xr-x. 1 root root    654 5月  22 2020 ifdown-bnep   ##→网卡停用相关脚本
-rwxr-xr-x. 1 root root   6532 5月  22 2020 ifdown-eth    ##→网卡停用相关脚本
```

（2）配置静态 IP 地址。

编辑网卡文件：

```
vi ifcfg-ens33                    ##→使用 vi 编辑器打开网卡 ens33
```

编辑内容如下：

```
NAME=ens33                                         ##→网卡名称不用修改
UUID=28d591b0-de29-4859-b7d7-62093b376446          ##→网卡唯一标识，不允许修改
BOOTPROTO=static         ##→设置为静态路由
ONBOOT=yes               ##→系统在启动时激活网卡
IPADDR=192.168.1.208     ##→添加 IP 地址，添加前执行 ping 命令，不要与局域网的机器产生冲突
NETMASK=255.255.255.0    ##→子网掩码
GATEWAY=192.168.1.1      ##→网关，如果是虚拟机，则一般与物理机的网关一致
DNS1=8.8.8.8             ##→设置主 DNS
DNS2=8.8.4.4             ##→设置备 DNS
```

重启网卡服务使其生效：

```
systemctl restart network      ##→重启 network 服务
```

（3）查看联网状况。

对公网执行 ping 命令，查看网络是否通畅：

```
root@yaomm network-scripts]# ping -c 4 baidu.com  ##→探测 4 次百度网，查看网络是否畅通
PING baidu.com (39.156.69.79) 56(84) bytes of data.
64 bytes from 39.156.69.79 (39.156.69.79): icmp_seq=1 ttl=47 time=25.3 ms
```

8.1.2　网卡设置：ifconfig、ip、ifup/ifdown

ifconfig 是最常用的网卡管理命令之一，属于 net-tools 工具包。这个工具包中的大部分命令都已经过时，但还有些命令经常被人们使用。例如，同属于 net-tools 工具包的 arp、hostname、netstat、route 等命令。ip 命令就是为替代 ifconfig 命令而产生的，是典型的在新的 Linux 发行

版本下大放异彩的网卡管理命令。然而在 CentOS 7.x 及以下版本中，ifconfig 仍然是较为流行的一个命令。

1．ifconfig 命令速查手册

（1）ifconfig 命令的语法格式：ifconfig［网络接口］［选项］。

在 Linux 中，硬件也是一个特殊的"文件"，通常以接口的形式表现。例如，第 1 个以太网接口是 eth0（一个驱动程序名称 eth+一个单元号 0）。在本章中，如果没有特殊说明，则网络接口、网卡、网络设备一般都是指需要连接网线的以太网网卡。

（2）ifconfig 命令的选项说明如表 8.1 所示。

表 8.1 ifconfig 命令的选项说明

选 项	说 明
-a	显示所有当前可用的接口，即使是 down 状态
-s	显示一个简短的列表（如 netstat -i）
-v	对于某些错误情况显示更加详细
up	启动指定的网络设备
down	关闭指定的网络设备
address	IP 地址。选择此选项激活接口。如果给接口声明了地址，则等于隐含声明了这个选项
netmask addr	子网掩码。默认值通常是 A、B 或 C 类的网络掩码（由接口的 IP 地址推出），但也可设置为其他值
[-]broadcast [addr]	网关。术语叫广播地址。如果给出了地址参数，则可以为网卡设定协议的广播地址，否则，为接口设置（或清除）IFF_BROADCAST 标志
[-]arp	允许或禁止在接口上使用 ARP
[-]promisc	允许或禁止将接口置于混杂模式。如果允许，则接口可以接收网络上的所有分组
[-]allmulti	启用/禁用全组播模式。如果选择启用，则接口将接收网络上的所有组播包
mtu N	设定接口的最大传输单元 MTU
dstaddr addr	为点到点链路（如 PPP）设定一个远程 IP 地址。此选项现已废弃，被 pointopoint 选项替换
add addr/prefixlen	设置网络设备 IPv6 的 IP 地址
del addr/prefixlen	删除网络设备 IPv6 的 IP 地址
tunnel aa.bb.cc.dd	建立 IPv4 与 IPv6 之间的隧道通信地址。建立一个新的 SIT（在 IPv4 中的 IPv6）设备，为给定的目的地址建立通道
irq addr	设置网络设备的 IRQ（中断值），并不是所有设备都能动态更改自己的中断值
io_addr addr	设置网络设备的 I/O 地址
mem_start addr	设定接口所用的共享内存起始地址。只有少数设备需要
media type	设置网络设备所用的物理端口或介质类型。 典型的 type 是 10Base-2（细缆以太网）、10Base-T（双绞线 10Mb/s 以太网）、AUI（外部收发单元接口）等

选 项	说 明
metric N	N 为整数,指定计算数据包的转送次数,即通过多少个路由
[-]pointopoint [addr]	此选项允许将网络设备设置为点到点模式。这种模式在两台主机间建立一条无人可以监听的直接链路
hw class address	设置网络设备的类型与硬件地址
txqueuelen length	设置设备发送队列的长度。对于具有高延迟(调制解调器链路,ISDN)的较慢设备,设置较小的设备发送队列长度,可以防止快速批量传输干扰太多 telnet 类的交互式流量
--version	查看版本信息

(3)ifconfig 命令示例。

```
ifconfig              ##→查看处于激活状态的网络接口
ifconfig -a           ##→查看所有配置的网络接口,无论其是否被激活
ifconfig -s           ##→显示一个简短的网卡列表
ifconfig ens33        ##→显示 eth0 网卡的信息

ifconfig ens33 up     ##→开启 ens33 网卡
ifconfig ens33 down   ##→关闭 ens33 网卡

ifconfig ens33 add 33ffe:3240:800:1005::2/64      ##→为 eth0 网卡配置 IPv6 地址
ifconfig ens33 del 33ffe:3240:800:1005::2/64      ##→删除 IPv6 地址

ifconfig ens33 hw ether 00:AA:BB:CC:dd:EE         ##→修改网卡 MAC 地址

ifconfig ens33 192.168.2.10                        ##→设置网卡 IP 地址
ifconfig ens33 192.168.2.10 netmask 255.255.255.0  ##→设置网卡 IP 地址及子网掩码
##→设置广播地址
ifconfig ens33 192.168.2.10 netmask 255.255.255.0 broadcast 192.168.2.255

ifconfig ens33 arp    ##→开启网卡 ens33 的 ARP
ifconfig ens33 -arp   ##→关闭 ARP
ifconfig eth0 mtu 1500 ##→设置能通过的最大数据包大小为 1500 字节
```

(4)ifconfig 命令结果详解。

```
[root@linuxido ~]# ip -V              ##→查看 IP 地址版本
ip utility, iproute2-ss170501
[root@linuxido ~]# ifconfig -version  ##→查看 ifconfig 版本
net-tools 2.10-alpha

[root@linuxido ~]# ifconfig           ##→查看处于活动状态的网卡信息
ens33: flags=4163<UP,BROADCAST,RUNNING,MULTICAST>  mtu 1500
        inet 192.168.1.210  netmask 255.255.255.0  broadcast 192.168.1.255
        inet6 fe80::20c:29ff:fe77:a121  prefixlen 64  scopeid 0x20<link>
        inet6 240e:364:428:5b00:20c:29ff:fe77:a121  prefixlen 64  scopeid 0x0
<global>
```

```
              ether 00:0c:29:77:a1:21  txqueuelen 1000  (Ethernet)
              RX packets 469620  bytes 30216492 (28.8 MiB)
              RX errors 0  dropped 174800  overruns 0  frame 0
              TX packets 81157  bytes 5887716 (5.6 MiB)
              TX errors 0  dropped 0 overruns 0  carrier 0  collisions 0
##→第 1 行 网卡名称及状态
##→ens33：网卡名称。eth 表示网卡设备，33 是序号，一般是虚拟机的第 1 块网卡
##→flags：表示网卡状态，UP 表示网卡开启状态，BROADCAST 表示支持广播，RUNNING 表示网线已经
##→插上 MULTICAST 表示支持组播（多路广播）
##→mtu：表示网卡发包每次最大 1500 字节

##→第 2 行 表示网卡地址
##→inet：网卡地址，netmask：子网掩码，broadcast：广播地址一般是 255，表示可以发包给
##→192.168.1.1-192.168.1.254 段的所有主机，受限的广播地址是 255.255.255.255

##→第 3 行 表示 IPv6 的本地地址
##→int6：fe80 打头的本地 IPv6 地址，这个地址无法删除
##→prefixlen：前缀长度，默认 64 位，指定 IP 地址中用作子网掩码的位数，IPv4 默认 32 位
##→scopeid：link 意为 link_local，本地链接

##→第 4 行是 IPv6 的设置
##→inet6：IPV6 地址
##→prefixlen：前缀长度，默认 64 位，指定 IP 地址中用作子网掩码的位数，IPv4 默认 32 位
##→scopeid：范围，global 表示全局

##→第 5 行是主机 MAC 地址的信息
##→ether：主机 MAC 地址
##→txqueuelen：表示传输缓冲区长度大小，传输队列的长度

##→第 6 行、第 7 行 RX：接收数据包情况统计

##→第 8 行、第 9 行 TX：发送数据包情况统计

lo: flags=73<UP,LOOPBACK,RUNNING>  mtu 65536
              inet 127.0.0.1  netmask 255.0.0.0
              inet6 ::1  prefixlen 128  scopeid 0x10<host>
              loop  txqueuelen 1000  (Local Loopback)
              RX packets 1405  bytes 100614 (98.2 KiB)
              RX errors 0  dropped 0  overruns 0  frame 0
              TX packets 1405  bytes 100614 (98.2 KiB)
              TX errors 0  dropped 0 overruns 0  carrier 0  collisions 0
##→lo 表示主机的回环地址，一般用来测试一个网络程序。如果不想让局域网或外网的用户查看，则只能
##→在此台主机上运行和查看所用网络的接口。例如，把 httpd 服务器指定到回环地址，在浏览器中输入
##→127.0.0.1，这样一来，就只有你能查看你所架设的 Web 网站了
```

注意：ifconfig 命令相关文件有/proc/net/socket、/proc/net/dev、/proc/net/if_inet6。

2. ip 命令速查手册

ip 命令可以用来显示或操作 Linux 主机的网络设备、点对点隧道、路由及策略规则等，是 Linux 下较新的功能强大的网络配置工具。

（1）ip 命令的语法格式：ip［选项］［网络对象］［命令 |help］。

（2）ip 命令示例。

```
ip addr help          ##→查看网络对象 address 的帮助信息
ip addr show          ##→显示网卡 IP 地址信息
ip addr list          ##→在大部分情况下，show 与 list 显示的信息基本相同
ip addr show lo       ##→查看指定网卡信息
ip -s addr show       ##→"-s"显示更详细的网卡信息
ip -o addr            ##→"-o"将每条记录输出为一行，用'\'字符替换换行符。show 命令可省略
ip n show             ##→查看相邻主机的 IP 地址及 MAC 地址，"n""neigh"都是 neighbour 的缩写

ip addr add 192.168.4.21/24 dev ens33    ##→给 ens33 网卡再设置一个虚拟 IP 地址 192.168.4.21
ip addr del 192.168.4.21/24 dev ens33    ##→删除 ens33 网卡的 IP 地址

ip link show                             ##→显示网络接口信息
ip link set ens33 down                   ##→在虚拟机中关闭网卡，断开网络
ip link set ens33 up                     ##→开启网卡
ip link set ens33 promisc on             ##→开启网卡的混合模式
ip link set ens33 promisc off            ##→关闭网卡的混合模式
ip link set ens33 txqueuelen 1200        ##→设置网卡的队列长度
ip link set ens33 mtu 1400               ##→设置网卡的最大传输单元

ip route                                 ##→显示系统路由信息
ip r show                                ##→显示系统路由
ip route show table all                  ##→显示所有路由条目

ip route add default via 192.168.1.254   ##→设置系统默认路由
ip route del default                     ##→删除系统默认路由

ip route add 192.168.0.254 dev ens33     ##→设置网卡 eth0 的路由为 192.168.0.254
ip route del 192.168.0.254               ##→删除路由 192.168.0.254

##→设置 192.168.1.0 网段的路由为 192.168.1.254
ip route add 192.168.1.0/24 via 192.168.1.254
ip route del 192.168.1.0/24              ##→删除 192.168.1.0 网段的路由

##→设置网卡 ens33 的路由
ip route add 192.168.1.0/24 via 192.168.1.254 dev ens33
ip route delete 192.168.1.0/24 dev ens33  ##→删除网卡 ens33 的路由

ip rule flush         ##→清除路由策略表，不要在非虚拟机上使用，因为无法访问 SSH
ip rule add from all lookup main pref 32766   ##→在虚拟机中将路由规则添加回来
```

```
ip rule add from all lookup default pref 32767    ##→添加路由规则
```

3．ifup/ifdown 命令速查手册

ifconfig、ip 命令都可以开启、关闭网卡。这里介绍开启、关闭网卡的第 3 种办法，也是一对非常简洁的专属命令：ifup、ifdown。示例如下：

```
##→在关闭网卡 ens33 后，使用 SSH 发现无法连接 Shell 终端
[root@linuxido ~]# ifdown ens33          ##→成功关闭网卡 ens33
[root@linuxido ~]# ifup ens33            ##→在虚拟机中开启网卡
Connection successfully activated
(D-Bus active path:/org/freedesktop/NetworkManager/ActiveConnection/3)
```

使用 "ifdown ens33" 命令关闭网卡 ens33 后，重启虚拟机，网卡也会自动开启。如何永久关闭一张网卡呢？需要在网卡配置文件中设置 "ONBOOT=no"，详见 8.1.1 节 "手动配置网卡"。

8.1.3　网卡服务：network、NetworkManager 与 nmcli

服务的概念在前面章节讲进程概念时已经提到过。程序、进程不一定是服务，但服务一定是正在运行的程序，是一段进程。例如，crond、Nginx、FTP、视频或音乐软件，这些都是服务，在运行时，它们都会有对应的进程。而网卡也有对应的服务，即 network。如果网卡没有对应的服务，则无法连接网络。

1．network 服务简述

网卡、网线都只是硬件，想要让这些硬件与网络世界连通，就要用到 network 服务。network 服务默认被添加到 systemd 中，常用服务命令如下：

```
systemctl status network          ##→查看当前 network 服务状态
systemctl stop network            ##→关闭 network 服务
systemctl start network           ##→开启 network 服务
systemctl restart network         ##→重启 network 服务
```

network 服务是 RHEL/CentOS 6.x 提供的服务。CentOS 7.x 官方想用 NetworkManager 服务替代 network 服务，但未能如愿。一方面，network 服务还需要继续保留，兼容低版本的 Linux；另一方面，NetworkManager 服务在发布之初有很多 Bug，并不能让人信任。因此，在 CentOS 7.x、CentOS 8.x 甚至 stream 版本中，NetworkManager 服务主要用来管理无线网络和网卡。台式机的有线网络主要还是使用 network 服务。

2．NetworkManager 服务简述

NetworkManager 支持很多不同网络接口类型，包括以太网、InfiniBand IPoIB、VLAN、

Bridges、Bonds、Teams、Wi-Fi、WiMAX、WWAN、蓝牙、VPN 等。

（1）常用服务命令。

```
systemctl status NetworkManager      ##→查看当前 NetworkManager 服务状态
systemctl stop NetworkManager        ##→关闭 NetworkManager 服务
systemctl start NetworkManager       ##→开启 NetworkManager 服务
systemctl restart NetworkManager     ##→重启 NetworkManager 服务
```

（2）NetworkManager 命令示例。

```
NetworkManager -V                    ##→查看 NetworkManager 的版本号
NetworkManager --print-config        ##→查看 NetworkManager 的配置项
NetworkManager --plugins ibft        ##→查看 NetworkManager 的插件 ibft
```

3. NetworkManager 命令行管理客户端 nmcli

NetworkManager 服务的选项主要用来设置或查看配置文件与日志。真正对网络设备起作用的其实是 nmcli 命令。nmcli 命令是 NetworkManager 服务的客户端软件，正如本书中绝大部分命令一样，它以命令行的方式来操作。

（1）nmcli 命令的语法格式：nmcli [选项][操作对象][支持命令 | help]。

（2）nmcli 命令示例。

```
nmcli          ##→查看当前网络设备及 DNS
nmcli g        ##→查看 nm 的状态信息，如当前连接状态，Wi-Fi、有线网接口是否都被启用
nmcli n        ##→查看网络服务是否开启
nmcli r        ##→查看无线设备
nmcli c        ##→查看网络连接，NetworkManager 服务会把网络配置保存为 connections 配置信息
nmcli d        ##→查看网络设备
nmcli a        ##→查看代理信息
nmcli m        ##→监控 NetworkManager，每当 NetworkManager 被更改，就会打印一行信息

nmcli c help                                          ##→查看 connection 对象帮助信息

nmcli d show                                          ##→显示全部接口属性
nmcli device show ens33                               ##→显示网卡 ens33 的属性
nmcli device status                                   ##→显示设备状态
nmcli device show ens33                               ##→显示指定接口属性
nmcli -f GENERAL.DEVICE,IP4.ADDRESS device show       ##→"-f"选项指定输出字段

nmcli device disconnect ens34 ens33    ##→断开多个网卡连接
nmcli connection down ens33            ##→与上面的命令一样，关闭网卡 ens33
nmcli connection up ens33              ##→连接配置，启用网卡 ens33

nmcli connection show                  ##→查看当前连接状态
nmcli connection reload                ##→重启服务
nmcli connection show -active          ##→显示活动的连接
```

```
nmcli connection show ens33        ##→指定显示一个网络连接配置
nmcli connection add help          ##→查看帮助

nmcli networking off    ##→关闭所有被 NetworkManager 服务托管的网络接口和网络连接
nmcli networking on     ##→开启所有被 NetworkManager 服务托管的网络接口和网络连接

nmcli device wifi list      ##→显示 Wi-Fi 列表，在笔记本计算机上使用
nmcli radio wifi off        ##→关闭 Wi-Fi
nmcli radio wifi on         ##→开启 Wi-Fi
```

注意：更多的 nmcli 示例可使用"man nmcli-examples"命令查看。

4．NetworkManager GUI 管理客户端 nmtui

NetworkManager 服务中还有一个展示图形界面的客户端管理软件，即 nmtui。

（1）nmtui 提供了"编辑连接""启用连接""设置系统主机名"3 个项目选项。可以按"Tab"键或方向键来选择项目，选择项目后可按"Enter"键确认，进入下级菜单。项目选择界面如图 8.1 所示。

（2）选择"编辑连接"选项，按"Enter"键进入网卡选择界面后，可直接选择网卡"ens33"，如图 8.2 所示，或者使用方向键选择"编辑"选项，进入网卡配置界面。

图 8.1　项目选择界面

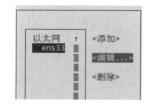

图 8.2　网卡选择界面

（3）进入如图 8.3 所示的网卡配置界面后，可以修改网卡名称（配置集名称）、MAC 地址（设备）、IP 地址（地址）、网关、DNS 服务器，单击"确定"按钮保存配置。

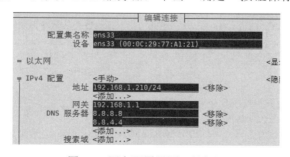

图 8.3　网卡配置界面（局部）

（4）可自行选择"启用连接""设置系统主机名"选项进行观察学习。选择这两个选项后，可以完成开启、关闭网卡和更改主机名称等操作。

8.1.4 网关路由：route、arp

route 是 net-tools 工具包中常用的一个命令，一般用来设置路由及网关。route 命令设置的路由主要是静态路由，用于实现两个不同子网之间的通信，需要一台连接两个网络的路由器，或需要同时位于两个网络的网关。

1. route 命令速查手册

（1）route 命令的语法格式：route [选项]。

（2）route 命令示例。

```
route -n                                              ##→查看路由列表
##→给网卡 ens33 添加一条路由
route add -net 192.0.1.0 netmask 255.255.255.0 dev ens33
route del -net 192.0.1.0 netmask 255.255.255.0        ##→删除添加的路由

##→设置屏蔽路由，让其无法被查找到
route add -net 192.0.1.0 netmask 255.255.255.0 reject
route del -net 192.0.1.0 netmask 255.255.255.0 reject ##→删除屏蔽的路由

route add default gw 192.168.1.120                    ##→添加一条网关信息
route del default gw 192.168.1.120                    ##→删除网关信息
```

（3）route 命令结果详解。

```
[root@linuxido ~]# route -n                           ##→查看路由信息
Kernel IP routing table
Destination     Gateway         Genmask         Flags Metric Ref Use Iface
0.0.0.0         192.168.1.120   0.0.0.0         UG    0      0   0   ens33
0.0.0.0         192.168.1.1     0.0.0.0         UG    100    0   0   ens33
192.0.1.0       -               255.255.255.0   !     0      -   0   -
192.0.1.0       0.0.0.0         255.255.255.0   U     0      0   0   ens33
192.168.1.0     0.0.0.0         255.255.255.0   U     100    0   0   ens33
[root@linuxido ~]# route -e    ##→使用 netstat 格式显示路由表，等同于 netstat -rn
Kernel IP routing table
Destination     Gateway         Genmask         Flags MSS Window irtt Iface
default         gateway         0.0.0.0         UG    0   0      0    ens33
...
##→Destination: 目标网络或目标主机
##→Gateway: 对应网关，默认为"*"
##→Genmask: 目标网络的子网掩码；255.255.255.255 为主机，0.0.0.0 为默认路由
##→Flags: U(UP) 表示启动状态，G(Gateway) 表示此网关为路由器，! 表示此路由当前为屏蔽状态
```

```
##→其他状态 D(Dynamically)表示动态写入路由,H(Host)表示此网关是一台主机,M(Modified)
##→表示该路由已由选路进程或重定向修改,R(Reinstate)表示由动态路由重新初始化的路由
##→Metric:通向目标的距离(通常以跳来计算)。新内核不使用此概念,而选路进程可能会使用到
##→Ref:使用此路由的活动进程个数(Linux内核并不使用)
##→Use:查找此路由的次数。此列结果数值根据"-F"和"-C"选项的使用方法,显示路由缓存的损失数
##→或采样数
##→MSS:基于此路由的TCP连接的默认最大报文段长度
##→Window:基于此路由的TCP连接的默认窗口长度
##→irtt:初始往返时间。Linux内核用它来猜测最佳TCP参数,无须等待(可能很慢的)应答
##→Iface:使用此路由发送分组的接口
```

2. arp 命令速查手册

arp 命令的主要作用是查看相邻主机的 IP 地址与 MAC 地址。它可以根据 IP 地址获取 MAC 地址的一个 TCP/IP 协议,即地址解析协议(Address Resolution Protocol)。主机发送信息时,将包含目标 IP 地址的 arp 请求广播到局域网络上的所有主机,并接收返回消息,以此确定目标的 MAC 地址。主机接收到返回消息后,将该 IP 地址和 MAC 地址存入本机 arp 缓存并保留一定时间,在下次请求时直接查询 arp 缓存以节约资源。

注意:在 man 手册的提示中,arp 命令已经过时了,ip neigh 命令替代了 arp 命令。但在我们的使用习惯中,arp 命令一直被保留。arp 命令的相关文件是/proc/net/arp、/etc/networks、/etc/hosts、/etc/ethers。

(1)arp 命令的语法格式:arp [选项]。

(2)arp 命令示例。

```
arp -a                              ##→显示arp所有缓存区条目
arp -vn                             ##→查看所有arp缓存,按指定列格式显示
arp -s 192.168.1.1 00:b1:b2:b3:b4:b5 ##→将IP地址与MAC地址绑定
arp -d 192.168.1.1                  ##→删除单条arp缓存
ip n flush dev ens33                ##→使用ip neigh命令来清除arp全部缓存
```

8.2 域名是如何工作的

在互联网中,我们可以直接使用 IP 地址访问一台主机上的服务,也可以使用域名访问。在通常情况下,都是使用域名来访问的。从一开始,域名就是为了方便记忆而被发明的。

8.2.1 域名与 DNS 解析

我们在访问如 linuxido.com、aliyun.com 这样的域名时,是如何访问到背后的主机的?域名是如何与 IP 地址对应的?

（1）如果你选择国内云厂商，则云厂商一般都提供域名服务；如果你只是购买了一台 VPS 或云主机，则还需要去单独的域名网站（如 NameSilo、Godaddy 等）购买域名。

（2）如图 8.4 所示，以阿里云为例，在购买域名服务后，在"域名解析"页面中，单击购买域名中的"解析设置"按钮。

图 8.4 "域名解析"页面

（3）如图 8.5 所示，在弹出的域名解析对话框中添加如下记录。

- 记录类型：一般为"A"，即指向一个 IPv4 地址。
- 主机记录：可以填写二级域名（例如，blog.linuxido.com、blog），一级域名需要同时添加"www"及"@记录"（例如，linuxido.com、www.linuxido.com）。
- 解析线路：可以自由选择，选择"默认"即可。
- 记录值：指向 IP 地址。例如，linuxido.com 域名指向的 IP 地址是 123.56.94.254。
- TTL：Time-To-Live，解析请求的缓存时间，一般默认设置为 10 分钟。

图 8.5 域名解析对话框

（4）这个域名解析服务是 DNS（Domain Name System）。它的作用非常简单，就是根据域名查出 IP 地址。

（5）一个域名背后可以有多个 IP 地址。当域名解析服务器在解析域名记录的"值"中包含多个 IP 地址时，LDNS 会返回所有 IP 地址，但返回 IP 地址的顺序是随机的。浏览器默认选取第一个返回的 IP 地址作为解析结果，其解析流程如下。

- 网站访问者通过浏览器向 Local DNS（简称 LDNS）发送解析请求。
- LDNS 将解析请求逐级转发（递归）至权威 DNS。
- 权威 DNS 在收到解析请求后，将所有 IP 地址以随机顺序返回 LDNS。
- LDNS 将所有 IP 地址返回浏览器。
- 网站访问者的浏览器随机访问其中一个 IP 地址，通常（不是绝对）选取第一个返回的 IP 地址。在没有做反向代理的情况下，如果返回的 IP 地址有多个，那么访问到这些 IP 地址的机会一般是均等的。

（6）在 DNS 解析的描述过程中，浏览器首先通过本地的 DNS 服务（LDNS）发送第一个解析请求，然后由 LDNS 返回 IP 地址，访问对应的服务器所提供的互联网服务。

这样就带来了一个问题：如果 LDNS 返回的不是公网的域名解析服务解析出的 IP 地址，而是经过本地篡改的呢？

8.2.2 域名篡改

域名会被篡改吗？或域名解析服务器在解析域名后返回的 IP 地址会被篡改吗？

在回答上述问题前，我们先查看 Linux 系统中有关 DNS 的配置文件。

- /etc/hosts：记录 hostname 对应的 IP 地址。
- /etc/resolv.conf：设置 DNS 服务器的 IP 地址。
- /etc/host.conf：指定域名解析的顺序，是先从 hosts 解析还是先从 DNS 解析。

LDNS 优先解析 hosts 文件（Windows 10 路径是 C:\Windows\System32\drivers\etc\hosts），在 hosts 文件中，改变域名指向的 IP 地址，我们将不会访问到原来的公网主机。示例如下：

```
[root@linuxido ~]# ping linuxido.com          ##→在修改前，对域名执行ping命令
PING linuxido.com (123.56.94.254) 56(84) bytes of data.
64 bytes from 123.56.94.254 (123.56.94.254): icmp_seq=1 ttl=53 time=25.6 ms
...
[root@linuxido ~]# dig +short linuxido.com    ##→使用dig命令解析域名
123.56.94.254

##→修改域名对应的IP地址
[root@linuxido ~]# echo '120.120.120.120 linuxido.com' >> /etc/hosts
```

```
[root@linuxido ~]# ping linuxido.com           ##→修改后，再对域名执行ping命令
PING linuxido.com (120.120.120.120) 56(84) bytes of data.
...
##→可以看到ping命令失败，无法ping通120.120.120.120

##→使用host命令解析域名，可以看到依然是公网IP地址
[root@linuxido ~]# host linuxido.com
linuxido.com has address 123.56.94.254
[root@linuxido ~]# nslookup linuxido.com       ##→使用nslookup解析域名
Server:     8.8.8.8                            ##→访问域名解析服务器
Address:    8.8.8.8#53                         ##→DNS地址及端口

Non-authoritative answer:
Name:   linuxido.com
Address: 123.56.94.254                         ##→域名对应的IP地址
[root@linuxido ~]# dig linuxido.com            ##→使用dig解析linuxido.com域名
...
linuxido.com.       599    IN    A    123.56.94.254
##→修改hosts文件后，dig命令解析的域名依然是公网IP地址。找寻A的记录，它是不经过LDNS的
...
;; SERVER: 8.8.8.8#53(8.8.8.8)
##→本机的DNS地址设置为8.8.8.8，DNS的默认端口是53
```

如果没有修改hosts文件，在什么情况下可能出现DNS返回错误的IP地址呢？域名劫持是最可能出现的情况。域名劫持就是通过攻击或伪造域名解析服务器的方式，把目标网站域名解析到错误的IP地址，从而使用户访问一些非法、恶意网站。因此，我们需要使用域名解析工具查看访问域名真正对应的IP地址。

8.2.3 根域名与公网IP地址分类

1. 查看域名注册服务商

根据ICANN协议，每个ICANN注册服务商都必须维护whois服务。因此，我们只需要安装whois服务，或使用各大云厂商的whois服务，就可以知道域名的注册信息。

```
[root@linuxido ~]# yum install whois -y        ##→安装whois服务
...
已安装:
  whois.x86_64 0:5.1.1-2.el7
[root@linuxido ~]# whois linuxido.com          ##→使用whois命令查询域名注册情况
   Domain Name: LINUXIDO.COM                   ##→域名
   Registry Domain ID: 2514192401_DOMAIN_COM-VRSN    ##→域名ID
   Registrar WHOIS Server: grs-whois.hichina.com     ##→whois查询服务站点
   Registrar URL: http://www.net.cn            ##→万网，已被阿里巴巴收购
   Updated Date: 2021-02-18T01:09:26Z          ##→续期时间
```

```
    Creation Date: 2020-04-13T01:34:52Z                    ##→注册时间
    Registry Expiry Date: 2022-04-13T01:34:52Z             ##→到期时间
    Registrar: Alibaba Cloud Computing (Beijing) Co., Ltd. ##→注册商：阿里巴巴
...
```

2. ICANN

ICANN（The Internet Corporation for Assigned Names and Numbers）是互联网名称与数字地址分配机构，是一个非营利性国际组织，负责在全球范围内对互联网唯一标识符系统及其安全进行运营协调，包括 IP 地址的空间分配，协议标识符的指派，通用顶级域名（gTLD）、国家和地区顶级域名（ccTLD）的配置，以及根服务器的管理。简单来说，ICANN 负责所有 IP 地址和域名的授权分配。

但 ICANN 本身并不负责根服务器的维护，它授权了 12 家运营组织来维护 13 个根域名服务器（每个根域名服务器都由独立的运营商承建维护，VeriSign 独揽两个）。

为什么说根服务器是 13 "个"而不是 13 "台"？这是因为承接了根域名服务器的运营组织为了保证服务器的高可用性，在不同地区部署了多个节点。

3. 根服务器与顶级域名

在使用 dig 命令查询域名时，我们能看到域名后多了一个点，如 "linuxido.com."。这并不是疏忽，而是所有域名尾部都会有根域名 ".root"，只是被省略了而已。

解析根域名的服务器是互联网世界所有 IP 地址、域名的来源。全世界只有 13 个 IPv4 根域名服务器，其中 9 个在美国，两个在欧洲（英国和瑞典），1 个在亚洲（日本）。我们可以使用 dig 命令来查看域名解析的路径，示例如下：

```
[root@linuxido ~]# dig +trace pan.linuxido.com  ##→使用"+trace"命令查看 DNS 解析过程
; <<>> DiG 9.11.4-P2-RedHat-9.11.4-26.P2.el7 <<>> +trace pan.linuxido.com
;; global options: +cmd
.                       8122    IN      NS      i.root-servers.net.  ##→首先找到根域名服务器，共 13 个
.                       8122    IN      NS      k.root-servers.net.
.                       8122    IN      NS      j.root-servers.net.
...
com.                    172800  IN      NS      a.gtld-servers.net.  ##→再次从顶级域名服务器中查找
com.                    172800  IN      NS      b.gtld-servers.net.
com.                    172800  IN      NS      c.gtld-servers.net.
...
;; Received 1172 bytes from 2001:500:1::53#53(h.root-servers.net) in 208 ms
##→从根服务器 h.root-servers.net 中找到次级域名服务器
linuxido.com.           172800  IN      NS      dns25.hichina.com.   ##→次级域名服务器
linuxido.com.           172800  IN      NS      dns26.hichina.com.
...
;; Received 950 bytes from 192.12.94.30#53(e.gtld-servers.net) in 220 ms
##→这个次级域名服务器在 e.gtld-servers.net 下
```

```
linuxido.com.      600      IN     A      123.56.94.254           ##→找到域名对应的IP地址
##→由dns26返回
;; Received 57 bytes from 140.205.81.30#53(dns26.hichina.com) in 14 m
```

域名的解析是一个逐级递归的过程。从根域名服务器（a.root-servers.net.）到顶级域名服务器（a.gtld-servers.net.），再到次级域名所在的 DNS 服务器（dns26.hichina.com.）。

根域名的下一级域名叫作顶级域名（Top Level Domain），如通用顶级域名（Generic Top Level Domain，gTLD）".com"".net"，国家和地区类的顶级域名（Country Code Top Level Domain，ccTLD)".cn"（中国）".jp"（日本）。

ICANN 不会亲自管理顶级域名。每个顶级域名都要找一个托管商，".cn"域名的托管商就是中国互联网络信息中心（CNNIC）。目前，世界最大的顶级域名托管商是美国的 VeriSign 公司。

顶级域名下一级的域名叫作次级域名（Second Level Domain，SLD），即自行注册的域名。如"linuxido"。在次级域名后就是子域名，子域名由次级域名所有者自行定义，在域名服务器中添加一条解析记录即可，无须注册，如"blog.linuxido.com"中的"blog"。

4．全世界的 IP 地址都在哪些人手上

从上面的根域名可以看出，互联网世界中的大部分 IP 地址都在美国。IPv4 地址的传统分类如表 8.2 所示。

表 8.2 IPv4 地址的传统分类

IP 地址分类	IP 地址范围	格式	占地址总空间比例	说明
A	1~127	N.H.H.H	1/2	一般保留给政府或大型企业,大部分由DoD(美国国防部)保留
B	128~191	N.N.H.H	1/4	大型站点,可划分子网,多数分配给了美国大学或学术机构
C	192~223	N.N.N.H	1/8	这类地址较容易获得,但也分配给了各大ISP运营厂商,可由公司从运营商处申请
D	224~239	—	1/16	多播地址，非永久分配
E	240~255	—	1/16	实验地址

"格式"列中的 N 表示该二进制位是网络位，H 表示该二进制位是主机位。如下所示：

```
##→A 类地址
0.  0.  0.  0          =      00000000.   00000000.   00000000.   00000000
127.255.255.255        =      01111111.   11111111.   11111111.   11111111
                              0NNNNNNN.   HHHHHHHH.   HHHHHHHH.   HHHHHHHH
##→B 类地址
128.  0.  0.  0        =      10000000.   00000000.   00000000.   00000000
191.255.255.255        =      10111111.   11111111.   11111111.   11111111
```

```
                        10NNNNNN.    NNNNNNNN.    HHHHHHHH.    HHHHHHHH
##→C 类地址
192.  0.  0.  0    =    11000000.    00000000.    00000000.    00000000
223.255.255.255    =    11011111.    11111111.    11111111.    11111111
                        110NNNNN.    NNNNNNNN.    NNNNNNNN.    HHHHHHHH
```

ICANN 不亲自管理域名与 IP 地址块，同顶级域名一样。IP 地址块将运营分配委托给了 5 个区域性的 Internet 注册管理机构，这些机构将地址块划分给本区域的各级 ISP（Internet Service Provider，互联网服务提供商）机构。各个区域性的 Internet 注册管理机构如表 8.3 所示。

表 8.3 各个区域性的 Internet 注册管理机构

选 项	说 明
ARIN(American Registry for Internet Numbers)	美洲互联网号码注册管理机构，管理北美、南极洲和部分加勒比地区
APNIC(Asia-Pacific Network Information Centre)	亚太网络信息中心，管理亚洲和太平洋地区，含澳大利亚和新西兰
AfriNIC (African Network Information Centre)	非洲网络信息中心，管理非洲和印度洋地区
LACNIC(Latin American and Caribbean Internet Address Registry)	拉丁美洲及加勒比地区互联网地址注册管理机构，管理拉丁美洲（包括中美洲、西印度群岛和南美洲）和部分加勒比地区
RIPE NCC(RIPE Network Coordination Centre)	欧洲 IP 地址网络资源协调中心，管理欧洲、中东和中亚地区

在世界范围内，约有 40 亿个 IP 地址，美国约有 15 亿个 IP 地址和 8 亿个预留 IP 地址，而中国只有 3 亿多个 IP 地址。除了美国，其他国家的 IPv4 地址都不够用，因此催生了 DHCP 与 NAT 技术。

8.2.4 DHCP 与 NAT

1. DHCP

DHCP（Dynamic Host Configuration Protocol）是一种能够将 IP 地址和相关 IP 地址信息动态分配给网络中计算机的协议。简单地说，它可以帮助主机动态获取 IP 地址的配置解析，使用 UDP 报文传送，默认端口号为 67 和 68。

我们应该先了解为什么会产生 DHCP 技术。如果要了解 DHCP 技术，则要先知道一个明确的事实：IP 地址不够分了。

2019 年 11 月 25 日，因为 IPv4 的地址储备池已经完全耗尽，所以早在 2016 年，"雪人计划"在全球 16 个国家内完成了 25 个 IPv6 根域名服务器的架设。中国部署了其中 4 个，分别是 1 个主根域名服务器和 3 个辅根域名服务器，打破了中国过去没有根域名服务器的困境。

在这之后,我们的互联网 IP 地址逐渐由 IPv4 地址向 IPv6 地址转换。

但是在距 IPv6 普及还较为遥远的时代,我们是如何解决 IP 地址不够分的问题的?当然是 DHCP 的功劳了。

虽然如今大部分运营商已经支持 IPv6,但是 IPv4 的巨大使用惯性还无法被 IPv6 所替代。如果 IPv6 普及使用的时代到来,那么对人类来说,IP 地址几乎是无限的,那就不会出现现在公网 IP 地址这样昂贵的情况,到时每一台接入网络的主机都可以分配到一个公网 IP 地址,包括局域网内的所有主机。那么 DHCP 这种技术还有什么必要呢?恐怕只能在大型封闭型企业内部使用了。当然,在已有的设计下,DHCP 服务器是不会单独脱离的,在 IPv6 网络中仍然有用,因为它可以将有关时间服务器、域名、DNS 服务器等的信息分发给客户端。

注意:IPv4 地址一般以十进制数方式表示,如 192.168.110.110。实际地址使用的是十六进制数的(对应 0xc0.0xa8.0x6e.0x6e)IP 地址的分配规则,因此 IPv4 地址只有 4 294 967 296(2^{32})个。IPv6 地址一般是由 8 组十六进制字符组成的,如 "240e:364:4dc:400:20c:29ff:fe77:a121",共 128 位,是 IPv4 地址的 4 倍,声称可以为地球上的每一粒沙子分配一个 IP 地址。

2. DHCP 的工作过程

DHCP 与 DNS 都是 client-server 形式的服务,由客户端(client)发送请求,服务端返回 IP 地址等数据。不同的是,DHCP 的服务端一般内置在交换机或路由器中,在客户端发送请求时,为局域网内的主机自动分配 IP 地址,在一定时间内此地址会与 MAC 地址绑定。DHCP 分配的 IP 地址会有一定时间的"租期",不过现代路由器一般都设置了"无限租期"。但 DHCP 的自动分配特性也会带有一点困扰:在局域网主机重启后,可能会重新分配 IP 地址,特别是生产主机(局域网内的主机)可以手动分配主机 IP 地址,而不是使用"dhcp"模式分配 IP 地址。

DHCP 将 IP 地址"出租"给局域网主机的同时,DHCP 客户端通过一系列消息应答与服务端进行交互。这个很像"发出简历—接收 Offer"的求职过程。DHCP 工作原理如图 8.6 所示。

- 第 1 阶段:discover。DHCP 客户端给局域网中所有的 DHCP 服务端发送广播。
- 第 2 阶段:Offer。DHCP 服务端从 IP 地址池中预分配了一个 IP 地址给 DHCP 客户端。
- 第 3 阶段:request。DHCP 客户端选中 DHCP 服务端发回的 Offer,并告诉 DHCP 服务端接受这个 Offer。如果有多个 DHCP 客户端,则发回多个 Offer,DHCP 服务器一般只接受第 1 个 Offer。
- 第 4 阶段:ack。DHCP 服务端返回 ack 应答,确认这个 IP 地址归属 DHCP 客户端,不会再分给别人。

DHCP 消息格式是基于 BOOTP（Bootstrap Protocol）消息格式的。这就要求设备具有 BOOTP 中继代理的功能，并能够与 BOOTP 客户端和 DHCP 服务端实现交互。BOOTP 中继代理的功能是给每个物理网络部署一个 DHCP 服务端。

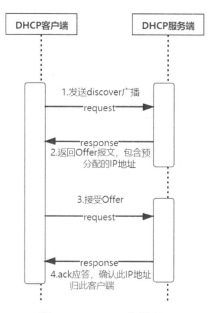

图 8.6　DHCP 工作原理

3．内网的 N 台主机通过一条宽带连接互联网

DHCP 可以分配公网 IP 地址吗？当然不行，DHCP 只能在专有网络（俗称局域网）中分配 IP 地址。

在互联网的地址架构中，专用网络是指遵守 RFC 1918（IPV4）和 RFC 4193（IPV6）规范，使用专用 IP 地址空间的网络。私有 IP 地址无法直接连接互联网，需要使用网络地址转换（Network Address Translation，NAT）或通过代理服务器（proxy server）来实现。与公网 IP 地址相比，私有 IP 地址是免费的，且节省了 IP 地址资源，适合在局域网使用。

如果一个家庭或一家公司，组建了一个局域网，则只要拉一根宽带，这个私有网络中的所有主机（或手机、电脑等设备）就可以访问互联网。这就是 NAT 的另一个变种技术 PAT（Port Address Translation，端口地址转换）的作用。

路由器的 DHCP 服务器在分配 IP 地址后，就知道该地址属于它所管辖的范围。当我们准备访问外网时，路由器先将我们的请求提交给运营商的光猫（optical modem，也叫调制解调器）。当然，光猫需要已经成功连接互联网。然后我们的内网（局域网）IP 地址会通过 NAT 转换为公网（互联网）上的一个临时 IP 地址，最后与互联网进行通信。

如果想证明所有内网对公网 IP 地址是同一个，则可以使用"curl cip.cc"命令进行查看，会发现在同一台交换机上的主机显示的公网 IP 地址都是一样的。示例如下：

```
[root@linuxido ~]# curl cip.cc        ##→查看当前公网 IP 地址
IP    : 183.160.32.77
地址  : 中国  安徽  合肥
...
```

注意：普通的 NAT 转换可以让我们的内网主机访问公网，但不能反过来访问。如果想在公网访问内网，则需要对内网 IP 地址单独进行 NAT 转换或搭建一个点对点隧道，参考本章的实战案例"搭建内网穿透服务：frp"。

8.2.5 子网掩码与私有 IP 地址分类

专有网络内可分配的 IP 地址是无限的吗？例如，0.0.0.1～255.255.255.254。当然不是。查看 IETF 制定的 RFC 1918 规范就知道了，如表 8.4 所示。

表 8.4 RFC 1918 规范

IP 地址分类	IP 地址范围	CIDR 范围（子网掩码）	主机 ID 位
A	10.0.0.0~10.255.255.255	10.0.0.0/8（255.0.0.0）	24（32-8）
B	172.16.0.0~172.31.255.255	172.16.0.0/12（255.240.0.0）	20（32-12）
C	192.168.0.0~192.168.255.255	192.168.0.0/16（255.255.0.0）	16（32-16）

RFC 1918 规范给私有网络留出了 1 个 A 类 IP 地址，16 个连续的 B 类 IP 地址，256 个连续的 C 类 IP 地址。这些地址只会在内网中使用，不会在公网中使用。

如何看一个子网可以给主机分配多少个 IP 地址？查看子网掩码就可以知道。有一个简单的公式：可分配给主机的 IP 地址 = 256-子网络掩码最后一字节-2（网络地址＋广播地址）。或直接使用公式：可分配给主机的 IP 地址 = 254-子网络掩码最后一字节。

子网掩码为 255，表示没有子网。子网中的第一个地址是网络地址（子网掩码最后一位数），最后一个地址是广播地址（一般为 255）。

例如，使用无类别间域路由（CIDR）的方式指定 IP 地址范围：192.168.0.128/24。这表示 IP 地址段从 128 开始。"/24"为网络地址前缀，表示子网掩码由连续 24 个二进制数 1 组成，即"1111 1111.1111 1111.1111 1111.0000 0000"，换算成十进制数就是 255.255.255.0。示例如下：

```
##→使用 ipcalc 命令查看网络前缀
[root@linuxido ~]# ipcalc -p 192.168.1.25 255.255.255.0
PREFIX=24    ##→网络前缀为 24，表示由连续 24 个二进制数 1 组成，子网掩码为 255.255.255.0，
             ##→有 254 台可分配 IP 地址
[root@linuxido ~]# ipcalc -p 192.168.1.25 255.255.255.128
PREFIX=25
```

```
[root@linuxido ~]# ipcalc -p 192.168.1.25 255.255.255.192
PREFIX=26
[root@linuxido ~]# ipcalc -p 192.168.1.25 255.255.255.224
PREFIX=27
[root@linuxido ~]# ipcalc -p 192.168.1.25 255.255.0.0
PREFIX=16          ##→网络前缀为 16，表示由连续 16 个二进制数 1 组成，子网掩码为 255.255.0.0
```

如果子网掩码为 255.255.255.192，则可分配 256-192 = 64 台主机。除去 192.168.0.192 与 192.168.0.255 这两台主机，192.168.0.x 网段可分配 62 台主机。

最小网络是"/30"网络，一般由点对点网络组成，对应的网络掩码是 255.255.255.252，即两台真实主机+网络地址+广播地址。普通网络一般设置为"/24"（254 台主机），小型网络则设置为"/27"（30 台主机）。

注意：CIDR 是 IETF 制定的一种子网划分规则。

8.2.6　DNS 查看与修改

在前面章节中，我们使用手动配置网卡的方式修改了 DNS。如何查看 DNS 是否生效？

```
[root@linuxido ~]# cat /etc/resolv.conf        ##→查看 DNS 服务
# 由 NetworkManager 生成
nameserver 8.8.8.8                             ##→主 DNS
nameserver 8.8.4.4                             ##→次 DNS
```

除了上述方法，还有 3 种方法可以修改 DNS。第 1 种方法，修改/etc/resolv.conf 文件可以修改 DNS，但重启后会失效，因为 DNS 还是会自动读取网卡配置文件。第 2 种方法，用 vi 编辑器修改 DNS。第 3 种方法，修改/etc/hosts 文件，这种修改方式不会反映在 resolv.conf 文件中。

这 3 种方法都可以修改 DNS，但一般使用修改网卡配置文件的方式来修改 DNS。

注意：主 DNS 为 8.8.8.8、次 DNS 为 8.8.4.4 是谷歌（Google）提供的公共 DNS。各大云厂商也提供了公共的 DNS 解析服务器。例如，阿里云为 223.5.5.5 / 223.6.6.6、腾讯云为 119.29.29.29 等。

8.3　网络探测与流量监听

在设置好网卡，配置好域名后，我们现在需要知道对应的域名是否解析成功，IP 地址是否正确，服务是否启动，端口是否通过防火墙，访问的域名经过了多少个路由，哪个服务、哪台机器占用了最多的网络流量，测试环境是否能切换为使用生产的流量进行测试。

8.3.1 IP 地址探测：ping、ICMP 与 fping

ping 命令在之前的章节中频繁使用。无论是在 Linux 上，还是在 Windows 上，它都是我们经常使用的一个网络探测命令。ping 命令的作用是向目标主机传送一个 ICMP 的请求回显数据包，并等待接收回应数据包。程序会按时间和响应成功的次数估算丢失数据包率和数据包往返时间。

1．ping 命令速查手册

（1）ping 命令的语法格式：ping［选项］［主机 IP 地址 | 域名］。

（2）ping 命令示例。

```
ping linuxido.com         ##→探测域名状态，Linux 默认是长 ping。在 Windows 下，如果 ping 命令
                          ##→要在 cmd 中一直运行，则要加上"-t"选项
ping -f linuxido.com                      ##→快速探测本机与域名间的联通状态
ping 123.56.94.254                        ##→探测 IP 地址状态
##→每隔 3 秒探测 3 次，每次发送数据包 1016 字节+ICMP 头部 8 字节=1024 字节，"-t 255"指的是
##→设置 TTL 的最大生命周期为 255
ping -c 3 -i 3 -s 1016 -t 255 linuxido.com
```

常见的 ping 命令报错情况。
- 无法 ping 通，没有返回结果，100%丢包（100% packet loss）。
- 在 ping 命令的返回结果中显示"DUP!"，表示存在环路。
- 在 ping 命令的返回结果中显示"Unreachable"，表示网络故障，目标主机不可到达。

2．ICMP 与 TTL

ICMP（Internet Control Message Protocol，Internet 控制报文协议）是 TCP/IP 协议族的一个子协议，用于在 IP 地址主机、路由器之间传递控制消息。控制消息是指网络是否通畅、主机是否可达、路由是否可用等网络本身的消息。虽然这些控制消息并不会传输用户数据，但是对用户数据的传递起着重要的作用。

TTL 即 Time To Live，是 IPv4 包头 ICMP 的一个 8 bit 字段，其最大值是 255。TTL 在 Linux/Windows 上的默认值是 64。TTL 从字面上翻译是可以存活的时间，但实际上，TTL 是 IP 地址数据包在计算机网络中可以转发的最大跳数。

什么是"跳"？IP 地址数据包每经过一个路由器或 3 层交换机设备，TTL 就会被减去 1，这就是"一跳"。

当 TTL=0 时，代表此 IP 数据包"死亡"，此时路由器会向源发送者返回一个"Time to live exceeded"的 ICMP 报错包。如果 TTL 是默认的 64 跳，我们的机器到目标服务器超过了 64 跳，则这个数据包会在中途被丢弃，无法到达目标地。

因此，我们在本机执行 ping 命令或在局域网内使用同一路由器或交换机的主机时，TTL 一般都返回 64 跳。如果 TTL 为 53 跳，则意味着到达目标主机需要 12 跳（64 – 53+1=12）。

3．扩展：fping

fping 命令类似于 ping 命令，但比 ping 命令强大。fping 命令主要用来批量探测主机。fping 命令需要单独安装。

```
[root@linuxido ~]yum install epel* -y         ##→安装软件依赖源
[root@linuxido ~]# yum install fping -y       ##→安装 fping 命令
##→ "-a" 显示存活主机，"-g" 指定范围
[root@linuxido ~]# fping -ag 192.168.1.0 192.168.1.52
192.168.1.1
192.168.1.2
...
192.168.1.52
[root@linuxido ~]# fping -ag 192.168.1.0/24   ##→查找此网段所有主机
192.168.1.1
...
192.168.1.100
ICMP Host Unreachable from 192.168.1.210 for ICMP Echo sent to 192.168.1.3
ICMP Host Unreachable from 192.168.1.210 for ICMP Echo sent to 192.168.1.4
192.168.1.236
...
ICMP Host Unreachable from 192.168.1.210 for ICMP Echo sent to 192.168.1.254
...
##→其他选项："-b"表示数据包的大小（默认为56）。"-c"表示对每个目标执行ping命令的次数（默认为
##→1）。"-f"表示从文件中获取的目标列表，不能与"-g"同时使用。"-l"表示循环发送ping。"-u"
##→表示不可到达的目标
```

注意：ping 命令还有一个扩展命令 hping，也需要单独安装，其安装命令是 yum install hping 3。

8.3.2 端口探测：telnet、netstat、nmap

telnet 在发明之初主要用于远程登录，但因为明文传输的关系，渐渐被 SSH 这种加密登录方式取代。如今，telnet 常用来作为探测远程主机运行端口的工具。netstat 是在 Linux 上常用的一种查看本机端口的工具。nmap 是可以批量查看扫描远程主机端口的工具，所以有时也会被用作黑客工具。

1．telnet 命令速查手册

在 SSH 升级或不能登录时，需要使用 telnet 的远程登录功能。实际上，在 SSH 不能登录的时候，vnc 也是一个很好的替代方案。所以在大部分时候，我们没必要知道 telnet 是如何进

行远程登录的，我们只需要知道 telnet 是如何探测远程端口的即可。示例如下：

```
[root@linuxido ~]# yum install telnet -y         ##→安装 telnet 工具
[root@linuxido ~]# telnet 123.56.94.254 8080     ##→探测远程主机 8080 端口
Trying 123.56.94.254...
telnet: connect to address 123.56.94.254: Connection refused   ##→端口不通
[root@linuxido ~]# telnet 123.56.94.254 8000     ##→探测远程主机 8000 端口
Trying 123.56.94.254...
Connected to 123.56.94.254.                      ##→连接成功
Escape character is '^]'.                        ##→按 "Ctrl+]" 快捷键进入 telnet 命令行
^CConnection closed by foreign host.             ##→按 "Ctrl+C" 快捷键关闭连接
```

2. netstat 命令速查手册

netstat 有许多选项功能与其他命令略有重复。例如，"netstat -rn"相当于"route"。netstat 经常用来扫描进程端口。

（1）netstat 命令的语法格式：netstat [选项]。

（2）netstat 命令示例。

```
netstat                        ##→除了 IPv6 和 UDP，列出其他网络连接
netstat -a                     ##→ "-a" 列出所有端口
netstat -an | grep 8000        ##→ "-n" 只显示数字，不显示域名。grep 查询 8000 端口
netstat -anp | grep ssh        ##→ "-p" 显示所有运行进程名。grep 查询 SSH 程序
netstat -rn                    ##→ "-r" 显示路由信息

netstat -i                     ##→ "-i" 显示所有网络接口
netstat -I=lo                  ##→ "-I" 显示指定网络接口。lo 为回环接口
netstat -I=ens33               ##→显示网卡信息

netstat -at                    ##→ "-t" 列出所有 TCP 端口
netstat -au                    ##→ "-u" 列出所有 UDP 端口
netstat -l                     ##→只显示监听端口
netstat -lntup                 ##→显示所有 TCP 和 UDP 正在监听的连接进程

netstat -n| awk '/^tcp/ {++state[$NF]} END {for(i in state) print i,"\t",state[i]}'
                               ##→查看各个状态的网络连接个数
```

3. nmap 命令速查手册

nmap 命令是一款开放源码的网络探测和安全审核工具。它的设计目的是能够快速扫描大型网络，是一种常用的扫描漏洞工具，有时也会被用作黑客工具。

（1）nmap 命令的语法格式：nmap [选项] [主机 IP 地址 | 域名]。

（2）nmap 命令示例。

```
nmap linuxido.com                                ##→扫描域名所有端口
##→扫描域名所有端口，"-v" 显示详细信息
```

```
##→"-A"开启操作系统检测、版本检测、脚本扫描和traceroute功能
nmap -v -A linuxido.com
##→使用ping命令扫描192.168.1.x网段所有主机,"-sn"禁用端口扫描,只使用ping命令扫描
nmap -sn 192.168.1.0/24
nmap -v -sn 192.168.0.0/16 10.0.0.0/8        ##→ping命令扫描多段网络主机
##→随机查探网络中的10000台主机是否有Web服务(80端口)
##→"-iR"随机扫描,"-Pn"默认主机是在线的,"-p"指定端口
nmap -v -iR 10000 -Pn -p 80
nmap -F -v linuxido.com                  ##→"-F"快速扫描
nmap -sS 192.168.1.208                   ##→"-sS"使用TCP SYN方式探测指定IP地址
nmap -sS -O scanme.nmap.org/24           ##→"-O"开启操作系统检测

nmap -sV -p 22,53,110,143,4564 123.56.94.254
##→用于确定系统是否运行了sshd、DNS、imapd或4564端口
##→如果这些端口都是打开的状态,则使用检测版本的方法确定哪种应用正在运行

nmap -P0 -p80 -oX pb-port80scan.xml -oG pb-port80scan.gnmap 216.163.128.20/20
##→扫描4096个IP地址,查找Web服务器(不执行ping命令),将结果以Grep和XML格式保存
```

8.3.3 路由追踪：traceroute、tcptraceroute

traceroute命令可以查看数据包经过了多少跳（TTL），用于追踪数据包在网络上传输时的全部路径，默认发送数据包的大小是40字节。通过traceroute命令，我们可以知道信息从一台主机到另一台主机经过的路径。

tcptraceroute命令实际是基于traceroute命令的TCP模式。现代防火墙大多过滤了跟踪工具发出的ICMP应答数据包，但是跟踪工具可以通过发送TCP SYN数据包代替UDP或ICMP应答数据包，所以可以穿透大多数防火墙。

1. traceroute命令速查手册

（1）traceroute命令的语法格式：traceroute［选项］［主机IP地址｜域名］。

（2）traceroute命令示例。

```
traceroute -m 10 linuxido.com     ##→"-m"设置max_ttl,数据包最大跳数
traceroute -n linuxido.com        ##→"-n"显示IP地址,不查主机名称
traceroute -p 6888 linuxido.com   ##→"-p"设置UDP端口为6888
traceroute -q 4 linuxido.com      ##→"-q"设置探测包的个数为4
traceroute -r linuxido.com        ##→"-r"绕过正常的路由表,数据包直接发送到目标主机
traceroute -w 3 linuxido.com      ##→"-w"把向对外发探测包的等待响应时间设置为3秒
traceroute -T -n linuxido.com     ##→"-T"使用TCP方式发包,相当于tcptraceroute命令
```

（3）traceroute命令实例演示。

```
[root@linuxido ~]# traceroute -n linuxido.com  ##→"-n"显示IP地址,不显示主机名称
```

```
traceroute to linuxido.com (123.56.94.254), 30 hops max, 60 byte packets
...
 8  106.38.196.218  24.205 ms  45.112.216.117  26.272 ms  *
 9  * * *
...
30  * * *                                      ##→未找到最终目的地
##→"-T"使用 TCP SYN, 相当于 tcptraceroute
[root@linuxido ~]# traceroute -T -n linuxido.com
traceroute to linuxido.com (123.56.94.254), 30 hops max, 60 byte packets
 1  192.168.1.1  0.543 ms  0.779 ms  0.885 ms
...
11  * * *
12  *  123.56.94.254  29.858 ms  27.100 ms    ##→第 12 跳,找到最终 IP 地址
```

2. tcptraceroute 命令速查手册

传统的 traceroute 发出 TTL 为 1 跳的 UDP 或 ICMP ECHO 数据包,并递增 TTL 直到到达目的地。沿途打印生成 ICMP 超时消息的网关,可以确定数据包到达目的地所采用的路径。通过发送 TCP SYN 数据包,tcptraceroute 命令可以绕过最常见的防火墙过滤器。值得注意的是,tcptraceroute 命令从未与目标主机完全建立 TCP 连接,与 "nmap -sS" 使用的半开扫描技术相同。

(1) tcptraceroute 命令的语法格式:tcptraceroute [选项] [主机 IP 地址 | 域名]。

(2) tcptraceroute 命令示例。

```
tcptraceroute linuxido.com   ##→默认发送 TCP SYN 数据包,探测本机到 linuxido.com 的路由
```

8.3.4 流量监听:iftop、nethogs

有很多适用于 Linux 系统开源网络的监视工具。例如,netstat 命令用于查看接口统计报告,top 命令用于监控系统当前运行进程。如果想检查带宽的使用情况,则 iftop 与 nethogs 命令是非常好用的一对组合。

1. iftop 命令速查手册

iftop 命令是一款实时流量监控工具,可以监控 TCP/IP 连接等,必须使用 root 权限运行。

(1) iftop 命令的语法格式:iftop [选项]。

(2) iftop 命令示例。

```
yum install iftop -y          ##→安装 iftop 工具
iftop                         ##→默认是监控第 1 块网卡的流量
iftop -i ens33                ##→"-i"监控指定网络接口 ens33
iftop -n                      ##→"-n"直接显示 IP 地址,不进行 DNS 反解析
iftop -N                      ##→"-N"显示端口,而不是服务名称
```

```
iftop -F 192.168.1.0/24        ##→显示某个网段进出封包流量
```

（3）iftop 命令结果详解。

iftop 命令的执行类似 watch 的全屏监控界面，每秒刷新一次，按 "Q" 键退出。监控界面第 1 行为流量标尺。第 2 行及之后为主机、"=>|<="、IP 地址及在 2 秒、10 秒和 40 秒时的平均流量。"=>" "<=" 这两个左右箭头，表示流量的方向，即发送和接收流量。最后 3 行用于统计信息。TX：发送。RX：接收。TOTAL：总流量。cum：运行 iftop 命令到目前时间的总流量。peak：流量峰值。rates：分别表示在 2 秒、10 秒、40 秒时的平均流量。iftop 命令结果如图 8.7 所示。

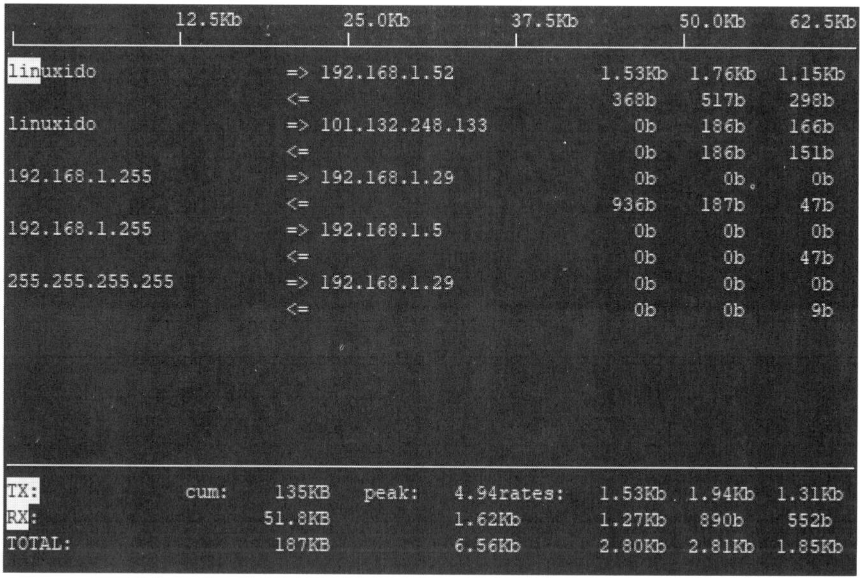

图 8.7 iftop 命令结果

2．nethogs 命令速查手册

iftop 命令的缺点是只能查看实时流量，无法查看具体是哪些进程使用的流量。但 nethogs 命令可以查看。nethogs 命令的缺点是有时会单独占据一个逻辑 CPU 的时间，即 CPU 使用率为 100%。

（1）nethogs 命令的语法格式：nethogs [选项]。

（2）nethogs 命令示例。

```
yum install nethogs -y    ##→安装 nethogs 命令
nethogs                   ##→查看流量进程
nethogs ens33             ##→查看指定网卡
nethogs eth0 eth1         ##→查看多个网卡
```

（3）nethogs 命令结果详解。

如图 8.8 所示，界面左上方是 NetHogs 工具的版本号，界面下方是具体的流量与进程信息。nethogs 命令结果如图 8.8 所示。

```
NetHogs version 0.8.5

  PID USER       PROGRAM               DEV      SENT        RECEIVED
 1385 root       ..ome/deploy/frp/frpc ens33    0.056       0.056 KB/sec
103433 root      sshd: root@pts/0      ens33    0.141       0.047 KB/sec
    ? root       unknown TCP                    0.000       0.000 KB/sec

  TOTAL                                         0.197       0.103 KB/sec
```

图 8.8　nethogs 命令结果

显示列表详情：PID 表示进程 ID；USER 表示用户名；PROGRAM 表示进程名及路径；DEV 表示网卡；SENT 表示发送流量；RECEIVED 表示接收流量。

8.3.5　流量抓取与复制：tcpdump 与 tcpreplay

流量抓取就是我们俗称的"抓包"。常见的抓包工具有 ethereal、wireshark、tcpflow 及 tcpdump。流量复制工具可以将线上流量复制到测试机器，实时模拟线上环境。常见的流量复制工具有 tcpcopy、goreplay、tcpreplay，而 tcpdump 抓的包也可作为模拟流量的来源。

1．tcpdump 命令速查手册

tcpdump 命令是一款抓包、嗅探器（sniffer）工具。它可以打印所有经过网络接口的数据包的头信息，也可以使用"-w"选项将数据包保存在文件中，方便以后分析。

（1）tcpdump 命令的语法格式：tcpdump［选项］［本机网卡 | 筛选表达式］。

（2）tcpdump 命令示例。

```
tcpdump                          ##→监控第 1 个网口流量
tcpdump -v -n                    ##→使用"-v"显示详细信息，"-n"不解析主机名称，只显示 IP 地址
tcpdump -vni ens33               ##→使用"-i"监控指定网卡流量包，打印到控制台
##→TCP/UDP 筛选监听协议，port 监听 22 端口，"-c"抓包 10 次
tcpdump -i ens33 -c 10 tcp port 22
tcpdump -i ens33 host 123.56.94.254     ##→使用"host"筛选 IP 地址数据

tcpdump -vni host 123.56.94.254 >> tcp.dump  2>&1 > /dev/null &
##→将数据放入 .dump 文件，在后台运行

tcpdump -tttt -i ens33 host 123.56.94.254    -w linuxido.pcap
##→"-tttt"显示格式化后的时间戳，"-w"保存数据包

tcpdump -r linuxido.pcap                 ##→使用"-r"读取刚保存的抓包数据
```

注意：wireshark 同时拥有 Windows、macOS 两个版本，拥有比较直观的图形界面，可以比较方便地抓包和分析抓包数据，也可以直接读取 tcpdump 抓取的 pcap 包。

2. tcpreplay 工具介绍

tcpreplay 是一种 pcap 包的重放工具。它可以将用 tcpdump、ethereal、wireshark 工具抓取的包原样或经过任意修改后重放回去。它允许对报文头进行任意修改（主要是指对 2 层、3 层、4 层报文头进行修改），指定重放报文的速度等。这样 tcpreplay 就可以用来复现抓包的情景，定位出现的 Bug，以极快的速度重放从而实现压力测试。

tcpreplay 有多个子工具，分为两类。

（1）网络播放产品。

tcpreplay：将 pcap 文件以任意速度在网络上重播，并可以选择 IP 地址重播。

tcpreplay-edit：以多种速度将 pcap 文件在网络上重播，其中包含大量选项可以动态修改数据包。

tcpliveplay：以远程服务器响应的方式，提取存储在 pcap 文件中的 TCP 网络流量，在实时网络上重放。

（2）pcap 文件编辑器和实用程序。

tcpprep：多通道 pcap 文件预处理器，可将数据包确定为客户端还是服务端，并将数据包拆分为输出文件，以供 tcpreplay 和 tcprewrite 使用。

tcprewrite：pcap 文件编辑器，用于重写 TCP/IP 和第 2 层数据包头。

tcpcapinfo：原始 pcap 文件解码器和调试器。

tcpbridge：使用 tcprewrite 的功能桥接两个网段。

tcpreplay 常用命令示例。

```
tcpprep -a client -i linuxido.pcap -o linuxido.cache -v
##→使用 tcpdump 录制 pcap，使用 tcpprep 解析 cache

tcpreplay --listnics           ##→列出可用网络接口

tcpreplay -c linuxido.cache -i enp1s0 -I enp4s0 linuxido.pcap
##→"-c"表示通过 cache 分割流量，"-i"表示用一个网卡模拟客户端，"-I"表示用一个网卡模拟服务端

tcpreplay -i enp1s0 -tK --loop 5000 --unique-ip linuxido.pcap
##→使用"-t"快速发包，使用"-K"将数据保存到内存中，使用"--loop"重复循环 5000 次
##→使用"--unique-ip"修改每个循环迭代的 IP 地址以生成唯一的流量
```

注意：还有其他流量复制方案。例如，使用 Nginx 基于 mirror 模块的流量进行复制（在 Nginx 1.13.4 中开始引入），或者使用 tcpgo（用 C++仿照 tcpcopy 写的另一款流量复制工具）。

8.4　防火墙与安全组

在部署服务时，Linux 主机最常见的安全防护手段是防火墙。Linux 上最常用的安全策略是限制权限大小、IP 地址访问权限、端口访问权限等。SELinux、iptables、firewalld 可以说是不同级别的防火墙。但 SELinux 并不算是真正的防火墙，而是增强型的安全管理系统，其功能强大，限制也很多，所以在多数时候都是关闭的。iptables 在 CentOS 7.x 前一直是主流的 Linux 防火墙，就算被 firewalld 取代了地位，也作为隐形的安全工具来使用。firewalld 则是当前 Linux 的主流防火墙软件，使用简单，开关方便。软件的发展趋势一般都是在功能上由少向多转变，而在使用上由复杂向简单转变。

复杂度+安全性比较：SELinux > iptables > firewalld。

便捷性+优先级比较：SELinux < iptables < firewalld。

8.4.1　安全增强防御系统：SELinux

SELinux 主要由美国国家安全局开发，是安全增强型的 Linux 内核模块，也是 Linux 安全子系统，遵循最小权限原则。

1. SELinux 的工作模式

SELinux 的工作模式共有 3 种。

- enforcing：强制模式，违反 SELinux 规则的行为将被阻止并记录到日志。
- permissive：宽容模式，记录但不阻止 SELinux 的违规行为，一般用于调试。
- disabled：关闭 SELinux。

使用 getenforce 命令可以查看 SELinux 的工作模式。使用 setenforce 命令可以切换 SELinux 的工作模式（0.permissive，1.enforcing）。但关闭、开启的切换只能在/etc/selinux/config 中更改。

```
[root@yaomm ~]# getenforce        ##→查看 SELinux 的工作模式
enforcing                         ##→强制模式，违反 SELinux 规则的行为将被阻止并记录到日志
[root@linuxido ~]# setenforce 0   ##→切换模式，0 表示 permissive，1 表示 enforcing
[root@linuxido ~]# getenforce
permissive
[root@linuxido ~]# cat /etc/selinux/config ##→setenforce 的修改不影响 config 文件
...
```

```
SELINUX=enforcing
```

修改 config 文件，在切换模式后，需要重启才能生效。

2. SELinux 的策略管理命令

SELinux 拥有与策略、规则管理相关的一系列命令：getsebool、setsebool、seinfo、sesearch、semanage。

```
sestatus                                    ##→查看当前 SELinux 的状态
getsebool -a                                ##→查看本系统内所有布尔值设置的状态
getsebool -a | wc -l                        ##→统计参数数量
getsebool httpd_enable_homedirs             ##→查看指定服务的配置值
setsebool -P httpd_enable_homedirs=1        ##→0 表示关闭，1 表示开启
getsebool httpd_enable_homedirs             ##→重新查看，结果是 on 表示开启
```

seinfo、sesearch、semanage 命令都需要单独安装。其中，seinfo、sesearch 命令是 setools-console 工具包中的命令，其安装命令为 yum install setools-console。使用 seinfo 命令可以查询 SELinux 的策略提供了多少相关规则，使用 sesearch 命令可以查询目标资源有多少。semanage 命令是 SELinux 的策略管理工具，其安装命令为 yum install policycoreutils-python-2.5-34.el7.x86_64。

注意：关于 SELinux 的具体策略管理，可参考 CentOS 的官方文档。

8.4.2 老牌防火墙：iptables

iptables 在 firewalld 之前一直是 Linux 中最流行、最常用的防火墙，或者说是 "IP 地址防御规则的制定者"。iptables 与 firewalld 一样，都是 netfilter 的一部分。netfilter 才是真正的防火墙，用来读取 IP tables 规则进行安全防御。iptables 可以直接配置，也可以通过前端和图形界面配置。

1. iptables 的基本常识

iptables 本意是 "IP 地址包过滤器管理"，主要检查来往流量包的特征。iptables 的规则是链式的，如果规则匹配，就返回数据通过。如果规则不匹配，就将数据包送往该链中的下一条规则检查，直到通过匹配或终止程序。

（1）iptables 有 5 表 5 链的概念。表是规则表，指定使用哪些规则链。链是内置规则链，主要有 5 条（也可以自定义，但自定义的链不属于内置链）。

- INPUT，处理进入的包。
- FORWORD，处理通过的包。
- OUTPUT，处理本地生成的包。

- PREROUTING，通过任意网络接口到达的数据包。
- POSTROUTING，发出的包。

（2）关于 iptables，很多资料中都说它是 4 表 5 链。实际上，man 手册标识的是 5 表 5 链。

- filter，默认表，用于存放所有与防火墙相关的规则。其内置规则链有 INPUT、OUTPUT、FORWORD。
- nat，用于网络地址转换。其内置规则链有 PREROUTING、POSTROUTING、OUTPUT。
- mangle，用于对特定数据包进行修改。其内置规则链有 PREROUTING、OUTPUT。但其他 3 个链也可以使用。
- raw，高优先级，主要用于网址过滤，可在 ip_conntrack 或任何其他 IP 地址表之前调用。raw 中的数据包不会被系统跟踪。其内置规则链有 PREROUTING、OUTPUT。
- security，用于 MAC 组网规则。使用 SELinux 实现，在 raw 之后调用。其内置规则链有 INPUT、OUTPUT、FORWORD。

2．iptables 命令速查手册

（1）iptables 命令的语法格式：iptables [-t 表名] [-A | I | D | R 规则链名 [规则号]] [-i | o 网卡名] [-p 协议名] [-s 源 IP 地址/掩码] [--sport 源端口] [-d 目标 IP 地址/掩码] [--dport 目标端口] [-j 动作]。

（2）iptables 命令示例。

```
iptables -L            ##→ "-L" 查看当前链路规则
iptables -L -v         ##→ "-v" 显示详细信息
iptables -nvL          ##→ "-n" 数字化显示策略。如 anywhere 显示为 0.0.0./0，即所有主机
iptables -F -v         ##→ "-F" 清空所有防火墙规则
iptables -X            ##→ "-X" 删除用户自定义的空链（没有被引用的）
iptables -Z            ##→ "-Z" 清空计数器


iptables -P INPUT DROP       ##→配置默认不让进
iptables -P FORWARD DROP     ##→默认不允许转发
iptables -P OUTPUT ACCEPT    ##→默认允许流量出去
iptables -A INPUT -j reject  ##→禁止其他未允许的规则访问

iptables -A INPUT -s 192.168.1.0/24 -p tcp --dport 22 -j ACCEPT
##→只有 192.168.1.0/24 网段的机器才能访问本机 SSH 服务。"-A" 追加规则到最后一个，INPUT 为
##→链名。"-s" 指定源地址网段，表示允许 192.168.1.0/24 这个网段的机器连接。"-p" 指定 TCP
##→ "--dport" 指定 22 端口，即 SSH 端口。"-j" ACCEPT 表示接受这样的请求，DROP 表示拒绝

##→禁止所有内网机器以任何协议进行访问
iptables -I INPUT -p all -s 192.168.1.0/24 -j DROP
iptables -I INPUT -s 0/0 -j ACCEPT ##→不加 "-p" 选项等同于 "-p all"，0/0 表示所有主机
iptables -I INPUT -p tcp --dport 22 -j ACCEPT    ##→允许所有 IP 地址使用 SSH 访问本机
```

```
iptables -I INPUT -p tcp --dport 20000:30000 -j ACCEPT      ##→开放2万~3万个端口

iptables -I INPUT -p icmp -j DROP ##→禁止执行ping命令,禁止远程主机对本主机发送icmp包
##→ "-I" insert,插入规则,允许对主机执行ping命令
iptables -I INPUT -p icmp -j ACCEPT

iptables -L INPUT                       ##→查看INPUT规则,规则从上往下解析
iptables -L -n --line-numbers  ##→所有规则以序号标记显示,"--line-numbers"展示序号
iptables -L INPUT -n --line-numbers  ##→只查看INPUT规则序号
iptables -D INPUT 4                     ##→ "-D"删除规则,使用序号

iptables -t nat -A POSTROUTING -s 192.168.188.0/24 -j SNAT --to-source
123.56.94.254
##→NAT转换,公网123.56.94.254让内网192.168.188.0/24的主机可以联网

iptables -t nat -A PREROUTING -d 192.168.208 -p tcp --dport 2222 -j DNAT --to-
dest 192.168.1.210:22
##→将208机器的2222端口映射到内网虚拟机210的22端口

iptables -A INPUT -p tcp --syn -m limit --limit 5/second -j ACCEPT
##→ "-m"使用扩展模块,"limit"流量限速。防止SYN洪水攻击,每秒仅接收5次请求

iptables -I INPUT -j DROP -p tcp -s 0.0.0.0/0 -m string --algo kmp --string
"cmd.exe"
##→阻止Windows蠕虫攻击
iptables -I INPUT -p TCP --syn --dport 80 -m connlimit --connlimit-above 100 -j
REJECT
##→ "connlimit"扩展模块,并发送连接
##→禁止远程IP地址大规模访问,每个IP地址只能并发访问100个连接
```

(3) iptables 的保存与启用。

在 CentOS 7.x 及之后的版本中,iptables 逐渐被 firewalld 代替。我们运行的有关 iptables 的一切实例,在机器重启后都会"化为乌有"。那么,如何保存 iptables 的规则设置呢?需要单独安装 iptables 服务。

```
[root@linuxido ~]# yum install iptables-services       ##→安装iptables服务
已安装:
  iptables-services.x86_64 0:1.4.21-35.el7
完毕!

[root@linuxido ~]# systemctl start iptables            ##→启动服务
[root@linuxido ~]# systemctl status iptables           ##→查看服务状态
...
   Active: active (exited) since 日 2021-04-25 18:01:36 CST; 5s ago
 Main PID: 1698 (code=exited, status=0/SUCCESS)
... ##→已激活
```

```
[root@linuxido ~]# systemctl enable iptables          ##→设置开机重启
Created symlink from /etc/systemd/system/basic.target.wants/iptables.service to
/usr/lib/systemd/system/iptables.service.

[root@linuxido ~]# service iptables save              ##→保存 iptables 规则设置
iptables: Saving firewall rules to /etc/sysconfig/iptables:[  确定  ] ##→保存成功
... ##→重启系统

[root@linuxido ~]# iptables -I INPUT -p TCP --syn --dport 80 -m connlimit --
connlimit-above 100 -j REJECT                         ##→添加 iptables 规则

[root@linuxido ~]# iptables -L INPUT                  ##→查看 iptables 的 INPUT 规则链
Chain INPUT (policy ACCEPT)
target     prot opt source               destination
REJECT     tcp  --  anywhere             anywhere            tcp dpt:http
flags:FIN,SYN,RST,ACK/SYN #conn src/32 > 100 reject-with icmp-port-unreachable
...
```

注意：iptables 规则的次序非常关键。在检查规则时，按照从上往下的方式进行检查，谁的规则越严格，谁应该放得越靠前。iptables 只用来管理 IPv4 地址与流量。IPv6 地址的管理工具是 ip6tables。

8.4.3 新型防火墙：firewalld

firewalld 是 RHEL、SUSE 等 Linux 发行版本默认的防火墙软件，与 iptables 一样，只用于定制 IP 地址包进出规则。最终由 netfilter 来读取 firewalld、iptables 指定的规则，并进行安全防御。firewalld 的使用方法非常简单，可以配合 iptables、SELinux 共同使用。

1. firewalld 基础常识

firewalld 提供了一种动态管理的防火墙，该防火墙支持指定区域（例如，不同的网卡）和服务进行分级管理，可以为网络及其关联的连接、接口或源分配信任级别。firewalld 支持对 IPv4 地址、IPv6 地址、以太网桥及 IPSet 防火墙进行设置。firewalld 在运行时，配置项和永久性配置项是分开的。firewalld 还为服务或应用程序提供了一个接口，该接口可以直接添加 iptables、ip6tables 和 ebtables 规则。高级用户也可以使用此接口。

firewalld 相关软件都在目录/etc/firewalld 下。firewalld 有很多命令，看起来很复杂，但我们常用的命令一般只有 firewall-cmd。该命令用来定制各种防火墙规则。其他命令有 firewall-offline-cmd、firewall-config、firewall-applet。

在使用 firewall-cmd 命令前，我们需要知道，firewalld 是在 CentOS 7.x 下被 systemd 服务

管理的一个子服务，只有在服务开启状态时才能使用。启动、停止命令如下：

```
systemctl stop firewalld.service      ##→停止
systemctl start firewalld             ##→启动，".service"可以省略
systemctl restart firewalld           ##→重启
systemctl status firewalld            ##→查看firewalld服务状态
systemctl mask firewalld      ##→禁止自动和手动启动firewalld, 切换为iptables服务
```

2. firewalld-cmd 命令速查手册

```
firewall-cmd --help ##→命令选项过多，可使用firewall-cmd help命令查看帮助
firewall-cmd --get-default-zone  ##→获取默认区域，返回值默认public

firewall-cmd --zone=public --add-port=12059/tcp --permanent ##→开启指定端口12059
firewall-cmd --reload      ##→热加载规则生效，如果不使用，则无法在list中查看刚添加的规则
firewall-cmd --list-ports     ##→查看开放端口列表

##→批量添加放行端口
firewall-cmd --permanent --zone=public --add-port=7023-8023/tcp
##→批量删除放行端口
firewall-cmd --permanent --zone=public --remove-port=7023-8023/tcp

##→禁止192.168.1.208以外的主机访问80端口
firewall-cmd  --permanent  --add-rich-rule="rule  family="ipv4"  source address="192.168.1.208" port protocol="tcp" port="80" reject"

##→在192.168.1.x网段中的254台主机都可以访问本机SSH
firewall-cmd  --permanent  --add-rich-rule="rule  family="ipv4"  source address="192.168.1.0/24" port protocol="tcp" port="22" accept"

##→"--remove-rich-rule"删除rule
firewall-cmd  --permanent  --remove-rich-rule="rule  family="ipv4"  source address="192.168.1.208" port protocol="tcp" port="80" reject"
```

8.4.4　云上安全组

使用云端服务器时，云厂商的安全组规则遵循优先级最高规则。

安全组规则的添加路径一般为：云主机→管理→安全组→配置规则。

安全组规则一般分为"入方向"与"出方向"两种规则。在通常情况下，设置"入方向"规则就可以。添加方式有"快速添加"和"手动添加"。"快速添加"列表列出了一些常用软件的服务端口。0.0.0.0/0表示允许所有主机访问，如果是对外的公共服务（如Web网站），一般使用这个选项。当然，已经有Linux使用经验的用户一般会选择"手动添加"选项，因为在生

产工作中，这些软件的常用端口通常都会发生变化。安全组添加页面如图 8.9 所示。

图 8.9　安全组添加页面

云厂商的安全组规则设置都非常简单，这里不再赘述。

注意：安全组与 iptables、firewalld 等设置是叠加作用的，要经过多方允许，才能访问目标。

8.5　简说 TCP/IP

本节会从 TCP/IP 网络架构说起，逐步介绍前面章节所提及的数据包及 Socket、TCP、UDP、HTTP 等各种网络协议，讲述数据是如何在网络中流转的。

8.5.1　TCP/IP 与 OSI 网络模型

在前面的网卡、DNS、路由、IP 地址等命令中，我们经常遇到 TCP、UDP、HTTP、ICMP 等协议，还有基于协议发送的数据包。数据包到底是什么，下面将详细介绍。

1．什么是"包"

流量包是我们在互联网世界里互相访问所发送的数据，如人们聊天、写信。数据在链路层叫作帧（frame），在 IP 地址层叫作包（packet），在 TCP 层叫作段（segment）。在大部分文献资料中，我们都会将这些原始数据单元叫作"包""数据包""流量包"。那么什么是链路层、IP 地址层、TCP 层呢？

2．链路层、IP 地址层、TCP 层的意思

在学习计算机基础时，我们知道互联网是由 OSI（Open-System Interconnection Model）七层模型组成的。但在真实的互联网世界中，主流实现方式是由 TCP/IP 的五层网络模型组成的。

TCP/IP 是一个协议"族"，包含了一系列网络协议。网络模型的每一个抽象层都是建立在其低一层提供的服务上，并为其高一层提供服务。OSI 与 TCP/IP 分层模型如图 8.10 所示。

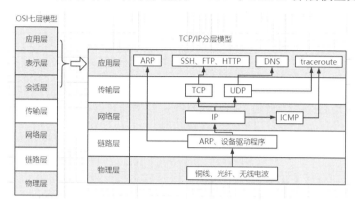

图 8.10　OSI 与 TCP/IP 分层模型

3."包"是由什么组成的

数据包在物理层时还只是一个字节流。但在发送到链路层后，该字节流就加上了"以太网头"（14 字节）和"以太网 CRC"（4 字节），组成了一帧帧的数据（数据包最多 1500 字节）。在网络层中，添加了"IP 地址头"（20 字节）。在传输层上，添加"TCP/UDP"头（8 字节）。最终组成一个应用数据包。反过来也一样，这个过程叫封包（上行）与解包（下行）。以 HTTP 的数据包为例，它是由 HTTP 头+TCP 数据包（以太网头+TCP 头+IP 地址头+字节流）组成的。TCP/IP 数据包组成如图 8.11 所示。

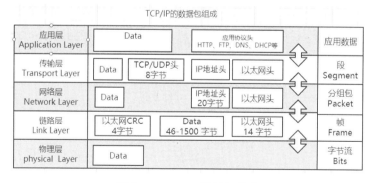

图 8.11　TCP/IP 数据包组成

8.5.2　Socket 与 TCP/UDP

在前面的章节中，我们讲解了很多与 Socket 相关的知识。但 Socket 是什么呢？Socket 有时是一个物理硬件，如 CPU 插座；有时是网络连接，如常说的"Socket 长连接"；有时是一个文件，如".sock"。而这里说的 Socket，则是一个网络接口，即 TCP、UDP 等网络协议的 API，也是我们常说的 Socket 编程。

简单地说，Socket 编程是实现了 TCP/UDP 的点对点通信通道，即以"Server—Client"为基础的模型。一个服务端（Server）可以接收多个客户端（Client）的 Socket 连接请求，而一个客户端只能请求一个服务端建立 Socket 连接。

服务端在创建连接后，监听端口，等待客户端连接请求。请求成功后就建立了一个 Socket 通道，在此通道中，根据请求报文返回响应的信息。Socket 的创建与通信过程如图 8.12 所示。

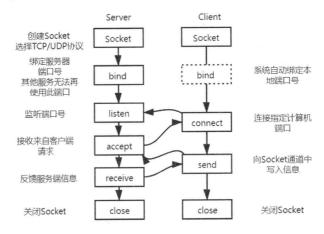

图 8.12　Socket 的创建与通信过程

这是一个 Socket 连接调试工具。感兴趣的读者可以使用此工具进行调试，并创建一个基于 TCP 或 UDP 的 Socket 通道进行模拟通信。Socket 调试工具如图 8.13 所示。

图 8.13　Socket 调试工具

8.5.3　TCP 和 UDP 是什么

我们一直在说 TCP、UDP，而 TCP/IP 的传输层也是由这两个协议支撑的。它们到底是什么？有什么区别？可以这样说，TCP、UDP 都是用来进行网络通信的。在互联网世界中，几乎所有应用协议（如 HTTP、FTP、DNS、DHCP）都离不开这两个协议。

它们的通信方式并不相同，TCP 较为烦琐，需要经过 3 次握手、4 次挥手才能完成一次网络连接。而 UDP 只需要在指定"IP 地址+端口"后，向服务端发送报文就可以了。打个比方，TCP 是打电话，需要双方都接通；UDP 是写信，不管对方是否能收到。至于可靠性，一般应用程序都会自行模拟 TCP，返回一个 ACK 确认收到报文，犹如"回信"。

TCP 在正常状态下需要经历 3 次握手才能建立连接，TCP 的连接与终止如图 8.14 所示。关于图中连接状态的解释可查阅前文的 netstat 命令结果说明。

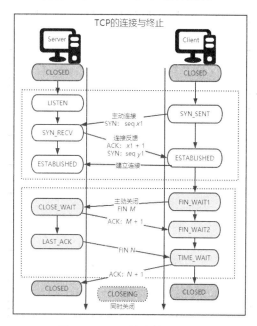

图 8.14　TCP 的连接与终止

TCP 与 UDP 的对比如下。
- TCP 是面向连接的协议，UDP 是无连接协议。
- TCP 使用 SYN、SYN+ACK、ACK 等握手协议，UDP 不使用握手协议。
- TCP 执行错误检查并进行错误恢复，UDP 执行错误检查但丢弃错误数据包。
- TCP 具有确认段，UDP 没有任何确认段。
- TCP 是重量级的，UDP 是轻量级的。
- 因为 TCP 有多种校验措施，所以 TCP 速度较慢，UDP 速度较快。
- 基于 TCP 的常见应用有 HTTP、SSH 等，基于 UDP 的常见应用有 DHCP、DNS 等。

8.5.4 HTTPS = HTTP+TLS/SSL

1. 什么是 HTTP

在当前的互联网世界中，Web 网站提供了大部分生产内容的功能。我们使用浏览器阅读的 Web 网页，不过是 HTML 格式化的超文本文档。在客户端上的浏览器在访问网站等服务时，与服务器之间传输数据的基础是封装 TCP 的 HTTP 连接。

HTTP 在广泛使用的同时，也带来了不小的安全隐患。由于 HTTP 使用的明文传输，因此产生了 SSL+ HTTP 的协议——HTTPS。

2. 什么是 HTTPS

HTTPS 通过 HTTP 进行通信，利用 SSL 加密数据包。HTTPS 开发的主要目的是对网站服务器提供身份认证，保护交换资料的隐私与完整性。HTTPS 在 1994 年由网景公司（Netscape）首次提出，随后扩展到互联网世界。

在同时期，还有一种超文本安全传输协议（Secure HyperText Transfer Protocal，SHTTP）。在 HTTPS 的广泛应用下，S-HTTP 逐级被淘汰。

HTTPS 其实就是 HTTP + SSL，而 SSL 从 2.0 版本（1.0 版本没发布过）到 3.0 版本，一直都有相当大的安全漏洞，由此出现了 TLS（Transport Layer Security，传输层安全协议）。又因为习惯的原因，TLS 也一直被继续叫作 SSL。

3. 如何使用 HTTPS

使用 HTTPS，需要有一张被信任的 CA（Certificate Authority，签证机构）证书，更准确地说，是由证书授权中心，即 CA 机构，颁发的 SSL 安全证书（这些证书的格式由 X.509 或 EMV 标准指定），并将它部署到服务器中间件（Nginx、Apache 等）上。一旦部署成功，当用户访问网站时，浏览器会在显示的网址前加一把绿色小锁（或"安全"字样），表明这个网站是安全的，同时我们也会看到网址前缀变成了"https"，不再是 "http "。

4. 为什么 SSL 或 CA 证书可以起到安全防护的作用

因为 HTTP 在通信时使用的明文传输，我们可以先使用抓包工具进行抓包，然后分析传输数据。TLS/SSL 使用了非对称方式进行数据加密，即一对公私钥的方式。浏览器在访问网站时先下载了服务器提供的公钥，然后在此网站上输入账号、密码时使用公钥加密数据，再将数据传回服务端，最后服务端使用私钥解密，对用户身份进行认证。

5. CA 证书在哪里获得

各大云服务器厂商都可以购买 CA 证书。当然，在域名服务商那里一般也有合作的 CA 证书厂商，私有云也可以找到由政府或国际安全机构认证的第三方 CA 厂商。证书品牌，如 SecureSite、GeoTrust、DNSPod 都提供 DV、OV、EV 各类证书。

6. 什么是 DV、OV、EV 证书？它们有什么区别

CA 证书并不是越贵越好，而是看自身需求，选择适合网站的 CA 证书，如个人网站只能申请 DV 证书，这时需要考虑是申请单域名 CA 证书、多域名 CA 证书还是通配符证书。企业型网站可以申请 DV、OV、EV 证书，一般来说，申请 OV、EV 证书比较好，因为可以证实企业的真实身份，具有可信度。DV、OV、EV CA 证书说明如表 8.5 所示。

表 8.5　DV、OV、EV CA 证书说明

CA 证书类型	验 证 方 式	收费标准（元/每年）
DV	域名验证：只需要验证域名所有权	1000 左右
OV	组织验证：需要验证企业真实身份，可在证书信息里查看申请组织信息，适合企业用户申请	5000 左右
EV	扩展验证：除了需要验证 DV SSL 证书和 OV SSL 证书，还需要采用第三方凭证（114.邓白氏）、电话回访等方式进行扩展验证。可在浏览器地址栏上显示绿色企业名称	10 000 左右

所有 CA 证书都包含了公钥、公钥拥有者名称、CA 的数字签名、有效期、授权中心名称、证书序列号等信息。

7. 有免费的 CA 证书吗

为了加快推广 HTTPS 的普及，EEF 电子前哨基金会、Mozilla 基金会和美国密歇根大学成立了一个公益组织，即 ISRG（Internet Security Research Group，互联网安全研究小组）。这个组织从 2015 年开始推出了 Let's Encrypt 免费证书：Certbot。它的缺点是，每 3 个月就要续期一次。

当然，也可以进入本书作者的官方博客查看详细安装与排错教程：blog.linuxido.com。

8. 不用 CA 证书可以使用 SSL 吗

可以使用 openSSL 生成自定义证书，但生成的证书没有权威 CA 机构认证，无法得到浏览器的信任。虽然地址栏中有了 "https"，但是并不会显示 "安全"，而是显示红色的 "×"。

注意：证书在每年到期前需要续期，如果过期，则不再受 SSL 加密保护。可以购买多年期的 SSL 证书服务，选择自动续期。

8.6　网络安全的 "矛" 与 "盾"

本节主要介绍一些内网穿透、漏洞扫描工具，并讲解安全防御和安全等级保护的一些必要知识。

8.6.1 内网穿透与远程控制：ToDesk、frp 与其他

1. 什么是内网穿透

简单来说，内网穿透就是将内网和外网通过 NAT 隧道打通，让内网的数据可以被外网访问。宽带上网也是一种 NAT 技术。因为公网 IP 地址都是临时由 ISP 运营商分配的，所以我们的服务没法像云厂商分配的公网 IP 地址一样固定，可以直接在公网上提供服务。

2. 什么是远程控制软件

远程控制软件是基于内网穿透技术的一种实现，如 QQ 的远程协助。在运行向日葵、ToDesk、TeamView 这类穿透软件后，它们的后台会有一个公网服务器。我们使用此类软件，会被自动分配一个专属域名、端口，以控制码的形式展现。

3. ToDesk

以 ToDesk 为例，这是一款国产的免费远程控制软件。它模仿了向日葵、TeamView 的界面，在启动时会自动分配一个控制码和临时密码。如果想远程控制别人的设备，则在"远程控制设备"文本框中输入对方的控制码，连接完设备后，输入对方提供的密码就可以了。在远程协作、运维时，此类软件较为有用，比 QQ 的远程协助更方便。ToDesk 控制界面如图 8.15 所示

图 8.15　ToDesk 控制界面

如果想让自己家里的计算机提供云盘、网站或 SSH 服务，应该怎么办？因为现在远程控制软件一般都是基于 Windows 的，基于 Linux 的版本太少了，而且并不好用，收费较高（例如，向日葵）。这时就要用到 Linux 版本的花生壳、ngrok、frp 之类的内网穿透软件了。

4. frp

frp 是一款简单、高效的内网穿透工具。它采用 C/S（客户端/服务器）模式，将服务端部署在具有公网 IP 地址的机器上，将客户端部署在内网或防火墙内的机器上，通过访问暴露在

服务器上的端口，反向代理处于内网的服务。在此基础上，frp 支持 TCP，UDP，HTTP，HTTPS 等多种协议，提供了加密、压缩、身份认证、代理限速、负载均衡等众多功能。

frp 的安装使用可详见 8.7.2 节。

8.6.2 漏洞扫描及安全工具：OpenVAS、Nessus、Nikto、T-Sec、Aliyundun

1. OpenVAS

OpenVAS 是一款开放式的漏洞评估工具，是 Nessus 项目的一个分支，默认安装在标准的 Kali Linux 上，主要用来检测目标网络或主机的安全性。与 X-Scan 工具类似，OpenVAS 也采用了一些 Nessus 较早版本的开放插件。OpenVAS 能够基于 C/S、B/S（浏览器/服务器）架构进行工作。管理员先通过浏览器或专用客户端程序来下达扫描任务，然后服务端负载授权，执行扫描操作并提供扫描结果。

2. Nessus

Nessus 是一个十分强大的漏洞扫描器，内含最新的漏洞数据库，检测速度快，准确性高。Nessus 曾开源过一段时间，但后来被创始人收回，并成立了商业公司 Tenable，Nessus 成为其"拳头产品"。Nessus 官网显示：Nessus 被全球 30 000 余家企业使用，成为部署范围最广泛的安全技术，其漏洞评估解决方案号称是漏洞评估行业的黄金标准。

目前来说，Nessus 应该是漏洞评估行业最好的商业软件。Nessus 可以迅速部署，在局域网中进行远程扫描，出具详细的信息和建议报告，如被漏洞扫描主机的系统版本、端口被占用的软件版本是否有漏洞、修复建议等。

3. Nikto

Nikto 是一个开源的 Web 扫描评估软件，可以对 Web 服务器进行多项安全测试，能在 230 多种服务器上扫描出 2600 多种有潜在危险的文件、CGI 及其他问题。Nikto 可以扫描指定主机的 Web 类型、主机名称、指定目录、特定 CGI 漏洞、返回主机允许的 HTTP 模式等。

4. T-Sec、Aliyundun

T-Sec 与 Aliyundun 严格来说不属于漏洞扫描工具，它们是类似 360 安全卫士部署在各自云主机上的安全管家。

T-Sec 是在腾讯云上的云主机安全服务，提供黑客入侵检测和漏洞检测等安全防护服务。

Aliyundun 是购买阿里云主机自带的一项服务。在阿里云主机上还有安骑士、Web 应用防火墙等收费服务。在阿里云的"产品"→"安全"选项里，也可以按次或按时间购买漏洞扫描服务。

8.6.3 安全防御的"四大纪律"

安全防御是一项持续改进、安全无止境的工作，并且与需要防御系统的总体架构密切相关。安全防御与公司的系统一样，也是持续演进的过程（例如，一个电商网站当前只有 100 个用户，就要做高可用、高并发、异地冷备等，这样完全是浪费）。安全是相对而言的，世上没有绝对的"矛"，也没有绝对的"盾"。本节将从防御的方式、手段与制度几方面来讲解安全防御。

1．纵深防御

使用层层防御的方式建筑起"防御堡垒"。例如，主机防火墙、堡垒机、交换机白名单、服务接口 token 校验、数据库脱敏等。软件和硬件都有各自的防御手段，即使攻破一道防御，还有另一道防御。做好主机的日志审计、数据库审计等工作，可方便事后追踪。

2．PDCA 戴明环

建立解决问题的制度，可以参考戴明环（Deming Cycle）的 PDCA 循环改进方法，即计划（Plan）→执行（Do）→检查（Check）→改进（Act）。

具体执行步骤如下。

（1）分析现状，发现问题。

（2）针对问题，提出解决的措施并执行。

（3）检查执行结果是否达到预定的目标。

（4）总结出成功的经验，制定相应的标准。

（5）没有解决或新出现的问题，转入下一个 PDCA 循环去解决。

3．最小权限原则

层层递进，赋予操作权限。以 Linux 主机的使用为例。

（1）禁止 root 用户远程登录。

（2）授予一个用户 sudo 权限进行系统管理。

（3）为开发、测试、运维划分不同的账号权限。

4．不信任原则

（1）不信任主机、交换机、网闸等基础设备。

所有独立的软件和硬件系统都应有各自的防火墙或白名单策略。

（2）不信任系统服务，无论是外部接口，还是公司内部其他系统接口。

所有对外接口都应有 token 之类的接口校验。例如，之前在 macOS 内部放行代码引起了很大的争议，在被广大网友批判后，作为 Bug 进行了修改。

（3）不信任隐藏安全。

实际上，并不是改了默认端口就可以"万事大吉"。例如，Redis 默认的 6379 端口改为 6378 端口。实际上，现在很多人都是用漏洞扫描工具对主机端口进行整体扫描（例如，使用 nmap 扫描工具）。

（4）不信任密码。

尽量不要使用弱密码，如 admin、123456；很多软件默认设置的密码一定要修改；保证定时修改密码，在安全原则下，一般 3 个月至 6 个月就要修改一次密码，密码长度应在 12 位以上，并保证含有大小写字母、特殊字符、数字这几类字符。

更安全的方式是收缴所有主机密码，只用堡垒机登录主机。

（5）不信任黑名单，应使用白名单。

黑名单并不能罗列所有攻击对象，白名单信任对象可以降低安全风险。当然，对提供公网服务的网站来说，白名单无法使用，只能借助防火墙与黑名单。例如，将 1 分钟内输错 5 次密码的来源 IP 地址列入黑名单，让其无法访问服务主机。

8.6.4　三级等保的采购与建设

在三级等保中的等保全称为"网络安全等级保护 2.0"，三级则是定级三级。在信息安全越来越重要的今天，尤其是在中国境内，企业信息系统已经与等保相关联。

等保的步骤：定级→备案→建设整改→等级测评→监督检查。

定级也会按照信息系统的重要程度由低到高分为 5 个等级（一级最轻，五级最重），并分别实施不同的保护策略。

1. 什么样的信息系统需要做等保

对云厂商来说，云计算资源池的安全管理至少是三级等保以上的程度（如阿里云、腾讯云），部分云厂商是四级等保认证（如天翼云）。

对中小型企业来说，只有在提供的 App、网站服务涉及成千上万普通公民的隐私信息，或者系统安全被破坏导致对社会、国家安全有一定隐患的情况下，企业才会做等保。例如，财政局、税务局等政府机构，以及银行、滴滴、美团等大量掌握纳税人隐私的单位。

其中对客体的侵害程度分为 5 个等级。等保 2.0 定级标准如表 8.6 所示。

表 8.6　等保 2.0 定级标准

受侵害的客体	对客体的侵害程度		
	一般损害	严重损害	特别严重损害
公民、法人和其他组织的合法权益	第一级	第二级	第三级
社会秩序、公共利益	第二级	第三级	第四级
国家安全	第三级	第四级	第五级

2．如何做三级等保

如果是企业要做三级等保的认证，则首先要找到一个经过公安备案的第三方等保测评公司，对系统进行定级备案，对系统进行初步漏洞扫描，出具安全规划意见（例如，购买什么样的安全设备，软件系统有哪些漏洞需要整改，架构是否需要调整等）。

然后找一家安全服务公司（例如，360、深信服、天融信等），提供安全设备或软件。

最后是软、硬件的安全等级齐备，还要进行管理制度上的建设。说到底，对"人"的管理才是最重要的。对于目前大部分的隐私信息泄露问题，其中由黑客攻破导致的信息泄露只是一小部分，更多的是"内鬼作祟"。

3．三级等保一般购买哪些服务

对需要做等保的企业来说，其硬件系统有 3 种情况：自建机房、托管机房、云端租用。其中，自建机房与托管机房都可以自行采购不同的安全服务商，但对云端租用来说，只能在云厂商处购买相应的等保服务（否则就只能将服务迁移到别的云厂商）。

三级等保需要采购一系列软件和硬件设备才能符合安全标准。三级等保软件和硬件设备清单如表 8.7 所示。

表 8.7　三级等保软件和硬件设备清单

设备名称	满足功能
下一代防火墙	访问控制、边界防护、流量监控分析等
堡垒机	访问控制、运维管理等
主机防恶意代码/病毒软件	防病毒、防恶意代码
日志审计系统/日志服务器	审计（日志）、记录、收集及存储等
数据库审计系统	数据库审计（日志）、记录、收集及存储等
服务器冗余（应用、数据库热冗余部署）	提高系统的高可用性
数据备份存储设备	核心数据备份存储

对微小企业来说，建立这样一套三级等保系统的费用大概在 10 万～30 万元（每年）。

8.7 实战案例

本节将介绍安全防御软件 denyhosts、NAT 穿透软件 frp 的安装与使用,及在生产主机上清除挖矿病毒的过程。

8.7.1 安全防火墙:denyhosts

denyhosts 是一款在 Linux 主机上防暴力破解的工具。

1. 下载安装

(1) 下载并解压缩。

```
cd /opt                              ##→进入/opt 目录
wget 'https://sourceforge.net/projects/denyhost/files/latest/download'  ##→下载
tar zxvf denyhosts-3.1.tar.gz        ##→解压缩
cd /opt/denyhosts                    ##→解压缩后会有一个 denyhosts 文件夹
```

(2) 使用 python 命令安装。

```
python setup.py install              ##→在/opt/denyhosts 下找到 setup.py 文件
```

2. 修改配置文件

(1) 修改启动控制文件位置。

```
vim daemon-control-dist              ##→修改启动控制文件位置
```

修改后:

```
DENYHOSTS_BIN  = "/opt/denyhosts/denyhosts.py"    ##→修改为/opt/denyhosts
DENYHOSTS_CFG  = "/opt/denyhosts/denyhosts.conf"
```

(2) 修改日志文件位置。

```
vi /opt/denyhosts/denyhosts.conf                          ##→打开参数配置文件,找到日志参数
```

注释默认的 debian 配置。

```
# Debian and Ubuntu
#SECURE_LOG = /var/log/auth.log
```

在前面的章节中,我们说到,在 CentOS 中的安全日志是"/var/log/secure",而不是"/var/log/auth.log"。

```
# RedHat or Fedora Core:               ##→找到 RHEL 版本信息,解除注释
SECURE_LOG = /var/log/secure
```

(3) 修改 root 用户允许登录失败的次数。

```
vi /opt/denyhosts/denyhosts.conf    ##→参数配置文件
```

修改后：

```
DENY_THRESHOLD_ROOT = 10    ##→默认是1，我们修改为10，防止自己输入错误登录不了
```

其他配置默认即可。

3. 开机自启

（1）编辑自启文件。

```
vi denyhosts.service        ##→配置自启文件
...
[Unit]
Description=SSH log watcher
Before=sshd.service

[Service]
Type=forking
ExecStartPre=/bin/rm -f /var/run/denyhosts.pid
ExecStart=/opt/denyhosts/denyhosts.py --daemon --config=/opt/denyhosts/denyhosts.conf
PIDFile=/var/run/denyhosts.pid

[Install]
WantedBy=multi-user.target
```

（2）设置完启动文件，添加到 systemd 服务。

```
cp denyhosts.service /usr/lib/systemd/system    ##→将其添加到 systemd 服务

systemctl enable denyhosts          ##→开机自启
systemctl daemon-reload             ##→重载 systemd 服务
systemctl start denyhosts           ##→启动服务
systemctl status denyhosts          ##→查看服务状态
```

4. 配置文件详解

```
SECURE_LOG = /var/log/secure    ##→安全日志文件路径
HOSTS_DENY = /etc/hosts.deny    ##→控制用户登录的文件

##→在检测到暴力破解后，禁止来访 IP 地址能访问的服务，可以指定 sshd 或 ALL（ALL 指来访 IP 地址
##→如果访问任何使用了 libwrap 核心库的程序，都会被禁止访问，TCP 服务基本都是基于 libwrap 的）
BLOCK_SERVICE  = sshd

##→允许无效用户失败的次数，指的是在/etc/passwd 中不存在的用户，发现多少次后封停，默认值为 5
DENY_THRESHOLD_INVALID = 5
##→允许普通用户登录失败的次数。在/etc/passwd 中存在的用户（root 用户除外），默认值为 10
DENY_THRESHOLD_VALID = 10
```

```
DENY_THRESHOLD_ROOT = 5          ##→允许 root 用户登录失败的次数，默认值为 1
HOSTNAME_LOOKUP=NO               ##→是否做域名反解，默认值为 NO
ADMIN_EMAIL = 你的邮箱地址        ##→管理员邮件地址，它会给管理员发邮件
DAEMON_LOG = /var/log/denyhosts  ##→denyhosts 服务的日志文件
```

5. denyhosts 封禁 IP 地址原理

denyhosts 先读取系统 secure 日志，然后通过程序判断哪些是恶意 IP 地址，最后将恶意 IP 地址写入 Linux 黑名单文件 "/etc/hosts.deny"。如果想将特定 IP 地址放行，则可以将其加入白名单 "/etc/hosts.allow"。如果发现删除黑名单与放行白名单都不能解禁 IP 地址，则查看 IP 地址是否被添加到 iptables 的封禁规则中。

8.7.2 搭建内网穿透服务：frp

frp 是一款非常方便的内网穿透软件，并且可以将内网服务提供到公网。

需要准备的最小环境，即一台具有公网 IP 地址的云主机，一台 Linux 客户机（本次演示使用的虚拟机）和一台 Windows 主机。

1. frp 功能说明

（1）frp 支持多种代理类型适配不同的使用场景，frp 代理类型说明如表 8.8 所示。

表 8.8　frp 代理类型说明

类　　型	说　　明
tcp	单纯的 TCP 端口映射，服务端会根据不同的端口路由到不同的内网服务
udp	单纯的 UDP 端口映射，服务端会根据不同的端口路由到不同的内网服务
http	针对 HTTP 应用定制了一些额外的功能。例如，修改 Host Header，增加鉴权
https	针对 HTTPS 应用定制了一些额外的功能
stcp	安全的 TCP 内网代理，需要在被访问者和访问者的机器上都部署 frpc，不需要在服务端暴露端口
sudp	安全的 UDP 内网代理，需要在被访问者和访问者的机器上都部署 frpc，不需要在服务端暴露端口
xtcp	点对点内网穿透代理，其功能同 stcp，但流量不需要经过服务器中转
tcpmux	支持服务端 TCP 端口的多路复用，使用同一个端口访问不同的内网服务

（2）frp 的适用场景。

- 使用 SSH 访问内网机器：使用 TCP 类型的代理让用户访问内网的服务器。
- 通过自定义域名访问内网的 Web 服务：配置 HTTP 类型的代理让用户访问到内网的 Web 服务。
- 转发 DNS 查询请求：简单配置 UDP 类型的代理，转发 DNS 查询请求。
- 转发 UNIX 域套接字：配置 UNIX 域套接字客户端插件，使 TCP 端口能够访问内网的

UNIX 域套接字服务。例如，Docker Daemon。
- 对外提供简单的文件访问服务：配置 static_file 客户端插件，将本地文件暴露在公网上供其他人访问。
- 为本地 HTTP 服务启用 HTTPS：https2http 插件可以让本地 HTTP 服务转换成 HTTPS 服务，并对外提供。
- 安全地暴露内网服务：创建一个只有自己能访问的 SSH 服务代理。
- 点对点内网穿透：不使用服务器中转流量的方式访问内网服务。

2. frp 服务端安装使用

（1）进入云端服务器，下载 frp，解压缩后免安装。

```
mkdir -p /opt/frp                        ##→创建文件夹
cd /opt/frp                              ##→进入 frp 目录

wget https://***.com/fatedier/frp/releases/download/v0.33.0/frp_0.33.0_linux_amd64.tar.gz
##→从 GitHub 上下载 frp 0.33.0 版本

tar -zxvf frp_0.33.0_linux_amd64.tar.gz  ##→解压缩
mv frp_0.33.0_linux_amd64 frps           ##→更改解压缩目录名称为 frps
cd frps                                  ##→进入 frps，解压缩后的目录
```

（2）配置 frps.ini 文件。

```
vim frps.ini                             ##→编辑服务端文件
...
[common]                                 ##→公共配置
bind_port = 7000                         ##→监听端口
bind_addr = 0.0.0.0                      ##→监听地址

vhost_http_port = 10080                  ##→代理 http 服务端口
vhost_https_port = 10443                 ##→代理 https 服务端口

dashboard_port = 7500                    ##→frp 控制面板
dashboard_user = admin                   ##→frp 账号
dashboard_pwd = admin                    ##→frp 密码

log_file = /opt/frp/frps.log             ##→默认日志输出位置
log_level = info                         ##→日志级别 trace、debug、info、warn、error
log_max_day = 3                          ##→保留 3 天

authentication_method = token            ##→鉴权方式为 token, oidc
authenticate_heartbeats = true           ##→开启鉴权
authenticate_new_work_conns = false      ##→开启建立工作连接的鉴权
```

```
token = M78xy!@pcat1                    ##→鉴权口令

heartbeat_timeout = 30                  ##→心跳检测。如果30秒不在线，则认为下线
user_conn_timeout = 10                  ##→用户在建立连接后，等待客户端响应的超时时间
```

（3）临时启动服务端。

```
./frps -c frps.ini                      ##→启动命令
```

（4）添加 systemd 服务。

```
vi /etc/systemd/system/frps.service     ##→编辑systemd中的.service文件
... ##→以下为文件编辑内容
[Unit]
Description=Frp Server Service
After=network.target

[Service]
Type=simple
# User=nobody
Restart=on-failure
RestartSec=5s                           ##→每5秒检测一次进程，如果出错，则自动重启
ExecStart=/opt/frp/frps/frps -c /opt/frp/frps/frps.ini    ##→启动命令

[Install]
WantedBy=multi-user.target
```

（5）设置开机自启。

```
systemctl enable frps                   ##→加入开机自启
systemctl daemon-reload                 ##→重启守护服务
systemctl start frps                    ##→启动
systemctl status frps                   ##→查看frps运行状态
```

3. frp 客户端安装使用

（1）进入本地 Linux 虚拟机，下载 frp，解压缩后免安装。

```
mkdir -p /home/deploy/frp               ##→创建frp目录
cd /home/deploy/frp                     ##→进入目录

wget https://***.com/fatedier/frp/releases/download/v0.33.0/frp_0.33.0_linux_amd64.tar.gz
##→下载frp服务，或将其直接上传至虚拟机

tar -zxvf frp_0.33.0_linux_amd64.tar.gz     ##→解压缩
mv frp_0.33.0_linux_amd64 frpc              ##→更改文件夹名称
```

```
cd frpc                              ##→进入解压缩后的目录
```

(2) 配置 frpc.ini 文件。

```
vi frpc.ini
...
[common]                                    ##→公共配置
server_addr = 123.56.94.254                 ##→服务端 IP 地址
server_port = 7000                          ##→服务端绑定端口

log_file = /home/deploy/frp/frpc.log        ##→默认日志输出位置
log_level = info                            ##→日志级别
log_max_days = 3                            ##→日志保存天数

token = M78xy!@pcat1                        ##→必须与服务端 token 口令一致

[ssh20001]                                  ##→frp 客户端名称
type = tcp                                  ##→绑定 TCP
local_ip = 127.0.0.1                        ##→本地 IP 地址
local_port = 22                             ##→访问本机 22 端口
remote_port = 20001                         ##→映射到云端端口 20001
```

(3) 临时启动客户端。

```
./frpc -c frpc.ini                          ##→启动 frp 客户端
```

(4) 添加 systemd 服务。

```
vi /etc/systemd/system/frpc.service         ##→编辑 systemd 中的 .service 文件
...
[Unit]
Description=Frp Client Service
After=network.target

[Service]
Type=simple
# User=nobody
Restart=on-failure
RestartSec=5s                               ##→5 秒检测进程是否出现错误关闭，如果是，则重启
ExecStart=/home/deploy/frp/frpc/frpc -c /home/deploy/frp/frpc/frpc.ini
##→重载配置
ExecReload=/home/deploy/frp/frpc/frpc reload -c /home/deploy/frp/frpc/frpc.ini
[Install]
WantedBy=multi-user.target
```

（5）设置开机自启。

```
systemctl enable frpc          ##→加入开机自启动
systemctl daemon-reload        ##→重启守护服务
systemctl start frpc           ##→启动
systemctl status frpc          ##→查看frps运行状态
```

4．访问服务端管理页面

打开 frps dashboard，输入账号 admin，密码 admin，进入 frp 管理页面。查看 TCP 连接管理页面，可以看到客户端的连接名称为"ssh20001"，占用的云端端口是"20001"，如图 8.16 所示。

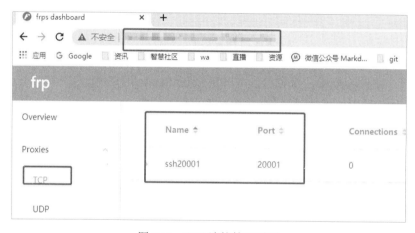

图 8.16　TCP 连接管理页面

5．通过 SSH 命令访问客户端

在 frpc.ini 中配置的 remote_port 表示在 frp 服务端监听的端口。访问此端口的流量将会被转发到本地服务对应的端口。

可以使用 Xshell 建立 SSH 连接，也可以直接使用 SSH 命令访问内网机器，命令如下：

```
ssh -oPort=20001 root@123.56.94.254
```

可以使用 exit 命令退出此次登录。

注意：在 Windows 下的 frp 客户端使用方法与在 Linux 下的 frp 客户端使用方法相同，直接启动 frpc.exe 即可。因为在 Windows 下的 frp 可能会被误报成木马病毒，所以需要将 frp 加入杀毒软件的信任名单。

8.7.3 清除挖矿病毒大作战

列举一个真实案例。在某天晚上，公司的云主机被"挖矿"了，阿里云在凌晨一点给笔者发了一条短信，提示云主机被异地登录。

1．临时解决办法

（1）SSH 登录主机，使用 top 命令查看到有一个 cnrig 的程序达到了 398%的 CPU 使用率（4 核机器，满功率为 400%）。

（2）确认 cnrig 不是自己的应用，直接使用"kill -9"命令将其"杀死"。

（3）在/var/tmp 下找到 cnrig 应用程序，将其改成"cnrig.bak"。没有将其删除的原因是以防误删，此外，准备回头再研究一下 cnrig 应用程序。

（4）更改 root 密码，禁止 root 用户远程登录。

（5）更改 FTP 账户密码，设置登录 Shell 为/sbin/nologin，禁止 FTP 账户登录 Shell。

2．安全防御方法

（1）简单的解决办法。

禁止 root 用户远程登录，增加账户密码的复杂度。

（2）使用安全防御软件。

安装防恶意破解软件，如 denyhosts；安装高防 DDoS 软件，进行 DDoS 防护；使用漏洞扫描软件 Nessus，进行漏洞扫描等。

8.8　小结

在学习完本章内容后，我们已经了解了如何设置管理网卡、IP 地址、路由、网关，域名是如何工作的，如何查看本机与远程服务的端口，流量的追踪监听与截取的方法，防火墙是如何设置的，流量是如何包装传输的，以及安全防御的一些知识与工具软件。

现在到了每章小结的时间，请思考是否掌握了以下内容。

- 如何给网卡配置静态 IP 地址？如何让 IP 地址自动分配？
- 如何关闭、启动网络连接或路由？有多少种方法？
- 如何添加、删除路由及网关信息？如何查看相邻主机的 MAC 地址？
- 简述域名解析的过程。有多少"个"根域名服务器？有哪些解析域名工具？
- DHCP 与 NAT 分别是什么技术？

- 192.168.1.0/24 是什么意思？255.255.255.0 是什么意思？分别代表多少台主机？
- ICMP 是 TCP/IP 模型中哪一层发出的数据包？TTL 表示什么？
- 有哪些可以探测远程端口的方法？有哪些查看本地端口的方法？
- 有哪些跟踪路由跳转的方法？有哪些监听流量和截取流量的方法？
- iptables 与 firewalld 有什么区别？它们分别是基于什么防火墙引擎的规则配置服务？
- 简述 TCP 的握手、挥手过程，基于 TCP 的 HTTP 和 HTTPS 的区别。
- 简单说说有哪些漏洞扫描工具？有什么方法可以避免被检测出安全漏洞？

第 9 章 Linux 系统管理与软件安装

在前面的章节中,我们相继掌握了 Linux 的文件、用户、磁盘、进程、网络与安全,但 Linux 是如何启动的?开机服务是如何被加载的?根目录下的每个子目录都代表什么?为什么这么划分?本章将站在这些角度,"一窥" Linux 的全貌。

本章主要涉及的知识点如下。
- Linux 的关机与启动:讲述 Linux 开关机的简单命令,启动过程,以及如何切换命令行与图形界面。
- Linux 系统服务 systemd:讲述 systemd 为什么可以代替 init 与 service 体系。
- Linux 根目录简析:简单描述 Linux 根目录下每个子目录应完成的工作。
- Linux 软件安装:简析 RPM 与 Yum 的区别,Yum 源更换的多种方式与源码安装过程。
- 实战案例:编写一个定时重启或关机的脚本,以及使用 BIOS 设置定时开机。

注意:BIOS 定时开机需要使用物理机。

9.1 Linux 的关机与启动

先简单熟悉 Linux 的关机、重启等命令,然后了解 Linux 的启动过程是什么样的。

9.1.1 Linux 的关机、重启与注销

在 Linux 中,最常用的关机、重启命令是 poweroff、reboot,与之相似的还有 shutdown、init、halt 等命令。注销命令是 exit、logout。

(1) Linux 常用的重启命令示例。

```
reboot                  ##→重启机器
init 6                  ##→切换到运行级别 6,6 表示重启,0~6 是在 CentOS 7 之前的运行级别数字
init reboot.target      ##→切换到重启 target,target 在 RHEL/CentOS 7 之后
shutdown -r now         ##→立即重启
shutdown -r +1          ##→1 分钟后重启
```

```
shutdown -r 01:00 &    ##→凌晨 1 点重启,将命令放入后台
shutdown -c            ##→取消 shutdown 命令
```

(2) Linux 常用的关机命令示例。

```
poweroff               ##→关闭主机电源
halt                   ##→立即停止系统,需要人工关闭电源
shutdown -h now        ##→立刻关机
shutdown -h +1         ##→1 分钟后关机
shutdown -h 11:00      ##→当主机时间为 11:00 时关机
```

(3) Linux 常用的注销命令示例。

```
logout                 ##→注销且退出当前窗口
exit                   ##→注销且退出当前窗口,等同于"Ctrl+D"快捷键
```

注意:在关机重启之前,如果有未完成任务,则最好用 sync 命令将内存数据同步到磁盘。

9.1.2　Linux 启动流程简析

Linux 启动流程如图 9.1 所示。

- 计算机在通电开机后,主板 BIOS/UEFI 进行开机自检。如果发现内存或硬盘等设备缺失损坏,则发出告警。例如,如果内存损坏无法读取,则发出"滴滴"声;如果硬盘无法读取,则显示"NO hard disk",即找不到硬盘。
- 自检通过,加载引导程序。BIOS/UEFI 读取设备(启动盘)头 512 字节,查看是 MBR 引导头还是 EFI 引导头。
- 选择要启动的 Linux 或 Windows。
- 在选择 Linux 的同时,可以按"E"键进入 GRUB 界面,在行"linux16"后加上命令"rw single init=/bin/bash",按"Ctrl + X"快捷键进入单用户模式,修改 root 密码。如果不修改密码,则此步骤可以直接跳过。
- 在选择系统后,CPU 将系统文件加载到内存,进行内核初始化。引导程序探测内存大小,开始划分内核空间。
- 给内核划分好空间后,CPU 开始创建内核进程。
- 在内核进程创建后,就是检测硬件驱动。探测系统总线(System Bus),记录各种硬件设备,如 /dev/sda。
- 硬件记录完毕,就是加载启动项。启动初始化进程,其 PID 为 1。然后加载 init/systemd 进程,访问系统启动项(如 network)和自定义启动项(例如,前面章节部署的 frpc.service)。

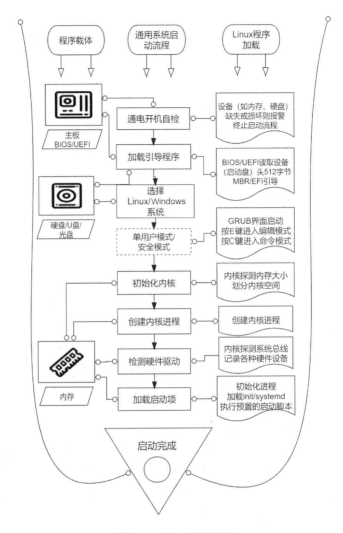

图 9.1　Linux 启动流程

9.1.3　Linux 运行级别与 target

在启动 Linux 时有几个默认级别，如果安装了 GUI，并想让系统在启动后默认进入登录界面，则需要设置默认级别为 5，即 init 5。在 RHEL/CentOS 7 引入 systemd 后，其运行级别改为目标（target），命令为 systemctl graphical.target。示例如下：

```
[root@yaomm208 ~]# systemctl get-default              ##→查看默认级别
multi-user.target                                     ##→默认级别为命令行界面

[root@yaomm208 ~]# systemctl set-default graphical.target ##→设置默认运行级别
```

```
Removed symlink /etc/systemd/system/default.target.
Created      symlink      from      /etc/systemd/system/default.target      to
/usr/lib/systemd/system/graphical.target.

[root@yaomm208 ~]# systemctl isolate graphical.target         ##→直接切换图形界面
##→在切换 target 时，默认不关闭前一个 target 启动的进程。systemctl isolate 命令可以改变
##→这种行为，关闭前一个 target 中所有不属于后一个 target 的进程
```

CentOS 6.x 的系统进程 init 是从/etc/inittab 文件中读取配置的。在 CentOS 7.x 中可以看到文件首行提示"使用 systemd 时不再使用 inittab"。

```
[root@yaomm208 ~]# cat /etc/inittab                          ##→查看 init 文件
# inittab is no longer used when using systemd.
...
```

Linux 运行级别（run level）与 systemd 的目标（target）对照如表 9.1 所示。

表9.1　Linux 运行级别与 systemd 的目标对照

init 级别	systemd 目标	说　　明
0	poweroff.target	关机
1	rescue.target	救援模式，单用户模式
2		多用户状态，不支持 NFS。在 systemd 目标下没有对应的 target
3	multi-user.target	多用户状态，命令行（CLI）模式
4		系统保留状态，在 systemd 目标下没有对应的 target
5	graphical.target	图形登录界面
6	reboot.target	重启

注意：在安装带有 KDE、GNOME 的 Linux 桌面环境时，一定不要使用最小化安装。在切换图形界面时，CentOS 需要有一个非 root 用户，否则无法登录。

9.2　Linux 系统服务 systemd

CentOS 7.x 与 CentOS 6.x 最大的区别是系统启动、服务管理组件的变化，如从 init 变为 systemd，从 service xxx start 变成 systemctl start xxx。

9.2.1　为什么 CentOS 7.x 放弃 init 取用 systemd

init 命令有两个缺点：一是串行执行，不能并发，启动时间长；二是脚本复杂。systemd 就是为了解决这些问题而生的。它可以并行执行，减少启动时间，并且使用简单，功能强大，为 Linux 的启动和管理提供了一整套的解决方案。

当为 CentOS 6.x 时，我们使用以下方式来管理服务：

```
[root@yaomm208 ~]# service network start    ##→使用service管理network服务
Starting network (via systemctl): [  确定  ]

[root@yaomm208 ~]# /etc/init.d/network status ##→使用脚本方式查看network状态
已配置设备:
lo enp1s0 enp4s0
当前活跃设备:
lo enp1s0 enp4s0
```

当为CentOS 7.x时，我们使用以下方式来管理服务：

```
[root@yaomm208 ~]# systemctl status network    ##→使用systemd方式查看network状态
...
5月 07 16:02:38 yaomm208 systemd[1]: Starting LSB: Bring up/down networking...
5月 07 16:02:39 yaomm208 network[15521]: 正在打开环回接口: [  确定  ]
5月 07 16:02:40 yaomm208 network[15521]: 正在打开接口 enp4s0: 连接已成功激活（D-Bus 活动路径: /org/…on/2）
...
```

systemd虽然方便，但其体系庞大、功能复杂。所以很多崇尚Linux极简哲学的开发者们反对使用systemd，认为systemd破坏了Linux工具"一生只做一件事"（keep simple, keep stupid）的哲学理念。

但systemd还是成了大部分Linux发行版本的默认服务，取代了UNIX System V、BSD init等系统管理工具。Fedora/RHEL/CentOS、Ubuntu、Debian等系统都在新的版本中采用了systemd。systemd在不经意间做到了"统一Linux发行版之间的服务配置和行为"。

注意：CentOS 7.x是兼容init的，init脚本还可以继续使用。

9.2.2 systemd启动流程与架构简析

systemd即system daemon，是Linux的初始化（init）进程。其PID为1，负责系统和服务管理。以官网公布的Fedora 20版本为例，以下是systemd启动流程。

```
欢迎使用Fedora 20 (Heisenbug)!

[  OK  ]已达到目标远程文件系统。
[  OK  ]侦听延迟关闭套接字。
[  OK  ]侦听/dev/initctl命名管道的兼容性。
[  OK  ]已到达目标路径。
[  OK  ]已达到目标加密卷。
[  OK  ]在Journal Socket上监听。
        挂载巨大页面文件系统...
        挂载POSIX消息队列文件系统...
        挂载调试文件系统...正在
        启动日记服务...
```

```
[  确定  ] 启动日记服务。
            挂载配置文件系统...
            挂载 FUSE 控制文件系统...
[  确定  ] 创建的切片根切片。
[  确定  ] 创建切片用户和会话切片。
[  确定  ] 创建了切片系统切片。
[   OK   ] 已达到目标切片。
[   OK   ] 达到目标交换。
            Mounting Temporary Directory ...
[  确定  ] 已到达目标本地文件系统(Pre)。
            启动加载随机种子...
            启动加载/保存随机种子...
[  确定  ] 已安装巨大页面文件系统。
[  确定  ] 已安装的 POSIX 消息队列文件系统。
[  确定  ] 挂载的调试文件系统。
[  确定  ] 挂载的配置文件系统。
[  确定  ] 已安装的 FUSE 控制文件系统。
[  确定  ] 挂载的临时目录。
[  确定  ] 开始加载随机种子。
[  确定  ] 开始加载/保存随机种子。
[   OK   ] 已达到目标本地文件系统。
            开始重新创建易失性文件和目录...
            开始触发将日记账刷新到持久性存储...
[  确定  ] 开始重新创建易失性文件和目录。
            启动有关系统重新启动/关闭的更新 UTMP ...
[  确定  ] 开始触发将日记账刷新到持久性存储。
[  确定  ] 开始有关系统重新启动/关闭的更新 UTMP。
[   OK   ] 已达到目标系统初始化。
[   OK   ] 已达到目标计时器。
[   OK   ] 侦听 D-Bus 系统消息总线套接字。
[   OK   ] 已到达目标套接字。
[   OK   ] 达到目标基本系统。
            正在启动许可用户会话...
            正在启动 D-Bus 系统消息总线...
[  确定  ] 已启动 D-Bus 系统消息总线。
            正在启动登录服务...正在
            开始清理临时目录...
[  确定  ] 已启动许可用户会话。
[   OK   ] 开始清除临时目录。
            正在启动 Console Getty ...
[  确定  ] 已启动 Console Getty。
[   OK   ] 达到目标登录提示。
[  确定  ] 启动登录服务。
[   OK   ] 达到目标多用户系统。

Fedora 第 20 版(Heisenbug)
x86_64(控制台)
```

fedora 登录上的内核 3.9.2-200.fc18.x86_64：

systemd 提供并行化功能，使用套接字（socket）和并行总线（D-Bus）激活启动服务，使用控制组（cgroups，Control Group List，又称进程组）代替 PID 追踪进程。因此，即使是两次 fork（在 Linux 下的子进程复制功能）之后生成的进程也不会脱离 systemd 的控制。

作为 init 进程，除了并行启动系统服务和自定义服务，systemd 还有很多功能。例如，日志守护进程，控制基本系统配置（如主机名、日期、区域设置），维护已登录的用户列表，设置运行容器、虚拟机、系统账户，以及在运行时的目录，并管理简单网络配置、网络时间同步、日志转发和名称解析等功能。

systemd 不只是一个命令，而是一组工具集。systemd 架构如图 9.2 所示。

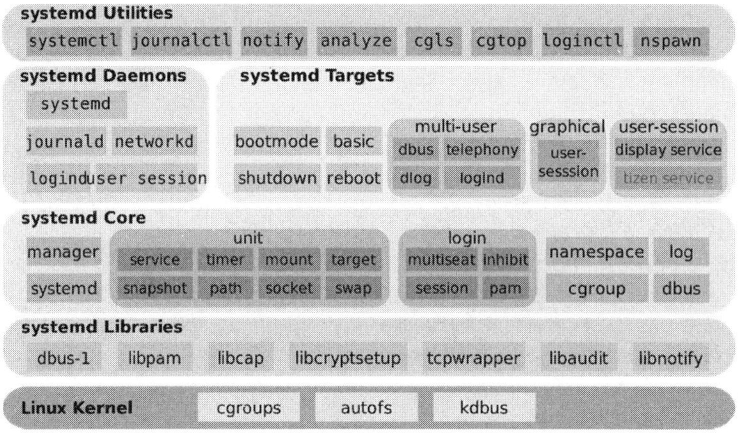

图 9.2　systemd 架构

Linux Kernel：Linux 内核组件。

systemd Libraries：systemd 依赖包。

systemd Core：systemd 核心组件。

systemd Daemons：systemd 守护进程。

systemd Targets：systemd 目标，原 Linux 运行级别。

systemd Utilities：systemd 工具包。

9.2.3　systemd Utilities 工具简析

systemd 的架构是使用最上层的 8 个工具进行系统管理的（这是主要的工具，而不是全部工具）。分别是 systemctl（系统管理）、journalctl（日志管理）、notify（状态通知）、analyze（耗时统计)、cgls(树状列表)、cgtop(资源利用率)、loginctl(登录用户与会话管理)、nspawn(虚拟容器)。如图 9.2 所示。

1. systemctl

systemctl 是 systemd 的主命令,用于管理系统。系统管理命令如下:

```
systemctl reboot        ##→重启
systemctl poweroff      ##→关闭电源
systemctl halt          ##→CPU 停止工作
systemctl suspend       ##→暂停系统,数据保存到内存,类似睡眠,可使用鼠标唤醒,按"电源"键恢复
systemctl hibernate     ##→休眠状态,数据保存到硬盘
systemctl rescue        ##→进入单用户模式(救援模式)
```

2. journalctl

journalctl 是 Linux 系统的日志管理工具,可以用于查看内核和应用日志记录情况。其配置文件是/etc/systemd/journald.conf。journalctl 命令详情可在前面章节中查看。常用命令如下:

```
journalctl --list-boots                 ##→查看系统重启记录
journalctl /usr/bin/bash                ##→查看指定路径脚本的日志
journalctl -xb                          ##→查看所有日志,使用"-x"添加注释信息
journalctl -xb -u network.service       ##→使用"-u"查看 unit 服务日志
```

3. notify

systemd-notify 可用于在守护进程脚本中向 systemd 报告进程状态的变化。示例如下:

```
##→查看 systemd-notify 版本,属于 systemd 219
[root@yaomm208 ~]# systemd-notify --version
systemd 219
...
[root@yaomm208 ~]# mkfifo /tmp/waldo          ##→创建通信管道
##→通知 systemd
[root@yaomm208 ~]# systemd-notify --ready --status="Waiting for data…"
```

systemd-notify 是对 Linux 函数 sd_notify() 的简单包装,一般在脚本中使用。

4. analyze

systemd-analyze 命令可以用来查看启动耗时。

```
systemd-analyze                                      ##→查看系统启动耗时
systemd-analyze blame                                ##→列表打印每个服务的启动耗时
systemd-analyze critical-chain                       ##→显示瀑布状的启动过程流
systemd-analyze critical-chain atd.service           ##→显示指定服务的启动过程流
```

5. cgls

systemd-cgls 命令以进程树的方式显示 cgroups 的内容。示例如下:

```
systemd-cgls                                    ##→递归显示进程组
systemd-cgls                                    ##→空组也打印
systemd-cgls -k                                 ##→内核线程也打印
systemd-cgls -l                                 ##→不对超长行进行截断
systemd-cgls -M < machine>                      ##→machine 为指定容器名称
```

6. cgtop

systemd-cgtop 按照资源使用率（CPU、内存、磁盘吞吐率）从高到低的顺序显示系统中的控制组（Control Group）。示例如下：

```
[root@yaomm208 ~]# systemd-cgtop              ##→查看 cgroups 的资源使用情况
Path                                     Tasks   %CPU    Memory    Input/s Output/s
/                                        157     41.2    3.1G      -       -
/system.slice/NetworkManager.service     1       -       -         -       -
```

systemd-cgtop 是一个交互式工具，可以通过 p（Path，路径）、t（Tasks，任务数）、c（%CPU，CPU 占用率）、m（Memory，内存占用大小）、i（Input/s、Output/s，I/O 负载）等交互式快捷键进行排序。

7. loginctl

loginctl 命令用于查看当前登录的用户。

```
loginctl list-sessions              ##→列出当前 session
loginctl show-session 8915          ##→8915 为 list-sessions 打印出的其中一个 session ID
loginctl list-users                 ##→列出当前登录用户
loginctl show-user linuxido         ##→显示指定用户信息
```

8. nspawn

systemd-nspawn 的强大之处在于它能够在容器内启动一个完整的 Linux。

出于安全考虑，systemd-nspawn 会在启动容器前，检查容器中是否存在 /usr/lib/os-release 或 /etc/os-release 文件。因此对于那些不包含 os-release 文件的容器镜像，有必要先手动添加 os-release 文件。

systemd-nspawn 既可以在交互式命令行上直接调用，也可以作为系统服务在后台运行。每一个容器都可以存在一个同名的 .nspawn 配置文件。systemd-nspawn 创建的容器可以使用 machinectl 命令进行管理。

9. 其他

hostnamectl、localectl、timedatectl 也属于 systemd 工具包。常用命令如下：

```
hostnamectl                                  ##→查看主机信息
hostnamectl set-hostname linuxido            ##→设置主机名称
```

```
localectl                              ##→查看本地化参数
localectl set-locale LANG=en_GB.utf8   ##→设置本地化参数为英文环境，字符编码为 utf-8
localectl set-locale LANG=zh_CN.UTF-8  ##→设置为中文环境

timedatectl                            ##→查看当前时间与时区
timedatectl list-timezones             ##→显示所有可用的时区
timedatectl set-timezone Asia/Shanghai ##→显示当前时区为上海
timedatectl set-ntp yes                ##→是否启用 ntp，yes 为启用，no 为停用
```

9.2.4 systemd 与 Unit

systemd 几乎可以管理所有系统资源。将 systemd 划分为 12 种 Unit（单元）如下所示。

- service：服务管理。这是最常用的一个 Unit，包括系统服务、自定义服务。这些服务都是在这个单元中维护的。使用 systemctl 可以对服务进程进行启动、停止、重启和重载操作，并使用 daemon 进程对服务进程进行守护。
- socket：进程间通信的 socket。
- device：硬件设备。
- mount：文件系统的挂载点。
- automount：自动挂载点。
- Swap：Swap 文件，交换区。
- target：为其他 Unit 进行逻辑分组，将多个 Unit 构成一个组。例如，multi-user.target 相当于在传统使用 sysV 的系统中运行级别为 5。
- path：文件或路径。
- Timer Unit：定时器，类似 crond 的作业调度程序。
- scope：不是由 systemd 启动的外部进程。
- snapshot：systemd 快照，可以切回某个快照。
- slice：进程组，用于对进程和资源分组和管理。

systemctl list-units 命令可以查看当前系统的所有 Unit。示例如下：

```
systemctl list-units                            ##→列出正在运行的 Unit
systemctl list-units --all                      ##→列出所有 Unit，包括没有找到配置文件的或启动失败的 Unit
systemctl list-units --all --state=inactive     ##→列出所有不活跃的 Unit
systemctl list-units --failed                   ##→列出所有加载失败的 Unit
systemctl list-units --type=service             ##→列出所有类型为 service 的 Unit
```

systemctl 提供了 3 个状态判断方法，主要供脚本内部的判断语句使用。示例如下：

```
##→查看网络管理服务是否正在运行
[root@yaomm208 ~]# systemctl is-active network.service
```

```
active                                              ##→返回 active
[root@yaomm208 ~]# systemctl is-failed network      ##→查看是否报错,.service 省略
active                                              ##→返回 active
[root@yaomm208 ~]# systemctl is-failed net          ##→查找一个不存在的服务
unknown                                             ##→返回 unknown
[root@yaomm208 ~]# systemctl is-enabled network     ##→查看是否创建了自启动连接
##→network 不是原生服务
network.service is not a native service, redirecting to /sbin/chkconfig.
Executing /sbin/chkconfig network --level=5         ##→chkconfig 设置的开机服务
enabled
```

当然,查询服务状态最常用的命令还是 status,这个命令我们已经在前面的章节中使用过了。它与 stop、start、restart 命令都是"孪生"兄弟。示例如下:

```
systemctl status network        ##→使用 status 命令查看服务状态
systemctl stop network          ##→使用 stop 命令停止网络服务
systemctl start network         ##→使用 start 命令启动网络服务
systemctl restart network       ##→使用 restart 命令重启服务
```

如果一个服务使用 stop 命令不能停止,还有很多子线程在工作,则要使用"kill"命令将其全部杀死。如果不想停止重新加载配置,则使用 reload 命令。示例如下:

```
systemctl kill nginx            ##→使用 kill 命令杀死 Nginx 全部子进程
systemctl reload nginx          ##→使用 reload 命令重新加载
systemctl daemon-reload         ##→重载所有修改过的配置文件,在添加自定义服务时常用
```

不仅如此,我们还可以使用 show 命令查看服务对应的系统底层参数。示例如下:

```
systemctl show nginx                    ##→查看 Nginx 的系统参数
systemctl show -p CPUShares nginx       ##→查看指定某个属性值
##→设置指定属性值
systemctl set-property httpd.service CPUShares=18446744073709551616
```

每个服务都有自己的依赖服务,如何查看 Unit 的服务依赖?示例如下:

```
systemctl list-dependencies nginx          ##→查看 Nginx 的依赖服务
systemctl list-dependencies -all nginx     ##→查看包含 target 的依赖服务
```

9.2.5 systemd 添加自定义服务

在前面章节搭建 frp 时,我们已经自定义添加了开机服务。本节将讲解这个服务为什么这么配置,代表什么含义。

(1)在目录/etc/systemd/system 下新建服务文件 frpc.service。

```
vi /etc/systemd/system/frpc.service     ##→编辑 systemd 中的.service 文件
```

(2)文件内容如下:

```
[Unit]                                    ##→Unit 告诉 systemd, "我" 是一个 Unit
Description=Frp Client Service
##→简短描述这个服务

After=network.target
##→只有启动 network 服务, 才能启动 frpc

[Service]                                 ##→告诉 systemd, "我" 是一个 service 类型的 Unit
Type=simple
##→默认值 simple, 执行 ExecStart 指定的命令, 启动主进程
##→forking: 以 fork 方式从父进程中创建子进程, 创建完毕, 父进程会立即退出
##→oneshot: 一次性进程, systemd 会等当前服务退出, 再继续往下执行
##→dbus: 当前服务通过 D-Bus 启动
##→notify: 当前服务启动完毕, 会通知 systemd 再继续往下执行
##→idle: 只有其他任务执行完毕, 当前服务才会运行

# User=nobody
##→指定哪个用户才能启动

Restart=on-failure
##→定义在何种情况下, systemd 都会自动重启当前服务, 此配置项可能的值包括 always (无论进程何种
##→情况退出总是重启进程)、on-success (正常退出重启)、on-failure (失败重启, 包含、abnormal、
##→abort、watchdog 这几个状态)、on-abnormal (超时异常重启)、on-abort (非正常手段退出重启)、
##→on-watchdog (监视程序超期重启)

RestartSec=5s
##→与 Restart 参数合用, 每 5 秒自动检查一次, 如果状态是 on-failure, 则自动重启服务

ExecStart=/home/deploy/frp/frpc/frpc -c /home/deploy/frp/frpc/frpc.ini
##→启动 frpc 的命令, 注意要写全路径

ExecReload=/home/deploy/frp/frpc/frpc reload -c /home/deploy/frp/frpc/frpc.ini
##→重载配置命令

[Install]       ##→通常配置文件的最后一个区块, 用来定义如何启动, 以及是否开机
WantedBy=multi-user.target
##→它的值是一个或多个 target。在 Unit 激活时, (systemctl enable frpc) 符号链接会被放入目录
##→multi-user.target.wants 中, 多个 target 会被放入多个目录中
```

(3) 设置开机自启、配置重载、启动服务、查看状态。示例如下:

```
systemctl enable frpc          ##→加入开机自启
systemctl daemon-reload        ##→重启守护服务
systemctl start frpc           ##→启动服务
systemctl status frpc          ##→查看 frps 运行状态
```

(4) ".service" 文件必须放在/etc/systemd/system 目录下吗?

其实也可以将 ".service" 文件放在系统启动脚本/lib/systemd/system 的位置上。以前使用

这个功能的目录是/etc/init.d，network、sshd 服务还在/etc/init.d 目录下，依旧起作用。

为什么将自定义的服务放入目录/etc/systemd/system？因为这是 Linux 官方推荐的地方，如果将同名但内容稍微有所区别的两个脚本分别放入这两个不同的目录，则以/etc/systemd/system 中的脚本内容为准。

9.3　Linux 根目录简析

Linux 为什么要在根目录下划分这么多二级目录？每个子目录代表什么意思？

9.3.1　根目录"/"与/root

每个文件和目录都是从根目录"/"开始的。示例如下：

```
[root@yaomm208 ~]# ls /           ##→遍历根目录
bin  boot  dev  etc  home  lib  lib64  media  mnt  opt  proc  root  run  sbin  srv
sys  tmp  usr  var
```

只有 root 用户具有根目录下的写权限。根目录和/root 目录不同，/root 目录是 root 用户的主目录。在"/root""/bin"等目录前都需要加上根目录"/"这个路径。

9.3.2　/bin 与/usr/bin、/sbin 与/usr/sbin

/bin 是 Binary（二进制数）的缩写，主要放置用户常用的二进制程序。例如，cat、cp、ls、mkdir、rm、more、mount、tar 等。/usr/bin 主要放置应用软件工具的二进制程序。例如，c++、g++、gcc、last、less。

在 CentOS 7.x 中，/bin 实际指向/usr/bin。/sbin 也同样指向/usr/sbin。示例如下：

```
[root@yaomm208 /]# ll /bin        ##→查看/bin 目录，/bin 实际指向/usr/bin
lrwxrwxrwx. 1 root root 7 12月 15 14:42 /bin -> usr/bin
[root@yaomm208 /]# ll /sbin       ##→查看/sbin 目录，/sbin 实际指向/usr/sbin
lrwxrwxrwx. 1 root root 8 12月 15 14:42 /sbin -> usr/sbin
```

sbin 的"s"为 System，主要存放一些系统管理程序，特别是与磁盘相关的二进制程序，如 cfdisk、dump、e2fsck、fdisk 等。/usr/sbin 主要存放一些网络管理的二进制程序，如 dhcpd、netconfig、sendmail、tcpdum 等。

在当前版本中，和/bin 一样，/sbin、/usr/sbin 已经"不分彼此"，但/sbin 目录通常由系统管理员使用。/sbin，/user/sbin 可以这样区分：bin 为 Users Binaries（用户二进制程序），sbin 为 System Binaries（系统二进制程序）。

9.3.3　/boot

/boot 目录主要存放系统启动相关的文件。initrd、vmlinux、grub 等引导加载相关程序都在/boot 目录下。

9.3.4　/dev

dev 是 Devices（驱动）的缩写，/dev 目录主要存放磁盘、光盘等硬件设备，包括键盘、鼠标、USB、虚拟终端等相关文件，如/dev/tty1、/dev/sda。

9.3.5　/etc

/etc 最开始的意思是 Etcetera（附加物），一些不容易归类的文件都存放在这里。在现代操作系统中，密码文件、设置网卡信息、环境变量的设置等都存放在/etc 目录中；许多网络配置文件也存放在其中，如/etc/passwd 配置账户密码，/etc/systemd 配置启动服务，/etc/sysconfig 配置网卡等；许多在 Linux 上的安装程序也默认将配置文件放在/etc 目录下，如 MySQL 的 /etc/my.cnf。

9.3.6　/home、/tmp

/root 是 root 用户的主目录。/home 是除 root 用户以外其他所有用户的默认目录。例如，新建一个用户 linuxido，其默认主目录是/home/linuxido。

/tmp 包含系统和用户创建的临时文件，进程创建的临时文件都放在这个目录下，所有用户对此目录都有读/写权限。有些临时创建的文件会在系统重启时删除。

9.3.7　/lib、/lib64

lib 是 library 的缩写，即依赖库。许多程序只有依赖一些基础库才能运行。/lib 与/lib64 目录几乎包含位于/bin 和/sbin 下的所有二进制程序的库文件。库文件名称为 ld*或 lib*.so.*。例如，ld-2.11.1.so，其作用类似在 Windows 里的.dll 文件，存放了系统程序运行所需的共享文件。

/lib 如同 Windows64 位系统的 "C:\Windows\System32"。/lib64 如同 Windows64 位系统的 "C:\Program Files"。非 Windows 64 位系统没有/lib64 目录。

跟/bin、/sbin 一样，/lib 与/lib64 也分别是/usr/lib 和/usr/lib64 的软链接。

9.3.8 lost+found

某些系统版本中没有 lost+found 目录。在 lost+found 目录中的文件，通常会在系统突然关机时出现。我们在运行 fsck 命令修复系统时，通常会从此目录下读取一些数据碎片。如果此目录被删除，则不能直接使用 mkdir 命令创建，而是使用 mklost+found 命令创建。示例如下：

```
[root@yaomm208 /]# mklost+found            ##→创建目录 lost+found
mklost+found 1.42.9 (28-Dec-2013)          ##→版本号
```

9.3.9 /media、/mnt

/media 主要用于挂载多媒体设备，如系统自动挂载的光驱、USB 设备，存放临时读入的文件。在挂载 Yum 本地源时（系统安装镜像文件.iso），我们会将 Yum 本地源挂载到/media/cdrom。

/mnt 一般用作临时文件系统的安装点。系统提供这个目录让用户临时挂载其他的文件系统。例如，挂载 Windows 系统下的某个分区。

9.3.10 /opt

opt 是 Opitional（附加项）的缩写，一般用来存放服务厂商的附加应用程序。我们一般会将自行开发的服务程序放在/opt 目录下。

9.3.11 /proc

proc 是 Process（进程）的缩写。在 Linux 中，一切皆文件。进程在 Linux 中也会映射为文件展现。每个进程在被 CPU 创建时，都会在/proc 目录下产生一个与 PID 同号的进程目录，与进程相关的文件都会出现在这个目录中，如图 9.3 所示。

```
[root@yaomm208 ~]# ls /proc
1      12     12639  14401  19     24     28062  313  349   395   424
10     12122  12761  1531   19677  2440   29     32   35    396   425
11     12141  12794  1549   2      24477  299    33   353   4     426
1109   12371  12832  15735  21     2452   30     34   36    407   427
1112   12373  13     16     22     24724  31     345  37    408   428
1114   12487  13141  17     22694  26     310    346  38    421   429
1159   12515  13324  17946  22697  2798   311    347  39    422   430
116    12516  14     18     23     28     312    348  3943  423   431
```

图 9.3　进程目录

/proc 目录可以说是系统内存的映射，通常被称为"伪文件系统"或"虚拟文件系统"。我们可以通过访问这个目录来获取系统的一些信息。例如，从/proc/cpuinfo 中读取 CPU 的相关信息，从/proc/meminfo 中读取内存的相关信息，从/proc/interrupt 中读取系统的中断请求（IRQ）等。

在/proc 下每个文件或子目录都有对应的含义，部分子目录说明如表 9.2 所示。

表 9.2 部分子目录说明

目 录 名	说 明
acpi	子目录，Advanced Configuration and Power Interface，高级配置与电源接口
bus	子目录，总线配置
cgroups	进程组
cmdline	内核命令行
cpuinfo	CPU 型号信息，使用 lscpu 命令查看
devices	硬件设备（或虚拟硬件设备）的主、次设备号（如硬盘、光盘、打印机、虚拟终端等）主要分为块设备、字符设备
driver	子目录，驱动信息
diskstats	块设备，主要是硬盘的信息统计
fs	子目录，支持的文件系统
interrupts	系统中断情况，使用 sar 命令查看
ioports	I/O 端口的使用，设备驱动可使用的端口范围
irq	子目录，系统中断请求，使用 sar 命令查看
kmsg	内核消息，使用 dmesg、journalctl 命令读取
ladavg	负载信息统计，使用 uptime 命令可查看
meminfo	内存信息，使用 free 命令数据来源
mdules	加载模块列表（可以想成驱动程序）
mounts	子目录，加载的文件系统
net	子目录，网络相关信息
partitions	系统识别的分区表，使用 lsblk 命令读取
softirqs	软中断，使用 sar 命令查看
stat	CPU 调度统计信息，如软中断、运行进程等信息。使用 top 命令读取 CPU、进程栏信息
swaps	交换空间使用情况，使用 free 命令查看
sys	子目录，系统使用信息
tty	子目录，虚拟终端信息
version	内核版本
uptime	系统运行时间，使用 uptime 命令读取
vmstat	CPU、内存、I/O 等统计信息，使用 vmstat 命令读取

9.3.12 /run

/run 目录存放了各个服务程序在启动时分配的 PID，并以.pid 文件格式保存到此目录。此目录存放了系统运行的临时文件，类似于/tmp。但/tmp 一般是普通用户使用的，/run 是系统程序使用的。

其中，在/var 目录中的/var/run 和/var/lock 是分别指向/run 和/run/lock 的软链接。

注意：systemd 的开发者伦纳特·波特林（Lennart Poettering）在一篇开发邮件中介绍了 run 的作用。run 是作为 tmpfs 存放一些运行时的数据使用的。run 将原来存放于/dev 目录下的运行时的数据搬运到了/run 中，因为运行时的数据不是设备节点，所以伦纳特认为这个设计很丑陋。

9.3.13 /srv

/srv 主要用来存放本机提供的服务或数据。在通常情况下，该目录是空的。按照 Linux 官方推荐，我们可以将 apache、tomcat 等 Web 服务中间件都存放在此目录下。由于历史惯性，可能大部分人还是习惯将 Web 服务中间件存放在/var/www 目录或/opt 目录下。

9.3.14 /sys

Linux2.6 内核的一个强制要求是，将 sysfs 虚拟文件系统总是挂载在/sys 挂载点上。这个文件系统不仅可以把设备（devices）和驱动程序（drivers）的信息从内核输出到用户空间，还可以用来设置设备和驱动程序。

sysfs 刚开始被命名为 ddfs（Device Driver Filesystem，设备驱动文件系统）。当 Linux 内核开发团队在 Linux 2.5 内核的开发过程中引入了"Linux 驱动程序模型"（Linux driver model）时，ddfs 重命名为 sysfs。

sysfs 的目的是把一些原本在 procfs（/proc 目录）中的关于设备的部分独立出来，以"设备树"（device tree）或"驱动模型树"（driver model tree）的形式呈现。每个被加入"树"内的对象，包括驱动程序、设备及 class 设备，都会在 sysfs 文件系统中以一个目录形式呈现。示例如下：

```
[root@yaomm208 ~]# ls -F /sys           ##→查看/sys 目录
block/   bus/   class/   dev/   devices/   firmware/   fs/   hypervisor/   kernel/
module/   power/
```

在/sys 下的子目录都有各自的含义。在 sysfs 中，对象的属性作为文件出现，符号链接代表对象间的关系。/sys/devices 目录是所有设备的真实对象，如显卡、网卡等真实存在的设备，

ACPI、PCI、USB、SCSI 等总线设备，还有 TTY 这样的虚拟设备。其他目录，如 class、bus 则在分类的目录中，含有大量对在 devices 中真实对象引用的符号链接文件。/sys 子目录说明如表 9.3 所示。

表 9.3 /sys 子目录说明

目 录 名	说 明
block	系统当前所有块设备存放了指向 devices 的链接文件，如 dm-0 -> ../devices/virtual/block/dm-0
bus	设备总线。devices 的所有设备都连接在某种总线下。在每一种具体总线下，都可以找到每一个具体设备的符号链接。acpi、cpu、pci、scsi 等设备目录都作为子目录被放在 bus 目录下。其中，存放了大量设备的相关链接文件。例如，进入电源总线设备目录/sys/bus/acpi/devices，可看到链接文件 PNP0C0C:00 -> ../../../devices/LNXSYSTM:00/device:00/PNP0C0C:00
class	按照设备功能分类的设备模型，系统所有输入设备都会出现在 /sys/class/input 下
dev	子目录 block、char 分别表示块设备、字符设备。其中，维护主、次号码（major:minor）链接到真实设备(在/sys/devices 下)的符号链接文件，如 253:0 -> ../../devices/virtual/block/dm-0 它是在内核 2.6.26 下首次引入的
devices	内核是对系统中所有设备分层次的表达模型，也是 /sys 文件系统管理设备的重要的目录结构。在 /sys 下，其他目录存放的几乎都是指向 devices 目录的链接文件
firmware	固件接口。系统加载固件机制的用户空间的接口
fs	文件系统。目前只有 fuse、gfs2 等少数文件系统支持 sysfs 接口。一些传统的虚拟文件系统(VFS)，其控制参数仍在 sysctl (/proc/sys/fs) 接口中
hypervisor	虚拟机监控器。用来创建与运行虚拟机的软件、固件或硬件
kernel	内核所有可调整参数的位置。目前大部分内核可调整的参数仍位于 sysctl (/proc/sys/kernel) 接口中。可使用命令 sysctl 查看在/proc/sys 中的调整内核参数信息，可使用命令 sysfs 查看在/sys/kernel 中的调整内核参数信息
module	系统中所有模块的信息。 对于加载到内核中的每个模块，都会在此目录下生成一个子目录，其名称为模块名
power	电源选项

9.3.15 /usr

usr 是 Unix Shared Resources（共享资源）的缩写。用户的很多应用程序和文件都存放在这个目录下。类似于 Windows 下的 Program Files 目录。

/usr 子目录说明如表 9.4 所示。

表 9.4 /usr 子目录说明

目 录 名	说 明
bin	系统二进制程序存放处
etc	配置文件存放处，初始化是空的
games	游戏文件存放处，初始化是空的

续表

目 录 名	说 明
include	函数头文件存放处，供在 Linux 下开发和编译应用程序使用
lib	常用的动态链接库和软件包的配置文件
lib64	64 位系统才有的目录，与 lib 功能一样
libexec	供其他程序调用的依赖库或脚本程序，不能被用户直接使用
local	本地存放的应用程序，其目录结构几乎与/usr 的目录结构一致。 /usr/local/bin，本地安装程序的命令 /usr/local/lib，本地安装程序的依赖库
sbin	用户二进制程序存放处
share	共享目录，存放与架构无关的共享文本文件。不论硬件体系结构如何，此目录的内容都可以由所有计算机共享。 例如，使用 man 命令读取的信息存放在 share 目录中，其路径为/usr/share/man
src	源码存放目录
tmp	临时文件目录，链接到/var/tmp

9.3.16 /var

var 是 Variable（变量）的缩写，此目录存放系统不断扩充、不可自毁（只能由用户手动清理）的文件，如缓存文件、日志文件、邮件、数据库文件等。

/var 目录有两个重要的子目录，/var/log 与/var/tmp。我们常见的各种日志文件，默认是存放在/var/log 下的，包括系统日志、内核日志、用户日志等。

/var/tmp 作为一个临时缓存目录，与/tmp 的区别是，/tmp 的缓存清理频繁，而/var/tmp 的缓存清理不会那么频繁，重新启动也会被保留。但尽量不要将开机启动程序需要的文件写入/var/tmp，因为/var/tmp 是一个挂载点，在启动时可能还没挂载。

9.4 Linux 软件安装

在 Linux 中，软件通常以软件包的形式分发，大多数发行版本在本地都会有一个和远程存储库对应的包数据库。软件包文件通常是一个归档文件，包含构成该软件的已编译二进制文件和其他资源，以及安装脚本。软件包提供了操作系统的基本组件、共享库、应用程序、服务和文档。管理软件包的工具通常称为包管理器。本节主要讲述如何使用包管理器安装、卸载软件包，以及在不使用包管理器时，如何用源码直接安装软件。

9.4.1 包管理器：RPM 与 Yum

1. RPM 与 Yum 简述

在 Windows 中，软件安装包以 ".exe" 为后缀，双击安装即可。在 RHEL/CentOS 中，软件安装包以 ".rpm" 为后缀，其安装命令是 rpm -ivh xxx.rpm。

虽然 RPM（RedHat Package Manager）可以安装、更新、查询、校验、卸载，但是它有一个缺点，不能解决依赖，有时安装一个软件还要安装很多其他的软件包。

Yum 的全称为 "Yellow dog Updater, Modified"。以前有一个基于 RedHat 的 Linux 发行版本 Yellow Dog Linux，后来这个版本不再维护了。但它的包管理器 "Yellow dog Updater, Modified" 被保留了下来，并集成在 RHEL 系列中，就是现在的 Yum。

Yum 是在 RPM 的基础上开发出来的产品，相比 RPM 有两大优势，一是可以远程在线下载软件包安装，二是可以在安装时解决依赖性问题。

Yum 的工作原理是将 rpm 包头部信息（header）进行保存记录并分析，查看 rpm 包的安装依赖，将这些数据记录到服务端（远程仓库），在客户端使用 yum 命令安装、升级时，将所有依赖包一同下载并安装。

当然，Linux 发行版本众多，Yum 与 RPM 只是 RHEL 系列的包管理器，其他 Linux 发行版本也有不同的软件包管理器，如表 9.5 所示。

表 9.5 软件包管理器

部分主流 Linux 发行版本	软件包格式	工 具 包
RHEL/CentOS	.rpm	rpm、yum
Fedora	.rpm	rpm、dnf
Debian、Ubuntu	.deb	apt、apt-cache、apt-get、dpkg

以 "telnet-0.17-65.el7_8.x86_64.rpm" 为例，软件包的命名规则为软件包名 + 版本号 + 发布版本号 + 系统版本 + 硬件平台 + 扩展包类型，如图 9.4 所示。

2. rpm 命令速查手册

RPM 的工具命令是 rpm。rpm 命令的选项非常多，常用的选项功能一般是查询、安装、升级、卸载，常用的选项一般为 qai、ivh、u、e。

（1）rpm 命令的语法格式：rpm [选项] [软件包]。

（2）rpm 命令的常用选项说明如表 9.6 所示。

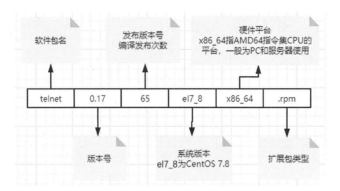

图 9.4 软件包的命名规则

表 9.6 rpm 命令的常用选项说明

选项	说明
查询、验证软件包选项	
-a, --all	查询、验证所有软件包
-f, --file	查询、验证文件属于的软件包
-g, --group	查询、验证组中的软件包
-p, --package	查询、验证一个软件包
--pkgid	使用包标识符查询、验证软件包
--hdrid	使用头标识符查询、验证软件包
--triggeredby	查询由软件包触发的软件包
--whatrequires	查询、验证需要依赖的软件包
--whatprovides	查询、验证提供相关依赖的软件包
--nomanifest	不把非软件包文件作为清单处理
查询选项（用 -q 或 --query）	
-c, --configfiles	列出所有配置文件
-d, --docfiles	列出所有程序文档
-L, --licensefiles	列表打印出所有许可的文件
--dump	转储基本文件信息
-l, --list	列出软件包中的文件
--queryformat=QUERYFORMAT	使用这种格式打印信息
-s, --state	显示列出文件的状态
验证选项（用 -V 或 --verify）	
--nofiledigest	不验证文件摘要
--nofiles	不验证软件包中的文件
--nodeps	不验证软件包依赖
--noscript	不执行验证脚本

续表

选 项	说 明
安装、升级、卸载选项	
--allfiles	安装全部文件，包含配置文件，否则配置文件会被跳过。
--allmatches	移除所有符合 \<package\> 的软件包（如果 \<package\>被指定为多个软件包，则会导致错误）
--badreloc	对不可重定向的软件包重新分配文件位置
-e, --erase=\<package\>+	清除（卸载）软件包
--excludedocs	不安装程序文档
--excludepath=\<path\>	略过以 \<path\> 开头的文件
--force	同时调用--replacepkgs --replacefiles，忽略包冲突
-F, --freshen=\<packagefile\>+	如果软件包已经安装，则升级软件包
-h, --hash	列出哈希标记，安装时以"#"号显示安装进度
--ignorearch	不验证软件包架构
--ignoreos	不验证软件包操作系统
--ignoresize	在安装前不检查磁盘空间
-i, --install	安装软件包
--justdb	更新数据库，但不修改文件系统
--nodeps	不验证软件包依赖
--nofiledigest	不验证文件摘要
--nocontexts	不安装文件的安全上下文
--noorder	不对软件包安装重新排序以满足依赖关系
--noscripts	不执行软件包脚本
--notriggers	不执行软件包触发的任何脚本
--nocollections	不执行任何动作集
--oldpackage	更新到软件包的旧版本（带--force 自动完成这一功能）
--percent	安装软件包时打印百分比
--prefix=\<dir\>	如果可重定向，则把软件包重定向到 \<dir\>
--relocate=\<old\>=\<new\>	将文件从 \<old\> 重定向到 \<new\>
--replacefiles	忽略软件包之间的冲突文件
--replacepkgs	如果已经有软件包了，则重新安装软件包
--test	不真正安装，只判断是否能安装
-U, --upgrade=\<packagefile\>+	升级软件包。如果没安装过，则升级
--reinstall=\<packagefile\>+	重新安装软件包
所有 rpm 模式和可执行文件的通用选项	
-D, --define="MACRO EXPR"	定义值为 EXPR 的 MACRO
--undefine=MACRO	undefine MACRO
-E, --eval="EXPR"	打印 EXPR 的宏展开
--macros=\<FILE:...\>	从文件 \<FILE:...\>中读取宏，不使用默认文件

续表

选项	说明
--noplugins	don't enable any plugins
--nodigest	不校验软件包的摘要
--nosignature	不验证软件包签名
--rcfile=<FILE:...>	从文件 <FILE:...>中读取宏，不使用默认文件
-r, --root=ROOT	使用 ROOT 作为顶级目录（default: "/"）
--dbpath=DIRECTORY	使用在 DIRECTORY 目录中的数据库
--querytags	显示已知的查询标签
--showrc	显示最终的 rpmrc 和宏配置
--quiet	提供更少的详细信息输出
-v, --verbose	提供更多的详细信息输出
--version	打印使用的 RPM 版本号
帮助选项	
-?, --help	显示帮助信息
--usage	显示简短的帮助信息

（3）rpm 命令示例。

```
rpm -qa                          ##→查看所有已安装的软件。"-q"表示query查询，"-a"表示all所有
rpm -qa | grep wget              ##→查找已安装的软件中有没有wget
rpm -qa|wc -l                    ##→查看安装了多少个rpm包
rpm -qai wget                    ##→查找wget软件包的详细信息。"-i"与"-q"一起使用，为info
rpm -qf /etc/my.cnf              ##→查看文件属于哪个安装包
rpm -qpi telnet-0.17-65.el7_8.x86_64.rpm      ##→查看rpm包的官网、版本号、描述等信息
rpm -qpl telnet-0.17-65.el7_8.x86_64.rpm      ##→查看软件包被安装到
rpm -qpR telnet-0.17-65.el7_8.x86_64.rpm      ##→查询安装依赖

rpm -ivh telnet-0.17-65.el7_8.x86_64.rpm
##→安装本地包。"-i"表示install安装，"-v"表示verbose详细信息，"-h"表示以"#"显示
##→安装进度

rpm -Uvh https://dl.***.org/pub/epel/epel-release-latest-7.noarch.rpm
##→在线更新官方源。"-U"表示如果没有安装过，则安装；如果安装过，则升级

rpm -Fvh telnet-0.17-65.el7_8.x86_64.rpm
##→更新软件包。"-F"表示如果没有安装过软件包，则不安装；如果已经安装过软件包，则升级

rpm --force -ivh xxx.rpm         ##→忽略错误，继续安装
rpm -e telnet                    ##→根据软件名卸载，"-e"表示卸载rpm包
rpm -e telnet-0.17-65.el7_8.x86_64    ##→根据完整包名卸载
rpm -e telnet --nodeps           ##→"--nodeps"表示不验证软件包依赖
```

3. yum 命令速查手册

Yum 的工具命令是 yum，其主配置文件是/etc/yum.conf，软件仓库配置文件是在/etc/yum.repos.d/下的".repo"后缀文件。

（1）yum 命令的语法格式：yum［选项］［内置命令］［软件包名］。

（2）yum 命令的选项说明如表 9.7 所示。

表9.7　yum 命令的选项说明

选 项	说 明
-h, --help	显示此帮助消息并退出
-t, --tolerant	忽略错误
-C, --cacheonly	完全从缓存库中运行，不升级缓存
-c [config file], --config=[config file]	配置文件路径
-R [minutes], --randomwait=[minutes]	命令最长等待时间
-d [debug level], --debuglevel=[debug level]	调试输出级别
--showduplicates	在 list、search 命令下，显示 Yum 源里重复的条目
-e [error level], --errorlevel=[error level]	错误输出级别
--rpmverbosity=[debug level name]	RPM 调试输出级别
-q, --quiet	静默执行
-v, --verbose	详尽的操作过程
-y, --assumeyes	回答全部问题为是
--assumeno	回答全部问题为否
--version	显示 Yum 版本，然后退出
--installroot=[path]	设置安装根目录
--enablerepo=[repo]	启用一个或多个软件源（支持通配符）
--disablerepo=[repo]	禁用一个或多个软件源（支持通配符）
-x [package], --exclude=[package]	采用全名称或通配符排除软件包
--disableexcludes=[repo]	禁止从主配置，源或任何位置排除
--disableincludes=[repo]	禁用 repo 或 includepkgs
--obsoletes	在更新时处理软件包取代关系
--noplugins	禁用 Yum 插件
--nogpgcheck	禁用 GPG 签名检查
--disableplugin=[plugin]	禁用指定名称的插件
--enableplugin=[plugin]	启用指定名称的插件
--skip-broken	忽略存在依赖关系问题的软件包
--color=COLOR	配置是否使用颜色
--releasever=RELEASEVER	在 Yum 配置和 repo 文件中设置$releasever 的值
--downloadonly	仅下载，不更新

续表

选 项	说 明
--downloaddir=DLDIR	指定一个其他文件夹用于保存软件包
--setopt=SETOPTS	设置任意配置和源选项
--bugfix	在更新中包含 Bug 修复相关的包
--security	在更新中包含安全相关的包
--advisory=ADVS, --advisories=ADVS	在更新中包含修复给定建议所需的包
--bzs=BZS	在更新中包含修复给定 BZ 所需的包
--cves=CVES	在更新中包含修复给定 CVE 所需的包
--sec-severity=SEVS, --secseverity=SEVS	在更新中包含匹配严重性的安全相关包

（3）yum 命令的内置命令说明如表 9.8 所示。

表 9.8　yum 命令的内置命令说明

内 置 命 令	说 明
check	检查 RPM 数据库问题
check-update	检查是否有可用的软件包更新
clean	删除缓存数据
deplist	列出软件包的依赖关系
distribution-synchronization	已将软件包同步到最新可用版本
downgrade	降级软件包
erase	从系统中移除一个或多个软件包
fs	作用于主机的文件系统数据，主要用于为最小的主机删除文档/语言
fssnapshot	创建文件系统快照，列出、删除当前快照
groups	显示或使用组信息
help	显示用法提示
history	显示或使用事务历史
info	显示关于软件包或组的详细信息
install	向系统中安装一个或多个软件包
langavailable	检查可用的语言包
langinfo	语言包列表
langinstall	为一种语言安装适当的语言包
langlist	遍历安装语言包
langremove	删除已安装的语言包
list	列出一个或一组软件包
load-transaction	从文件名中加载一个已存事务
makecache	创建元数据缓存
provides	查找提供指定内容的软件包
reinstall	覆盖安装软件包

续表

内置命令	说明
repo-pkgs	将一个源当作一个软件包组,这样可以一次性安装/移除全部软件包
repolist	显示已配置的源
search	在软件包详细信息中搜索指定字符串
shell	运行交互式的 yum shell
swap	交换包的简单方法,而不是使用 shell
update	更新系统中的一个或多个软件包
update-minimal	最小化更新
updateinfo	更新软件包信息
upgrade	更新软件包同时考虑软件包取代关系
version	显示机器可用的源版本

(4) yum 命令示例。

```
yum -y install telnet            ##→安装 telnet 服务
yum reinstall telnet             ##→覆盖安装,重新安装
yum localinstall     xxx.rpm     ##→本地安装 rpm 包
yum update tree                  ##→更新 tree 命令
yum update                       ##→更新 Yum 源
yum check-update                 ##→列出所有可以更新的软件包
yum remove tree                  ##→卸载安装包

yum install --downloadonly --downloaddir=/opt/download telnet ##→仅下载,不安装
yumdownloader telnet                      ##→使用插件 yumdownloader,仅下载,不安装

yum search telnet                ##→查找相关软件包
yum search all telnet            ##→查找名称和简介匹配的可用软件包

yum list                         ##→查看 Yum 源中的所有软件包
yum list installed               ##→查看所有已安装软件包
yum list telnet                  ##→查看本地 Yum 源列表中是否有相关软件包
yum list telnet --showduplicates ##→查看 telnet 多个可安装版本

yum history                      ##→查看安装历史
yum info telnet                  ##→查看软件包的具体信息
yum deplist telnet               ##→查看安装 telnet 需要的依赖包
yum provides /etc/my.cnf         ##→查看指定文件属于哪个包,如 my.cnf 属于 MySQL

yum grouplist                    ##→列出可用群组
yum groupinstall Xfce            ##→安装群组软件包,Xfce 为 Linux 的一种桌面环境
yum groupupdate Xfce             ##→更新群组软件包
yum groupremove Xfce             ##→卸载群组软件包

yum repolist                     ##→列出启用的 Yum 源
yum repolist all                 ##→列出所有 Yum 源
```

```
yum clean all                                ##→清除所有 Yum 的缓存内容
yum clean packages                           ##→清除缓存目录下的软件包
yum makecache fast                           ##→创建 Yum 缓存

yum -y install epel*                                         ##→安装 Yum 源 epel
yum --disablerepo=epel -y update ca-certificates   ##→禁用 epel，更新 CA 证书
yum --enablerepo=epel info htop       ##→从所有 repo 文件中读取 epel，并查看 htop 工具信息
yum --enablerepo=epel install htop    ##→从 epel 的 Yum 源中安装 htop
```

注意：一直有传言 dnf 要取代 Yum 作为 RHEL 系列的默认安装包管理器，但 dnf 在 Fedora 上做了尝试，人们还是习惯使用 Yum。

9.4.2 Yum 源更换与配置

1. 在线安装、更新 epel 源

在前面的章节中，我们在安装一个原始 Yum 源中没有的软件时，首先安装了一个 epel 的 Yum 源，然后安装需要的软件包，最后安装成功。

实际上，我们安装了一个 epel-release 的软件包，它会在 /etc/yum.repos.d/ 下添加一个 epel.repo 文件，这个 repo 文件描述了安装的方式和镜像库的地址。

epel.repo 文件是 EPEL 项目的结晶，是由 Fedora 团队基于开源和免费社区提供的存储库项目。虽然它不是 RHEL/CentOS 的一部分，但是它提供了许多 RHEL 系列版本的开源软件包。安装 Yum 源的方式共有 3 种，如下所示。

（1）yum + 包名安装。

```
yum install epel* -y           ##→安装软件依赖源，等同于 yum install epel-release
```

（2）yum + 地址安装。

```
yum install https://dl.***.org/pub/epel/epel-release-latest-7.noarch.rpm
             ##→使用地址安装
```

（3）下载后，使用 rpm 命令安装。

```
wget http://dl.***.org/pub/epel/epel-release-latest-7.noarch.rpm
rpm -ivh epel-release-latest-7.noarch.rpm
```

2. 更换 repo

在国内的网络环境中，我们在使用 yum 命令安装软件包时，往往会觉得速度很慢。如何提高 yum 命令的下载和安装速度呢？将 Yum 源的原始 repo 更换成国内的镜像源就可以了。

（1）进入 repo 目录。

Yum 源的配置文件在目录/etc/yum.repos.d/下。

```
[root@linuxido ~]# cd /etc/yum.repos.d/         ##→进入 repo 目录
[root@linuxido yum.repos.d]# ll                 ##→查看在目录下的各种 repo 文件
总用量 48
-rw-r--r--. 1 root root 1664 10 月 23 2020 CentOS-Base.repo
-rw-r--r--. 1 root root 1309 10 月 23 2020 CentOS-CR.repo
-rw-r--r--. 1 root root  649 10 月 23 2020 CentOS-Debuginfo.repo
-rw-r--r--. 1 root root  314 10 月 23 2020 CentOS-fasttrack.repo
-rw-r--r--. 1 root root  630 10 月 23 2020 CentOS-Media.repo
-rw-r--r--. 1 root root 1331 10 月 23 2020 CentOS-Sources.repo
-rw-r--r--. 1 root root 8515 10 月 23 2020 CentOS-Vault.repo
-rw-r--r--. 1 root root  616 10 月 23 2020 CentOS-x86_64-kernel.repo
-rw-r--r--. 1 root root 1050 11 月  1 2020 epel.repo
-rw-r--r--. 1 root root 1149 11 月  1 2020 epel-testing.repo
```

（2）备份原文件，更新为阿里云的 repo。

```
mv /etc/yum.repos.d/CentOS-Base.repo /etc/yum.repos.d/CentOS-Base.repo.backup
##→备份原来的 Yum 源

wget -O /etc/yum.repos.d/CentOS-Base.repo http://mirrors.aliyun.com/repo/Centos-7.repo
##→下载阿里云的 Yum 源

yum makecache
##→重新建立 RPM 本地库缓存

yum update
##→更新 Yum 源
```

（3）yum makecache 报错 FAQ。

如果报"[Errno 256] No more mirrors to try"的错误，则应清除旧缓存，再重新建立新缓存。

```
rm -fr /var/cache/yum/*    ##→删除在/var 中的缓存
yum clean all              ##→使用 yum 命令清除缓存
yum makecache              ##→重新建立元数据缓存
```

如果在使用过程中发现某些包不可用，则可能是数据正在同步，可以过段时间再重试。

如果报"Error: Cannot retrieve metalink for repository: epel"的错误，则需执行命令 yum --disablerepo=epel -y update ca-certificates 临时禁用 epel 源并更新 CA 证书。

如果报"Another app is currently holding the yum lock"的错误，则删除文件/var/run/yum.pid。

3. 挂载本地源

我们常在离线的情况下维护公司或甲方的服务器。在离线后，很多软件就无法通过 Yum 进行安装。此时可以先将镜像挂载到/mnt 目录，然后将系统镜像文件作为 Yum 源，安装缺失的 RPM 软件。示例如下：

（1）上传镜像。

```
[root@linuxido ~]# mkdir /opt/iso                    ##→创建镜像存放目录
[root@linuxido ~]# cat /etc/redhat-release           ##→查看系统版本为 CentOS 7.9.2009
CentOS Linux release 7.9.2009 (Core)
```

使用 FTP 将镜像"CentOS-7-x86_64-DVD-2009.iso"上传至/opt/iso。

```
[root@linuxido ~]# cd /opt/iso/                      ##→进入镜像目录
[root@linuxido iso]# ll                              ##→查看镜像上传是否成功
总用量 4601856
-rw-r--r--. 1 root root 4712300544 5月  25 11:36 CentOS-7-x86_64-DVD-2009.iso
```

（2）以只读方式挂载镜像。

```
[root@linuxido ~]# mkdir /mnt/local_yum              ##→创建本地 Yum 源挂载点
[root@linuxido iso]# mount -o loop /opt/iso/CentOS-7-x86_64-DVD-2009.iso /mnt/local_yum/
mount: /dev/loop0 写保护，将以只读方式挂载             ##→以只读方式挂载镜像
[root@linuxido iso]# cd /mnt/local_yum/              ##→进入挂载目录
[root@linuxido local_yum]# ll                        ##→查看镜像内容
总用量 696
...
drwxr-xr-x. 2 root root    2048 10月 27 2020 LiveOS
drwxr-xr-x. 2 root root  673792 11月  4 2020 Packages
drwxr-xr-x. 2 root root    4096 11月  4 2020 repodata
-rw-rw-r--. 21 root root   1690 12月 10 2015 RPM-GPG-KEY-CentOS-7
-rw-rw-r--. 21 root root   1690 12月 10 2015 RPM-GPG-KEY-CentOS-Testing-7
-r--r--r--. 1 root root    2883 11月  4 2020 TRANS.TBL
```

（3）修改 repo。

首先备份所有 repo。

```
[root@linuxido mnt]# cd /etc/yum.repos.d/                  ##→进入 repo 目录
[root@linuxido yum.repos.d]# ll                            ##→查看 repo 文件
...
-rw-r--r--. 1 root root 1050 11月  1 2020 epel.repo
-rw-r--r--. 1 root root 1149 11月  1 2020 epel-testing.repo
[root@linuxido yum.repos.d]# rename .repo .repo.bak *.repo ##→备份所有 repo
[root@linuxido yum.repos.d]# ll
...
-rw-r--r--. 1 root root 1050 11月  1 2020 epel.repo.bak
```

```
-rw-r--r--. 1 root root 1149 11月  1 2020 epel-testing.repo.bak
```

查看之前被更换的阿里云 repo。

```
[root@linuxido yum.repos.d]# vi CentOS-Base.repo          ##→编辑 Base repo
# CentOS-Base.repo
...
[base]
name=CentOS-$releasever - Base - mirrors.aliyun.com
failovermethod=priority
baseurl=http://mirrors.aliyun.com/centos/$releasever/os/$basearch/
        http://mirrors.aliyuncs.com/centos/$releasever/os/$basearch/
        http://mirrors.cloud.aliyuncs.com/centos/$releasever/os/$basearch/
gpgcheck=1
gpgkey=http://mirrors.aliyun.com/centos/RPM-GPG-KEY-CentOS-7
...
```

更换为本地 Yum 源。

```
[base]             ##→Yum 源名称,可以使用 yum -enablerepo=xxx 来指定特定 Yum 源
name=CentOS-7.9 - Base - local yum      ##→Yum 源描述
failovermethod=priority                 ##→如果有多个 baseurl,则按顺序使用
baseurl=file:///mnt/local_yum           ##→yum 源路径,可设置多个,换行添加 url
##→本地 Yum 源,在 baseurl 参数中将 http:// 替换成 file://
enable=1                                ##→1 表示启用,0 表示禁用
gpgcheck=1                              ##→1 表示 gpg 公钥校验,0 表示不校验
gpgkey=file:///mnt/local_yum/RPM-GPG-KEY-CentOS-7   ##→gpg 公钥文件地址
```

（4）重新建立 Yum 缓存。

```
yum makecache                           ##→重新建立 Yum 缓存
yum update                              ##→更新 Yum 软件库
```

（5）测试 base 的 Yum 源是否可使用。

```
yum --enablerepo=base install dos2unix  ##→yum install 默认使用 base 源
yum remove dos2unix                     ##→删除软件包 dos2unix
yum install dos2unix                    ##→重新安装软件包 dos2unix,这是常用语法
```

注意：epel 库也可以从外网下载,然后挂载到内网中作为本地源,仿照 base 再创建一个 epel 的 Yum 源。

9.4.3 安装源码：GCC、Make 与 CMake

除了使用 rpm、yum 命令安装 rpm 包的方式,还有安装源码的方式可以安装软件。在 Windows 下,类似的安装源码方式称为绿色解压缩版。实际上,这个解压缩包中的文件已经被编译过了,直接打开就可以使用。而在 Linux 上,即使解压缩了文件,也要进行一次编译安

装才可以使用。

如图 9.5 所示，编译的底层组件是 GCC（GNU Compiler Collection，编程语言编译器）。GCC 可以直接针对某个文件进行编译。Make（组编译工具）用来读取 Makefile 文件，解决安装包的依赖关系，调用 GCC 进行批量编译。CMake（Cross platform Make，跨平台 Make 工具）是根据 CMakelist 文件生成 Makefile 文件的一种跨平台 IDE 工具。文件编译过程如图 9.5 所示。

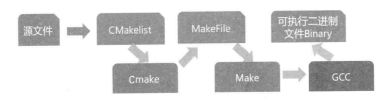

图 9.5　文件编译过程

注意：GCC 原名 GNU C Compiler，是专门的 C 语言编译器。GCC 在发布后，得到了快速的发展，可以编译 C++、Fortran、Pascal、Objective-C、Java、Ada、Go 等语言。因此，GCC 被重命名为 GNU Compiler Collection。

9.5　实战案例

9.5.1　WoL 远程网络唤醒

WoL 是 Wake-on-Lan 的缩写，是一种远程网络唤醒技术。我们使用 ether-wake 命令在 Linux 下发送魔法数据包（Magic Packet），唤醒局域网睡眠（或关闭）但接通电源的主机。因为电脑处于关机（或休眠）状态时，机内的网卡及主板部分仍有微弱的供电，所以主机可以获取来自计算机外部的网络广播信息。

当然，这需要 BIOS 与网卡支持 WoL 技术（基本上现代的个人主机都可以）。WoL 技术可以跨平台，我们本次演示基于 Linux 主机之间的唤醒。步骤如下：

（1）准备实验环境，两台 Linux 主机。

这里准备了一台物理机，一台虚拟机。使用虚拟机唤醒物理机。

（2）用物理机设置网卡待唤醒。

确认已经安装了 net-tool 工具，CentOS 7.x 已经默认安装了此工具包。如果没有安装，则使用 yum install net-tool 命令安装工具包。

使用 ethtool 工具设置网卡待唤醒，然后关机。示例如下：

```
[root@yaomm208 ~]# ethtool -s  enp4s0 wol g       ##→设置网卡待唤醒
[root@yaomm208 ~]# ethtool enp4s0                 ##→查看网卡唤醒设置
...
    Supports Wake-on: pumbg                       ##→唤醒支持
    Wake-on: g                                    ##→唤醒，g 表示有效
...
[root@yaomm208 ~]# poweroff                       ##→关机，等待唤醒
```

（3）唤醒。

登录另一台局域网的 Linux 主机，使用 arp 命令查看待唤醒主机的 MAC 地址（也可以在第 2 步使用 ip a 命令查看网卡信息），唤醒远程网卡。

```
[root@linuxido ~]# arp -n                  ##→从 arp 缓存中查看相邻主机的 MAC 地址
Address           HWtype    HWaddress           Flags Mask    Iface
192.168.1.208     ether     30:0e:d5:52:58:32     C           ens33

[root@linuxido ~]# ether-wake -D 30:0e:d5:52:58:32  ##→唤醒局域网主机
The target station address is 30:e:d5:52:58:32.
Packet is  30 0e d5 52 58 32 30 0e d5 52 58 32 08 42 ff ff ff ff ff ff 30 0e d5 52 58 32 30 0e d5
...
Sendto worked ! 116.

[root@linuxido ~]# ping 192.168.1.208             ##→探测主机是否被唤醒
...
From 192.168.1.210 icmp_seq=19 Destination Host Unreachable
From 192.168.1.210 icmp_seq=20 Destination Host Unreachable
##→主机被唤醒，启动成功
64 bytes from 192.168.1.208: icmp_seq=21 ttl=64 time=1341 ms
...
```

9.5.2　Yum + repo 安装 Nginx

Nginx 官网在 1.20 版本已经推荐使用 Yum 源的方式安装 Nginx。首先创建 Nginx 的 repo 文件与 Yum 源，然后使用 yum install nginx 命令进行安装，操作简单方便。步骤如下：

（1）进入 repo 目录，创建 nginx.repo 文件。

```
cd /etc/yum.repos.d/
vi nginx.repo              ##→创建 nginx.repo 文件
```

（2）编辑 nginx.repo。

```
[nginx-stable]
name=nginx stable repo
baseurl=http://***.org/packages/centos/$releasever/$basearch/
gpgcheck=1
```

```
enabled=1
gpgkey=https://***.org/keys/nginx_signing.key
module_hotfixes=true

[nginx-mainline]
name=nginx mainline repo
baseurl=http://***.org/packages/mainline/centos/$releasever/$basearch/
gpgcheck=1
enabled=0
gpgkey=https://***.org/keys/nginx_signing.key
module_hotfixes=true
```

(3)使用 yum 命令安装。

```
yum install nginx          ##→安装nginx-stable配置的Nginx稳定版
```

在默认情况下,使用稳定的 Nginx 软件包的存储库,即 nginx-stable。如果要使用最新的主线 Nginx 软件包,则使用 nginx-mainline 源安装。

```
yum-config-manager --enable nginx-mainline    ##→最新的主线版本包
```

(4)安装完成。

```
已安装:
  nginx.x86_64 1:1.20.1-1.el7.ngx            ##→版本为1.20.1
```

完毕!

9.5.3 使用源码安装 Nginx,手动添加系统开机服务

在某些时候,我们并不想安装最新的 Nginx 版本。因此,我们可以尝试使用源码包安装的方式来配置 Nginx。虽然使用源码包安装的方式较为烦琐,但是便于我们了解软件包在安装时需要哪些依赖,是一个什么样的过程。步骤如下:

(1)下载并解压缩 Nginx 及其依赖包。

```
cd /usr/local/src  ##→进入/usr/local目录,本地软件一般都安装在此处,src目录用来存放源码
wget https://***.org/download/nginx-1.14.0.tar.gz         ##→下载Nginx1.14版本
##→下载Nginx的https模块依赖
wget https://www.***.org/source/openssl-1.1.0h.tar.gz
tar -xzvf nginx-1.14.0.tar.gz           ##→解压缩Nginx
tar -xzvf openssl-1.1.0h.tar.gz         ##→解压缩openssl
```

(2)安装 GCC 编译器等依赖包。

```
yum install gcc                 ##→安装C编译组件
yum install gcc-c++             ##→安装C++编译组件
```

如果不安装 GCC 工具，则在使用"./configure"配置安装时，会报错"缺少 C 编译器"。

```
./configure: error: C compiler cc is not found
```

或报错"缺少 C++ 编译器"。

```
configure: error: Invalid C++ compiler or C++ compiler flags
```

（3）使用 Nginx 的 configure 安装配置。

进入 Nginx 源码目录。

```
cd Nginx-1.14.0/                         ##→进入 Nginx 源码目录
```

使用 configure 命令进行配置，生成 Makefile 文件。

```
./configure --prefix=/etc/nginx \        ##→"--prefix"指定安装目录，"\"为换行连接符
    --sbin-path=/usr/sbin/nginx \
    --modules-path=/usr/lib64/nginx/modules \
    --conf-path=/etc/nginx/nginx.conf \
    --error-log-path=/var/log/nginx/error.log \
    --pid-path=/var/run/nginx.pid \
    --lock-path=/var/run/nginx.lock \
    --user=nginx \
    --group=nginx \
    --build=CentOS \
    --builddir=/usr/local/src/nginx-1.14.0 \       ##→指定 Nginx 源码目录
    --with-pcre=/usr/local/src/pcre-8.42 \         ##→指定依赖的 pcre 包目录
    --with-pcre-jit \
    --with-zlib=/usr/local/src/zlib-1.2.11 \       ##→指定依赖的 zlib 包目录
    --with-openssl=/usr/local/src/openssl-1.1.0h \ ##→指定依赖的 openssl 包目录
    --with-openssl-opt=no-nextprotoneg \
    --with-debug;
```

配置安装完成信息如下：

```
...
creating nginx-1.14.0/Makefile

Configuration summary
  + using PCRE library: ../pcre-8.42
  + using OpenSSL library: ../openssl-1.1.0h
  + using zlib library: ../zlib-1.2.11
...
```

配置安装成功，会在当前目录下生成 Makefile 文件。

（4）查看 Makefile 文件。

```
[root@linuxido nginx-1.14.0]# cat Makefile
...
build:
```

```
        $(MAKE) -f /usr/local/src/nginx-1.14.0/Makefile

install:
        $(MAKE) -f /usr/local/src/nginx-1.14.0/Makefile install
...
```

可以看到 Makefile 文件内容也是由一些命令脚本组成的。

（5）使用 make 命令编译并安装。

```
make & make install
```

（6）安装完成。

在安装完成后，我们需要创建一个新的 symlink 模块目录，创建一个新的 Nginx 用户和组，并创建一个新的 Nginx 缓存目录。

```
ln -s /usr/lib64/nginx/modules /etc/nginx/modules        ##→创建软连接
useradd -r -d /var/cache/nginx/ -s /sbin/nologin -U nginx ##→创建Nginx系统用户和组
mkdir -p /var/cache/nginx/                               ##→创建Nginx缓存目录
chown -R nginx:nginx /var/cache/nginx/                   ##→将此目录所有者更换为Nginx

nginx -t                                                 ##→查看Nginx配置是否正常
nginx -V                                                 ##→查看版本
```

（7）加入系统服务。

编辑 nginx.service，并加入 systemd。

```
vim /lib/systemd/system/nginx.service
```

设置 nginx.service 内容。

```
[Unit]
Description=nginx - high performance web server
Documentation=https://***.org/en/docs/
After=network-online.target remote-fs.target nss-lookup.target
Wants=network-online.target

[Service]
Type=forking
PIDFile=/var/run/nginx.pid
ExecStartPre=/usr/sbin/nginx -t -c /etc/nginx/nginx.conf
ExecStart=/usr/sbin/nginx -c /etc/nginx/nginx.conf
ExecReload=/bin/kill -s HUP $MAINPID
ExecStop=/bin/kill -s TERM $MAINPID

[Install]
WantedBy=multi-user.target
```

开机自启动：

```
systemctl enable nginx          ##→开机自启动
systemctl daemon-reload         ##→配置生效
```

（8）服务运行。

```
systemctl start nginx           ##→启动 Nginx 服务
systemctl stop nginx            ##→停止 Nginx 服务
systemctl restart nginx         ##→重启 Nginx 服务
systemctl status nginx          ##→查看 Nginx 服务状态
systemctl reload nginx          ##→重新加载 Nginx 配置
```

9.6 小结

在学习完本章内容后，我们已经掌握了关机、重启、注销、暂停、休眠、切换图形界面或命令行界面等各种系统管理的基本命令，并知道了系统启动的基本流程及初始化进程 systemd 的用处，还了解了在系统根目录下各大子目录的工作分类。

现在到了每章小结的时间，请思考是否掌握了以下内容。

- 关机、重启、注销、睡眠都有哪些命令？分别说出两个以上。
- 简述一下 Linux 的启动过程。
- 运行级别与 systemd 的 target 是如何对照的？
- 为什么 init 被 systemd 取代？
- Unit 表示什么意思？systemd 将系统资源划分为多少个 Unit？
- 哪个 Unit 可以配置系统启动服务？在哪个目录下配置开机启动？如何配置？
- /bin 与 /sbin 有什么区别？lib 与 /lib64 有什么区别？
- /home 与 /root 有什么区别？/tmp 与 /var/tmp 有什么区别？
- sysfs 与 procfs 分别挂载在哪个目录下？它们是做什么的？有什么关系？
- RPM 是什么？使用 rpm 命令与使用 yum 命令安装软件有什么区别？
- rpm 安装如何解决依赖性问题？
- Yum 如何自定义远程仓库？
- 使用源码安装软件是一个什么样的过程？
- 除了 WoL，是否还有其他不用人为按下电源按钮开机的方法？
- 安装 Nginx 有几种方法？在使用源码安装时，有什么需要注意的地方？

第 10 章 快速入门 Shell 编程

学习完前面的章节，我们掌握了使用各种 Shell 命令进行 Linux 系统文件、磁盘、进程的各种操作。本章的目的是将这些命令组合在一起，作为常用工具，让我们更轻松地管理 Linux 主机，并进行更复杂的操作管理。

本章主要涉及的知识点如下。

- Shell 基础：介绍 Shell 的作用、环境变量、脚本执行的方式及补充的快捷键。
- Shell 基本语法：相比其他语言，Shell 的内置变量是一大特色，此外还有条件判断、循环中断、退出进程等关键字。
- 特殊命令 awk：awk 可以说是 Shell 中的最强文本处理器。简单介绍 awk 的基本用法与常用示例。
- Shell 扩展：主要介绍内置的 Shell 函数与脚本调试的方法，以及几条根据经验总结的编程规范。
- 实战案例：编写一个属于自己的 Linux 命令。

注意：想要快速掌握本章内容，需要学习一点编程知识。如果不懂编程知识，则需要跟随本章案例反复实验，以便理解掌握。

10.1 Shell 基础

在前面的章节中，我们简单描述了 Shell 与 Linux 的关系，逐渐了解了 Shell 对于 Linux 的重要性。本节简单阐述 Shell 的基本概念与使用方式。

10.1.1 Shell 简述

1. Shell 是什么

从 3.1.1 节中可以知道，在 Linux 下，使用各种 Linux 命令的命令行界面就是 Shell。Shell 是一个覆盖在系统内核外的"壳"。

Shell 的作用是"桥梁",先根据输入的命令找到对应的程序(在/usr/bin、/usr/sbin 中),然后调用各种系统内核暴露的 API,最后将结果反馈给用户。

Shell 是一个用 C 语言编写的程序,也是一种可以让用户自由编写并调用各种 Linux 命令的脚本语言。

Shell 有很多种,如 sh、zsh、ksh、csh、tcsh 等。在 CentOS 中,用户默认 Shell 是 bash。实际上,在 Linux 中,/bin/sh 只是指向/bin/bash 的一个链接文件,tcsh 作为 csh 的增强版,也同样如此。示例如下:

```
[root@linuxido ~]# ll /bin/*sh                          ##→使用"ll"命令查看 sh 文件
...
lrwxrwxrwx. 1 root root 4 3月  15 18:51 /usr/bin/csh -> tcsh ##→csh 指向 tcsh
##→/bin/sh 指向当前目录下的 bash
lrwxrwxrwx. 1 root root 4 3月  15 18:49 /bin/sh -> bash
...
```

我们通常说的 Shell 是指 Shell 脚本,即 Shell Script。Shell 是一种"为了使用 Shell 而编写的脚本程序"。它的文件后缀一般为".sh",与".bat"(Windows 批处理程序)".js"(HTML 使用的 JavaScript 脚本)".py"(跨平台的 Python 脚本)没有本质区别,只是在不同环境下的可执行文件。

所有程序都是命令和流程控制的组合。脚本是无须复杂编译即可直接运行的一段程序。

2.Shell 编程能做什么,有什么优势

(1)命令合集。Shell 编程可以将我们常用的命令固化,将事的很多步骤合为一个脚本来做。这样的优势是,可以减轻我们大量的重复性工作,还可以做一些无人值守的工作。

(2)部署便捷。编写部署脚本,可以作为我们在部署程序时的启动、停止开关。

(3)轻量、方便。无须笨重的 IDE 和编译器,作为一个脚本语言,Shell 在 Linux 中无须任何额外依赖,即可解释执行程序。

(4)学习成本非常低。只要知道基本语法和一些 Linux 命令,就可以编写一个 Shell 脚本。

3.了解 Shell 对开发、运维、测试等 IT 从业者有什么好处

(1)轻松胜任部署工作。

(2)熟悉 Linux 命令及其工作机制。

(3)排查线上问题很方便。

(4)拓宽解决问题的思路与提出更多的解决方案。

注意：在 Windows 下，也可以使用 Shell。例如，cmd、Power Shell。如果想使用 POSIX 标准下的 grep、wget、curl 等工具，则需要安装 cygwin、mingw 等工具来模拟 Linux 环境，或在 Windows 10 系统下安装 WSL（Windows Subsystem for Linux）。

10.1.2 环境配置

1. 登录 Shell 设置

在 CentOS 中的/bin/bash 作为用户默认登录 Shell，可使用"chsh"（Change Shell）命令查看所有可用的 Shell，并更改登录 Shell。示例如下：

```
[root@linuxido ~]# chsh -l        ##→查看可用 Shell, 等同于 cat/etc/shells
/bin/sh                           ##→Bourne Shell, 指向/bin/bash
/bin/bash                         ##→Bourne Again Shell
/usr/bin/sh                       ##→/bin/sh
/usr/bin/bash                     ##→/bin/bash
/bin/tcsh                         ##→C Shell 增强版，加入了命令补全和更加强大的语法支持
/bin/csh                          ##→C Shell

[root@linuxido ~]# chsh           ##→更改用户登录 Shell, 等同于 useradd -D -s /bin/sh
Changing shell for root.
New shell [/bin/bash]: /bin/sh
Shell changed.
```

我们还可以设置在登录 Shell 时的欢迎语。例如，FTP 用户一般不允许登录 Shell，将 Shell 设置为/sbin/nologin，此时就可以定制一个登录 Shell。如下所示：

```
[root@linuxido ~]#echo -e '#!/bin/sh\necho "This account is limited to FTP access only."' | tee -a /bin/ftponly    ##→创建 FTP 用户只读 Shell, /bin/ftponly, tee -a 等同于>>
#!/bin/sh
echo "This account is limited to FTP access only."

[root@linuxido ~]# chmod a+x /bin/ftponly    ##→添加所有人可执行的权限
##→将新增文件路径加入 shells 文件
[root@linuxido ~]# echo "/bin/ftponly" >> /etc/shells
[root@linuxido ~]# chsh --list               ##→查看可用 Shell, 发现已经添加成功
/bin/sh
...
/bin/ftponly

[root@linuxido ~]# useradd -s /bin/ftponly ftp_yaomm ##→添加用户，并设置其登录 Shell
[root@linuxido ~]# su - ftp_yaomm                    ##→切换用户
This account is limited to FTP access only.         ##→得到刚设置的提示语
```

2. 环境变量配置文件

与 Windows 高级系统设置中的"环境变量"类似，Shell 也有环境变量的设置。除了系统变量 /etc/profile、/etc/bashrc 和 /etc/profile.d/ 目录下的 .sh 文件，还有用户变量配置文件 ~/.bash_profile（$HOME/.bash_profile）、~/.bashrc（$HOME/.bashrc）。

从各文件内容可以大致看出其文件关联性与执行顺序，如下所示：

/etc/profile→/etc/profile.d/*.sh→~/.bash_profile→~/.bashrc→/etc/bashrc→~/.bash_logout。

~/.bashrc 是每个用户在登录 Shell 时，Bash Shell 的初始化配置文件。例如，bash 的代码补全、别名、颜色配置等。当指定 zsh 为默认 Shell 时，可以使用 Oh My Zsh 等主题插件来美化 Shell。我们可以使用 ls 命令查看在 /etc 下有多少以 "rc" 为后缀的配置文件。示例如下：

```
##→可以查看到不只有Shell的rc配置，还有vim的rc配置
[root@linuxido profile.d]# ls /etc/*rc
/etc/bashrc      /etc/inputrc   /etc/nanorc    /etc/vimrc    /etc/wgetrc
/etc/csh.cshrc   /etc/mail.rc   /etc/pinforc   /etc/virc

[root@linuxido logrotate.d]# cat ~/.bashrc      ##→查看.bashrc文件内容
...
alias rm='rm -i'                ##→使用alias设置别名，执行rm实际是执行rm -i
alias cp='cp -i'
alias mv='mv -i'
...
```

从 .bashrc 文件中可以看到，cp、mv 等命令都是加了 -i 选项命令的别名。

使用 alias 可以设置 Shell 命令的别名。实际上，我们也可以使用函数的方式来设置 Shell 的别名，alias 将设置别名进行了简化。示例如下：

```
[root@yaomm shell]# vi ~/.bash_profile          ##→编辑用户环境变量
...
ssh() {
  /usr/bin/ssh -p 9002 $*
}

[root@yaomm shell]# source ~/.bash_profile      ##→刷新用户环境变量

[root@yaomm shell]# ssh 127.0.0.1               ##→SSH从默认的22端口变成9002端口
ssh: connect to host 127.0.0.1 port 9002: Connection refused
```

注意：在 /etc 目录下的全局环境变量配置文件，对所有用户都有效。放在用户主目录 "~" 下的配置文件，只对本用户起作用。profile 的相关命令在登录时执行，bashrc 的相关命令在新开命令窗口时执行。

3. 环境变量的配置、刷新与 Shell 前缀、提示符

在更改 Shell 或新增一个用户登录 Shell 后，我们会发现 Shell 命令行的前缀只显示 Shell 名称与版本（如"-bash-4.2#"），而不是我们通常所见的包含用户名、主机名这样的前缀（如"[root@linuxido ~]#"）。如何像 root 用户一样拥有用户、主机名这样的命令行前缀呢？示例如下：

```
Uname: Linux linuxido 3.10.0-1160.el7.x86_64    ##→登录 Shell
-bash-4.2# vi ~/.bash_profile                    ##→修改 bash_profile

if [ -f ~/.bashrc ]; then                        ##→原文件内容开始
    . ~/.bashrc
fi                                                ##→原文件内容结束

export PS1='[\u@\h \W]\$'    ##→添加环境变量 PS1，使用 export 确认，u 为 user，h 为 host

-bash-4.2# source ~/.bash_profile                ##→使用 source 刷新配置文件
Uname: Linux linuxido 3.10.0-1160.el7.x86_64
[root@linuxido ~]#                               ##→前缀更改
```

如果想让命令行前缀显示当前目录全路径，则可以更改.bash_profile 文件。示例如下：

```
[root@linuxido ~]# vi ~/.bash_profile
...
export PS1='[\u@\h \w]\$'     ##→将大写 W（当前目录名称）改为小写 w，就是全路径显示

[root@linuxido ~]#source ~/.bash_profile    ##→刷新配置文件
[root@linuxido ~]#cd /var/log               ##→选择任意目录
[root@linuxido /var/log]#                   ##→在命令行提示符前已经显示当前目录全路径
```

PS1 关键字如下。

- \H：完整的主机名称。
- \h：仅取主机的第 1 个名称，到"."结束。
- \u：当前用户的用户名。
- \w：完整的工作目录名称。宿主目录（如/hom/peter）会以"~"代替。
- \W：利用 basename 取得工作目录名称，只会列出最后一个目录。
- \$：提示符，root 用户提示符为"#"，普通用户提示符为"$"。
- \#：显示命令的编号（如 1、2、…、30）。
- \t：时、分、秒，显示时间为 24 小时格式，HH:MM:SS。
- \T：时、分、秒，显示时间为 12 小时格式，HH:MM:SS。
- \A：时、分，显示时间为 24 小时格式，HH:MM。

- \d:日期,格式为"星期 月 日"。例如,"Tue May 26"。
- \v:Shell 的版本信息。

4. export、source、env、set/unset

export 的作用是设置全局环境变量,可以在整个 Shell 环境中引用。没有使用 export 设置的变量,只能在自己的 Shell 脚本中起作用。我们可以使用 export 命令查看被全局使用的环境变量。示例如下:

```
[root@linuxido ~]# export                          ##→查看所有被 export 设置的环境变量
declare -x CLASSPATH=".:/usr/local/java/jdk1.8.0_131/lib:/usr/local/java/jdk1.8.0_131/jre/lib:"
declare -x DISPLAY="localhost:10.0"
declare -x GEM_HOME="/usr/local/rvm/gems/ruby-2.7.0"
...                                                ##→使用 declare 设置环境变量
```

我们可以看到"declare -x"等同于"export",所以定义环境变量的方式有 3 种,示例如下:

```
export JAVA_HOME=/usr/local/java/jdk1.8.0_131      ##→1."export 变量名=变量值"

PATH=$PATH:$HOME/bin:/sbin:/usr/bin:/usr/sbin      ##→2.先设置"变量名=变量值"
export PATH                                        ##→再设置"export 变量名"

declare -x DISPLAY="localhost:10.0"                ##→3."declare -x 变量名=变量值"
```

一般在使用 export 定义全局环境变量后,我们都会使用 source 刷新文件中定义的环境变量,使其定义生效(使用点"."可以达到同样的效果)。例如,刷新系统全局环境变量"source /etc/profile"或刷新用户全局环境变量". ~/.bash_profile"。如果不用 source 刷新变量,则要重新登录才能生效。

使用 env 可以查看环境变量。不同于 export 的是,它只查看用户的环境变量。示例如下:

```
[root@linuxido ~]# env                             ##→查看用户的环境变量
...
HOME=/root
LOGNAME=root
...
```

使用 set 命令可以查看本地用户变量,但不只是本地用户变量,还包括 Shell 特有的变量,如 BASH_ALIASES 、BASH_ARGC。示例如下:

```
[root@linuxido ~]# set
BASH=/bin/bash
BASHOPTS=checkwinsize:cmdhist:expand_aliases:extglob:extquote:force_fignore:histappend:hostcomplete:interactive_comments:login_shell:progcomp:promptvars:sourcepath
```

```
BASH_ALIASES=()
BASH_ARGC=()
BASH_ARGV=()
...
```

set 还有一个作用是可以调试脚本，即在 Shell 中注明 set -x，详见 10.4.2 节。

使用 export 命令可以设置一个临时环境变量，示例如下：

```
[root@linuxido ~]# export LINUX_HOME=linuxido.com   ##→使用 export 命令设置临时环境变量
[root@linuxido ~]# echo $LINUX_HOME                 ##→打印临时变量值
linuxido.com
```

消除一个临时环境变量，使用 unset 命令，示例如下：

```
[root@linuxido /shell]# echo $LINUX_HOME            ##→查看临时变量
linuxido.com
[root@linuxido /shell]# unset LINUX_HOME            ##→使用 unset 命令消除临时环境变量
[root@linuxido /shell]# echo $LINUX_HOME            ##→重新查看，临时变量已经消失
```

5. 常用环境变量

在 bashrc、profile 等环境变量设置文件中，设置我们常用的环境变量。

```
[root@ linuxido ~]# echo $SHELL          ##→查看当前 Shell 环境变量
/bin/bash
[root@linuxido ~]# echo $PS1             ##→查看 PS1 环境变量
[\u@\h \w]\$\$
[root@dihuiyuan logs]# echo $PS2         ##→多行命令提示符，也可以将此变量值更改为->
>                                        ##→一个非常长的命令可以在末尾加"\"使其分行显示
[root@dihuiyuan logs]# echo $PS3         ##→默认为空，select 循环语句的默认提示

[root@dihuiyuan logs]# echo $PS4         ##→bash -x 或 set -x，在调试脚本时输出的命令提示符
+
[root@linuxido ~]# echo $HOME            ##→查看用户家目录
/root
[root@linuxido ~]# echo $USER            ##→查看用户
root
[root@linuxido ~]# echo $LANG            ##→查看是否为中文环境
zh_CN.UTF-8
[root@linuxido ~]# echo $HISTSIZE        ##→查看历史命令条数
1000
[root@linuxido ~]# echo $PATH            ##→查看系统环境 PATH
/usr/local/sbin:/usr/local/bin:/usr/sbin:/usr/bin...
```

当然，这些环境变量仅是冰山一角，有兴趣的读者可以查阅相关文件或文档。

10.1.3 Shell 脚本执行

Shell 脚本的后缀一般为".sh"。脚本第 1 行一般都是指向执行 Shell 的，如"#!/bin/bash"。"#!"指定解释执行脚本的 Shell。

执行 Shell 脚本有多种方式，我们可以直接使用"sh xx.sh"或"bash xx.sh"来执行 Shell，也可以使用"./xx.sh""/shell/xx.sh"或"source .sh"". xx.sh"来执行 Shell。

它们有什么区别呢？示例如下：

```
[root@yaomm shell]# cat testShell.sh    ##→查看 Shell 脚本
#!/bin/bash
cd /opt ;                               ##→切换到/opt 目录
pwds=`pwd`;                             ##→查看当前路径
pids=$$;                                ##→查看当前进程
users=`whoami`;                         ##→查看当前用户
echo "当前路径：${pwds},当前进程 PID：${pids},当前用户：${users}"

[root@yaomm shell]# echo $$             ##→查看当前 CLI（命令行）界面的进程号
22524                                   ##→每次在登录 Shell 时，打开的 Shell 界面进程号

[root@yaomm shell]# sh testShell.sh     ##→使用 bash 执行
当前路径：/opt,当前进程 PID：10836,当前用户：root  ##→输出当前切换路径、进程号、用户名
[root@yaomm shell]# echo $users         ##→子 Shell 中的变量打印为空

[root@yaomm shell]# ./testShell.sh      ##→使用路径执行，没有权限
-bash: ./testShell.sh: Permission denied ##→没有执行权限
[root@yaomm shell]# chmod +x testShell.sh ##→赋予执行权限
[root@yaomm shell]# ./testShell.sh      ##→使用路径执行
当前路径：/opt,当前进程 PID：10873,当前用户：root  ##→与 bash 执行的结果类似
[root@yaomm shell]# echo $users         ##→子 Shell 中变量打印为空

[root@yaomm shell]# source testShell.sh ##→使用 source 执行
当前路径：/opt,当前进程 PID：22524,当前用户：root  ##→进程号
[root@yaomm opt]#                       ##→当前目录已经被切换到/opt
[root@yaomm opt]# echo $users           ##→使用 source 命令执行，子 Shell 中变量被赋值
root                                    ##→$users 成为全局环境变量，但重新登录 Shell 还是会消失
```

sh 与 source 命令不需要执行权限就可以运行 Shell 脚本，因为 Shell 脚本只是作为一个参数被传递到 sh、bash、source 命令中，所以 sh 与 source 命令使用的是 bash 这些脚本的权限。而执行路径使用的是被执行脚本文件的权限，所以需要被赋予权限。

使用 sh 与 source 命令运行脚本时也是有区别的，使用 sh 命令运行脚本时会打开（fork）一个子进程（也称子 Shell、Sub Shell），Shell 脚本内的环境变化不会影响当前 Shell 进程（父进程、父 Shell）。使用 source 命令不能创建 Sub Shell。在当前 Shell 环境下，读取并执行脚本

文件中的命令，相当于顺序读取并执行 ".sh" 文件里面的命令。

子 Shell 从父 Shell 能继承的属性如下。

- 当前工作目录。
- 环境变量。
- 标准输入、标准输出和标准错误输出。
- 所有已打开的文件标识符。
- 忽略信号。

子 Shell 不能从父 Shell 继承的属性如下。

- 除环境变量和在 .bashrc 文件中定义变量之外的 Shell 变量。
- 未被忽略的信号处理，如 kill -15。

除了以上方法，还有其他方法也可以执行脚本，如输入重定向、管道符。示例如下：

```
[root@yaomm shell]# cat linuxido.sh         ##→测试脚本
printf 'linuxido.com\n'                      ##→打印字符串，\n 为换行符
echo $0:$1                                   ##→$0 为脚本名；$1 为第 1 个参数值

[root@yaomm shell]# sh linuxido.sh yaomm    ##→使用 sh 正常执行一次脚本
linuxido.com
linuxido.sh:yaomm                            ##→打印脚本名称：第 1 个参数值

[root@yaomm shell]# sh<linuxido.sh          ##→使用输入重定向执行
linuxido.com                                 ##→字符串打印正常
sh:                                          ##→参数无法传递

[root@yaomm shell]# cat linuxido.sh | bash  ##→使用管道符执行
linuxido.com                                 ##→字符串打印正常
bash:                                        ##→参数无法传递
```

除此之外，还有一种特殊的执行 Shell 脚本的方法，即 exec。示例如下：

```
##→复制 testShell 脚本，用作子 Shell-1
[root@yaomm shell]# cp testShell.sh testSubShell-1.sh
##→复制 testShell 脚本，用作子 Shell-2
[root@yaomm shell]# cp testShell.sh testSubShell-2.sh
[root@yaomm shell]# vi testShell.sh         ##→重新编辑，添加子 Shell
...
echo '--testSubShell-1,【/shell/testSubShell-1.sh】---'
/shell/testSubShell-1.sh

echo '--testSubShell-2,【exec /shell/testSubShell-2.sh】---'
exec /shell/testSubShell-2.sh
```

```
[root@yaomm shell]# sh testShell.sh            ##→执行主脚本
当前路径: /opt,当前进程 PID: 28192,当前用户: root
--testSubShell-1,【/shell/testSubShell-1.sh】---     ##→重新打开了子进程
当前路径: /opt,当前进程 PID: 28195,当前用户: root    ##→PID 变化为 28195
--testSubShell-2,【exec /shell/testSubShell-2.sh】---  ##→使用 exec 执行子 Shell-2
当前路径: /opt,当前进程 PID: 28192,当前用户: root    ##→延续了父进程的 PID: 28192
```

Shell 命令执行方式的总结如表 10.1 所示。

表 10.1 Shell 命令执行方式的总结

执行命令	示 例	权 限	打开子进程	说 明
sh、bash	sh test.sh、bash test.sh	不需要	是	sh、bash 都使用/usr/bin/bash
./、/	./test.sh、/shell/test.sh	需要	是	相对路径、绝对路径执行都需要有脚本文件的执行权限
.、source	. test.sh、source test.sh	不需要	否	"点+空格"等同于 source。使用 source 命令执行脚本相当于把脚本中的语句逐行读取并在命令行界面执行
<、|	sh>test.sh、cat test.sh | bash	不需要	是	对有参数的脚本不支持
exec	exec ./test.sh	需要	否	替换当前进程资源,不要在命令行界面执行,否则登录 Shell 界面会被直接关闭

注意：对于变量、参数传递等内容看不明白的读者可参考 10.2.1 节。

10.1.4 Shell 命令快捷键补充

在前面的章节中,我们列举了一些 Linux 命令常用的快捷键。但随着 Shell 命令越来越长,我们也渐渐感觉到一些不方便之处,由此补充了一些 Shell 命令常用快捷键,如表 10.2 所示。

表 10.2 Shell 命令常用快捷键

常用快捷键	说 明
Ctrl+L	等同于 clear,清理 Shell 屏幕
Ctrl+R	历史命令搜索,按"Ctrl+C"或"Ctrl+G"快捷键退出
Ctrl+H	等同于退格键"Backspace"
Ctrl+→	跳到命令行下一个单词尾部
Ctrl+←	跳到上一个单词头部
Ctrl+A	跳到命令行行首
Ctrl+E	跳到命令行行尾
Ctrl+K	剪切从光标所在处到行尾的字符

续表

常用快捷键	说明
Ctrl+U	剪切从光标所在处到行首的字符
Ctrl+W	剪切光标前的一个单词
Ctrl+Y	粘贴按"Ctrl+K/U/W"快捷键剪切的文本
Ctrl+Backspace	向前删除。在输入命令时,有时退格键"Backspace"无法删除字符,因为它本身被当作一个字符输入了,所以使用此命令进行退格删除
Ctrl+S	锁屏
Ctrl+Q	解锁并打印刚才盲打的 Shell 指令

10.2 Shell 基本语法

在本书中,我们将 Shell 的基本语法分为 5 块,即变量、运算符、条件判断、循环、函数(任意程序语言都是由这几块语法组成的)。本节将分别简短地介绍 Shell 的基本语法,有其他语言经验的读者可能会更好理解。没有其他语言经验的读者可以多编写几个 Shell 脚本进行理解。

10.2.1 变量:$、${}、$n

1. 变量

顾名思义,变量通常是可变的。在计算机程序语言中,这是第 1 个需要了解的概念。

简单来说,在数学上,它是计算公式中的 x。在物理上,它是一个内存空间。在声明变量时,相当于在计算机内存中开辟了一个地方,用于存放这个变量符号。它会不断地被赋值,每被赋值一次,之前的值就会被清空,它的内部就保存了现在这个数据的值。

2. 变量赋值

赋值示例:

war_name=yaomm   ##→将 yaomm 这个数据赋值给 war_name 变量

变量的赋值规则如下。

- 变量名和等号之间不能有空格,如"war_name = yao"。
- 命名只能使用英文字母、数字和下画线,首字符不能以数字开头,如"3war"。
- 变量名中间不能有空格,可以使用下画线"_",如"war name"。
- 变量名不能使用标点符号,如".=yaomm"。
- 不能使用 bash 里的关键字(可用 help 命令查看保留关键字),如"bash=233"。

3. 变量使用示例

```
[root@linuxido ~]# var_name=yaomm              ##→变量赋值，将变量 var_name 赋值为 yaomm
[root@linuxido ~]# echo ${var_name}            ##→使用 echo 打印变量，变量以 "${}" 方式引用
yaomm
[root@linuxido ~]# echo $var_name              ##→可以使用 "$+变量名" 输出变量值
yaomm
[root@linuxido ~]# echo "var_name is $var_name"   ##→变量可以在双引号中被引用
var_name is yaomm
```

${var_name}与$var_name 的区别是，被花括号括起的变量不会产生歧义。例如，有一个变量名为 var_nameexe 的值是 23，此时 echo $var_nameexe 应该打印什么值？

4. 变量传参

变量传参，即在编写脚本时预留一个变量，然后由外部给这个变量传递一个具体的值。示例如下：

```
[root@linuxido shell]# cat 001.sh              ##→查看使用 "vi 001.sh" 编辑的第 1 个脚本
#!/bin/bash
# author: 姚毛毛的博客

echo "Shell 传递参数实例！"
echo '第 1 个参数${1}: '  ${1}
echo '第 2 个参数$2: '    $2
echo '参数个数$#: '  $#
echo '所有参数作为一个字符串显示$*: '  $*
echo '所有参数合为数组$@: '  $@
echo '当前脚本进程号 PID: '  $$

[root@linuxido shell]# sh 001.sh yaomm 666    ##→执行 001.sh，参数有两个：yaomm、666
Shell 传递参数实例！
第 1 个参数$1: yaomm
第 2 个参数$2: 666
参数个数$#: 2
所有参数作为一个字符串显示$*: yaomm 666
所有参数合为数组$@: yaomm 666
当前脚本进程号 PID: 65134
```

参数传递规则如下。

- $0：脚本自身文件名。
- $#：传递到脚本的参数个数。
- $n：传递到脚本的第 1 个参数，n 为传递参数的顺序。
- $*：所有参数合成一个字符串。
- $@：所有参数合成一个数组。

- $$：当前运行脚本的进程号 PID。
- $?：上一个脚本、函数返回结果。

要执行的脚本为全路径时，使用$0 会获取脚本路径。如果只想获取脚本路径或脚本名称，则可以使用 dirname 和 basename 命令，如下所示：

```
[root@linuxido /shell]# dirname /shell/001.sh          ##→获取脚本路径
/shell
[root@linuxido /shell]# basename /shell/001.sh         ##→获取脚本名称
001.sh
```

5. 数组

在 Shell 中除了普通变量，还有数组变量（只支持一维数组）。与其他语言类似，数组下标从 0 开始。不同的是，数组内容要用括号括起来，数组元素之间使用空格分隔。示例如下：

```
[root@linuxido shell]# war_array=(y ao "mm" 1987)      ##→设置数组元素内容
[root@linuxido shell]# echo ${war_array[*]}            ##→打印所有数组元素
y ao mm 1987
[root@linuxido shell]# echo ${war_array[2]}            ##→打印第 3 个数组元素
mm
[root@linuxido shell]# echo ${#war_array[@]}           ##→数组元素个数
4
[root@linuxido shell]# echo ${#war_array[*]}           ##→数组元素个数
4
```

或使用下标定义数组：

```
war_array[0]=y
war_array[1]=ao
war_array[2]='mm'
war_array[3]=2021
```

10.2.2 运算符：赋值、数值、逻辑、比较、文件测试

Shell 支持的运算符，除了与其他编程语言类似的数值、逻辑、比较等常用运算符，还有特定的数值比较运算符、逻辑运算符、文件测试运算符和特殊的运算命令。

（1）Shell 常用的运算符说明如表 10.3 所示。

表 10.3 Shell 常用的运算符说明

运算符	说明
=、:=	赋值运算：赋值、默认赋值
+、-、*、/、%、==、!=	数值运算：加、减、乘、除、余、全等于、不等

续表

运 算 符	说 明
!、&&、||	逻辑运算：非、与、或
=、==、!=、\\<、\\>	字符比较：等于、全等于、不等、小于、大于 在小于、大于符号前加斜杠"\\"是防止被误认为重定向符号
~、|、&、^	按位比较：按位取反、按位异或、按位与、按位或
<<、>>	位运算：向左移位、向右移位
$[]、$[]、$(())	整数运算符

（2）Shell 的运算符选项说明如表 10.4 所示。

表 10.4　Shell 的运算符选项说明

运算符选项	说 明
-eq、-ne、-gt、-lt、-ge、-le	数值：相等、不相等、大于、小于、大于或等于、小于或等于
-a、-o	逻辑：与、或
-z、-n	字符串长度：为 0、不为 0

（3）Shell 文件测试运算符说明如表 10.5 所示。

表 10.5　Shell 文件测试运算符说明

文件测试运算符	说 明
文件判断	
-e file	exist，判断文件是否存在
-s file	string，判断是否为非空文件（文件大小是否大于 0）
文件类型判断	
-b file	block，判断是否为块设备文件，如果是，则返回 true。写法为"-d $file"，下面的选项同样如此
-c file	charset，判断是否为字符设备文件
-d file	directory，判断检测文件是否为目录
-f file	file，判断是否为普通文件
-l file	link，判断是否为符号文件
-S file	socket，判断是否为套接字文件
文件权限判断	
-r file	read，判断是否可读
-w file	write，判断是否可写
-x file	eXecute，判断是否执行
-u file	判断是否设置了 SUID 位
-g file	判断是否设置了 SGID 位
-k file	判断是否设置了粘滞位（sticky Bit）
文件比较判断	

文件测试运算符	说　　明
file1 -nt file2	判断 file1 的修改时间是否比 file2 的新
file1 -ot file2	判断 file1 的修改时间是否比 file2 的旧
file1 -ef file2	判断 inode 是否一致

（4）Shell 运算命令说明如表 10.6 所示。

表 10.6　Shell 运算命令说明

运　算　命　令	说　　明
let	类似于"[()]"
test	测试 Shell 运算命令
expr	手工命令行计数器，一般用于整数值，也可用于字符串
bc	交互式数值计算器
declare	可定义变量和属性，-i 参数可定义整型变量
awk	Shell 命令"神器"，脚本中的脚本，可以在计算时加很多逻辑判断

注意：等号"="、加号"+"等一元运算符前后不能有空格。

10.2.3　条件判断：if、case

Shell 中有两个条件判断语句，一个是 if，一个是 case。

1. if

（1）if 的语法格式如下：

```
if      条件        ##→if 开头,condition 为判断条件
then                ##→then 后接 Shell 命令
    命令 1          ##→Shell 命令 1
    命令 2
    ...
    命令 n
fi                  ##→以 fi 结束，if 倒过来
```

示例如下：

```
##→使用分号";"连接 Shell 语句
[linuxido@linuxido ~]$ if [ 3 -gt 2 ]; then echo '3 大于 2'; fi;
3 大于 2
```

（2）与其他语言一样，Shell 的 if 也有 else 的用法，if else 语法格式如下：

```
if      条件        ##→if 关键字，后面跟上判断条件
then                ##→then 后接 Shell 命令
    命令 1          ##→如果满足 if 条件，则执行命令 1
else                ##→else 关键字，if 条件不满足时，执行 else 的逻辑判断
```

```
命令 2              ##→如果不满足 if 条件，则执行命令 2
fi                  ##→以 fi 结束
```

示例如下：

```
[linuxido@linuxido ~]$ if [ 2 -gt 3 ]; then echo '3 大于 2'; else echo '2 大于 3,
false, else 输出';  fi;
2 大于 3, false, else 输出
```

（3）还有 else if 的条件判断，但它在 Shell 中的表达形式是 elif，其语法格式如下：

```
if      条件 1          ##→if 开头，设置第 1 个判断条件
then                    ##→then 关键字后是执行满足 if 条件的命令
命令 1                  ##→如果满足条件 1，则执行命令 1

elif    条件 2; then    ##→elif 可以有多个，但 else 只能有一个，then 之前换行或加分号都可以
命令 2                  ##→如果满足条件 2，则执行命令 2

else                    ##→如果都不符合以上条件，则执行 else 的逻辑判断
命令 3                  ##→执行命令 3

fi                      ##→以"fi"结束，if 结束条件判断
```

2. case

不同于 Java 的 case 语法只能判断数值，Shell 的 case 语法还可以判断字符，其语法格式如下：

```
case 参数值 in          ##→case 开启多选一模式
模式 1)                 ##→如果参数值等于模式 1 的值，则执行命令 1
    命令 1
    ;;
模式 2)                 ##→如果参数值等于模式 2 的值，则执行命令 2
    命令 2
    ;;                  ##→双分号结束此模式
esac                    ##→结尾关键字
```

案例不再赘述，与上述示例相同。

```
[root@linuxido ~]# vi 002-case.sh           ##→创建 002 脚本
# !/bin/bash
# filename: 002-case.sh
# author: linuxido.com

case $1 in
    start)                                  ##→判断输入值是否为 start
        echo 'start serv'                   ##→如果输入值是 start，则执行此命令
    ;;                                      ##→结束此模式
    stop)
```

```
                echo 'stop serv'
        ;;
        restart)
                echo 'restart serv'
        ;;
        status)
                echo 'status info'
        ;;
        *)                                              ##→* 结尾，输出下面的 echo 语句
                echo -e "\033[0;31m Usage: \033[0m {start|stop|restart|status} "
esac

[root@linuxido ~]# bash 002-case.sh ss           ##→执行 002 脚本，参数是 ss
 Usage:   {start|stop|restart|status}            ##→提示必须要输入指定参数
[root@linuxido ~]# bash 002-case.sh start        ##→执行 002 脚本，参数是 start
start serv                                       ##→执行 echo 'start serv'
```

10.2.4 循环：for、while、until、select

1. for

编程语言中最常用的循环语句是 for，Shell 也不例外，其语法格式如下：

```
for var in item1 item2 ... itemN         ##→循环赋值
do                                       ##→循环开始
    command                              ##→执行命令
done                                     ##→循环结束
```

示例如下：

```
[root@linuxido ~]# for var in 1 2 3;do echo "数字$var" ; done
数字1
数字2
数字3
```

在工作中经常会有与读取文件内容相关的操作。示例如下：

```
[root@linuxido ~]# cat ftpimg.txt  ##→准备一个 txt 文件，其中的内容是每行存放一个文件地址
img/20201110/1f10fc3d-d164-4f18-b208-473c94803826.jpg
img/702020110675422689/20201216/91f45708-f634-4518-a844-c05bdd05f638.png
...

[root@linuxido ~]# vi 003-for.sh            ##→编辑 003-for 循环脚本
# !/bin/bash
# filename: 003-for.sh
# author: linuxido.com

for line in `cat ftpimg.txt`                ##→读取 txt 文件地址，给变量 line 循环赋值
```

```
do                                          ##→循环开始
 echo $line                                 ##→打印地址
 cp --parents -av /opt/hc/upload/hc/$line /home/test/  ##→复制文件，连同其父目录一起复制
done                                        ##→循环结束
```

2. while

while 循环经常用于永久定时器。如果设置一个变量条件为真，则 while 中的命令可以永久执行下去，其语法格式如下：

```
while condition<TRUE>                       ##→如果 condition 为 true，则循环执行下去
do
    command                                 ##→如果满足条件，则执行命令
done
```

示例如下：

```
[root@yaomm208 ~]# vi 004-while.sh          ##→编辑 004-while 循环脚本
# !/bin/bash
# filename: 004-while.sh
# author: linuxido.com

LOCAL_TIME=$(date +"%Y-%m-%d %H:%M:%S")     ##→获取时间并格式化

while true
do
    sshd_count=`ps -ef | grep ssh | grep -v color | wc -l`  ##→查看有多少 SSH 服务
    if [ $sshd_count -lt 1 ]
        then
            echo $LOCAL_TIME '没有找到 SSH 服务，重启该服务'
            systemctl start sshd
        else
            echo $LOCAL_TIME 'SSH 服务正常运行中...'
fi
    sleep 5  # sleep, Shell 关键词。数字 5 表示沉睡 5 秒，每隔 5 秒检查一次
done

[root@yaomm208 ~]# sh 004-while.sh          ##→运行 004-while 脚本
2021-06-06 09:52:23 SSH 服务正常运行中...    ##→进入 else 分支
2021-06-06 09:52:23 SSH 服务正常运行中...    ##→打印的是第一次运行的时间
...
```

在打印时间戳时，我们发现打印的时间并没有变化，一直是第一次打印的时间。如何解决这个问题？将时间戳命令变成函数即可。学完下一节"函数"，读者就能自己解决这个问题，可以参考本章实战案例的"常用模板"。

3. until

until 与 while 条件判断相反。如果结果为 false，则一直执行。如果结果为 true，则结束执行。示例如下：

```
until false           ##→如果条件为 false，则执行
do                    ##→如果条件满足，则循环开始
    echo 'until'      ##→如果循环执行，则输出 until
    sleep 5           ##→沉睡 5 秒
done                  ##→结束循环
```

4. select

select 与 for 一样，可以遍历一个 list、数组。其特殊之处在于，select 循环完毕会将列表打印，并等待输入，默认有个 read 的动作（详见 10.4.1 节）。示例如下：

```
[root@yaomm shell]# cat 004-select.sh        ##→查看 004-select.sh 脚本内容

##→航天组件,太空幻想
##→list 列表用空格隔开
select space in changzheng tiangong shenzhou tianzhou change yutu
do
    echo "$space selected"                   ##→打印键盘输入的选择变量
done
```

select 一般与 case 一同使用，常用来创建一个预设菜单。如同 Shell 在登录时用到了 PS1 这个环境变量，select 也用到了一个环境变量。即 PS3。我们可以在脚本中临时改变 PS3 的环境变量，从而达到提示的目的。

10.2.5 函数：function

函数（或方法）可以说是一个编程语言的精髓。无论是 C、C++、Java，还是 JavaScript、PHP、Ruby，都有自己的"函数"，只是其格式有所差异。

函数的作用是将代码复用，将一大段程序分隔为若干小段程序，使程序容易使用、维护、读取。函数可称为一段子程序。Shell 脚本内的函数也称为子 Shell。

函数和 Shell 命令可以相互调用。同一个函数可以被任意调用多次。

函数语法格式如下：

```
function funname() {      ##→function 为关键字，funname 为自定义函数名称
    command               ##→执行一个或多个 Shell 命令
}
```

注意：function 也可以省略。

10.2.6 中断循环与退出：continue、break、return、exit、$?

continue、break 是在循环（for、while 及 until）中使用的关键字，可以中断循环。return 是在函数中使用的关键字，可以终止函数运行。exit 是 Shell 的内置命令，可以在任何时候使用并直接结束进程。$?显示上一个脚本或函数的返回结果。

（1）编写演示脚本。

编写 read5 函数，并在 while 循环中调用。

read5 函数的执行内容是，read 在键盘上输入数字，数字小于 5 或大于 10 使用 continue 跳过，数字大于 5 并小于 10 结束 read5 函数，返回输入数字。

while 循环中调用 read5 函数，使用$?查看 read5 函数返回的结果。如果输入数字是 8，则直接 break 跳出 while 循环，此时在 Shell 命令行界面应该使用$?，其结果是 0。

如果输入的数字是 6，则应使用 exit 1 结束进程，$?取值为 1。如果输入的数字是 9，则应使用 exit 0 结束进程，$?返回 0。

```
[root@yaomm shell]# cat 006-exit.sh         ##→编写演示脚本
# !/bin/bash
# description:  continue、break、return、exit 演示脚本
# filename:     006-exit.sh
# author:       linuxido.com

##→编写 continue、return 的测试函数，输入大于 5 并小于 10 的数字结束循环
read5() {
  read -p 'please input number: ' num        ##→键盘输入数字
  echo $num
  if [[ $num -le 5 ]];then                   ##→如果输入数字小于或等于 5，则一直循环输入
    echo '输入数字:'$num ',没有超过数字 5, continue 跳过'
    continue
  elif [[ $num -gt 10  ]]; then
    echo '输入数字:'$num ',超过数字 10, continue 跳过'
    continue
  fi

  echo "输入$num, 大于 5 并小于 10, return 结束循环"
  return $num
}

##→while 无限循环
while true
do
  read5                                      ##→调用 read5 函数

  result=$?                                  ##→查看 read5 函数的返回值
```

```
        echo "read5返回: "$result

        if [[ $result == 8 ]];then           ##→判断返回值是不是8，是8就break
            echo '如果输入数字是8，就break'
            break
        fi

        if [ $result -gt 7 ] ; then          ##→如果是7，则使用exit退出，返回值为0
            echo 'read5返回数值大于7，exit退出，返回值0'
            exit 0
        else
            echo 'read5返回数值小于7，exit退出，返回值1'
            exit 1                           ##→如果不是7，则使用exit退出，返回值为1
        fi

done    ##→结束循环
```

（2）执行演示脚本。

使用3次执行、输入4个数的方式来演示中断循环脚本。

第1次执行脚本，输入5，触发continue；输入6，触发return、exit 1。使用$?查看返回值为1。

```
[root@yaomm shell]# sh 006-exit.sh          ##→第1次执行脚本
please input number: 5                      ##→输入5
5
输入数字:5 ,没有超过数字5，continue跳过    ##→continue跳过
please input number: 6                      ##→输入6
6
输入6，大于5并小于10，return结束循环        ##→return结束循环
read5返回: 6
read5返回数值小于7，exit退出，返回值1       ##→进入exit判断，返回值为1，结束进程
[root@yaomm shell]# echo $?                 ##→查看exit返回值
1
```

第2次执行脚本，输入8，触发return、break。使用$?查看返回值，默认为0。

```
[root@yaomm shell]# sh 006-exit.sh          ##→重新执行，第2次执行脚本
please input number: 8                      ##→输入8
8
输入8，大于5并小于10，return结束循环        ##→在read5函数中return结束循环
read5返回: 8
如果输入数字是8，就break                    ##→在while循环中，判断数字为8，直接break
[root@yaomm shell]# echo $?                 ##→正常返回，查看脚本返回值为0
0
```

第3次执行脚本，输入9，触发return、exit 0。使用$?查看返回值，默认为0。

```
[root@yaomm shell]# sh 006-exit.sh          ##→第 3 次执行脚本
please input number: 9                       ##→输入数字 9
9
输入 9,大于 5 并小于 10,return 结束循环      ##→在 read5 函数中 return 结束循环
read5 返回：9
read5 返回数值大于 7,exit 退出,返回值 0      ##→exit 退出
[root@yaomm shell]# echo $?                  ##→查看返回值为 0
0
```

10.3 特殊命令 awk

awk 不只是一个简单的 Shell 命令,还是一种编程语言,专为处理文本而生。之所以将 awk 放在 Shell 篇来介绍,是因为没有编程语言基础的读者,要先学习 Shell 的变量、运算符、条件判断、循环等基本语法,才能知道 awk 到底如何使用。

10.3.1 awk 命令速查手册

awk 在 CentOS 中只是一个命令链接,真正起作用的命令实际上是 gawk（GNU awk）。gawk 是一种扫描模式和处理语言,在默认情况下,它读取标准输入并写入标准输出。gawk 与 sed 一样,对文本以"行"为单位处理文本,"列"以空格或制表符（Tab）隔开。

（1）awk 命令的语法格式：awk [选项] ' 模式 { 动作 }...' [文件名]。模式、动作可以有多个,但必须都在单引号内操作。动作必须在花括号内使用。

（2）awk 命令主要使用 POSIX 标准的几个选项,如表 10.7 所示。其他选项并不常用,所以未列举,可使用 man awk、awk --help 等帮助命令查看。

表 10.7 awk 命令的 POSIX 选项说明

选　　项	说　　明
-f program-file, --file=progfile	使用脚本执行 awk 命令,如 awk -f yao.awk /etc/passwd
-F fs, --field-separator=fs	指定输入文件分隔符,fs 是一个字符串或是一个正则表达式,如-F:
-v var=val,--assign=var=val	在程序开始执行前,将 val 赋值给变量 var。这些变量值对 awk 程序的 BEGIN 块是可用的

（3）awk 是一种编程语言,应该有自己的内置关键字。awk 命令的内置变量说明如表 10.8 所示。

表 10.8 awk 命令的内置变量说明

内 置 变 量	说　　明
$0	全行数据
$n	n 大于 0,代表第几行数据

内置变量	说明
NR	record，当前行数
NF	filed，当前所在行的列数
FILENAME	当前输入文档名称
FNR	当前输入文档的行号，在输入多个文档时有用
FS	Field Separator，列分隔符，默认为空格或制表符（Tab）。FS 可以重新分配给另一个字符（通常在 BEGIN 中）以更改字段分隔符
RS	Record separator，行分隔符，默认为换行符\n
OFS	Output Field Separator，输出字段分隔符，默认为空格
ORS	Output Record Separator，输出行分隔符，默认为换行符\n
ARGC	检索传递参数的数量
ARGV	检索命令行参数
ENVIRON	Shell 环境变量和相应值的数组
IGNORECASE	忽略字符大小写

除了内置变量，awk 还有许多内置函数，限于篇幅，此处不再一一列举。

（4）除了普通的大于、小于等比较符号，awk 与其他 Shell 命令类似，还有较为特殊的匹配符，如表 10.9 所示。

表 10.9　awk 命令的匹配符说明

匹配符	说明
/待匹配文本/	全行数据正则匹配
!/待匹配文本/	取反
~/待匹配文本/	对特定数据正则匹配
!~/ 待匹配文本/	对特定数据正则取反

（5）awk 命令示例。

```
gawk -F: '{ print $1 }' /etc/passwd        ##→打印文件第 1 列，用户名为 gawk = awk

free | awk ' {print $2 }'                  ##→逐行打印第 2 列
free | awk ' /Swap/ {print $2}'            ##→只打印 Swap 所在行的第 2 列
##→使用最多的 10 个历史命令
history | awk '{print $2}' | sort | uniq -c | sort -rn | head

awk 'NR==5' /etc/passwd                    ##→打印第 5 行内容
awk 'NR==3,NR==6 {print NR,$0}' /etc/passwd ##→打印第 3 行到第 6 行的内容，并打印行号
awk '/yao|admin|linux/' /etc/passwd        ##→打印包含 yao、admin、linux 的行

##→只打印第 3 列小于 5 的用户，第 3 列为 UUID，"-F"相当于内置变量 FS，指定分隔字符为冒号"："
awk -F: '$3<=5' /etc/passwd
awk -F: '{print NF,$1,$NF}' /etc/passwd    ##→打印行号、列数、第 1 列值、最后一列值
```

```
awk -F: '$3>10 && $3<100' /etc/passwd    ##→筛选出第3列UUID大于10且小于100的用户
awk -F: '$3<10 || $3>100' /etc/passwd    ##→筛选出第3列UUID小于10或大于100的用户

seq 70 | awk '$1%3==0 && $1!~/3/'    ##→统计70以内可以被3整除且不包含3的数字

awk 'BEGIN{ print 3 * 4}'            ##→使用BEGIN进行数学运算,print 打印,答案为12
awk 'BEGIN{x=1;x++;print x}'          ##→自加运算,答案为2
awk 'BEGIN{x=2;x*=2;print x}'         ##→自乘运算,答案为4

awk 'BEGIN{print NR}' /etc/passwd  ##→打印行号为0,BEGIN不需要读取文件,且只执行一次
awk 'END{print NR}' /etc/passwd    ##→打印最后一行行号,END在读取完文件后执行
who | awk '$1=="root"{x++} END{print x}'    ##→统计用户登录次数

df -m | tail -n +2 |  awk 'BEGIN{print "剩余可用磁盘"} {sum+=$4} END{print sum}'
##→计算剩余磁盘总量。"df -m"以MB展现磁盘容量,"tial -n +2"去除首行标题,"BEGIN"添加
##→标题,"sum+=$4"第4列循环相加,"END"循环结束,打印sum变量最后的值

##→使用if筛选,CPU使用率高于0.1%
ps -eo user,pid,pcpu,comm | awk '{if($3>0.1) {print} }'

##→使用-v定义变量
awk -v x="yaomm" -v y="is linuxido.com" '{print NR,x,y}' /etc/passwd
```

10.3.2 awk 命令详解

1. awk 简史

awk 诞生于20世纪70年代的贝尔实验室,其设计者是阿尔佛雷德·艾侯(Alfred Vaino Aho,是 egrep 和 fgrep 最初的设计者)、彼得·温伯格(Peter Jay Weinberger)以及布莱恩·柯林汉(Brian Wilson Kernighan,是 ditroff 与 cron 最初的设计,《C 程序设计语言》的作者之一)。他们共同编写了《AWK 程式设计》。awk 是由他们名字的首字母命名的。

2. awk 原理

awk 实际是 gawk。查看文件类型就知道了,示例如下:

```
[root@yaomm awk]# ll /bin/*awk        ##→查看awk相关命令
lrwxrwxrwx. 1 root root      4 Jul 11 2019 /bin/awk -> gawk
-rwxr-xr-x. 1 root root 514168 Jun 29 2017 /bin/dgawk
-rwxr-xr-x. 1 root root 428584 Jun 29 2017 /bin/gawk
-rwxr-xr-x. 1 root root   3188 Jun 29 2017 /bin/igawk
-rwxr-xr-x. 1 root root 428672 Jun 29 2017 /bin/pgawk
```

从上例可以看出,awk 只是 gawk 的一个链接文件,甚至还有其他 awk 命令,如 dgawk、pgawk、igawk。dgawk 是 awk 的分析版本,pgawk 是 awk 的调试器,igawk 是一个 Shell 脚

本，其主要作用是包含执行 xx.awk 程序。例如，igawk -f test.awk。

awk 的语法是由一系列匹配模式（或条件）和执行动作完成的。在花括号"{}"内可以有多个动作，动作与动作之间用分号分隔，在多个匹配项之间用空格隔开。

awk 逐行扫描并读取文件内容，寻找与匹配行，然后执行动作，类似于 cat xx.log | grep yy。awk 的匹配项可以是正则表达式、运算表达式、数字或字符串，执行动作既可以是打印匹配到的数据，也可以是执行其他命令。

awk 如果没有指定匹配项，就扫描所有数据行。如果没有指定动作，就默认使用 print 打印。

3. awk 命令使用分析

awk 不同于普通命令的一点是，它其实是一种编程语言，可以使用 if、for、while、return、exit 等编程语言表达式，有内置变量、关键字、内置函数。

（1）内置变量，awk 脚本。

```
[root@yaomm awk]# awk -F"[:]" '{print NR, NF, $NF}' /etc/passwd
##→打印行号（NR）、按冒号分割（-F"[:]"或-F:）列数（NF）及内容（$NF）
1 7 /bin/bash
...
56 7 /bin/bash
```

不只如此，还可以将单引号中的内容写入".awk"脚本。示例如下：

```
[root@yaomm awk]# cat test.awk        ##→查看test脚本
#!/bin/awk -f             ##→Shell 解释器指定为/bin/awk，注意要加上-f 选项，用空格分隔
{print NR, NF, $NF}       ##→awk 脚本中的内容

##→执行脚本，-f 与.awk 脚本相邻使用
[root@yaomm awk]# awk -F":" -f test.awk /etc/passwd
1 7 /bin/bash
...
56 7 /bin/bash
```

（2）关键字 BEGIN、END。

因为 BEGIN 在读取文本前就可以执行操作，所以使用 BEGIN 模式的 awk 命令可以没有文本参数。而 END 在读完文本后执行操作，所以使用 print 打印 NR，打印的是最后一行信息。

```
[root@yaomm awk]# awk 'BEGIN {x=1;x++;print x}'    ##→关键字 BEGIN，不用输入源计算
2    ##→变量 x 初始值为 1，x++后为 2

[root@yaomm awk]#  awk 'BEGIN{print ENVIRON["PATH"]}'    ##→ENVIRON 打印环境变量
/usr/local/java/jdk1.8.0_131/bin:/usr/local/java/jdk1.8.0_131/jre/bin:/usr/local/rvm/gems/ruby-2.7.0/...
```

```
##→关键字 END,读取完文件后执行
[root@yaomm awk]# awk 'END{print NR,$0}' /etc/passwd
56 yaomm:x:1056:1057::/home/yaomm:/bin/bash
```

awk 还可以使用 BEGIN 模式处理复杂文本,提取我们想要的内容,示例如下:

```
[root@yaomm awk]# cat addr.txt        ##→测试脚本的姓名、地址、电话
张三
安徽合肥包河区
(0551) 238-6666

李四
北京朝阳区
(010) 643-8754

[root@yaomm awk]#  awk 'BEGIN{FS="\n"; RS=""; OFS="," } {print $1,$3}' addr.txt
##→提取姓名、电话,并用逗号分隔
张三,(0551) 238-6666
李四,(010) 643-8754
```

提取原理是,两段文字之间有空行,将 RS(行分隔符)默认的换行符"\n"替换为英文模式的空字符""",因此空行将被视为分隔符;将 FS(字段分隔符)由默认的空格替换为换行符"\n";在输出时,将 OFS(输出字段分隔符)由默认空格替换为逗号","。

(3) BEGIN 与 END。

BEGIN 与 END 一起使用时,一般使用 BEGIN 做标题行,使用 END 处理文本,然后使用 printf 打印格式化文本。示例如下:

```
[root@yaomm ~]# awk 'END{print NR,$0}' /etc/passwd  ##→关键字 END,读取完文件后执行
56 yaomm:x:1056:1057::/home/yaomm:/bin/bash

[root@yaomm awk]# awk -F: ' \              ##→反斜杠连接多行命令
> BEGIN {printf "%-10s %-15s %-15s \n","用户名","用户名 UUID","Shell 解释器" } \
> {printf "%-15s %-15s %-15s \n", $1,$3,$7} \
> END {print "共有" NR "个账户"}\
> ' /etc/passwd
用户名      用户名 UUID      Shell 解释器         ##→%s 字符串,-表示左对齐,15 宽度
root        0                /bin/bash
bin         1                /sbin/nologin
...
yaomm       1056             /bin/bash
共有 56 个账户
                                          ##→END 打印总行数
```

(4) awk 的编程语法 if、for、while。

在学习 Shell 基本语法时,我们就已经了解了 if、case、for、while、exit、return 这些条件

判断及循环、退出语句的基本编程语法。awk 同样有着类似的规则，并且基本与 Shell 的语法规则一致。

if、if-else 语句示例如下：

```
##→单 if 语句
[root@yaomm awk]# ps -eo user,pid,pcpu,comm | awk '{if($3>0.1) {print} }'
##→ps 打印进程快照，使用 if 筛选，CPU 使用率高于 0.1%的进程
root        588  0.2 exe
root      16054  0.3 java
root      27043  1.0 Aliyundun

[root@yaomm awk]# seq 5 | awk '{ if($1%2==0) {print $1 "为偶数"; x++} else {print $1 "奇数"; y++} }'    ##→if-else 语句，seq 生成数字，if、else 判断奇偶数
1 奇数
2 为偶数
3 奇数
4 为偶数
5 奇数
```

还有 else if 不再一一演示了。

for 循环语句示例如下：

```
[root@yaomm awk]# cat awkgrep.sh        ##→使用 awk 模拟实现 grep 脚本
#!/bin/bash
#desc: 实现 grep 功能

key=$1                                  ##→第 1 个参数，要查询的字符串

awk '{
 for (i=1; i<=NF; i++)                  ##→循环文件行
    ##→使用~//查找匹配字符串，并打印对应的行列
    { if($i~/'$key'/) print "'$key'位置:第" NR "行", "," ,"第" i "列,整行数据: " $0 }
}' $2                                   ##→第 2 个参数，要查找的文件

[root@yaomm awk]# sh awkgrep.sh yao /etc/passwd
yao 位置:第56 行 , 第1列,整行数据: yaomm:x:1056:1057::/home/yaomm:/bin/bash
```

while 循环语句示例如下：

```
[root@yaomm awk]# awk 'BEGIN{ i=5; while(i>0) {print i; i--} }' ##→简单 while 循环
5
4
3
2
1
```

（5）自定义函数与循环中断。

循环中断、进程退出的关键字 break、continue、return、exit 都与 10.2.6 节内容类似，不再赘述。同样地，awk 也可以自定义函数。示例如下：

```
[root@yaomm awk]# awk ' function sum(a,b) {return a+b}   BEGIN{ result=sum(5,6); print result }'     ##→自定义函数
11      ##→计算结果为 11
```

从上例可以看出，先自定义加法函数 sum，然后使用 BEGIN 调用加法函数 sum，最后使用变量 result 接收返回结果，并用 print 打印出来。

注意：一般在自定义函数时，写成 .awk 脚本会比较方便使用。

10.3.3　生产作业：awk 命令解析 json 数据

学习完 awk 命令，布置一个作业，以一个生产的真实事件为例。事件的起因是一个开发者只有在生产机器上查看日志的权限，没有下载、编写脚本的权限，但他又需要将一个 json 类型的日志转换成 csv 格式的文件进行查看，所以就用到了 awk。

（1）我们分析一下，为什么 awk 命令能将 json 数据解析成如下效果？

```
[root@yaomm awk]# cat json.txt           ##→示例数据
{"driverUuid":"1","id":9049539,"mainTaskId":"2","mainTaskType":"null","orderFare":"4210.77","rewardFlag":false,"rewardProgress":1,"rewardTime":0,"subTaskId":"3","validFlag":0}

[root@yaomm awk]#  cat json.txt | awk -F"[{,:}]" '{for(i=1;i<=NF;i++){if($i~/'${key}'\042/){print $(i+1)}}}' | tr -d '"' | sed -n ${num}p           ##→解析命令
1
id
9049539
2
mainTaskType
...
```

是否能在这条命令的基础上，让数据结果变成以逗号分隔的 csv 格式，而不是换行？例如，"1,id,9049539,2,..."。

（2）如果第 1 列 driverUuid 不见了，那么应该如何打印出来呢？例如，"driverUuid,1,id,..."。

（3）是否能将这些数据变成数组格式？例如，"arr[1][driverUuid]=1,arr[2][id]=9049539"。

10.4　Shell 扩展

10.4.1　内置函数：read、printf、shift、eval

1. 输入读取：read

read 是 bash 的内置命令，可以获得标准输入的参数值，一般配合键盘输入使用。如果是多个参数值，则它们之间使用空格隔开。

```
[root@yaomm shell]# cat calc.sh    ##→查看简单计算器的脚本内容
#!/bin/bash
# description:    简单计算器
# filename:       calc.sh
# author:         linuxido.com

##→ "-t" timeout, 10 表示在 10 秒内输入。"-p" prompt 提示语。输入参数使用空格分开
read -t 10 -p 'please input two number:' a b

echo 'a+b=' $a+$b;             ##→加法,$
echo "a-b= $[( $a-$b )]"       ##→减法,$[()]
echo "a*b= $[ $a*$b ]"         ##→乘法,$[]
echo "a/b= $(( $a/$b ))"       ##→除法
echo "a**b=$(( $a**$b ))"      ##→幂
echo "a%b=$(( $a%$b ))"        ##→余

[root@yaomm shell]# sh calc.sh    ##→执行计算脚本
please input two number:9 3       ##→输入要计算的参数，使用空格隔开
a+b= 9+3
a-b= 6
a*b= 27
a/b= 3
a**b=729
a%b=0
```

我们还可以利用 read 进行逐行读取、循环打印或备份等操作。示例如下：

```
[root@yaomm ~]# count=1;cat /etc/passwd | while read line; do   echo "文件第
$count 行: ${line}"; let count++; done;    ##→使用 cat+while 循环读取每一行的文本数据，
                                           ##→对每行数据进行命令操作
文件第 1 行: root:x:0:0:root:/root:/bin/bash
...
文件第 56 行: yaomm:x:1056:1057::/home/yaomm:/bin/bash
```

2. 另一种打印：printf

printf 是由 POSIX 标准定义，模仿 C 语言的 printf() 函数而来的。f 即 format（格式化）。

我们在前面也使用过 printf，不同于 echo 的自带换行功能，在使用 printf 时，一般都会在字符串后面加上换行符 "\n"。

除了换行符 "\n"，还有其他转义符，如表 10.10 所示。

表 10.10　printf 转义符说明

匹 配 符	说　　明
\"	双引号
\a	警告符，alert (BEL)
\b	后退符，Backspace
\c	抑制符
\e	escape
\f	换页符
\n	换行符
\r	回车符
\t	水平制表符，类似 tab
\v	垂直制表符
\\	反斜杠字符
\NNN	八进制字符（3 位），仅在格式字符串中有效
\xHH	十六进制字符（2 位）
\uHHHH	Unicode（ISO/IEC 10646）十六进制字符（4 位）
\UHHHHHHHH	十六进制值的 Unicode 字符（8 位）

对比 printf 与 echo 的区别，示例如下：

```
[root@yaomm ~]# printf "\taa \tbb \tcc \n"      ##→使用制表符 "\t" 进行打印分隔
     aa      bb      cc
[root@yaomm ~]# echo "\taa \tbb \tcc \n"        ##→echo 将引号内所有内容打印
\taa \tbb \tcc \n
```

printf 不仅可以使用转义符，进行输出格式的制作，还可以使有专门的格式字符串。例如，以 % 为首，加上 s（字符串）、d（整型数字）、c（单字符）、f（浮点数）、-（左对齐）、.（小数）等符号，可以非常漂亮地打印一行字符串。示例如下：

```
[root@yaomm ~]# cat testPrintf.sh
...
printf "%-10s %-8s %-6s %-8s %-8s \n" 姓名 性别 年龄 体重(kg) 婚否(Y/N)
printf "%-10s %-8s %-6d %-8.2f %-8c \n" 姚毛毛 男 34 150.6634 Y

[root@yaomm ~]# sh testPrintf.sh
姓名       性别    年龄   体重(kg)  婚否(Y/N)
姚毛毛     男      34     150.66    Y
```

%s 表示字符串，%d 表示整型数字，%c 表示单个字符，%f 表示输出实数，以小数形式输出,其中,.2 指保留 2 位小数。%-10 指宽度为 10 个字符(- 表示左对齐,如果没有-,则表示右对齐),任何字符都会被显示在 10 个字符宽的字符内。如果宽度不足,则自动以空格填充。超过也会将内容全部显示出来。%u 打印十进制数,%o 打印八进制数,%x 打印十六进制数。

除此之外,printf 还可以进行补零操作,示例如下:

```
[root@yaomm shell]# printf "%0*d \n" 10 5    ##→0 是前导 0,代替默认空格,输出 10 个字符
0000000005
```

```
##→使用*号加第 1 个参数设置精度为 3 位
[root@yaomm shell]# printf "%.*f \n" 3 1.61803398
1.618
```

3. 参数进位:shift

在脚本中使用 shift 可以左移参数位置。例如,第 1 次调用 shift,第 2 个参数会移动到第 1 个参数的位置,使用$1 实际上获取的是$2 的值。示例如下:

```
[root@yaomm shell]# cat testShift.sh          ##→查看演示脚本内容
#!/bin/bash
# description:   shift 函数演示
# filename:      testShift.sh
# author:        linuxido.com

echo '参数个数:'$#

##→遍历外部参数
for n in $*
do
  echo '$1='$1,'$2='$2,'$3='$3,'$4='$4,'$5='$5;    ##→查看参数 1~5 的值
  shift;                                            ##→左移参数位置
done

[root@yaomm shell]# sh testShift.sh a b c d e
参数个数:5
$1=a,$2=b,$3=c,$4=d,$5=e
$1=b,$2=c,$3=d,$4=e,$5=
$1=c,$2=d,$3=e,$4=,$5=
$1=d,$2=e,$3=,$4=,$5=
$1=e,$2=,$3=,$4=,$5=
```

shift 的使用场景是什么?我们在使用 ssh -p 指定端口时,如果命令有参数传递,则判断这个参数是指定参数,还是具体执行内容。例如,ssh-copy-id 脚本首先使用 shift 判断第 1 个参数是-i、-o 还是-p,然后做一系列操作,最后使用 shift 左移参数。示例如下:

```
##→查找 shift 前后 10 行
[root@yaomm shell]# cat -n /usr/bin/ssh-copy-id | grep shift -C 10
...
114      case "$1" in
115          -i?*|-o?*|-p?*)
116              OPT="$(printf -- "$1"|cut -c1-2)"
117              OPTARG="$(printf -- "$1"|cut -c3-)"
118              shift
119              ;;
...
```

4．字符转可执行变量：eval

简单来说，eval 就是将字符串内的命令真正执行起来。一般在拼接命令时会很有用。示例如下：

```
[root@yaomm shell]# eval "wc -l /var/log/dmesg"    ##→解析字符串中的命令，并执行
543 /var/log/dmesg

[root@yaomm shell]# cat testEval.sh                ##→查看 eval 的比较脚本
...
echo \$$#                          ##→$#为参数个数，\$将$转义为普通字符串，而不是变量符号
eval "echo eval: \$$#"             ##→此语句实际转换为 eval"echo eval: $2"
echo  \$1=$1,\$2=$2                ##→$被斜杠转义后是普通字符串，打印$1 而不是变量值
eval "echo eval \$1=$1,\$2=$2"     ##→在 eval 中，即使转义，$也会被 eval 解析

x=$1;y=$2                          ##→赋值，如同之前写的简单计算器 calc.sh
c1="`expr $x+$y`"                  ##→expr 命令用反引号框住
c2="echo"                          ##→echo 命令
eval $c2 $c1                       ##→使用 eval 解析执行 echo+expr 命令

[root@yaomm shell]# sh testEval.sh 2 4    ##→执行测试脚本，参数值为 2、4，使用空格隔开
$2                                        ##→打印$符号+参数个数
eval: 4                                   ##→解析$2，打印变量值
$1=2,$2=4                                 ##→echo 打印转义符\$
eval 2=2,4=4                              ##→eval 中转义符无作用
6                                         ##→eval 解析执行 expr 命令
```

10.4.2 脚本调试：bash -x、set -x、trap

（1）bash -x。

"bash -x xxx.sh"是最常用的脚本调试方法。示例如下：

```
[root@yaomm shell]# cat test.sh           ##→查看脚本内容
#!/bin/bash
cd /opt ;                                 ##→切换到/opt 目录
pwds=`pwd`;                               ##→查看当前路径
```

```
pids=$$;                                    ##→查看当前进程
users=`whoami`;                             ##→查看当前用户
echo "当前路径: ${pwds},当前进程PID: ${pids},当前用户: ${users}"

[root@yaomm shell]# bash test.sh            ##→正常执行脚本
当前路径: /opt,当前进程PID: 1717,当前用户: root

[root@yaomm shell]# bash -x test.sh         ##→调试模式,执行脚本
+ cd /opt                                   ##→第1步执行
++ pwd                                      ##→执行pwd命令
+ pwds=/opt                                 ##→将pwd命令执行结果赋值给变量pwds
+ pids=1694                                 ##→直接获取$$表示的当前进程号
++ whoami                                   ##→执行whoami命令
+ users=root                                ##→获取whoami命令结果
+ echo '当前路径: /opt,当前进程PID: 1694,当前用户: root'  ##→执行echo,打印最后输出
当前路径: /opt,当前进程PID: 1694,当前用户: root          ##→内容输出到屏幕
```

（2）set -x。

如果只想调试部分内容，则可以使用 set -x 设置调试位置。示例如下：

```
[root@yaomm shell]# cat test.sh             ##→在需要调试的内容前加上 set -x
...
set -x  # 调试开启
users=`whoami`;                             ##→查看当前用户
set +x  # 调试结束                          ##→如果不设置 set +x,则直到脚本结束都在调试内容
echo "当前路径: ${pwds},当前进程PID: ${pids},当前用户: ${users}"

[root@yaomm shell]# bash test.sh            ##→直接执行脚本,输出调试内容
++ whoami
+ users=root
+ set +x
当前路径: /opt,当前进程PID: 1842,当前用户: root
```

（3）bash -nvx。

除此之外，还有别的调试方法吗？bash -n、bash -v 也是比较好用的调试方式。

```
[root@yaomm shell]# bash -v test.sh         ##→打印脚本内容,然后执行脚本,给出错误提示
...
[root@yaomm shell]# bash -n test.sh         ##→不执行脚本,检查脚本语法问题
```

此外，也可以直接将 Shebang（#!）更换为"#!/bin/bash -xv"，不用特意使用其他选项也可以进行脚本调试。

（4）伪信号，trap 命令。

exit、err、debug 是 Shell 脚本执行时可能会产生的 3 个伪信号（相对于 Linux 的 KILL 信号来说）。trap 的语法格式为"trap'command'signals"。示例如下：

```
[root@yaomm shell]# cat testTrap.sh    ##→测试脚本
#!/bin/bash

##→报错调试
errorTrap() {
  echo "[$0][LINE:$1]" 'Error: Command or function exited with status' $?
}

##→debug 调试
debugTrap() {
 echo "[$0][LINE:$1]DEBUG:$?"         ##→$0 文件名；$1 行号；$?上一个函数的执行结果
}

test() {
  trap 'debugTrap $LINENO' debug      ##→$LINENO, 内置函数, 当前行号
  return 33;
}

trap 'errorTrap $LINENO' ERR          ##→exit、debug、ERR 大写、小写都可以, trap 调试

test2                                 ##→不存在的函数
test                                  ##→测试 debug

[root@yaomm shell]# bash testTrap.sh              ##→执行测试脚本
testTrap.sh: line 20: test2: command not found    ##→非 trap 报错
##→err 触发 trap
[testTrap.sh][LINE:20] Error: Command or function exited with status 127
[testTrap.sh][LINE:15]DEBUG:0                     ##→debug 触发 trap
[testTrap.sh][LINE:10]DEBUG:33
[testTrap.sh][LINE:10] Error: Command or function exited with status 33
```

报错触发 ERR 信号，每条执行命令都会触发 DEBUG。trap 可以利用一些触发信号进行文件清理的工作，如命令 trap "rm -f $WORKDIR/work1$$ $WORKDIR/dataout$$; exit" 2。事实上，我们还可以用 trap 设置一些信号陷阱或提示。示例如下：

```
[root@yaomm ~]# trap 'echo 请不要恶意关闭当前 Shell' 15    ##→设置信号 15 触发此命令
[root@yaomm ~]# trap 'echo 请不要恶意关闭当前 Shell' TERM  ##→设置信号 TERM 触发此命令
[root@yaomm ~]# kill $$           ##→kill 等同于 kill -15, $$是当前进程的 PID
请不要恶意关闭当前 Shell
[root@yaomm ~]# kill $BASHPID     ##→当前 Shell 的 PID
请不要恶意关闭当前 Shell
```

（5）调试工具。

bashdb、ShellCheck 都是可以进行 Shell 调试的工具。bashdb 需要单独安装，可以打断点，单步执行、查看变量等。ShellCheck 可以在线调试。

注意：按照编程规范编写脚本可以避免常见的脚本语法错误，如中文转义、成对括号少一只等。

10.4.3 编程规范

每个公司甚至每个团队的编程规范标准可能都不一致。但规范的目的是帮助我们更好地进行团队协作，所以只要使代码结构整洁、清晰，就可以达到目的。例如，全局变量应大写，变量命名是使用驼峰还是用下画线"_"连接等。

（1）指定脚本解释器及头信息。示例如下：

```
#!/bin/bash
# description:    shift 函数演示
# date:           创建时间 2021-06-25
# update:         修改时间 2021-08-10
# filename:       testShift.sh
# author:         linuxido.com
# version:        v0.1
```

当然，最重要的 Shebang 指向使用的 Shell，即/bin/bash。其他"#"符号后的注释不是必需的。

（2）脚本以.sh 作为文件后缀。命令可以使用驼峰、下画线、连接符"-"等方式。

（3）应建立单独的分类文件夹。

（4）变量命名：函数应以驼峰的形式命名，如"testShift"；内部变量名称以下画线"_"连接，如"val_xc"。

（5）括号（如"()""[]""{}"等）在编写时尽量成对写出，打出空格，将需要编写的内容填入其中。例如，"{ for var in list }"，内容与括号间应保留一个空格。

（6）注释。对于复杂脚本一定要编写注释，最好是每条命令、每个函数都有一条注释。如果无法做到，则应该将注释量保持在脚本内容的 30%左右。

（7）函数复用。对于经常使用或大段重复的命令，应将其编写为可重用的函数或脚本。

（8）换行、缩进。对于长命令一定要换行，换行时如果下条命令隶属于上个命令，则应保持一定缩进（使用 4 个空格或"Tab"键）。对于循环命令，尤其是嵌套循环命令，一定要注意缩进，还应在花括号结尾处编写注释。

（9）所有 Shell 命令、脚本中的单引号、双引号等符号都是输入法在英文状态下的符号，切记不要用中文。

10.5 实战案例

在本节实战案例中,我们将学习如何编写一个自己常用的工具脚本,如何调试 Shell,如何编写一个常用的 Java 项目管理脚本,如何找到适合自己的工具库。

10.5.1 编写一个自己的日志命令:logmsg

(1) 一般打印日志时需要记录时间戳,我们现在改写脚本 "004-while.sh"。示例如下:

```
...
##→编写 LogMsg()函数,每次调用,重新打印时间戳
LogMsg () {
  local_time=`date +"%Y-%m-%d %H:%M:%S"`
  echo $local_time $1
}
...
  if [ $sshd_count -lt 1 ]
  then
      LogMsg '没有找到 SSH 服务,重启该服务'        ##→调用 LogMsg()函数
      systemctl start sshd
  else
      LogMsg 'SSH 服务正常运行中...'               ##→调用 LogMsg()函数
   fi
...
```

重新执行,示例如下:

```
[root@linuxido /shell]# sh 004-while.sh
2021-06-07 07:35:11 SSH 服务正常运行中...
2021-06-07 07:35:16 SSH 服务正常运行中...
...
```

(2) 如果每个脚本中都要编写 LogMsg()函数,就会很麻烦。可不可以像使用其他命令一样,直接调用呢?例如,echo、cat。我们先来新建 logmsg 脚本。示例如下:

```
[root@linuxido /shell]# vi logmsg.sh        ##→编辑 logmsg.sh 脚本
...
LogMsg() {
  local_time=`date +"%Y-%m-%d %H:%M:%S"`
  echo $local_time $1      ##→此时的$1 是指调用 LogMsg()函数时输入的第 1 个参数
}

LogMsg $1                  ##→调用 LogMsg()函数,此时的$1 是指调用脚本时输入的第 1 个参数
```

(3) 虽然写了 logmsg 脚本,但是无法在文件目录以外的地方使用。还记得前面章节所说

的，命令一般放在哪个目录吗？当然是/bin 目录了。

```
##→创建 logmsg 命令的符号链接
[root@linuxido /shell]# ln -s  /shell/logmsg.sh /bin/logmsg
[root@linuxido /shell]# logmsg           ##→直接执行 logmsg 命令
-bash: /usr/bin/logmsg: 权限不够        ##→在执行时发现虽然调用了/usr/bin，但是权限不够
[root@linuxido /shell]# chmod 555 /bin/logmsg##→赋予 555 权限，所有用户可读、可执行
[root@linuxido ~]#logmsg linuxido.com    ##→直接执行 logmsg 命令，参数为 yaomm
2021-06-07 23:25:19 linuxido.com         ##→执行成功
```

（4）为什么在/bin 目录下的命令可以在任何目录下直接执行呢？因为环境配置，/bin 目录下的命令直接被赋予了全局调用的环境。

注意：除了 echo，还可以使用 print、printf 打印文本。

10.5.2　编写一个常用的备份命令：backup

（1）编辑 backup 脚本，先命名为 bachup.sh。

```
[root@yaomm shell]# vi bachup.sh              ##→编写备份脚本
#!/bin/bash
# description:       编写备份常用脚本
# date:         2020-06-26
# filename:     bachup.sh
# author:       linuxido.com

##→编辑 backup()函数，将要备份的文件名添加上时间戳后重命名
function backup() {
  newfile=$1.`date +%Y-%m-%d.%H%M.bak`;   ##→新文件名称，加上时间戳
  cp -p $1 $newfile;                      ##→复制一份文件
  echo "Backed up $1 to $newfile.";       ##→打印成功日志
}

backup $1                                 ##→调用 backup()函数
```

（2）创建在/bin 目录下的脚本链接，将 bachup.sh 链接为/bin/backup。

```
[root@yaomm shell]# ln -s /shell/bachup.sh /bin/backup  ##→创建脚本链接，注意全路径
[root@yaomm shell]# ll /bin/backu*
##→创建成功
lrwxrwxrwx 1 root root 16 Jun 20 10:33 /bin/backup -> /shell/bachup.sh
[root@yaomm shell]# chmod 555 /bin/backup.sh            ##→赋予所有用户执行权限

[root@yaomm shell]# touch sss.txt                 ##→创建测试脚本
[root@yaomm shell]# backup sss.txt                ##→备份测试
Backed up sss.txt to sss.txt.2021-06-20.1034.bak. ##→备份成功
[root@yaomm shell]# ll
```

```
...
-rw-r--r-- 1 root root    0 Jun 20 10:31 sss.txt                              ##→原文件
-rw-r--r-- 1 root root    0 Jun 20 10:31 sss.txt.2021-06-20.1034.bak ##→备份文件
```

10.5.3 编写一个 Java 项目的管理脚本：springboot-admin.sh

在做 Java 开发、运维、测试的工作中，和 Spring Boot 打交道的地方很多。如何轻松管理一个 Spring Boot 的项目部署呢？借助这个来自 GitHub 开发者 junbaor 的优秀实战案例，我们来学习一个 Shell 脚本是如何编写完成的。

修改后的脚本详见本书源码文件（详见"前言"）。简略代码如下：

```
operation=$1                              ##→第 1 个参数, start、stop、restart、status
springboot=$2                             ##→第 2 个参数, Jar 包名

##→校验参数是否为空
showUsage() {

    ##→校验第 1 个参数是否为空
    if [ "$operation" == "" ];            ##→注意：中括号[]两端至少要有一个空格
...
    ##→校验第 2 个参数是否为空
    if [ "$springboot" == "" ];
...
    count=`ls $springboot | wc -l`        ##→校验 jar 包是否存在
...
}

##→启动 springboot 项目
function start()
{
    count=`ps -ef |grep java|grep $springboot|grep -v grep|wc -l`
    if [ $count != 0 ];then
        echo "$springboot is running..."
    else
            ls $spring
        ##→启动 springboot 项目，反斜杠连接命令
        nohup java -server -Xmx1g -Xms1g -Xss512k \
        -jar $springboot > /dev/null 2>&1 &

        ##→调换提示位置
        echo "Start $springboot success..."
    fi
```

```bash
}

##→关闭springboot项目
function stop()
{
...
    count=`ps -ef |grep java|grep $springboot|grep -v grep|wc -l`

    ##→先用kill -15发出停止信号,等待springboot自行关闭
    if [ $count != 0 ];then
        echo "Stop Success! 优雅关闭 $springboot Process..."
        kill $boot_id
     fii
...
}

##→重启springboot项目,关闭后,停止两秒重新启动
function restart()
{
    stop
    ##→睡眠两秒,调用start方法
    sleep 2
    start
}

##→查看springboot项目的启动状态
function status()
{
    count=`ps -ef |grep java|grep $springboot|grep -v grep|wc -l`
    jarStatus=`ps -ef |grep java|grep $springboot`
...
}

showUsage    ##→验证参数是否为空

##→只有第1个输入变量是 start|stop|restart|status 的时候,才执行对应的方法
case $1 in
        start)
        start;;
        stop)
        stop;;
        restart)
        restart;;
```

```
            status)
                status;;
            *)
                echo -e "\033[0;34m    请正确操作：{start|stop|restart|status}.\n Example:
bash springboot-admin.sh start test-springboot.jar \033[0m"
    esac
```

执行脚本：

```
[root@yaomm shell]# sh springboot-admin.sh start xx.jar   ##→执行一个不存在的jar包
ls: cannot access xx.jar: No such file or directory       ##→v0.3应该解决这个问题
 xx.jar 不存在

[root@yaomm shell]# sh springboot-admin.sh reload /home/deploy/face-0.0.1-
SNAPSHOT.jar
    请正确操作：{start|stop|restart|status}.              ##→reload不存在已有选项中
     Example: bash springboot-admin.sh start test-springboot.jar

[root@yaomm shell]# sh springboot-admin.sh start /home/deploy/face-0.0.1-
SNAPSHOT.jar
    ...
    Start /home/deploy/face-0.0.1-SNAPSHOT.jar success...    ##→正常启动

[root@yaomm shell]# sh springboot-admin.sh stop /home/deploy/face-0.0.1-
SNAPSHOT.jar
    Stop /home/deploy/face-0.0.1-SNAPSHOT.jar ...            ##→正常关闭
    Stop Success! 优雅关闭 /home/deploy/face-0.0.1-SNAPSHOT.jar Process...
```

我们可以通过将脚本放入 /usr/bin 或建立 systemd 服务的方式进行服务控制，这个可以做到如下效果：

```
systemctl start xxx.jar                                   ##→方法1
springboot-admin start xxx.jar                            ##→方法2
```

10.6 小结

在学习完本章内容后，我们已经掌握了 Shell 的基本环境配置与常用的内置变量，基本的语法操作与简单的脚本编写，知道了如何编写一个自己的 Shell 命令，如何使用 Shell 命令实现一个服务的管理。

现在到了每章小结的时间，请思考是否掌握了以下内容。

- 有哪些 Shell？说出 3 个以上。

- 在登录 Shell 时，环境变量配置文件的加载顺序什么？
- Shell 中的$0、$1、$#、$*、$?有什么区别？分别代表什么？
- awk 中的$0、$1、NR、NF 有什么区别？分别代表什么？
- break、continue、return、exit 分别在什么情况下使用？各自代表什么？
- 如何自定义一个 Shell 函数？
- 如何编写一个.sh 脚本？
- 如何编写一个.awk 脚本？
- 有哪些调试脚本的方法？
- 如何制作一个类似 ls 的脚本？如何在全局环境下使用命令？